“十三五”普通高等教育规划教材

计算机组装、维护与维修教程

第2版

刘瑞新　吴　丰　主编

机 械 工 业 出 版 社

本书从实用的角度出发，以微机的硬件结构为切入点，详细讲解了微机的各个组成部件及常用外部设备的分类、结构、参数，硬件的选购和安装，BIOS/UEFI 参数设置，Windows 10 的安装和设置，以及笔记本电脑的分类、结构，最后介绍常用办公设备及微机的维护等内容。本书内容翔实、紧跟硬件发展、框架结构清晰合理，对微机的各个部件及其不同类型，都附有目前流行产品的实物照片，以方便识别。

本书适合作为高等院校大学本科、高职高专等相关专业的教材，也可用作微机硬件学习班的培训资料及广大微机用户的参考用书。

本书配有电子教案，需要的教师可登录 www.cmpedu.com 免费注册，审核通过后下载，或联系编辑索取（QQ：2966938356，电话：010-88379739）。

图书在版编目（CIP）数据

计算机组装、维护与维修教程/刘瑞新，吴丰主编．—2 版．—北京：机械工业出版社，2016.5（2017.7 重印）

“十三五”普通高等教育规划教材

ISBN 978-7-111-53541-6

Ⅰ.①计…　Ⅱ.①刘…②吴…　Ⅲ.①电子计算机—组装—高等学校—教材②计算机维护—高等学校—教材　Ⅳ.①TP30

中国版本图书馆 CIP 数据核字（2016）第 077827 号

机械工业出版社（北京市百万庄大街 22 号　邮政编码 100037）
策划编辑：和庆娣　责任编辑：和庆娣
责任校对：张艳霞　责任印制：李　飞
北京机工印刷厂印刷（三河市南杨庄国丰装订厂装订）
2017 年 7 月第 2 版·第 2 次印刷
184mm×260mm·18.75 印张·465 千字
3 001—4 800 册
标准书号：ISBN 978-7-111-53541-6
定价：45.00 元

凡购本书，如有缺页、倒页、脱页，由本社发行部调换

电话服务	网络服务
服务咨询热线：（010）88379833	机 工 官 网：www.cmpbook.com
读者购书热线：（010）88379649	机 工 官 博：weibo.com/cmp1952
	教育服务网：www.cmpedu.com
封面无防伪标均为盗版	金 书 网：www.golden-book.com

前　言

随着计算机技术的发展，计算机的应用已渗透到社会的各个方面，许多人每天都会使用计算机进行办公、学习等，计算机已经成为人们工作、生活的必备工具。

“计算机组装、维护与维修”（或“微型计算机硬件技术”）课程是大学课程中的一门计算机应用基础课程。通过本课程的学习，使学生具有根据需求选择计算机系统配件的能力，熟练组装微机并能进行必要测试的能力，熟练安装计算机操作系统和常用应用软件的能力，初步诊断计算机系统常见故障并进行简单的板卡级维修的能力。

本书按照“计算机组装、维护与维修”（或“微型计算机硬件技术”）课程教学大纲编写，在内容的选取上以目前主流的硬件产品作为实例，注重对硬件基础知识、选购、组装及维护等内容的介绍，做到简明易懂。本书具有下列特点：

1）内容充实全面。书中介绍了微机的各个组成部件及常用外部设备（如 CPU、主板、内存条、显示卡、显示器、硬盘、光驱、键盘、鼠标、机箱、电源、笔记本电脑、办公设备等）的分类、结构和参数，硬件设备的选购和安装，BIOS/UEFI 参数设置，Windows 10 的安装和设置，微机的维护及常见故障的判断和排除等内容。

2）紧跟硬件发展，内容力求最新。本书介绍的内容大多为当今主流的微机技术。例如，在“CPU”一章，介绍了 Intel Core i 系列、AMD A 系列 CPU 的内容；在“主板”一章介绍了 ATX、Micro ATX、Mini ITX 等主板结构，以及主板上的各个组成部件、Intel 的 100 系列芯片组、AMD A 系列芯片组等；在“内存”一章介绍了 DDR1、DDR2、DDR3、DDR4 等内容；在“显示卡”一章介绍了 GPU 及参数、高清视频解码技术、HDMI、DisplayPort 接口等。

3）框架结构清晰合理。本书按照选购微机配件的主要流程来安排章节顺序。每章均按照分类、结构、基本工作原理、主要技术参数、主流产品介绍、产品的选购和安装来介绍各个部件，有利于学生对照学习，提高学习效率。

4）图文并茂，简明易懂。本书文字通俗，努力做到以简洁的语言来解释复杂的概念。对微机的各个部件及其不同的类型，都附有目前流行产品的实物照片，并配有文字说明，方便阅读。

5）注重能力培养。在内容的安排上注重培养学生的自我解惑能力，鼓励学生通过网络、课本、市场全方位地学习，使学生通过实际操作，理解和掌握基本方法和基本技能，从而达到课程要求的目标。

6）方便教师，方便学生。本书适合 60～80 学时的教学（含理论和上机，比例为 1:1），配备详尽的电子教案，方便教师备课和讲解。习题中加入了一些到计算机市场考察商情信息和上网查询信息的要求，使学生掌握获得新的计算机信息的方法，引导学生把知识的获取方法延伸到课本之外，注重学生自身素质的提升。

本书由刘瑞新、吴丰主编，其中刘瑞新编写第 1～8 章，刘克纯编写第 9 章，徐博文编写第 10 章，吴丰编写第 11～15 章，韩建敏、庄恒、田金雨、骆秋容、王如雪、曹媚珠、陈文焕、刘有荣、李刚、孙明建、李索、刘大学、徐维维、沙世雁、缪丽丽、田金凤、陈文娟、李继臣、王如新、赵艳波、王茹霞、田同福、徐云林、崔瑛瑛、翟丽娟、庄建新编写第 16 章及电子教案制作、图片拍摄、处理等。全书由刘瑞新统编定稿。

书中部分内容参考了网上部分资料，由于参考内容来源广泛，篇幅有限，恕不一一列出，在此一并表示感谢。

由于微机硬件技术发展速度很快，书中难免有不足之处，恳请各位同仁及读者提出宝贵意见和建议。

编　者

目　录

第 1 章　微型计算机概述

本章主要介绍微型计算机的发展状况，微型计算机系统的组成和硬件结构，微型计算机的种类、档次和选型等内容。

1.1　微型计算机的发展阶段

微型计算机（Micro Computer）简称微机，国外称个人计算机（Personal Computer，PC），国内俗称电脑，是 20 世纪最伟大的发明之一，微机已应用到现代生活和工作的诸多方面。

微型计算机是 20 世纪 70 年代初才发展起来的，是人类重要的创新之一。微型计算机有一个显著的特点，它的中央处理器（Central Processing Unit，CPU）的功能都由一块高度集成的超大规模集成电路芯片完成。微型计算机的发展主要表现在其核心部件——微处理器的发展上，每当一款新型的微处理器出现时，就会带动微机系统的其他部件的相应发展。根据微处理器的字长和功能，可将微型计算机划分为以下几个发展阶段。

1．第一阶段（1971～1973 年）

通常称为第一代，是字长 4 位和 8 位低档微处理器阶段，微处理器指令系统简单，运算功能较差，采用机器语言或简单汇编语言，用于家电和简单的控制场合。

1971 年，Intel 发布的第一个微处理器 Intel 4004，采用 10μm 制造工艺，当时是为日本计算器制造商的 Busicom 141-PF 计算器设计的处理器，如图 1-1 所示。

1972 年生产 Intel 8008 微处理器，8008 的性能是 4004 的两倍。1974 年，《无线电电子学》（Radio Electronics）发表的一篇文章指出一款名为 Mark-8 的设备采用了 8008，Mark-8 是第一批家用计算机之一，如图 1-2 所示。

图 1-1　Busicom 141-PF 计算器

图 1-2　Mark-8 微处理器

2．第二阶段（1974～1977 年）

通常称为第二代，是中档 8 位微处理器和微型计算机阶段。它们的特点是字长为 8 位，指令系统比较完善。软件方面除了汇编语言外，还有 BASIC、FORTRAN 等高级语言和相应的解释程序和编译程序，在后期还出现了操作系统，如 CM/P 就是当时流行的操作系统。

典型的微处理器产品有 1974 年 Intel 生产的 8080，采用 6μm 工艺，8080 主要应用于控制交通信号灯。其他公司生产的微处理还有 Motorola 6502/6800，以及 1976 年 Zilog 公司的 Z80。

1974 年，爱德华·罗伯茨独自决定生产一种手提成套的计算机，于是他用 Intel 8080 微处理器装配了一种专供业余爱好者试验的计算机“牛郎星”（Altair），并于 1975 年 1 月问世。1975 年 1 月，美国《大众电子学》杂志封面上用引人注目的大字标题发布消息：“项目突破！世界上第一台可与商用型计算机媲美的小型手提式计算机…Altair8800”。《大众电子学》一月号向成千上万个电子爱好者、程序员和其他人表明，个人计算机的时代终于到来了。据说 Altair 这个名称是源自《星际旅行》电视节目中一个星际飞行计划（Starship Enterprise）的目的地名称。计算机爱好者花费 395 美元即可购得 Altair 套件。数月内，Altair 的销售量达到数万台，造成了计算机销售历史上第一次缺货现象。Altair 既无可输入数据的键盘，也没有显示计算结果的显示器。插上电源后，使用者需要手动按下面板上的 8 个开关，把二进制数“0”或“1”输进机器。计算完成后，用面板上的几排小灯泡表示输出的结果。如图 1-3 所示是 1975 年生产的 Altair 的外观。后来，比尔·盖茨和保罗·艾伦为 Altair 设计了 BASIC 语言程序。

图 1-3　爱德华·罗伯茨与 Altair

在自制计算机俱乐部（Homebrew Computer Club），沃兹见到了 Altair 计算机，他羡慕不已。沃兹自己买不起 Altair 计算机，乔布斯就鼓励他自己动手做一台更好的机器。1976 年，乔布斯和沃兹用 Motorola 的 6502 芯片设计成功了第一台真正的微型计算机，8KB 存储器，能发声和显示高分辨率图形。史蒂夫·乔布斯在这台只是初具轮廓的机器中看到了机会，他建议创建一家公司，并于同年成立了苹果（Apple）计算机公司，生产 Apple 牌微型计算机。1977 年 4 月，沃兹完成了另一种新型微机，这种微机达到当时微型计算机技术的最高水准，乔布斯命名它为“Apple II”，并“追认”之前的那台机器为“Apple I”。1977 年 4 月，Apple II 型微型计算机第一次公开露面就引起了意想不到的轰动。从此，Apple II 型微型计算机走向了学校、机关、企业、商店，走进了个人的办公室和家庭，它已不再是简单的计算工具，它为 20 世纪的个人微机铺平了道路。1978 年初 Apple II 又增加了磁盘驱动器，如图 1-4 所示。

Apple I 和 Apple II 型计算机的技术设计理所当然地归功于沃兹，可是使 Apple II 型计算机在商业上取得成功，主要是因为乔布斯的努力。

3．第三阶段（1978～1984 年）

第三阶段是 16 位微处理器时代，通常称为第三代。1977 年，超大规模集成电路

（VLSI）工艺的研制成功，3μm 制造工艺，使一个硅片上可以容纳十万个以上的晶体管，64KB 及 256KB 的存储器已生产出来。微处理器的集成度（20000～70000 晶体管/片）和运算速度（基本指令执行时间是 0.5μs）都比第二代提高了一个数量级。这类 16 位微处理器都具有丰富的指令系统，其典型产品是 Intel 公司的 8086、80286，Motorola 公司的 M68000，Zilog 公司的 Z8000 等微处理器。此外，在这一阶段，还有一种称为准 16 位的微处理器出现，典型产品有 Intel 8088 和 Motorola 6809，它们的特点是能用 8 位数据线在内部完成 16 位数据操作，工作速度和处理能力均介于 8 位机和 16 位机之间。

图 1-4　沃兹、乔布斯与 Apple I、Apple II

国际商用机器公司（IBM）看到苹果微机的成功，为了让 IBM 也拥有“苹果电脑”，1980 年决定向微型机市场发展，为了要在一年内开发出能迅速普及的微型计算机，IBM 决定采用“开放”政策，借助其他企业的科技成果，形成“市场合力”。1981 年 8 月 12 日，由 12 位 IBM 工程师开发，同时也是市场首款个人计算机的 IBM 5150 正式推出，售价 1565 美元。IBM 5150 配置 4.77MHz 主频的 Intel 8088 处理器，16KB 内存，还有显示器、键盘和两个 5.25in（英寸）[⊖]软磁盘驱动器，操作系统是微软的 DOS 1.0。首度明确了 PC 的业界标准为开放式，允许任何人及厂商进入这个市场，而沿用至今的基本输入输出系统（BIOS）也是在当时首度整合其中，此产品作为 PC 业的里程碑的确不为过。PC 的发展成就了 Intel、微软、戴尔等公司。苹果公司登报向 IBM 进军个人微机市场表示了欢迎。IBM 将 5150 称为个人计算机，如图 1-5 所示。1982 年，个人计算机（首次非人物获得）被《时代周刊》评选为“年度风云人物”，如图 1-6 所示。

图 1-5　IBM 5150

图 1-6　1982 年《时代周刊》

⊖ 1in=2.54cm。

1983 年，IBM 公司再次推出改进型 IBM PC/XT 个人计算机，增加了硬盘。1984 年，IBM 公司推出 IBM PC/AT，并率先采用 Intel 80286 微处理器芯片。从此，IBM PC 成为个人微机的代名词，它是 IBM 公司 20 世纪最伟大的产品，IBM 也因此获得“蓝色巨人”的称号。由于 IBM 公司在计算机领域占有强大的地位，它的 PC 一经推出，世界上许多公司都向其靠拢。又由于 IBM 公司生产的 PC 采用了“开放式体系结构”，并且公开了其技术资料，因此其他公司先后为 IBM 系列 PC 推出了不同版本的系统软件和丰富多样的应用软件，以及种类繁多的硬件配套产品。有些公司又竞相推出与 IBM 系列 PC 相兼容的各种兼容机，从而促使 IBM 系列的 PC 迅速发展，并成为当今微型计算机中的主流产品。直到今天，PC 系列微型计算机仍保持了最初 IBM PC 的雏形。

4．第四阶段（1985～2003 年）

第四阶段是 32 位微处理器时代，又称为第四代。制造工艺为 1～0.13μm，集成度为 100～4200 万晶体管/片，具有 32 位地址线和 32 位数据总线。微机的功能已经达到甚至超过超级小型计算机，完全可以胜任多任务、多用户的作业。其典型产品包括 1987 年 Intel 的 80386 微处理器，1989 年 Intel 的 80486 微处理器，1993 年 Intel 的奔腾（Pentium）微处理器，2000 年 Intel 的 Pentium III、Pentium 4 微处理器，以及 AMD 的 K6、Athlon 微处理器，还有 Motorola 公司的 M68030/68040 等。

5．第五阶段（2004 年至今）

第五阶段是 64 位微处理器和微型计算机，发展年代为 1994 年到现在。制造工艺为 90～20nm，晶体管数量高达 1～10 亿晶体管/片。2003 年，AMD 公司发布了面向台式机的 64 位处理器 Athlon 64，标志着 64 位微机的到来；2005 年，Intel 和 AMD 发布了双内核 64 位处理器；2007 年，Intel 和 AMD 发布了四核 64 位处理器；2010 年 Intel 和 AMD 都发布 了六核 64 位处理器。目前微机上使用的 64 位微处理器有 Intel Core i3/i5/i7、AMD FX/A8/A6 等。

微机采用的微处理器的不同决定了它的档次，但它的综合性能在很大程度上还要取决于其他配置。总地说来，微型机技术发展得更加迅速，平均每两三个月就有新的产品出现，平均每两年芯片集成度提高一倍，性能提高一倍，性能价格比大幅度下降。将来，微型机将向着重量更轻、体积更小、运算速度更快、使用及携带更方便、价格更便宜的方向发展。

1.2 微型计算机的分类

在选购和使用微机时，有以下几种分类方法。

1．按微机的结构形式分类

微机主要有两种结构形式，即台式微机和便携式微机。台式微机分为传统的台式微机、一体电脑、HTPC 和准系统，便携式微机分为笔记本电脑、超极本和平板电脑。下面按照目前使用的广泛程度逐一介绍。

（1）台式微机（Desktop Computer）

台式微机简称台式机。最初的微机都是台式的，至今仍是它的主要形式。台式机需要放置在桌面上，它的主机、键盘和显示器都是相互独立的，通过电缆和插头连接在一起，如图 1-7 所示。台式机的特点是体积较大，但价格比较便宜，部件标准化程度高，系统扩充、维护和维修比较方便。台式机是用户可以自己动手组装的机型。台式机是目前使用最多的结构形式，适合在相对固定的场所使用。

图 1-7　台式微机的外观

（2）笔记本电脑

笔记本电脑（Laptop Computer 或 NoteBook Computer）是一种小型、可携带的个人计算机，是把主机、硬盘、键盘和显示器等部件组装在一起，体积有手提包大小，并能用蓄电池供电，如图 1-8 所示。笔记本电脑目前只有原装机，用户无法自己组装。

图 1-8　笔记本电脑的外观

（3）超极本

超极本（UltraBook）是 Intel 继上网本之后，定义的又一全新品类的计算机产品，Ultra 的意思是极端的，UltraBook 指极致轻薄的笔记本电脑产品，即我们常说的超轻薄笔记本电脑，中文翻译为“超极本”。超极本是 Intel 公司为与苹果笔记本 MacBook Air/Pro、iPad 竞争，为维持现有 Intel 体系，提出的新一代笔记本电脑概念，旨在为用户提供低能耗、高效率的移动生活体验。根据 Intel 公司对超极本的定义，UltraBook 既具有笔记本电脑性能，又具有平板电脑响应速度快、简单易用的特点。常见的超极本外观如图 1-9 所示。

图 1-9　超极本的外观

（4）一体电脑

一体电脑改变了传统微机屏幕和主机分离的设计方式，把主机与显示器集成到一起，所需的所有主机配件全部高集成化地集中到了屏幕后侧。一体电脑是综合笔记本电脑和传统台式微机两者优点的产品，同时又介于两者之间。同时，一体电脑还带有其他一些功能和应用，如触屏设计、蓝牙技术应用等。如图 1-10 所示是常见一体电脑的外观。

图 1-10　一体电脑的外观

（5）平板电脑

平板电脑（Tablet Personal Computer，Tablet PC）是一种小型、方便携带的个人计算机，以触摸屏作为基本的输入设备，提供浏览互联网、收发电子邮件、观看电子书、播放音频或视频、游戏等功能。2002 年 11 月，微软（Microsoft）公司首先推出了 Tablet PC，但是并没有引起世人过多的关注，直到 2010 年 1 月苹果（Apple）公司发布 iPad 平板电脑后，平板电脑才开始引发了人们的兴趣，许多公司发布了平板电脑产品。如图 1-11 所示是几款平板电脑的外观。

图 1-11　平板电脑的外观

（6）HTPC

家庭影院计算机或客厅计算机（Home Theater Personal Computer，HTPC）是以 PC 担当信号源和控制的家庭影院，也就是一台具有多种接口（如 HDMI、DVI 等），可与多种设备（如电视机、投影机、显示器、音频解码器、音频放大器等数字设备）连接，而且预装了各种多媒体解码播放软件，可以播放各种影音媒体的微机。为了在客厅播放高清影音，HTPC 与传统 PC 有一些区别，HTPC 对 PC 硬件有一些特殊要求，如小巧漂亮的机箱、无线鼠标、键盘、半高显卡、提供 HDMI 高清视频影音接口、采用静音散热设计等，以使其更适合 HTPC。如图 1-12 所示是 HTPC 的主机箱及使用展示。

图 1-12　HTPC 的主机箱及使用展示

（7）准系统

准系统产品大致可以这样通俗地说：它是一个带有主板的机箱，而主板则集成了基本的显示、音效系统以及常用的接口。若要组成一台计算机，其他的配件则需用户另外购买装配，例如需要购买 CPU（有的准系统带有 CPU）、内存、硬盘、显示器、音箱等。准系统与传统整机 PC 相比，具有体积小（不到主机的 1/3，紧凑准系统只有手掌大小）、外观时尚、DIY 难度小的特点。有的准系统机箱可以安装到液晶显示器背部。如图 1-13 所示几款准系统的外观。

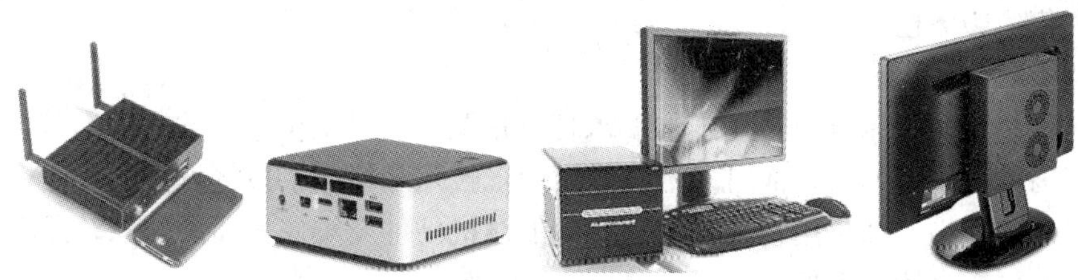

图 1-13　准系统

2．按微机的流派分类

微机从诞生到现在有两大流派：PC 系列和苹果系列。

- PC 系列：采用 IBM 公司开放技术，由众多公司一起组成的 PC 系列。
- 苹果系列：由苹果公司独家设计的苹果系列。

苹果机与 PC 的最大区别是计算机的灵魂——操作系统不同，PC 一般采用微软的 Windows 操作系统，苹果机采用苹果公司的 Mac OS 操作系统。Mac OS 具有优秀的用户界面，操作简单而人性，性能稳定，功能强大。苹果机也分为台式机和笔记本电脑。现在新出的苹果台式机和笔记本电脑都采用 Intel 双核、四核处理器，苹果机只有原装机，没有组装机。苹果机的外观如图 1-14～图 1-18 所示。

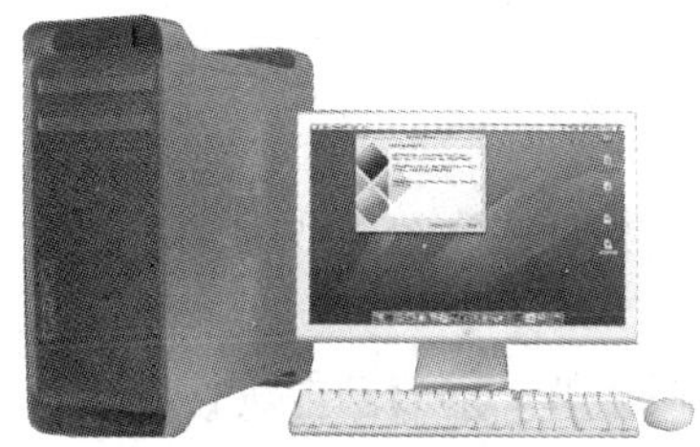

图 1-14　苹果的 iMac 机

图 1-15　苹果 iMac 一体计算机

图 1-16　苹果的 MacBook 笔记本电脑

图 1-17　苹果 MacBook Air 笔记本电脑

图 1-18　苹果的 Mac Pro 台式机

3．按品牌机与组装机分类

目前，国内市场上各种类型的微机种类繁多，即使相同档次、相同配置的微机，其价格仍有较大差异，大致可分为品牌机、组装机。

（1）品牌机

品牌机由国内外著名大公司生产，在质量和稳定性上高于组装机，均配有齐全的随机资料和软件，并附有品质保证书，信誉较好，售后服务也有保证，但价格要比同档次的兼容组装机高出许多。另外，一些品牌机在某些方面采用了特殊设计和特殊部件，因此部件的互换性稍差，维修也比较昂贵。常见的品牌机有联想、戴尔（DELL）、惠普（HP）等。国产品牌机与国外品牌机相比，性能上并没有本质区别，只是厂家不同，而且国产品牌机价格适中，信誉和售后服务也较好。

（2）组装机

组装机价格低廉，部件可按用户的要求任意搭配，而且维护、修理方便。其主要问题在于组装机多为散件组装而成，而且多数销售商由于技术和检测手段等方面的原因，不能很好地保证微机的可靠性。如果用户能够掌握一定的微机硬件及维修方面的知识，或者得到销售商售后服务的可靠支持，则组装机可以说是物美价廉。

4．按微机的应用和价格分类

根据个人或企业应用层次和需求的不同，可将微机划分为以下档次：

- 学生学习型。面向学生学习的机型，一般配置不高，目前价格一般在 3000 元以下。
- 家用经济型。注重家庭学习和娱乐的机型，目前价格一般在 4000 元左右。
- 游戏发烧型。注重游戏的声光色彩和流畅的三维效果，目前价格一般在 6000 元左右。
- 企业应用型。面向企业生产和管理的机型，比较注重微机的运行稳定和高效，目前这类微机的价格一般都在 8000 元以上。
- 专业设计型。从事微机平面设计、三维设计、影视制作等，要求配置较高，价格目前一般在 10000 元以上。

1.3 微机系统的组成

微机虽然体积不大，却具有许多复杂的功能和很高的性能，并且在系统组成上几乎与大型电子计算机系统没有什么不同。

微机系统的组成，首先分成硬件和软件两大部分，然后再根据每一部分功能进行进一步划分。

1．硬件和软件

（1）硬件

计算机的硬件（Hardware）是指组成计算机的看得见、摸得着的实际物理设备，包括计算系统中由电子、机械和光电元器件等组成的各种部件和设备。这些部件和设备按照计算机系统结构的要求构成一个有机整体，称为计算机硬件系统。硬件系统是计算机实现各种功能的物理基础，没有安装软件的计算机也称为裸机。计算机进行信息交换、处理和存储等操作都是在软件的控制下，通过硬件实现的。

（2）软件

计算机的软件（Software）是指为了运行、管理和维护计算机系统所编制的各种程序的总和。软件一般分为系统软件和应用软件。系统软件通常由计算机的设计者或专门的软件公司提供，包括操作系统、计算机的监控管理程序、程序设计语言编译器等。应用软件是由软件公司、用户，利用各种系统软件、程序设计语言编制的，用来解决各种实际问题的程序。软件是计算机的“灵魂”，只有硬件而没有软件的计算机是无法工作的。

2．主机与外部设备

（1）主机

从功能上讲，主机主要包括 CPU 和内存储器。

- CPU：CPU 是微机的“大脑”，由运算器和控制器组成。它一方面负责各种信息的处理工作，同时也负责指挥整个系统的运行。因此，CPU 的性能从根本上决定了微机系统的性能。
- 内存储器：存储器在计算机中起着存储各种信息的作用，分为内存储器和外存储器两个部分，每个部分各有特点。内存储器是直接与 CPU 联系的存储器，一切要执行的程序和数据一般都要先装入内存储器，内存储器由半导体大规模集成电路芯片组成。

从实际的结构来说，一般把机箱及其内部所装的板卡、硬盘等部件的全部称为主机。

（2）外部设备

微机中除了主机以外的所有设备都属于外部设备（简称外设）。外部设备的作用是辅助主机的工作，为主机提供足够大的外部存储空间，提供与主机进行信息交换的各种手段。外部设备作为微机系统的重要组成部分，必不可少。微机系统最常见的外部设备如下。

- 外置存储器：外置存储器在微机系统中通常是作为后备存储器使用，用于扩充存储器的容量和存储当前暂时不用的信息。外置存储器的特点是容量大，信息可以长期保存，但其存取速度相对较慢。目前微机所使用的外置存储器主要是移动硬盘、光盘、闪存盘等。
- 键盘：键盘是微机的基本输入设备，利用键盘可以将各种数据、程序、命令等输入到微机中。
- 显示器：显示器是微机常用的输出设备，用户用键盘操作的情况、程序的运行状况等信息都可以显示在屏幕上。

作为人机对话的主要界面，显示器和键盘已经成为微机必备的标准输入、输出设备。

- 打印机：打印机也是一种常用的输出设备。不同于显示器的是，通过打印机可以得到长期保存的书面形式，即“硬拷贝（Hard Copy）”。

1.4 微机的硬件结构

对于维修人员和用户来说，最重要的是微机的实际物理结构，即组成微机的各个部件。微机的结构并不复杂，只要了解它是由哪些部件组成的，各部件的功能是什么，就能对板卡和部件进行组装、维护和升级，构成新的微机，这就是微机的组装。如图 1-19 所示是从外部看到的典型的微机系统，它由主机、显示器、键盘、鼠标等部分组成。

PC 系列微机是根据开放式体系结构设计的。系统的组成部件大都遵循一定的标准，可以根据需要自由选择、灵活配置。通常一个能实际使用的微机系统至少需要主机、键盘和显示器 3 个组成部分，因此这三者是微机系统的基本配置，而打印机和其他外部设备可根据需要选配。主机是安装在一个主机箱内所有部件的统一体，其中除了功能意义上的主机以外，还包括电源和若干构成系统所必不可少的外部设备和接口部件，其结构如图 1-20 所示。

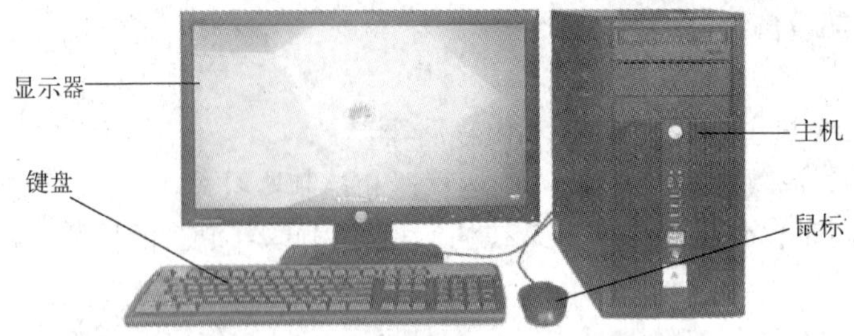

图 1-19　从外部看到的典型的微机系统

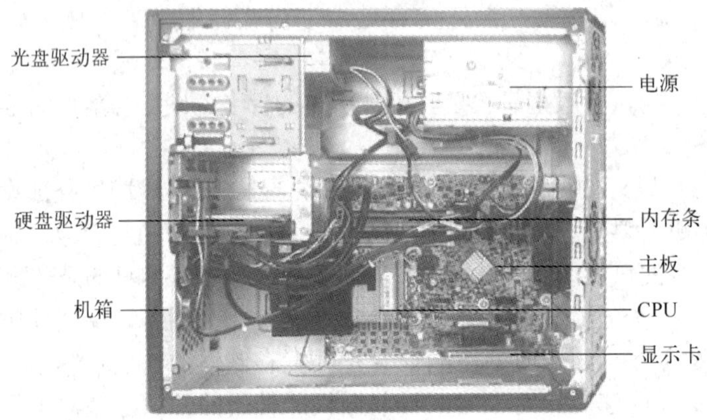

图 1-20　主机

目前微机配件基本上是标准产品，全部配件也只有 10 件左右，如机箱、电源、主板、CPU、内存条、显示卡、硬盘、显示器、键盘、鼠标等部件，使用者只需选配所需的部分，然后把它们组装起来即可。微机一般由下列部分组成。

1．CPU

CPU 是决定一台微机性能的核心部件（如图 1-21 所示），人们常以它来判定微机的性能。

2．内存

内存的性能与容量也是衡量微机整体性能的一个决定性因素，如图 1-22 所示。

图 1-21　CPU

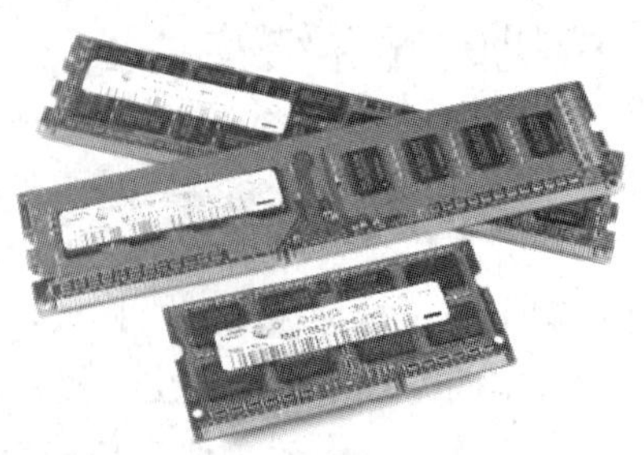

图 1-22　内存条

3．主板

主板是一块多层印制电路板。主板上有 CPU、内存条、扩展槽、键盘、鼠标接口以及一些外部设备的接口和控制开关等。不插 CPU、内存条、显卡的主板称为裸板。主板是微机系统中最重要的部件之一，其外观如图 1-23 所示。

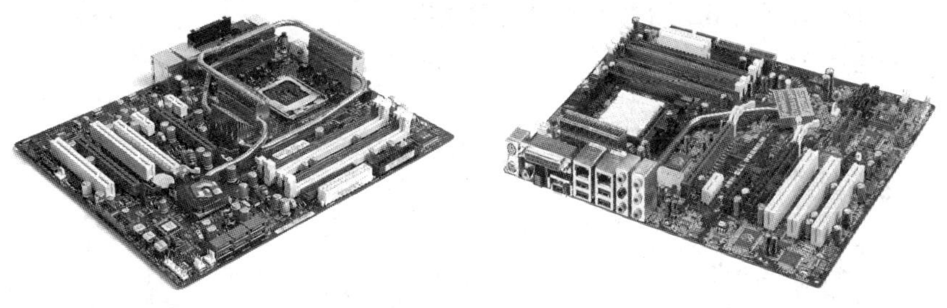

图 1-23　主板

4．硬盘驱动器（简称硬盘）

因为硬盘可以容纳大量信息，通常用作计算机上的主要存储器，保存几乎全部的程序和文件。硬盘驱动器通常位于主机内，通过主板上的适配器与主板相连接。硬盘的外观如图 1-24 所示。

5．CD 和 DVD 驱动器

有些微机装有 CD 或 DVD 驱动器，该驱动器通常安装在主机箱的前面。CD 和 DVD 驱动器的外观如图 1-25 所示。

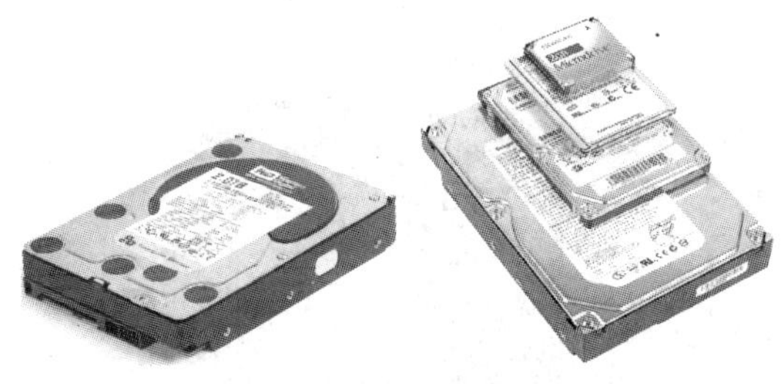

图 1-24　硬盘

图 1-25　光驱

6．各种接口适配器

各种接口适配器是主板与各种外部设备之间的联系渠道，目前可安装的适配器有显示卡、声卡等。由于适配器都具有标准的电气接口和机械尺寸，因此用户可以根据需要进行选配和扩充。显示卡的外观如图 1-26 所示，声卡的外观如图 1-27 所示。

图 1-26　显示卡

图 1-27　声卡

7．机箱和电源

机箱由金属箱体和塑料面板组成，分立式和卧式两种，如图 1-28 所示。上述所有系统装置的部件均安装在机箱内部，面板上一般配有各种工作状态指示灯和控制开关，光驱总是安装在机箱前面，以便放置或取出光盘，机箱后面预留有电源插口、键盘、鼠标插口以及连接显示器、打印机、USB、IEEE 1394 等通信设备的插口。

电源是安装在一个金属壳体内的独立部件，如图 1-29 所示，它的作用是为主机中的各种部件提供工作所需的电源。

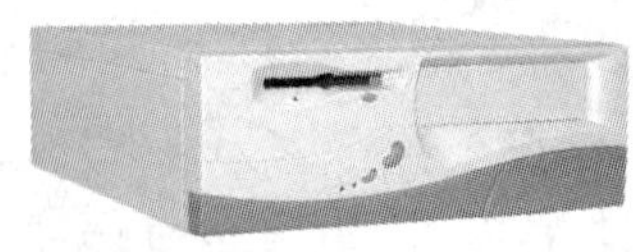

图 1-28　机箱

图 1-29　电源

8．显示器（也称监视器）

显示器中显示信息的部分称为“屏幕”，可以显示文本和图形，显示器是微机中最重要的输出设备。显示器产品主要有两类：阴极射线管（CRT）显示器和液晶显示器（LCD）。其外观分别如图 1-30 和图 1-31 所示。

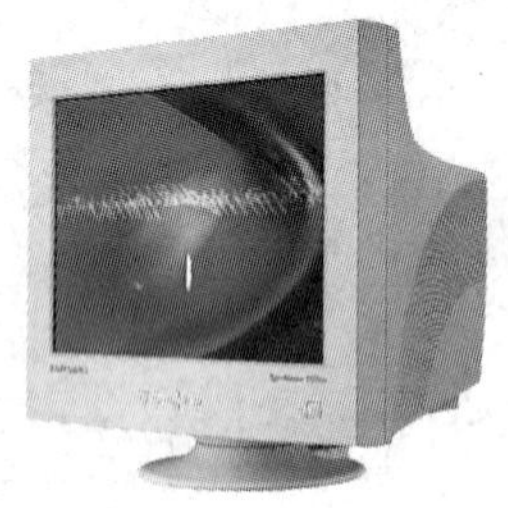

图 1-30　CRT 显示器

图 1-31　LCD

9．键盘和鼠标

键盘主要用于向计算机输入文本。鼠标是一个指向并选择计算机屏幕上项目的小型设备。键盘和鼠标是微机中最主要的输入设备，其外观分别如图 1-32 和图 1-33 所示。

图 1-32　键盘

图 1-33　鼠标

10．打印机

打印机是微机系统中常用的输出设备之一，打印机在微机系统中是可选件，利用打印机可以打印出各种资料、文书、图形及图像等。根据打印机的工作原理，可以将打印机分为 3 类：针式打印机、喷墨打印机和激光打印机，如图 1-34 所示。

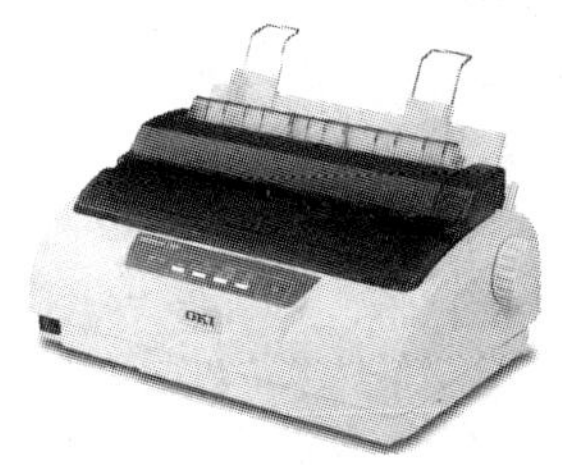
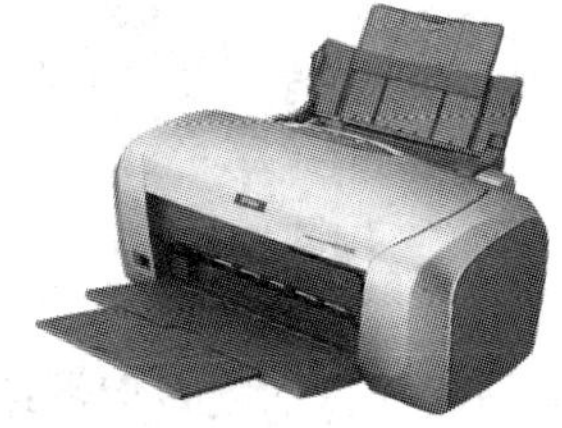

图 1-34　针式打印机、喷墨打印机和激光打印机

- 针式打印机是利用打印头内的点阵撞针，撞击打印色带，在打印纸上产生打印效果。
- 喷墨打印机的打印头由几百个细小的喷墨口组成，当打印头横向移动时，喷墨口可以按一定的方式喷射出墨水，打到打印纸上，形成字符、图形等。
- 激光打印机是一种高速度、高精度、低噪声的非击打式打印机，它是激光扫描技术与电子照相技术相结合的产物。激光打印机具有很高的打印质量和很快的打印速度，可以输出漂亮的文稿，也可以输出直接用于印刷制版的透明胶片。

打印机的使用很简单，在打印机上装上打印纸，从主机上执行打印命令，即可打印出来。

1.5　实训

1.5.1　微机外部线缆的连接

对微机用户来说，最基本的要求就是微机外部线缆的连接，即主机箱与显示器、键盘、鼠标之间通过线缆连接起来。机箱后部的接口如图 1-35 所示。

图 1-35　机箱后部的接口

如图 1-36 所示是从后部看到的电源线、信号线的连接图。

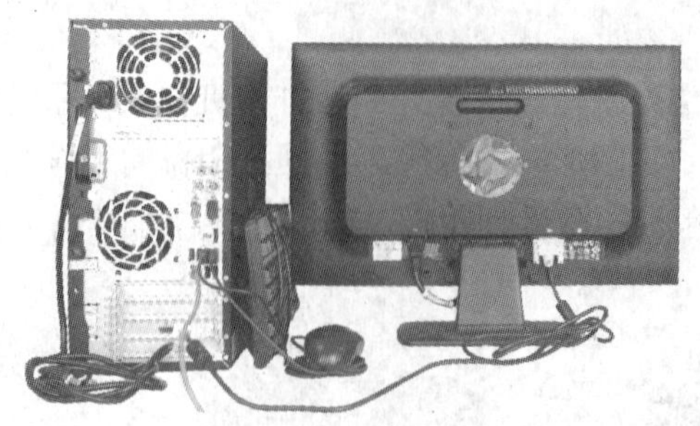

图 1-36　从后部看到的电源线、信号线的连接图

微机外部线缆的连接遵循先连接信号线，后连接电源线的原则。其连接步骤如下。

1．连接显示器

显示器尾部有两根电缆线，一根是三芯电源线，另一根是信号电缆。将显示器信号插口对准显示卡上的显示信号输出插座（VGA 或 DVI），如图 1-37 和图 1-38 所示，平稳插入，然后拧紧插头两端的压紧螺钉，再把显示器电源线插入三孔电源插座。

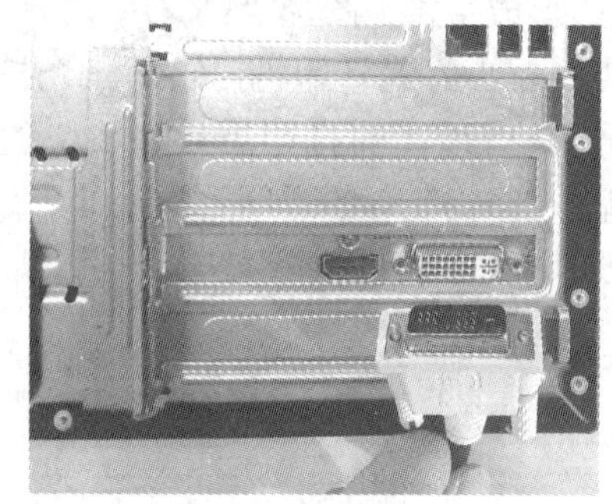

图 1-37　连接 DVI 信号电缆

图 1-38　连接 VGA 信号电缆

2．连接键盘、鼠标

键盘、鼠标的安装应根据键盘、鼠标的接口类型（USB 或 PS/2），插入主板上的对应插座中。如果键盘、鼠标是 USB 接口，可插入到主板上的任何一个 USB 插座中，如图 1-39 所示。如果是 PS/2 接口，则要插入到主板上的对应插座中，对于符合规范的主板，键盘接口是紫色的（靠近边沿），如图 1-40 所示；鼠标接口是绿色的，如图 1-41 所示。但要注意，对于 PS/2 接口的键盘、鼠标，不能带电插拔。

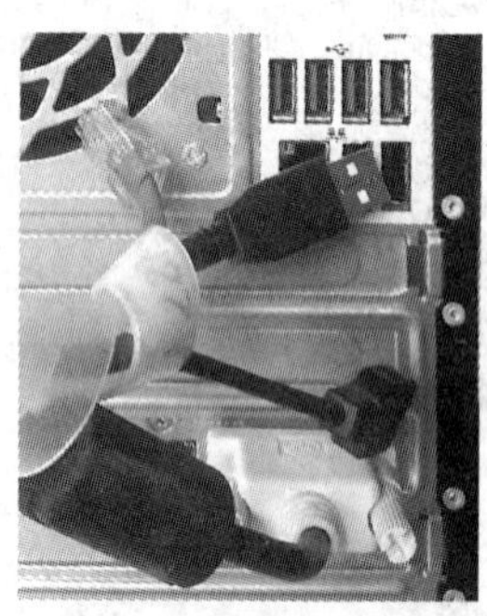

图 1-39　连接 USB 键盘或鼠标

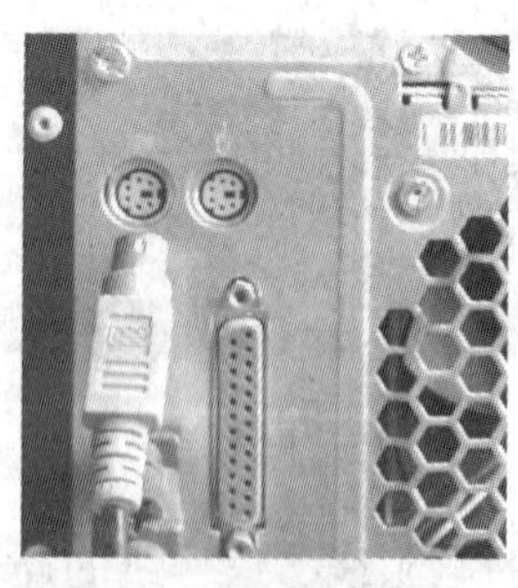

图 1-40　连接 PS/2 键盘

图 1-41　连接 PS/2 鼠标

3．连接主机电源

连接主机电源之前，再检查一遍各种设备的连接是否正确，尤其是电源线的连接。确认无误后，将主机电源线一端插在机箱后面的电源插孔内，如图 1-42 所示，另一端插在市电插座上。微机外部线缆连接完成，如图 1-36 所示。

图 1-42 连接主机电源线

4．开机测试

按下主机箱面板上的电源开关，机器中的设备将开始运转，其中 CPU 风扇、电源风扇会发出“嗡嗡”的声音，并且可听到硬盘电动机加电的声音，光驱也开始预检。当听到小扬声器“嘟”的一声响后，显示器屏幕上出现系统提示信息，表明可以正确启动。如果没有出现上述现象，则需要重新检查设备的连接情况，并予以纠正，直至正常工作。

1.5.2 微机的启动和关闭

1．微机的启动

微机的启动有冷启动、重新启动、复位启动 3 种方法，可以在不同情况下选择操作。

（1）冷启动

冷启动又称加电启动，是指微机在断电情况下加电开机启动。具体启动过程如下。

1）加电。打开显示器电源，接着打开主机电源。如果显示器电源接在主机电源上，则直接打开主机电源。

2）自检。由机器自动完成，一般不需用户干预。首先对微机硬件做全面检查，即检查主机和外设的状态，并将检查情况在显示器上显示，这个过程称为自检。在自检过程中，若发现某设备状态不正常，则通过显示器或机内扬声器给出提示。若有严重故障，必须排除后，方可进行下一步启动操作。遇到故障，应根据提示排除。

3）引导操作系统。自检通过后，则自动引导操作系统，例如 Windows 7、Windows 10。操作系统一般存储在硬盘上，由微机自动引导。

（2）重新启动

重新启动是指在微机已经开启的情况下，因死机、改动设置等，而重新引导操作系统的方法。由于重新启动是在开机状态下进行的，所以不再进行硬件自检。重新启动的方法是在 Windows 中选择“重新启动”，则微机会重新引导操作系统。

（3）复位启动

复位启动是指在微机已经开启的情况下，通过按下机箱面板上的复位按钮或长按机箱面板上的开关按钮，重新启动微机。一般是在微机的运行状态出现异常（如键盘控制错误），而重新启动无效时才使用。启动过程与冷启动基本相同，只是不需要重新打开电源开关，而是直接按一下机箱面板上的复位开关 Reset。复位启动会丢失部分微机资源以及在微机中所进行的未保存的工作，所以复位启动只在无法正常重新启动时偶尔使用。

2．微机的关闭

用完微机以后应将其正确关闭，这一点很重要，不仅是因为节能，这样做还有助于使计算机更安全，并确保数据得到保存。关闭计算机的方法有两种：使用“开始”菜单上的“关机”按钮，按计算机的电源按钮。

（1）使用“开始”菜单上的“关机”按钮

Windows 10 的关机方法是：单击“开始”按钮⊞，然后单击“开始”菜单中的“电源”，再单击“关机”按钮。计算机关闭所有打开的程序以及 Windows 本身，然后关闭计算机电源。为了使微机彻底断开电源，还要关闭电源插座上的开关，或者把主机和显示器的电源插头从插座上拔下来。关机不会进行保存工作，因此必须首先保存文件。

（2）按计算机的电源按钮

如果要快速关闭微机，要先结束应用程序，回到桌面，然后按一下机箱面板上的开关按钮，Windows 将自动关闭，并切断电源。其作用与通过 Windows“开始”菜单上的“关机”按钮相同。

（3）强制关机

如果通过 Windows“开始”菜单上的“关机”按钮和按一下机箱面板上的开关按钮，都无法关机，可按下机箱面板上的开关按钮不放，等待十几秒，将强制关机。其后果是在下次启动时，Windows 将花费更长时间来自检。

1.6 思考与练习

1．上网查阅有关资料，了解微机的发展历史。

2．根据你了解的知识，列出微机的硬件和软件组成。

3．分别打开不同档次、配置的微机机箱，查看整体结构。掌握各种配件的名称、接口及插座的名称。

4．了解品牌机和组装机的区别。

5．识别台式机机箱背后的接口，如图 1-35 所示。掌握台式机外部的连接方法（包括显示器与主机的连接，键盘和鼠标与主机的连接）。

6．掌握正确开、关微机的步骤。

第 2 章　中央处理器

CPU 是现代计算机最核心的部件，又称为微处理器（Micro Processor），由运算器和控制器组成。对于微机而言，CPU 的规格与频率常被用来作为衡量一台微机性能强弱的重要指标，人们常以它来判定微机的档次。随着 CPU 不断的发展，现在 CPU 仍朝着多核、多线程的方向发展。

2.1　晶体管的诞生与摩尔定律

1．晶体管的诞生

1947 年 12 月 16 日，美国新泽西州墨累山的贝尔实验室里，3 位科学家——威廉・肖克利（William Shockley）（如图 2-1 所示）、约翰・巴顿（John Bardeen）和沃特・布拉顿（Walter Brattain）成功地制造出第一个晶体管，改变了人类的历史。到了 1950 年，William Shockley 开发出双极性接面晶体管（Bipolar Junction Transistor），也就是现在俗称的晶体管，而第一款采用晶体管技术并商业化的装置于 1953 年上市，是一款助听器。这 3 位科学家共同荣获了 1956 年诺贝尔物理学奖。晶体管促进并带来了“固态革命”，进而推动了全球范围内的半导体电子工业。作为主要部件，它首先在通信工具方面得到及时、普遍的应用。

图 2-1　威廉・肖克利

由于晶体管彻底改变了电子线路的结构，集成电路以及大规模集成电路应运而生，为制造像高速电子计算机之类的高精密装置奠定了基础。

2．摩尔定律

Intel 公司的创始人戈登・摩尔（Gordon Moore）（如图 2-2 所示）通过长期的对比、研究后发现，CPU 中的部件（我们现在所说的晶体管）在不断增加，其价格也在不断下降。“随着单位成本的降低以及单个集成电路集成的晶体管数量的增加；到 1975 年，从经济学来分析，单个集成电路应该集成 65000 个晶体管。”Intel 此后几年的发展都被摩尔提前算在了纸上，使人们大为惊奇，“摩尔定律”也名声大振。为了让人们更直观地了解摩尔定律，摩尔及其同事总结出一句极为精练的公式——“集成电路所包含的晶体管每 18 个月就会翻一番”。

图 2-2　戈登・摩尔

按照摩尔所说，芯片上集成的晶体管数量大约每 18 个月就将翻一番。这意味着，只有不断提高工艺，增加晶体管集成度，才能提升芯片主频和性能。之后的芯片内集成的晶体管数量也证实了他的这句话，并且发展速度还在加快。从芯片制造工艺来看，在 1965 年推出的 10μm（微米）处理器后，经历了 6μm、3μm、1μm、0.5μm、0.35μm、0.25μm、0.18μm、0.13μm、0.09μm、0.065μm，0.045μm，0.032μm，0.022μm，而 0.022μm 的制造工艺将是目前 CPU 的最高工艺。每当新一代 CPU 问世时，人们都会热衷于讨论它采用了多少微米或纳米制程。的确，每一次制程（或制造工艺）的进步都会对芯片制造业产生举足轻重的影响。

这一定律揭示了信息技术进步的速度。尽管这种趋势已经持续了超过半个世纪，摩尔定律仍应该被认为是观测或推测，而不是一个物理或自然法。预计定律将持续到至少 2015 年或 2020 年。然而，2010 年国际半导体技术发展路线图的更新增长已经在 2013 年年底放缓，之后的时间里晶体管数量密度预计只会每 3 年翻一番。2015 年 7 月，根据《金融时报》的报道，英特尔 CEO 科再奇（Brian Krzanich）警告称，摩尔定律即将走向终结。

2.2 微处理器的发展历史

Intel x86 架构从 1978 年到现在已经经历了近 40 年，x86 架构的 CPU 处处影响着如今的微机用户。下面以 Intel 公司为主线，介绍 CPU 的发展历史。

Intel 公司(intel)成立于 1968 年，总部位于美国加利福尼亚州的圣克拉拉市。Intel 这个英文单词是由“集成/电子（Integrated Electronics）”两个英文单词组合成的，Intel 公司是 x86 体系 CPU 最大的生产厂家，是世界上最大的半导体生产公司。

超微半导体（Advanced Micro Devices，AMD）公司AMD于 1969 年成立，总部位于美国加利福尼亚州桑尼维尔。其在台式机 CPU 市场上的占有率仅次于 Intel，是全球第二大处理器生产商。

2.2.1 4 位处理器

在 20 世纪 60 年代，计算机通常都是笨重的庞然大物。集成电路的出现改变了计算机这一形象。Intel 公司的工程师根据需求把传统的运算器和控制器集成在一块大规模集成电路芯片上，于 1971 年 11 月 15 日发布了该公司的第一款微处理器，也是全球第一款商用微处理器——Intel 4004，如图 2-3 所示。4004 的字长为 4bit（位），采用 10μm 制造工艺，16 针 DIP 封装，芯片核心尺寸为 3mm×4mm，共集成有 2300 个晶体管，时钟频率为 108kHz，运算能力为 6 万次/s，包括寄存器、累加器、算术逻辑部件、控制部件、时钟发生器及内部总线等。

2.2.2 8 位处理器

1972 年，Intel 公司研制出 8008 处理器，字长为 8bit，晶体管数量 3500 个，速度 200kHz。8008 的性能是 4004 的两倍，如图 2-4 所示。

1974 年 Intel 研制出 8080 的改进型号 8080，集成度提高约 4 倍，每片集成了 6000 个晶体管，主频为 2MHz，采用 6μm 制造工艺，如图 2-5 所示。

图 2-3 Intel 4004 处理器

图 2-4 Intel 8008 处理器

图 2-5 Intel 8080 处理器

其他公司生产的微处理还有 Motorola 6502/6800，以及 1976 年 Zilog 公司的 Z80。当年，爱德华·罗伯茨用 8080 作为 CPU 制造了第一台“牛郎星”个人计算机，不过严格来说这样的计算机只是个玩具。

2.2.3 16 位处理器

1．Intel 8086/8088 处理器

1978 年 6 月 8 日，Intel 公司推出了首枚 16 位微处理器 i8086，如图 2-6 所示。i8086 集成 2.9 万个晶体管，采用 3μm 制造工艺，时钟频率为 4.77MHz，内部数据总线（CPU 内部传输数据的总线）、外部数据总线（CPU 外部传输数据的总线）位宽均为 16bit，地址总线位宽为 20bit，可寻址 1MB 内存。8086 的诞生标志着 x86 架构的开始，到今天它仍然是所有 x86 兼容处理器的基础。

不过这款 16 位处理器的高昂价格阻止了其在微机中的应用。于是，1979 年，Intel 又推出了 8086 的简版——8 位的 8088 处理器，如图 2-7 所示。8086 和 8088 内部数据总线位宽均为 16bit，而 8088 的外部数据总线位宽为 8bit。因为当时的大部分设备和芯片都是 8bit 的，8088 的外部数据总线传送、接收 8bit 数据，能与这些设备相兼容。8088 采用 40 针的 DIP 封装，工作频率为 6.66MHz、7.16MHz 或 8MHz，处理器核心集成了大约 2.9 万个晶体管。在 8088 的架构上，已经可以运行较复杂的软件，因此使研制商用微机成为可能。1981 年，IBM 公司将 8088 处理器用于其研制的 IBM PC 中，从而开创了全新的微机时代。

2．Intel 80286 处理器

1982 年，Intel 推出了 80286 处理器，其内部包含 13.4 万个晶体管，时钟频率由最初的 6MHz 逐步提高到 20MHz。其内部和外部数据总线位宽皆为 16bit，地址总线位宽为 24bit，可寻址 16MB 内存。80286 有两种工作方式：实模式和保护模式。如图 2-8 所示是 Intel 80286 处理器的外观。IBM 公司将 Intel 80286 处理器用在 IBM PC/AT 中。

图 2-6 Intel 8086 处理器

图 2-7 Intel 8088 处理器

图 2-8 Intel 80286 处理器

2.2.4 32 位处理器

1．Intel 80386 处理器

1985 年，Intel 发布 80386DX 处理器，如图 2-9 所示。其内部包含 27.5 万个晶体管，工作频率为 16MHz，后来逐步提高到 20MHz、25MHz、33MHz 和 40MHz。80386DX 的内部和外部数据总线位宽都为 32bit，地址总线位宽也为 32bit，可以寻址到 4GB 内存，并可以管理 64TB 的虚拟存储空间。除具有实模式和保护模式以外，还增加了一种“虚拟 86”的工作模式，可以通过同时模拟多个 8086 处理器来提供多任务能力。

图 2-9　Intel 80386DX 处理器

除 Intel 公司生产 80386 芯片外，还有 AMD、Cyrix、IBM、TI 等公司也生产与 80386 兼容的芯片。摩托罗拉公司在此期间开发出了 68030 CPU，用于 Apple 微机。

2．Intel 80486 处理器

1989 年，Intel 推出了 Socket 1 接口的 486 处理器，如图 2-10 所示。80486 为 32 位微处理器，集成了 125 万个晶体管，其时钟频率从 25MHz 逐步提高到 33～50MHz。80486 将 80386 和 80387 数字协处理器以及一个 8KB 的高速缓存集成在一个芯片内，并且在 80x86 系列中首次采用了 RISC 技术，可以在一个时钟周期内执行一条指令。

AMD、Cyrix、IBM、TI 等公司也推出了与 80486 兼容的 CPU 芯片，如图 2-11 所示。

图 2-10　Intel 80486DX 处理器

图 2-11　其他 80486 CPU 芯片

处理器的频率越来越快，但是 PC 外部设备受工艺限制，能够承受的工作频率有限，这就阻碍了处理器主频的进一步提高。在这种情况下，从 80486 开始首次出现了处理器倍频技术，该技术使处理器内部工作频率为处理器外部总线运行频率的 2 倍或 4 倍，486DX2 与 486DX4 的名字便是由此而来的，如图 2-12 所示。例如 80486DX2-66，处理器的频率是 66MHz，而主板的外频是 33MHz，即 CPU 内频是外频的 2 倍。

图 2-12　Intel 80486DX4

80486 处理器首次采用了 Socket 接口架构，通过主板上的处理器接口插座与处理器的插针接触。不过由于是第一次采用这种架构，所以 486 处理器时代存在着多种 Socket 处理器接口，如 Socket 1、Socket 2 与 Socket 3 等，所以从那时开始就可以升级 CPU，而不是像以前那样，将 CPU 直接焊接在主板上。也是自从那时开始，DIY（Do It Yourself）成为可能。

3．Intel Pentium 处理器

1993 年，Intel 公司发布了 Pentium 处理器。Pentium 处理器集成了 310 万个晶体管，最初推出的初始频率是 60MHz 与 66MHz，后来提升到 233MHz 以上。Pentium 产品经历了 3 代，处理器的接口分别采用 Socket 4、Socket 5 和 Socket 7。Pentium 处理器的外观如图 2-13 所示。

其他公司与 Pentium 属于同一级别的 CPU 有 AMD K6 与 Cyrix 6x86MX 等，如图 2-14 和图 2-15 所示。

图 2-13 Pentium

图 2-14 AMD K6

图 2-15 Cyrix 6x86MX

4. Intel PentiumⅡ处理器

1997 年 Intel 公司发布的 PentiumⅡ处理器集成了 750 万个晶体管，整合了 MMX 指令集，时钟频率为 233～333MHz，处理器接口也从 Socket 7 转向 Slot 1，如图 2-16 所示。

同期，AMD 公司和 Cyrix 公司分别推出了同档次的 AMD K6-2 和 Cyrix MⅡ处理器，如图 2-17 和图 2-18 所示。

图 2-16 PentiumⅡ

图 2-17 AMD K6-2

图 2-18 Cyrix MⅡ

5. Intel Pentium Ⅲ

1999 年，Intel 公司发布了 Pentium Ⅲ处理器，如图 2-19 所示。它采用 0.25μm 制造工艺，集成 950 万个晶体管，采用 Slot 1 接口，系统总线频率为 100MHz 或 133MHz，新增加了 SSE 指令集，初始主频为 450MHz。其后 Intel 相继发布了主频为 500～600MHz 的多个不同版本。

2000 年 3 月，AMD 公司领先于 Intel 公司推出了 1GHz 的 Athlon（K7）微处理器，其性能超过了 Pentium Ⅲ，如图 2-20 所示。

图 2-19 Pentium Ⅲ（Slot 1 接口）

图 2-20 AMD Athlon（K7）

为了降低成本，后来的 Pentium Ⅲ都改为 Socket 370 接口，时钟频率有 667MHz、733MHz、800MHz、933MHz 和 1GHz 等，其外观如图 2-21 所示。

同期，AMD 公司推出了速龙（Athlon），如图 2-22 所示。它采用 462 针的 Socket A 接口，时钟频率为 700MHz～1.4GHz，内建 MMX 和增强型 3DNow!技术。

图 2-21　Pentium Ⅲ（Socket 接口）

图 2-22　Athlon

6．Intel Pentium 4 处理器

Intel 公司在 2000 年 11 月发布了 Pentium 4 处理器，采用 Socket 423 接口，0.18μm 制造工艺，有 4200 万个晶体管，主频为 1.4～2.0GHz。后期的 Pentium 4 处理器均改为 Socket 478 接口，0.13μm 制造工艺，集成了 5500 万个晶体管，主频为 1.8～2.4GHz，如图 2-23 所示。

同期，AMD 公司推出了 Athlon XP，如图 2-24 所示，仍采用 Socket A 接口，以全面对抗 Pentium 4。Athlon XP 具有当时最强大的浮点单元设计和优秀的整数计算单元，广泛测试显示，Pentium 4 需要多付出 300～400MHz 的工作频率才可以获得与 Athlon XP 相当的性能。

2004 年 6 月 Intel 推出了 LGA775 接口的 Pentium 4、Celeron D 及 Pentium 4 EE 处理器。LGA775 接口处理器的外观如图 2-25 所示。

图 2-23　Socket 478 架构的 Pentium 4

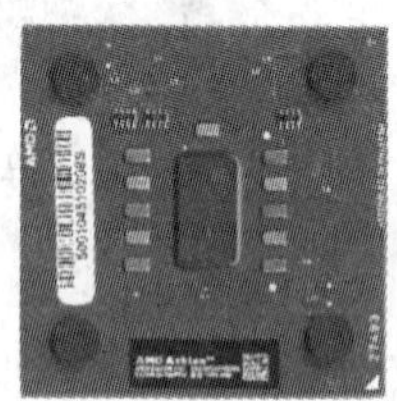

图 2-24　Athlon XP

图 2-25　LGA775 Pentium 4

2.2.5　64 位处理器

对 x86 架构进行扩展，从而实现同时兼容 32 位和 64 位运算，这一理念是由 AMD 率先提出的。事实证明，2003 年 AMD 发布的针对桌面 Athlon 64 以及服务器/工作站的 Opteron 处理器，取得了非常大的成功，兼容 32/64 位运算，使平台过渡顺利而稳定。

1．AMD Athlon 64 系列

2003 年 9 月，AMD 发布了桌面 64 位 Athon 64 系列处理器（也称 K8 架构）。K8 有许多架构方面的改进，重点则是在将北桥芯片中的内存控制器整合到了处理器内部。K8 架构的很多设计理念非常超前，并且提供了出色的性能，K8 在很多应用上都领先当时的 Intel Pentium D。Athlon 64 初始实际频率为 2.0GHz，PR 值为 3200+，如图 2-26 所示。

2．Intel Pentium 4 64 位系列

图 2-26　Athlon 64

Intel 公司于 2005 年 2 月发布了桌面 64 位处理器，LGA775 接口，并冠以 6XX 系列的名称，后来推出的 Pentium 4 5XX 系列、入门的 Celeron D 中也引入 64 位技术。

Intel 与 AMD 的 64 位技术有惊人的相似之处。但是 K8 在一开始就是为 64 位而设计的。而 Intel 的 Prescott 的 64 位功能是后来补充的，所以其效率不高。

2.2.6　64 位双核、四核处理器

1．Intel 桌面双核、四核处理器

Intel 在 2005 年 4 月发布了桌面双核处理器 Pentium D，具有 64 位技术，LGA775 接口，频率分别为 2.8GHz、3.0GHz 及 3.2GHz。

图 2-27　Core 2 处理器

2006 年 7 月，Intel 发布了新一代的全新的微架构桌面处理器——酷睿 2（Core 2），并且宣布正式结束 Pentium 时代。Core 2 桌面双核处理器分为酷睿 2 双核（Core 2 Duo，Duo 代表多核）和 Core 2 极品版（Core 2 Extreme）两种。Core 2 采用 65nm 制造工艺，LGA775 接口，其外观如图 2-27 所示。

Intel 于 2006 年 11 月发布了四核桌面处理器，分为两大系列：酷睿 2 四核（Core 2 Quad）以 Q 开头；酷睿 2 四核极品版（Core 2 Quad Extreme）以 QX 开头。Core 2 Quad 系列有 Q6xxx 和 Q9xxx 两个系列，频率从 2.4～2.83GHz，分别采用 65nm 和 45nm 制造工艺，LGA775 接口。Core 2 Quad Extreme 系列有 QX6xxx（65nm 制造工艺）和 QX9xxx（45nm 制造工艺）两个系列，LGA775 接口，主频 3.0GHz，前端总线频率 1333MHz。

2009 年 6 月，Intel 发布了基于 Nehalem 微构架的 Core i7（四核，LGA1366 接口）、Core i5（四核，LGA1156 接口）。

2．AMD 桌面双核、四核处理器

2005 年 5 月，AMD 发布了第一款 64 位双核 CPU——基于 K8 架构的 Athlon 64 X2 系列（包括 4800+、4600+、4400+及 4200+等），Socket 939 接口。

图 2-28　Phenom 处理器

2007 年 11 月，AMD 发布了基于全新 K10 架构的四核 Phenom 处理器系列，采用 65nm 工艺、Socket AM2+接口，其外观如图 2-28 所示。

2009 年 6 月，AMD 推出了 K10.5 架构的双核、四核处理器 Phenom II、Athlon II，接口为 AM3，采用先进的 45nm SOI 制作工艺。AMD 基于 Socket AM3（938）接口，45nm 制造工艺，K10.5 架构的 CPU 产品分为两大系列：Phenom（羿龙）II 和 Athlon（速龙）II。采用原生六核、四核或两核设计，CPU 内同时内置DDR2和DDR3内存控制器，可支持两种内存，支持 HT 3.0 总线，支持 4.0GT/s 16 位连接，提供最高 16GB/s 的输入/输出带宽，主频为 2.6～3.2GHz。

2.2.7 Intel 64 位新一代多核处理器

自 2006 年 Core 2 处理器发布后，Intel 公司就以“Tick-Tock”钟摆模式有规律地更新处理器，按照 Intel 的计划，每两年进行一次架构大变动：Tick 年更新制作工艺，Tock 年更换处理器的微架构，如图 2-29 所示。

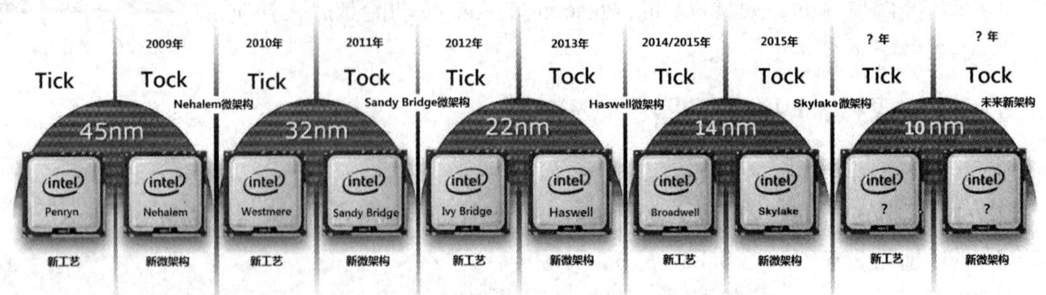

图 2-29　Intel CPU 的“Tick-Tock”模式及 CPU 的代号

2009 年为 Tock 年，采用 45nm 的全新 Nehalem 微架构发布了第一代 Core i7/i5。

2010 年为 Tick 年，工艺更新到 32nm，微构架改名为 Westmere，发布了 Core i3 处理器。

2011 年为 Tock 年，采用 32nm 的全新 Sandy Bridge 微架构，发布了第二代智能 Core i3/i5/i7。

2012 年是 Tick 年，工艺更新到 22nm，微构架改名为 Ivy Bridge，发布了第三代智能酷睿处理器 Core i7/i5/i3 和 Pentium。它只是 Sandy Bridge 的改进版，并非全新微架构。

2013 年是 Tock 年，采用 22nm 的全新 Haswell 微架构，发布了第四代智能酷睿处理器。Haswell 与 Ivy Bridge 虽然都为 22nm，但内部架构已经完全不同，是一个全新的体系。

2014 年是 Tick 年，Intel 第五代酷睿（代号 Broadwell）由于工艺发展遇到了困难而不得不推迟。2015 年 1 月发布全新的 Broadwell 平台，全新的 14nm 制程。2016 年 5 月发布了新一代采用 14nm 制程的 Broadwell-E 处理器。

2015 年是 Tock 年，采用 14nm 的全新的 Skylake 架构，8 月发布了第六代 Core i 处理器。

但在 14nm 工艺阶段，Intel 的 Tick-Tock 战略逐渐失效，之后的 10nm、7nm 工艺也将面临推迟。

1．Intel 第一代 Core i 系列处理器

2010 年 1 月，Intel 公司发布了 Core i 系列处理器，Core 是核心、芯片的意思，而 i 则是智能、智慧（Intelligence）的意思，它们相比以往的 CPU 更加智能，Intel 公司称它们为智能处理器。Core i 分为旗舰版、高端、中级、低级、入门级等 5 个系列，分别是六核的 Core i7 Extreme Edition（旗舰版）、四核的 Core i7、四核或两核的 Core i5、两核的 Core i3、Pentium，分别对应 5 个级别的用户，采用 45nm 制造工艺，分别采用 LGA 1366 接口和 LGA 1156 接口。Intel Core i 系列的标识如图 2-30 所示。i5-600 系列基于 Westmere 架构，核心代号为 Clarkdale，采用 32nm CPU+45nm GFX 制造工艺，是 Intel 公司 PC 史上第一款集成显卡的 CPU。Intel Core i5-600 的外观如图 2-31 所示。第一代 Core i 系列对应的主板芯片组是

Intel H55/H57。

图 2-30 Intel Core i 系列的标识

图 2-31 Core i5-600

2．Intel 第二代 Core i 系列处理器

2011 年 1 月 Intel 公司发布了第二代 Core i 系列处理器 Core i7/i5/i3/Pentium，命名为“第二代智能酷睿处理器”，分为高端、中、低、入门级 4 个系列，均采用全新的 32nm 制造工艺的 Sandy Bridge 微架构。第二代 Core i7/i5/i3/Pentium 采用了全新的标识，如图 2-32 所示。

在命名方式上，第二代 Core i7/i5/i3 采用了新的命名方式，以第二代 Core i7 2600 为例，如图 2-33 所示，“Core”是处理器品牌，“i7”是定位标识，“2600”中的“2”表示第二代，“600”是该处理器的型号。型号后面的字母有 4 种：不带字母、K、S、T。不带字母的是标准版；“K”是不锁倍频版，面向超频用户；“S”是节能版，默认频率比标准版稍低，但睿频幅度与标准版一样；“T”是超低功耗版，默认频率比睿频幅度更低，更为节能。

图 2-32 Intel 第二代 Core i 系列的标识

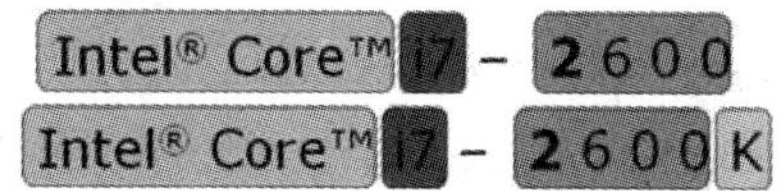

图 2-33 Intel 第二代 Core i 系列的命名方式

第二代 Core i 均内置了显示卡（GPU），CPU 和 GPU 真正封装在同一晶片上，GPU 已成为第二代 Core i 内部的一个处理单元，Intel 称之为“核心显示卡”。核心显示卡有 HD Graphics 2000 和 HD Graphics 3000 两种版本，两款显示卡均支持 DirectX 10.0 特效、OpenGL 2.0 运算、3D 技术。

第二代 Core i 产品采用 LGA 1155 接口，搭配的主板有 3 种，分别是 P67、H67 和 H61。

如图 2-34 所示是 Intel Core i3 2100 的外观，CPU 部分采用原生双核设计，通过超线程技术提供 4 个线程，CPU 部分不支持睿频加速技术，但核心显示卡支持睿频。核心显示卡为 HD Graphics 2000，具备 6 个处理单元（EU），默认频率 850MHz，可睿频到 1.1GHz，支持 DX10.1 技术。CPU 和核心显示卡共享 3MB 缓存，TDP 为 65W。

图 2-34 Core i3 2100

3．Intel 第三代 Core i 系列处理器

2012 年 4 月，Intel 公司发布了第三代 Core i 系列处理器 Core i7/i5/i3 和 Pentium，命名为第三代智能酷睿处理器。把工艺更新到 22nm，带来了 Ivy Bridge，它只是 Sandy Bridge 的改进版，并非全新微架构。第三代 Core i3/i5/i7 内置新一代核心显卡，有两种型号的核心显卡，高端型号命名为 HD Graphics 4000，主流型号命名为 HD Graphics 2500，这是 Ivy Bridge

最大的改进部分。第三代产品与第二代相同，采用 LGA 1155 接口，两者兼容。

第三代 Intel Core i7/i5/i3 的命名方式基于第二代，其 4 个数字序列中的第一个数字升级为 3，例如 Intel Core i3 3220。如图 2-35 所示是 Intel Core i3 3220 的外观。

图 2-35　Core i3 3220

4．Intel 第四代 Core i 系列处理器

2013 年 6 月 Intel 公司发布了 Haswell 架构的第四代智能酷睿处理器 Core i7/i5/ i3/Pentium，分别为高端、中、低、入门级 4 个系列。Haswell 架构使用了新的产品 Logo 和外包装。Logo 图标改成了 Windows 8 风格，外包装使用与 Logo 图片相同的天蓝色，如图 2-36 所示。2014 年 9 月发布了 Haswell 升级版 Haswell Refresh（Haswell-R），只是升级了主频，其他没有变化。

图 2-36　第四代智能酷睿使用全新 Logo、包装及处理器的外观

第四代智能酷睿处理器的命名方式采用基于一种字母数字方案，即以品牌及其标识符开头，随后是代编号和产品系列。4 个数字序列中的第一个数字表示处理器的代编号，接下来的三位数是 SKU 编号。在适用的情况下，处理器名称末尾有一个代表处理器系列的字母后缀。以 Core i7-4770K 为例，“Core”是处理器品牌，“i7”是定位标识，“4770”中的“4”代表第四代，“770”是具体型号，“K”代表不锁倍频版。

第四代智能酷睿 CPU 性能与上一代产品差距不大，主要特性：采用 Haswell 新架构，22nm 工艺制造，晶体管数量是 14 亿个，而且集成了完整的电压调节器；新的指令集，Haswell 添加了新的 AVX 指令集，改善 AES-NI 的性能；核心显卡更新为 HD Graphics 4400/4600，支持 DX11.1、OpenCL1.2，优化 3D 性能，支持 HDMI、DP、DVI、VGA 接口标准。第四代 Core i 系列 CPU 接口更换为 LGA1150，不兼容旧平台，对应全新的 8 系列主板，包含 H81/B85/H87/Z87 四个芯片组，全线整合了原生 USB3.0、SATA3.0 接口。如图 2-37 所示是 Intel Core i3-4130 处理器的外观及用 CPU-Z 测试得到的数据。

图 2-37　Intel Core i3-4130 处理器的外观及用 CPU-Z 测试得到的数据

5．Intel 第五代 Core i 系列处理器

2014 年，Intel 第五代酷睿（代号 Broadwell）由于工艺发展遇到了困难而不得不推迟。2015 年 1 月 Intel 发布了第五代 Core 酷睿处理器，主要面向笔记本电脑、台式机，以及二合一计算机产品（即 PC 和平板二合一的超级本产品）。

第五代酷睿 Broadwell 属于“Tick-Tock”战略中“Tick”这一步，意为架构不变，制程改进。第五代酷睿 i 最大的改变是采用 14nm 的制程工艺。除了从 22nm 升级到 14nm 的变化之外，处理器的架构基本保持不变，第五代酷睿 Broadwell 和第四代酷睿 Haswell 一样，处理器内部设计依然保留了内置 FIVR 全集成式电压调节模块，而不像第六代酷睿 Skylake 那样将“FIVR 整体移除”，这就是所说的处理器的架构基本保持不变的所在。

Intel 第五代 Broadwell 处理器包含 4 类核芯显示卡型号，分别为 GT1、GT2、GT3 与 GT3（28W）。其中 GT3（28W）性能最高，为 Intel Iris Graphics 6100 或 Iris Pro Graphics 6200，拥有 48 个执行单元，并且自带 128MB 增强动态随机存取存储器（eDRAM）的显示缓存；其次是 GT3，也就是 Intel HD Graphics 6000，拥有 48 个执行单元，但是频率略低；然后是 GT2，即 Intel HD Graphics 5500，拥有 24 个执行单元，低端 i3 为 23 个执行单元；最后是 GT1，对应的是 Intel HD Graphics，被削减的仅有 12 个执行单元，性能较低。

第五代 Broadwell 不支持 DDR4 内存，还是双通道 DDR3。第五代使用的是 LGA 1150 接口，与第四代一样，兼容 9 系主板。第五代 Broadwell 桌面版只有两款产品，分别是 i7-5775C、i5-5675C，搭载 Iris Pro 6200 核显，是 Intel 有史以来核显最强悍的桌面处理器，TDP 均为 65W。如图 2-38 所示是 Intel Core i5-5675C 处理器的外观及用 CPU-Z 测试得到的数据。

图 2-38　Intel Core i5-5675C 处理器的外观及用 CPU-Z 测试得到的数据

第五代智能酷睿处理器的命名方式基于第四代，以 Core i7-5775C 为例，“Core”是处理器品牌，“i7”是定位标识，“5775”中的“5”代表第五代，“775”是具体型号，“C”代表不锁倍频版。“C”后缀，与之前的“K”系列大同小异，都能够自由超频，不同的是 Broadwel 内置了代号为“Crystalwell”第 4 级缓存 eDRAM，所以 Intel 另起了后缀，让“C”成为它的专属。

由于 Skylake 处理器不支持 X99 主板，Intel 于 2016 年 5 月发布了新一代采用 14nm 制程的 Broadwell-E 系列处理器，采用 LAG 2011-3 接口，包括 i7-6950X、i7-6900K、i7-6850K 和 i7-6800K，内核分别为 10、8、6、6 个，内核时钟分别为 3.00、3.30、3.60、3.40GHz。如图 2-39 所示是 i7-6950X 处理器。

6．Intel 第六代 Core i 系列处理器

2015 年 8 月 5 日，Intel 第六代 Core i（代号 Skylake）架构处理器正式发布。Skylake 采用 14nm 工艺新架构，性能更强，超频潜力更大；核芯显卡增强，升级为第九代核显；接口改变，使用 LGA1151 接口，不兼容旧平台；同时支持 DDR4 和 DDR3L（低电压）。由于原先从 Haswell 时代开始整合的电压调节器，将从 Skylake 开始移除，重新由整合到主板上。

另外，Intel 首次在 Skylake 身上配备 72 个执行单元的 GPU，核显规格进一步提升，Iris 550 比 Haswell 架构的 HD4600 核显性能提升超过 35%，但低于 Broadwell 架构的 Iris 6200，毕竟两者不在同一级别上。同时解码能力也会得到进一步加强，支持 JPEG、JMPEG、MPEG2、VC1、WMV9、AVC、H.264、VP8、HEVC/H.265 硬解，支持最新版本的 DirectX、OpenGL 和 OpenCL API 等。

第六代 Core i 的命名方式同样基于第四代。首批上市的型号分别是 Core i5/i7 系列，其中 Core i7-6700K 是四核八线程设计，默认主频为 4.0GHz，通过睿频加速最高频率可以达到 4.2GHz，8MB 的三级缓存，支持 DDR3L-1600、DDR4-2133 内存，外观如图 2-39 所示，具体参数见表 2-1。搭配 Skylake 处理器推出的，是 Z170 芯片组。

图 2-39　Intel Core i7-6700K 处理器的外观及用 CPU-Z 测试得到的数据

表 2-1　Skylake i7-6700K 和 i5-6600K 的参数

型　　号	i7-6700K	i5-6600K
架构	Skylake	Skylake
基频	4.0GHz	3.5GHz
加速频率	4.2GHz	3.9GHz
L3 缓存	8MB	6MB
内存频率	DDR4-2133/DDR3L-1600 MHz	DDR4-2133/DDR3L-1600 MHz
接口	LGA 1151	LGA 1151
核芯显卡	HD 530	HD 530
核显频率 基频/加速频率	350MHz/1150MHz	350 MHz/1150MHz
TDP	91W	91W

2.2.8 AMD 64 位新一代多核处理器

AMD 每年也推出了新的 CPU 产品，2011～2014 年 AMD APU 代号如图 2-40 所示。

2011 年 AMD 发布了核心代号为 Llano 的第一代 APU 产品，采用 32nm 工艺制作，FM1 接口。CPU 单元基于 K10.5 架构，内置 HD6000D 系列独显核心。

2012 年 AMD 发布了核心代号为 Trinity 的第二代 APU 产品，CPU 升级到 32nm 推土机架构，接口更换为 FM2。内置 HD7000D 独显核心，并首次增加了 A10 系列型号。

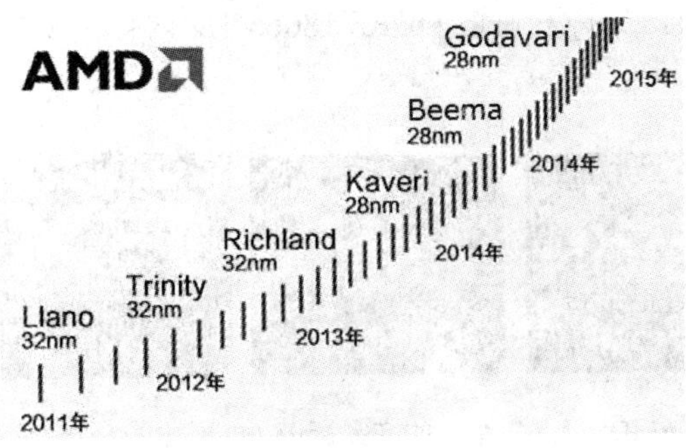

图 2-40　2011～2015 年 AMD APU 代号

2013 年 AMD 发布了核心代号为 Richland 的第三代 APU 产品，这一代属于 Trinity 的小幅度增强版，沿用 FM2 接口。CPU/GPU 架构都与 Trinity 相同，GPU 更换成 HD8000D 命名。

2014 年 AMD 发布了核心代号为 Kaveri 的第四代 APU 产品，基于 28nm 工艺制作，采用了新一代模块化核心 Steamroller，接口升级为 FM2+。GPU 核心为桌面级 Radeon R7。

2014 年 5 月发布了移动版的低功耗 APU Beema/Mullins，28nm 制造工艺。这个版本被 AMD 称为第五代 APU。第五代没有桌面版产品。

2015 年 5 月发布第六代桌面版 APU Godavari，Godavari 是对上一代 Kaveri 架构的改进，依然延续了 28nm 的工艺制程。第六代 APU 基于“挖掘机”核心和第三代次世代图形核心（GCN）架构设计。

APU（Accelerated Processing Units，加速处理器）是 AMD 收购 ATI 之后提出的，它把 CPU 与 GPU 的功能融合在一起，封装在一个核心里，是 CPU 与 GPU 两种异架构芯片真正融合后的产品，也是微机中两个最重要处理器的融合，相互补充，实现异构计算加速以发挥最大性能。AMD A 系列面向桌面主流市场，A 系列 APU 是 AMD 公司近几年来最重要的产品之一。AMD A 系列 APU 微架构由 5 部分融合而成：CPU、GPU、北桥、内存控制器和输入/输出控制器。自从 APU 上市之后，AMD 把重点放到了 GPU 图形单元，走出了与 Intel 迥然不同的路线，在整合市场上占据明显优势。

1. AMD 第一代 APU 系列处理器

AMD 公司于 2011 年 6 月发布了研发代号为 Llano 的 AMD A 系列 APU 产品。AMD A 系列采用 32nm 制造工艺，CPU 单元基于 K10.5 架构，内置 HD 6000D 系列独显核心。全新的 FM1 接口，不兼容 AM3/AM3+ CPU。AMD A 系列 APU 的配套主板是 A75 和 A55。AMD A 系列根据 CPU 核心数目和 GPU 级别，被划分为 A8（四核）、A6（四核）和 A4（双核）3 个系列，其产品标识如图 2-41 所示。主频为 2.1～2.9GHz。AMD A 系列命名为“3 系列”，具体型号有 A8-3800/3700、A6-3600/3500、A4-3300，外观如图 2-42 所示。

AMD 公司于 2011 年 9 月发布了推土机（Bulldozer）微架构，代号 Zambezi 核心的新一代处理器 FX 系列，AMD FX 系列是高端、旗舰级 CPU，面向高端桌面市场。Bulldozer 微架构是 AMD K10 之后的最新一代 CPU 微架构，Bulldozer 微架构的重大改进主要有：采用 32nm SOI 制造工艺，全新的模块化设计。AMD FX 系列根据 CPU 的核心数目划分为 FX-8000、FX-6000 和 FX-4000 系列，分别代表八核、六核和四核，其中旗舰级的 FX-8000 系列将成为桌面级第一款八核心 CPU。FX 系列采用新的封装接口 Socket AM3+（向下兼容），可搭配 900 系列芯片组主板，支持双通道 DDR3 1866MHz 内存。

图 2-41　AMD A、FX 系列的产品标识

图 2-42　A6-3600

2．AMD 第二代 APU 系列处理器

2012 年 6 月，AMD 发布了第二代 APU（代号 Trinity），CPU 单元引入模块化打桩机架构，第二代 APU 采用 32nm 工艺制造，主频为 3.4～4.2GHz，GPU 部分为 HD7560D。第二代 APU 家族成员由双核的 A4、A6 和四核的 A8、A10 组成，命名为“5 系列”，处理器具体型号有 A10-5800/5700、A8-5600/5500，A6-5400、A4-5300，外观如图 2-43 所示。第二代 APU 采用 FM2 接口，主板可以搭配对应的 A55/A75/A85X 芯片组，它们所支持的 SATA3、USB3.0 已经逐步成为标准配置。

图 2-43　A10-5700

3．AMD 第三代 APU 系列处理器

2013 年 6 月，AMD Richland 架构 APU 上市，AMD 将其称为“增强版打桩机核心”，与 Trinity 同步销售。Richland 无论架构还是制程工艺都与 Trinity 相同，采用 FM2 接口，基于 32 nm 工艺制作，基础频率突破 4.0 GHz，命名为“6 系列”。新的系列包括双核和四核产品，散热设计功耗（Thermal Design Poloer，TDP）分别为 65W 和 100W。Richland APU 依旧分为 A4、A6、A8 和 A10 四大系列，Richland 架构 APU 有 A10-6800K、A10-6700、A8-6600K、A8-6500、A6-6400K 等型号（A10、A8 为四核，A6 为双核），均集成了 HD8000D 系列独显核心。此外，Richland 支持 DDR3-2133 内存以及无线显示技术，无线显示技术可以将 PC 中的画面直接传输到手机、平板电脑、电视等终端。AMD A10-6800K 处理器的外观如图 2-44 所示。

图 2-44　A10-6800K

4．AMD 第四代 APU 系列处理器

2014 年 1 月，AMD 发布了第四代 APU 产品 Kaveri APU，命名为“7 系列”。Kaveri

APU 采用了新一代模块化核心 Steamroller“压路机架构”，制造工艺 28nm，CPU 接口 FM2+；拥有 4 个 CPU 核心和 8 个 GPU 图形单元，共计 12 个计算核心（Compute Cores）；CPU 频率为 3.7～4.0GHz，二级缓存 4MB，内存支持 DDR3-2400。

第四代 Kaveri APU，采用全新的 HAS 架构，加入 hUMA、Mantle、AMD TrueAudio 三大革新技术，融合新一代压路机核心处理器和 GCN 架构 R7 系列独显核心，不仅让 APU 的图形性能爆发式提升 50%之多，还同时带来了 Mantle、TureAudio、DirectX 11.2、Windows 8.1 和 PCI-E 3.0 等众多新技术、新规格的支持，TDP 为 95～45W 动态调整。

Kaveri APU 改用新的 FM2+接口，对应芯片组为新推出的 A88X、A78。FM2+主板向下兼容 FM2 APU，也就是说，A88X、A78 主板同样可以安装现有的 Richland、Trinity APU，但反过来 FM2 主板无法安装 FM2+接口处理器。

如图 2-45 所示是 AMD A10-7850K 处理器的外观、包装。

图 2-45 AMD A10-7850K 处理器的外观、包装

5．AMD 第五代 APU 系列处理器

AMD 于 2014 年 5 月发布了移动版的低功耗 APU Beema/Mullins，28nm 制造工艺。这个版本被 AMD 称为第五代 APU。第五代没有桌面版产品。

6．AMD 第六代 APU 系列处理器

2015 年 5 月 10 日，AMD 全新第六代桌面版 APU 产品线正式发布。第六代桌面版 APU 采用 Godavari 架构，Godavari 是对上一代 Kaveri 架构的改进，依然延续了 28nm 的工艺制程。第六代 APU 基于“挖掘机”核心和第三代次世代图形核心（GCN）架构设计，提供多达 12 个计算核心（4 个 CPU + 8 个 GPU）。最多拥有 4 个挖掘机架构 x86 核心，集成的 Radeon 显卡基于 GCN 1.1 架构，集成双通道 DDR3 内存控制器，支持异构系统架构。

Godavari APU 的新版 LOGO 标识，包括 FX、A10、A8。新标识的整体设计和当前的基本一致，不过周边底色从黑色变成了白色，中间背景从纹理变成了硅芯片内核的样子。最关键的变化在于底部，增加了一个“6TH GENERATION”（第六代）的标注（如图 2-46 所示），这在 APU 乃至是 AMD 处理器历史上还是第一次。印上六代标识的意图很清晰，就是为了有更好的市场推广。

如果只计算 AMD A 系列 APU，Godavari 正好也是第六代，之前的五代分别是 Llano、Trinity、Richland、Kaveri、Beema/Mullins。今后在产品包装盒、OEM 规格表等地方，AMD 也会突出这是第六代 APU。FX 系列也是 APU 家族的。

第六代在型号命名上变为 Ax-8050 系列，都是以 50 作为数字部分的结尾，包括 A10-

8850K、A10-8750、A8-8650K、A8-8650、A6-8550K、Athlon X4 870K、Athlon X4 850、A10 Pro-8850B、A10 Pro-8750B、A8 Pro-8650B、A6 Pro-8550B、A4 Pro-8350B。如图 2-47 所示是 A10-8550K 的外观。

作为第 6 代 APU，Godavari 保留了 Kaveri 上的 4 个 Steamroller x86 核心。核显方面，Godavari 采用了 GCN1.1 架构的 RadeonGPU、流处理器数量多达 512 个、内置双通道 DDR3 内存控制器、支持 HSA 架构、并且沿用（兼容）FM2+接口。A88X、A78 主板同样可以安装第六代 APU 系列处理器。

图 2-46　AMD A10-7850K 处理器的外观、包装

图 2-47　A10-8550K

2.3　CPU 的分类、结构和主要参数

CPU 的分类、结构和主要参数的学习对理解 CPU 的技术指标很有帮助。

2.3.1　CPU 的分类

按照分类项目的不同，CPU 有以下多种分类方法。

1．按 CPU 的生产厂家分类

按 CPU 的生产厂家分，CPU 可分为 Intel CPU、AMD CPU 等。

2．按 CPU 的位数分类

CPU 的位数是指 CPU 中通用寄存器的数据宽度，即 CPU 一次可以运算的位数。按 CPU 的位数可分为 4 位、8 位、16 位、32 位和 64 位。

3．按 CPU 的接口分类

按 CPU 的接口分，Intel 系列分为 Socket LGA 1156、LGA 1155、LGA 1150、LGA1151 等，AMD 系列分为 Socket AM2、Socket AM2+、Socket AM3、FM1、FM2、FM2+等。

4．按 CPU 的核心数量分类

按 CPU 的核心（内核）数量分类，可分为单核、双核、三核、四核、六核、八核等，未来将向多核 CPU 发展。例如，Intel i5-4670、AMD A10-7800 是四核，Intel i3-4130、AMD A4-7300 是双核。

5．按 CPU 型号或标称频率分类

每个 CPU 都有一个型号或标称频率，同一档次系列的 CPU 按照型号或标称频率又分为不同规格，例如，Intel i7-4770K（3.5GHz）、AMD A10-7850K（3.7GHz）。

6．按 CPU 的研发（核心）代号分类

同一系列的 CPU，按其研发或核心代号的不同，又分为多种版本或代号。不同的代号采用不同的技术，将直接影响到 CPU 的性能。一般来说，版本越新，性能越好。例如，Intel 第一代 Core i7/i5 采用 45nm 制造工艺的 Nehalem 微架构，第二代 Core i3/i5/i7 采用 32nm 制造工艺的 Sandy Bridge 微架构，第三代 Core i7/i5/i3 采用 22nm 制造工艺的 Ivy Bridge 微架构，第四代 Core i7/i5/i3 采用 22nm 制造工艺的 Haswell 微架构，第五代 Core i7/i5/i3 采用 14nm 制造工艺的 Broadwell 微架构，第六代 Core i7/i5/i3 采用 14nm 制造工艺的 Skylake 微架构。

7．按适合安装的主板芯片组分类

CPU 型号、档次不同，配套的主板芯片组也不相同，即便是相同的 CPU 接口，有些也不能通用。

8．按应用场合（适用类型）分类

针对不同用户的需求、不同的场合，CPU 被设计成各不相同的类型。CPU 按适用类型或应用场合分为桌面（台式）版、移动版和服务器版。

- 桌面版。桌面版也就是台式微机使用的 CPU，是本书主要介绍的内容。
- 移动版。移动版 CPU 主要用在笔记本电脑中，其特点是发热量小、节电。移动版用 CPU 都包含有独特的节能技术。
- 服务器版。服务器版 CPU 主要应用于服务器和工作站，此类 CPU 在稳定性、处理速度、多任务等方面的要求都高于桌面版 CPU。

2.3.2 CPU 的外部结构

CPU 的外观和结构都非常相似，从外部看 CPU 的结构，主要由两个部分组成：一个是内核，另一个是基板。下面以如图 2-48 所示的两款四核 CPU 为例（AMD A10-7850K 和 Intel Core i7-6700K），介绍 CPU 的外部结构。

图 2-48 CPU 的外部结构（上图为 AMD A10-7850K，下图为 Intel Core i7-6700K）

1．CPU 的核心

核心（也称内核）是 CPU 最重要的组成部分。CPU 中间凸起部分就是核心（Die），是 CPU 硅晶片部分。目前，绝大多数 CPU 都采用了一种翻转内核的封装形式，也就是说，CPU 内核在硅芯片的底部被翻转后封装在陶瓷电路基板上，这样能够使 CPU 内核直接与散热装置接触。CPU 内核的另一面通过覆盖在电路基板上的引脚与外界电路连接。

由于 CPU 的核心工作强度很大，发热量也大，而且 CPU 的核心非常脆弱，为了核心的安全，同时为了帮助核心散热，现在的 CPU 一般在其核心上加装一个金属盖。金属盖不仅可以避免核心受到意外伤害，同时也增加了核心的散热面积。

2. CPU 的基板

CPU 基板就是承载 CPU 核心用的电路板，它负责核心芯片与外界的数据传输。在它上面常焊接有电容、电阻，还有决定 CPU 时钟频率的桥接电路。在基板的背面或者下沿，有引脚或者卡式接口，它是 CPU 与外部电路连接的通道，同时也起着固定 CPU 的作用。

早期的 CPU 基板都是采用陶瓷制成的，而最新的 CPU 有些已改用有机物制造，它能提供更好的电气和散热性能。

3. CPU 的编码

在 CPU 编码中，都会注明 CPU 的名称、时钟频率、二级缓存、前端总线、核心电压、封装方式、产地、生产日期等信息，但是 AMD 公司与 Intel 公司标记的形式和含义有所不同。如图 2-49 所示是 Intel Core i7-6700K 上刻印的标识，如图 2-50 所示是 AMD A10-7800 上刻印的标识。

图 2-49 Intel Core i7-6700K 上刻印的标识

图 2-50 AMD A10-7800 上刻印的标识

4. CPU 的接口

CPU 通过接口与主板连接。CPU 采用的接口方式有引脚式、触点式、卡式等。目前，CPU 的接口主要是引脚式和触点式，对应到主板上就有相应的接口类型，不同类型的 CPU 有不同的 CPU 接口。目前主流处理器的接口如下。

（1）Intel 的处理器接口

从 2004 年 6 月 Intel 公司发布触点式 CPU 接口标准以来，发布的 CPU 均采用触点式。Intel LGA 封装的触点式 CPU 如图 2-51 所示。根据 CPU 型号的不同，又分为 LGA 775、LGA 1366、LGA 1156、LGA 1155、LGA 1150、LGA1151 等。

（2）AMD 的处理器接口

AMD 一直采用引脚式 CPU 接口，AMD Socket 封装的引脚式 CPU 如图 2-52 所示。根据 CPU 型号的不同，又分为 Socket FM1、Socket FM2、Socket FM2+、Socket AM3 等。

图 2-51 Intel 触点式接口的 CPU

图 2-52 AMD 引脚式接口的 CPU

2.3.3 CPU的接口插座

CPU 必须安装在接口类型相同的主板上，目前主流的 CPU 接口插座采用 Socket 形式，Socket 接口是方形零插拔力（Zero Insert Force，ZIF）接口，接口上有一根拉杆，在安装和更换 CPU 时只要将拉杆向上拉出，就可以轻易地插进或取出 CPU。下面分别介绍目前 Intel 和 AMD 主流的 CPU 接口插座。

1．Intel 的 LGA CPU 接口插座

Intel LGA（Land Grid Array）CPU 插座没有引脚插孔，采用的是非常纤细的弯曲的弹性金属丝，通过与 CPU 底部对应的触点相接触。由于 CPU 的表面温度很高，所以 LGA 插座为金属制造，在插座的盖子上还卡着一块保护盖。LGA 插座最初是 Intel 在 2004 年 6 月发布 Pentium 4 的 CPU 接口标准。

（1）LGA 1156 接口

Intel LGA 1156 接口是 2010 年 1 月 Intel 公司发布的支持第一代 Nehalem/Clarkdale Core i3/i5/i7 CPU 的接口标准，LGA 1156 接口插座如图 2-53 所示。

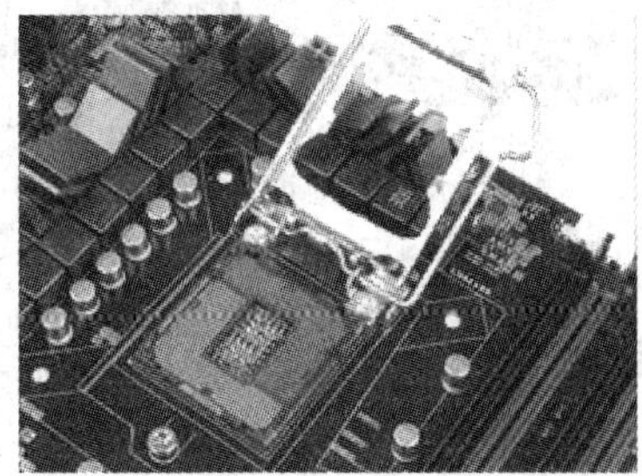

图 2-53　LGA 1156 接口插座

（2）LGA 1155 接口

Intel LGA 1155 接口是 2011 年 1 月 Intel 公司发布的支持第二代 Sandy Bridge Core i3/i5/i7 CPU 的接口标准，其结构、大小与 LGA 1156 相似。LGA 1155 接口插座如图 2-54 所示。第三代 Core i3/i5/i7 CPU 也采用 LGA 1155 接口。

图 2-54　LGA 1155 接口插座

（3）LGA 1150 接口

Intel LGA 1150 接口是 2013 年 6 月 Intel 公司发布的支持第四代 Haswell Core i3/i5/i7 CPU 的接口标准。LGA 1150 接口插座如图 2-55 所示。第五代 Broadwell Core i3/i5/i7 CPU 也使用 LGA 1150 接口。

（4）LGA 1151 接口

Intel LGA 1151 接口是 2015 年 8 月 Intel 公司发布的支持第六代 Skylake Core i3/i5/i7 CPU 的接口标准。LGA 1151 接口插座如图 2-56 所示。

图 2-55　LGA 1150 接口插座

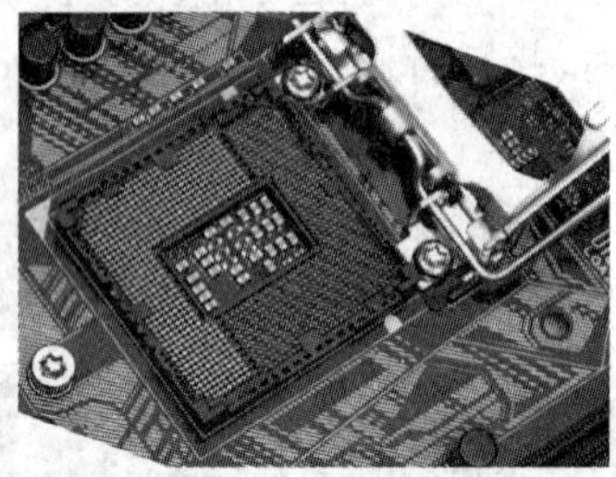

图 2-56　LGA 1151 接口插座

（5）LGA 2011 V3 接口

2011 年 8 月，Intel 发布了 LGA2011-0 接口的 SandyBridge-E 处理器，芯片组为 X79。2014 年 8 月，Intel 发布了采用 LGA2011-3 接口的 Haswell-E 处理器，芯片组为 X99。2016 年 5 月发布了最新一代采用 LAG 2011-3 接口，14nm 制程的 Broadwell-E 系列处理器。

LGA2011 拥有多达 2011 个针脚的 LGA 2011 接口，是 Intel 高端桌面、工作站和服务器的 CPU 接口标准。LGA2011-3 接口不向下兼容 LGA2011-0。LGA2011-3 接口插座如图 2-57 所示。

图 2-57　LGA2011-3 接口插座

2．AMD 的 Socket CPU 接口插座

AMD 的 Socket CPU 接口插座有引脚插孔，通过把 CPU 引脚插入插座的方式相接触。

（1）FM1 接口

FM1 接口是 2011 年 6 月 AMD 公司发布的第一代 APU（Llano）的接口标准。Socket FM1 接口插座的外观如图 2-58 所示。

图 2-58　Socket FM1 接口插座

（2）FM2 接口

FM2 接口是 2012 年 10 月 AMD 公司发布的第二代 APU（Trinity）的接口标准，同时也支持第三代 APU。Socket FM2 接口插座的外观如图 2-59 所示。

图 2-59　Socket FM2 接口插座

（3）FM2+接口

FM2+接口是 2014 年 1 月 AMD 公司发布的第四代 APU（Kaveri）的接口标准。Socket FM2+接口插座的外观如图 2-60 所示。第六代 APU（Godavari）也采用 FM2+接口。

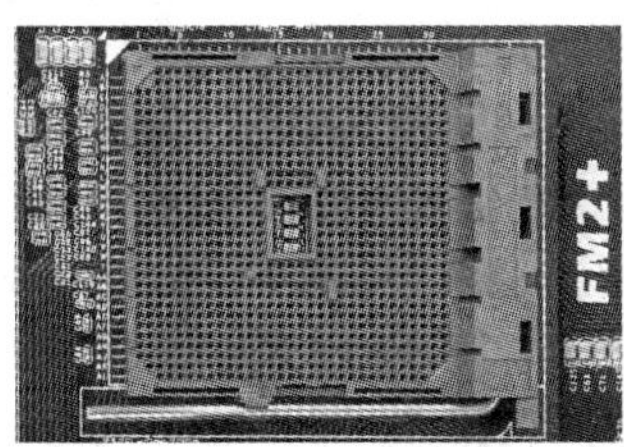

图 2-60　Socket FM2+接口插座

2.3.4　CPU 的主要参数

CPU 的技术参数有许多，主要参数如下。

1．代号、核心架构、名称

为了便于对 CPU 设计、生产、销售的管理，在研发过程中，厂商就会给它们一个研发代号用于称呼。例如，AMD A10-7850K 的核心类型为 Kaveri（如图 2-61 所示），Intel Core i7 4770K 的核心类型是 Haswell（如图 2-62 所示）。

核心架构简单来说就是 CPU 核心的设计方案。影响 CPU 性能的因素可以分为工艺因素和架构因素。半导体工艺水平决定了芯片的集成度和可达到的时钟频率，而 CPU 的架构则决定了在相同集成度和时钟频率下 CPU 的执行效率。工艺因素和架构因素是相互制约和影响的。更新 CPU 架构能有效地提高 CPU 的执行效率。例如，按照 Intel 的计划，每两年进行一次架构大变动，“Tick”年实现制作工艺进步，“Tock”年实现架构更新。第四代 Core i 系列采用了 Haswell 新架构，有时微架构和产品的研发代号会同名，其研发代号也命名为 Haswell。

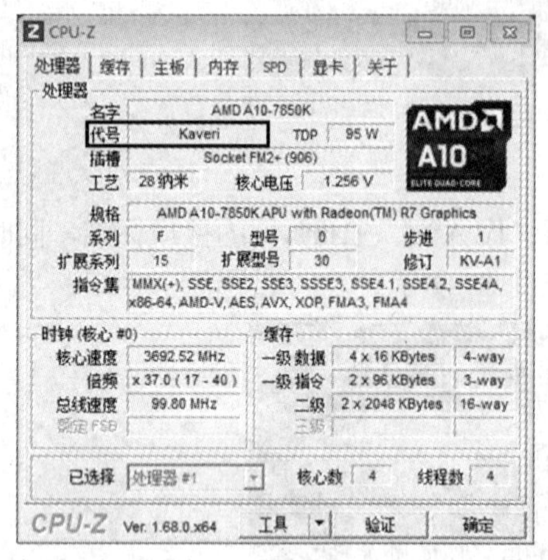

图 2-61　AMD A10-7850K 的参数

图 2-62　Intel Core i7 4770K 的参数

产品上市前，厂商会从给 CPU 一个正式名称。名称是 CPU 厂商给属于同一系列的 CPU 产品定的一个系列型号，而系列型号则是区分 CPU 性能的重要标识。同一档次系列的 CPU 按照型号或标称频率又分为不同规格，Intel 和 AMD 公司对 CPU 型号的命名方式是不同的。

2．主频

CPU 的主频也叫 CPU 核心工作的时钟频率（CPU Clock Speed），单位是 MHz、GHz，在单核时代它是决定 CPU 性能的最重要指标。目前流行 CPU 的主频有 3.0GHz、3.2GHz、3.4GHz、3.8GHz、4.0GHz 等。在 CPU 的包装盒上都会标出这些重要参数，如图 2-63 所示。

图 2-63　CPU 包装上盒会标出的主频、缓存等重要参数

CPU 的主频并不是其运算的速度，CPU 的主频表示在 CPU 内数字脉冲信号振荡的频率，与 CPU 实际的运算能力并没有直接关系。主频与实际的运算速度存在一定的关系，但目前还没有一个确定的公式能够定量表示两者的数值关系，因为 CPU 的运算速度还要看 CPU 流水线的各方面的性能指标（如缓存、指令集、CPU 的位数等）。

3．总线速度（外频）

由于 CPU 发展速度远远超出主板总线、内存等配件的速度，因此为了能够与主板、内存的频率保持一致，就要降低 CPU 的频率，即无论 CPU 内部的主频有多高，数据一出

CPU，都将降到与主板系统总线、内存数据总线相同的频率，这就是外频和倍频的概念。

CPU 的外频通常为系统总线的工作频率（系统时钟频率），单位是 MHz、GHz，是由主板提供的系统总线的基准工作频率，是 CPU 与主板之间同步运行的时钟频率。实际运行过程中的主板系统总线频率、内存数据总线频率不但由 CPU 的频率决定，而且还受到主板和内存频率的限制。例如，从图 2-61 和图 2-62 中可以看出，总线速度都是 100MHz。

4．倍频

CPU 的倍频，全称是倍频系数。由于 CPU 主频不断提高，渐渐地提高到其他设备无法承受的速度，因此出现了分频技术（主板北桥芯片的功能）。分频技术就是通过主板控制芯片将 CPU 主频降低，使系统总线工作在相对较低的频率上，而 CPU 速度可以通过倍频来提升。倍频是 CPU 的运行频率与系统外频之间的倍数，也就是降低 CPU 主频的倍数。理论上倍频从 1.5 到无限，目前流行 CPU 的倍频为 7.5×～25×，以 0.5 为一个间隔单位。三者的关系：

CPU 的主频（核心运行的频率）= 外频×倍频

在相同的外频下，倍频越高，CPU 的频率也越高。但实际上，在相同外频的前提下，高倍频的 CPU 意义不大。因为 CPU 与系统之间数据传输的速度是有限的，这将会造成 CPU 从系统中得到数据的速度不能够满足 CPU 运算的速度。如果在外频一定的情况下，提高倍频也是可以的，但是对于锁频的 CPU，不能提高倍频。所谓“超频”，就是通过提高外频或倍频来提高 CPU 实际运行频率。

5．高速缓存（高速缓冲存储器）（Cache）

Cache 是一种速度比主存更快的存储器，其功能是减少 CPU 因等待低速主存所导致的延迟，以改进系统的性能。Cache 在 CPU 和主存之间起缓冲作用，Cache 可以减少 CPU 等待数据传输的时间。CPU 需要访问主存中的数据时，首先访问速度很快的 Cache，当 Cache 中有 CPU 所需的数据时，CPU 直接从 Cache 中读取。因此，Cache 技术直接关系到 CPU 的整体性能。

Cache 一般分为一级缓存（L1 Cache）、二级缓存（L2 Cache）及三级缓存（L3 Cache）。

三级缓存工作原理：L1 Cache 储存着CPU当前使用频率最多的数据，而当空间不足时，一些使用频率较低的数据就转移到 L2 Cache 中；而当将来再次需要时，则从 L2 Cache 中再次转移到 L1 Cache 中；新加入的 L3 Cache 延续了 L2 Cache 的角色，L2 Cache 将溢出的数据暂时寄存在 L3 Cache 中。

L1 Cache 建立在 CPU 内部，与 CPU 同步工作，CPU 工作时首先调用其中的数据，对性能影响较大。Cache 均由静态随机存储器（Random Access Memory，RAM）组成，结构较复杂。在 CPU 核心面积不能太大的情况下，L1 Cache 的容量不可能做得太大，其容量通常为 32～256KB。

L2 Cache 是 CPU 的第二层高速缓存，分内部和外部两种。内部 L2 Cache 的运行速度与主频相同，而外部 L2 Cache 的速度则只有主频的一半。L2 Cache 的容量也会影响 CPU 的性能，其容量通常为 512KB～6MB。

为了进一步降低内存延迟，同时提升大数据量计算时处理器的性能，新推出的 CPU 内部集成了 L3 Cache。如图 2-64 所示是第 4 代 Intel Haswell 处理器架构中的 L3 Cache。

6．x86 指令集

x86 指令集是 Intel 公司为其第一块 16 位 CPU i8086 专门开发的指令集，其简化版 i8088

使用的也是 x86 指令，同时为提高浮点数据处理能力而增加了 x87 处理器，以后就将 x86 指令集和 x87 指令集统称为 x86 指令集。由于 Intel x86 系列及其兼容 CPU（如 AMD Athlon XP）都使用 x86 指令集，所以就形成了今天庞大的 x86 系列及其兼容 CPU 阵容。

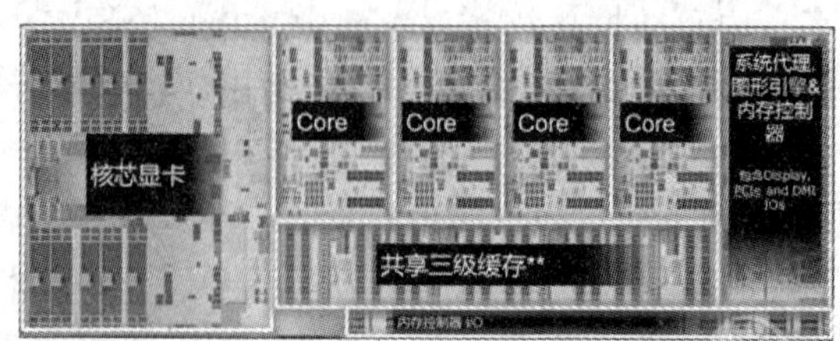

图 2-64　拥有 L3 Cache 的四核 CPU

7. 多媒体扩展指令集

CPU 多媒体扩展指令集指的是 CPU 增加的多媒体或者 3D 处理指令。这些扩展指令可以提高 CPU 处理多媒体和 3D 图形的能力，有多媒体扩展指令（Multi-Media eXtension，MMX）、单一指令多数据流扩展（Streaming SIMD Extensions，SSE）、SSE2、3DNow!、SSE3、SSE4 等。

8. 字长及 64 位技术

CPU 在单位时间内能一次同时处理的二进制数的位数叫字长或位宽。所以，32 位字长的 CPU 就能在单位时间内处理字长为 32 位的二进制数据，Pentium 4 和 Athlon XP 都是 32 位的。

64 位技术是指 CPU 中通用寄存器的数据宽度为 64 位，采用 64 位指令集可以一次传输、运算 64 位的数据。目前主流 CPU 使用的 64 位技术主要有 AMD 公司的 AMD64 位技术、Intel 公司的 EM64T 技术和 Intel 公司的 IA-64 技术。

- AMD64 位技术。AMD64 的 64 位技术是在原来 32 位 x86 指令集的基础上加入了 x86-64 扩展 64 位 x86 指令集，使之在硬件上兼容原来的 32 位 x86 软件，并同时支持 x86-64 的扩展 64 位计算，使得这款芯片成为真正的 64 位 x86 处理器。
- EM64T 技术。Intel 的 64 位扩展技术（Extended Memory 64-bit Technology，EM64T）是 Intel IA-32（Intel Architectur-32 extension）架构的扩展。Intel 为支持 EM64T 技术的处理器设计了两大模式：传统 IA-32 模式（Legacy IA-32 Mode）和 IA-32e 扩展模式（IA-32e Mode）。在传统 IA-32 模式下，处理器作为一颗标准的 32 位处理器运行；在 IA-32e 扩展模式下，EM64T 被激活，处理器运行在 64 位模式下。

目前所有主流 CPU 均支持 x86-64 技术，但要发挥其 64 位优势，必须搭配 64 位操作系统和 64 位软件。

9. 核心数

虽然提高频率能有效提高 CPU 性能，但受限于制造工艺等物理因素，提高频率便遇到了瓶颈，于是 Intel/AMD 只能另辟蹊径来提升 CPU 性能，双核、多核 CPU 便应运而生。目前主流 CPU 有双核、三核、四核和六核。

多核心处理器就是在一块 CPU 基板上集成多颗处理器的核心，并通过并行总线将各处理器核心连接起来的处理器。在服务器领域，多核心早已经实现。

10. 工作电压

工作电压是指 CPU 核心正常工作所需的电压。CPU 的工作电压是根据 CPU 的制造工艺而定的。一般制造工艺数值越小，核心工作电压越低，电压一般在 1.3～3V。提高 CPU 的工作电压可以提高 CPU 工作频率，但是过高的工作电压会使 CPU 发热，甚至烧坏 CPU。而降低 CPU 电压不会对 CPU 造成物理损坏，但是会影响 CPU 工作的稳定性。

11．制造工艺

CPU 制造工艺是指生产 CPU 的技术水平，通过改进制造工艺来缩短 CPU 内部电路与电路之间的距离，使同一面积的晶圆上可实现更多功能或更强性能。制造工艺也称为制程宽度或制程，一般用μm 或 nm 表示。nm 的数字表示处理器内部晶体管之间连线宽度，电路连接线宽度值越小，制造工艺就越先进，单位面积内集成的晶体管就可越多，CPU 可以达到的频率越高，CPU 的体积会更小。在 1965 年推出 10μm 处理器后，经历了 6μm、3μm、1μm、0.5μm、0.35μm、0.25μm、0.18μm、0.13μm、0.09μm、0.065μm、0.045μm（45nm）、32nm、22nm、14nm，目前 CPU 的最高制造工艺是 14nm。

制造工艺是高性能芯片的参照标准之一，在更高的制造工艺下，相同单位面积下可以容纳更多的晶体管，而晶体管数量的增多直接提升了性能。同时由于单位体积的减小，以及新材料的大量应用，更为先进的工艺制程下制造的芯片产品耗电量以及发热量也会得到很好的控制，这也是为什么新一代工艺制程的产品会比前一代产品在功耗上有更好表现的原因之一。

12．封装技术

封装是指将集成电路用绝缘的塑料或陶瓷材料打包的技术。以 CPU 为例，用户看到的体积和外观并不是真正的 CPU 核心的大小和面貌，而是 CPU 核心等元件经过封装后的产品。封装不仅起着安放、固定、密封、保护芯片和增强散热功能的作用，封装后的芯片也更便于安装和运输。芯片的封装技术已经历了好几代的变迁，从 DIP、PQFP、PGA、BGA 到 FC-PGA，技术指标一代比一代先进。目前封装技术适用的芯片频率越来越高，散热性能越来越好，引脚数增多，引脚间距减小，重量减少，可靠性也越来越高。

13．节能技术

随着 CPU 的性能越来越强大，也带来了更高的功耗，为减少 CPU 在闲置时的能量浪费，Intel 和 AMD 公司推出了各自降低 CPU 功耗的技术：Intel 公司的智能降频技术（Enhanced Intel SpeedStep Technology，EIST）和 AMD 公司的冷又静（C&Q、CNQ 或 C'n'Q，Cool and Quiet）技术。它们都是在 CPU 空闲时自动降低 CPU 的主频，从而降低 CPU 功耗与发热量，达到节能目的。目前 Intel 和 AMD 全系列 CPU 都支持各自的节能技术。

无论是 Intel 还是 AMD 的节能技术，均需要在 BIOS 设置中找到 EIST（Intel CPU）或 C'n'Q（AMD CPU）的选项开启才有效。

14．热设计功耗（TDP）

TDP 是指 CPU 负荷最大时释放出的热量，单位是 W，主要是给散热器厂商的参考标准。高性能 CPU 同时也带来了高发热量，例如，Phenom II X4 965，其 TDP 达到了 140W，而主流级的 Athlon II X2 250 只有 65W，对散热器的要求显然不同。值得注意的是，CPU 的 TDP 并不是 CPU 的实际功耗，CPU 的实际功耗小于 TDP。

15．超线程技术

因为操作系统是通过线程来执行任务的，增加 CPU 核心数目就是为了增加线程数，一般情况下它们是 1∶1 对应关系，也就是说四核 CPU 一般拥有 4 个线程。但 Intel 引入超线程（Hyper-Threading，HT）技术后，使核心数与线程数形成 1∶2 的关系，如四核 Core i7 支持八线程（或叫作八个逻辑核心），大幅提升了多任务、多线程性能。

超线程技术就是利用特殊的硬件指令，把一颗 CPU 当成两颗来用，将一颗具有 HT 功能的“实体”处理器变成两个“逻辑”处理器，而逻辑处理器对于操作系统来说跟实体处理器并没什么两样，因此操作系统会把工作线程分派给这“两颗”处理器去并行计算，减少了 CPU 的闲置时间，提高 CPU 的运行效率。

虽然采用超线程技术能同时执行两个线程，但它并不像两个真正的 CPU 那样，每个 CPU 都有独立的资源。当两个线程都同时需要某一个资源时，其中一个要暂时停止，并让出资源，直到这些资源闲置后才能继续，因此超线程的性能并不等于两颗 CPU 的性能。

超线程技术只需要增加很少的晶体管数量，就可以在多任务的情况下提供显著的性能提升，比再添加一个物理核心划算得多。所以，在新一代主流 CPU 上多采用 HT 技术。

同步多线程（Simultaneous Multi-Threading，SMT）出自于 HT 技术，借助 QPI 等技术，已发展为更具前景的“第三代超线程技术”。

16．Intel Turbo Boost 技术

睿频加速技术（Turbo Boost）是 Core ix 系列中的最重要技术之一，它能根据 CPU 的负载情况智能调整频率。因为目前真正支持多核、多线程的软件和游戏相对来说仍是少数，普通多核 CPU 运行单/双线程的任务时，会造成性能浪费，而睿频加速能改变这个现象，它会关闭闲置核心、提高负载核心的频率，保证 CPU 有最佳的性能表现。而第二代睿频加速技术有两个很大的改进，即 CPU 和 GPU 都可以睿频，而且可以一起睿频；第二代睿频不再受 TDP 限制，而是受内部最高温度控制，可以超过 TDP 提供更大的睿频幅度，不睿频时却更节能。

17．AMD Turbo Core 技术

AMD 在 Phenom II X6 系列中引入的类似 Intel Turbo Boost 技术称为 Turbo Core，AMD 在 A 系列 APU 中引入了第二代 Turbo Core。AMD 在第二代 Turbo Core 中引入了 APM 模块，它会监测 APU 的功耗、温度及当前任务的负载情况，判断下一步 CPU 和 GPU 的加速动作，降低用不上的 CPU 核心或 GPU 的频率，把能源留给正在执行任务的核心，智能地提高其频率，只要功耗不超过 TDP（热设计功耗），加速便一直有效。例如，上网时，一般情况只用到一到两个核心，此时 GPU 与其他 CPU 核心会降频，正在使用的那两个核心的频率会大幅度提升。例如，在运行 3D 游戏时，只用到两个核心，但 GPU 要满载，用不上的两个 CPU 核心就会降频，正在使用的核心频率会提升，但幅度相对较小，此时 APU 的功耗和温度会比上网时高。

18．虚拟化技术

CPU 的虚拟化技术（Virtualization Technology，VT）就是单 CPU 模拟多 CPU，并允许一个平台同时运行多个操作系统，应用程序都可以在相互独立的操作系统内运行而互不影响，从而提高工作效率。在 Windows 7 中安装 Windows XP 模式就是一个很好的例子，当需要使用 Windows XP 时直接调用，不需要重启切换系统，这点对于程序员来说是非常有用的。

虚拟化可以通过软件实现，如果 CPU 硬件支持，执行效率会大大提升，其中 Windows 7 的 Windows XP 模式则是必须要 CPU 的虚拟化技术支持。目前 Intel/AMD 绝大部分 CPU 都支持虚拟化技术，但对于普通用户而言，虚拟化技术没有实质作用。如果要用到虚拟化技术，需要先在 BIOS 开启该技术。

2.3.5 CPU 的选购

目前，CPU 的主频已不是整机性能的决定因素，内存大小、硬盘速度、显示卡速度等对整个微机的性能都起作用，因此盲目追求 CPU 的高频率并不可取。另外，CPU 是所有微机配件中降价速度最快的部件，所以选择 CPU 时以够用为原则。在购买 CPU 时应该注意：首先要明确购机的目的，是用来进行三维图形处理还是玩游戏，是仅用来文字处理、上网还是另有其他特殊的用途；其次，要对自己的经济实力有所了解；最后，对自己的计算机水平要有清醒的认识，即是初学者还是熟练用户。

在微机系统中，CPU 应该是最先选购的配件，因为只有确定 CPU 后，才能选购主板、内存等其他配件。各品牌 CPU 在软件上完全兼容，AMD 平台和 Intel 平台没有任何区别。至于是选 AMD 还是选 Intel，完全是个人的偏好。

CPU 的购买群体一般可以分为下面 4 种。

1）公司、学校、家庭等办公用户。一般公司、学校、家庭的微机主要用来处理数据、上网，大多数用户都属于这一类型。建议选购价格在 700～1000 元左右的主流 CPU。

2）大中学生或初学者。因 CPU 更新和降价都较快，大、中学生及初学者对微机性能的要求会随着学习的进展而增加，所以建议先选购低端的 CPU，以后再选购更加先进的产品，同样的支出，比“一步到位”能购买到更好的产品。建议选购价格在 500 元左右的低端 CPU。

3）多媒体和三维图形处理用户。多媒体运算需要强大的 CPU、内存与硬盘作后盾，因此建议选用价格在 1000 元以上的高端 CPU。

4）游戏用户。3D 游戏对各个部件的性能要求都很高，特别是 CPU 的浮点性能与显示卡的像素填充率。许多游戏软件针对 3DNow!进行了特别优化。推荐使用价格在 1000 元以上的高频率的 CPU。

2.4 CPU 散热器

随着 CPU 频率的不断提高，其耗电量也在不断攀升，随之而来的便是其发热量的上升，CPU 的散热问题变得越来越重要，散热器已成为与 CPU 配套的重要配件。

2.4.1 CPU 散热器的分类

CPU 散热器根据散热原理可分为风冷式、热管散热式、水冷式、半导体制冷和液态氮制冷等几种。当前最常用的散热器采用风冷式或风冷式+热管，风冷散热器如图 2-65 所示，热管散热器如图 2-66 所示。

图 2-65 风冷散热器

图 2-66 热管散热器

2.4.2 CPU 散热器的结构和基本工作原理

1．风冷散热器的外部结构和基本工作原理

风冷散热器主要由散热片、风扇、电源插头和扣具构成，如图 2-67 所示。其中，风扇电源插头大多是两芯的，一红一黑，红色是+12V，黑色为地线。有些是三芯，是在原来两线基础上加入了一条蓝线（或白线），主要用于侦测风扇的转速。

风冷散热器的工作原理很简单，它是利用散热底座吸收 CPU 工作时产生的热量，并传导至散热片上，依靠散热器上部高速转动的风扇加快空气对流，带走散热片的热量。因其结构简单，制造成本低，技术成熟，所以较多地被 CPU 散热器所采用，是现在最常用的散热器。

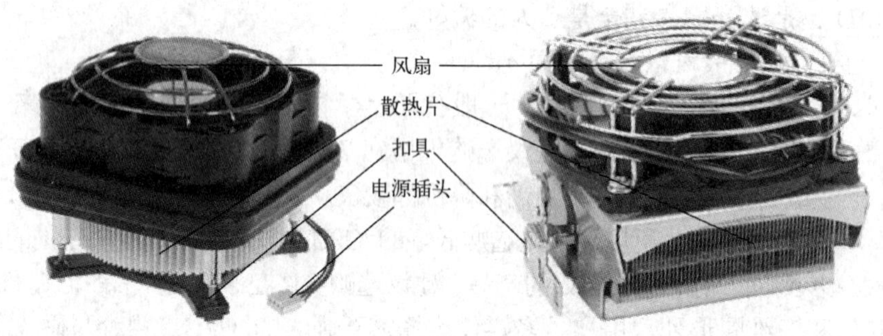

图 2-67　风冷散热器的结构

2．热管散热器的外部结构和基本工作原理

热管散热器分为有风扇主动式和无风扇被动式散热器两种，其结构如图 2-68 所示。

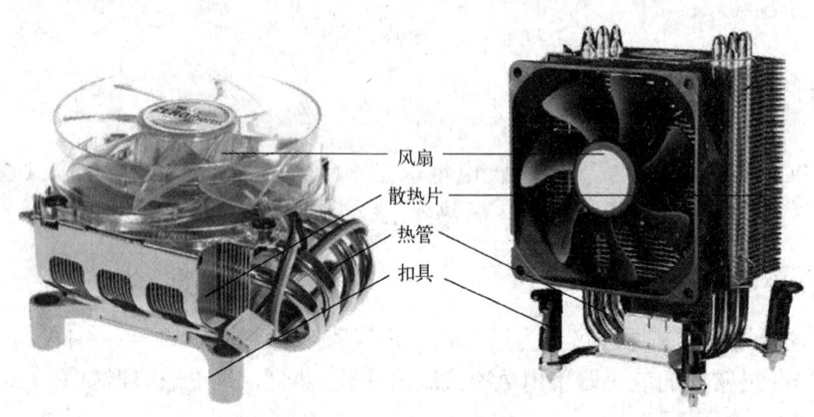

图 2-68　热管散热器的结构

热管散热器的工作原理就是利用液体的蒸发与冷凝来传递热量，是一种高效的传热元件。金属管（一般为铜）两段密封起来，充入工作液，抽成真空，就成为一只热管。当一段受热时，工作液吸热而汽化，蒸汽在压差作用下流向另一端，并且释放出热量，重新凝结成液体。液体靠重力重新流回受热端，完成一次循环。如此循环就把热量从热源传到冷源。微机散热器中应用的热管属常温热管，工艺成熟，热管内的液体为水。需要注意的是，热管并

不是一个散热设备，它只是起传递热量的作用，因此热管数量和散热效果没有直接关系。一款好的热管散热器产品，应该是采用适当数量的热管，配合设计优秀的底座和散热片，这样才能将热管导热快的优势完全发挥出来。热管散热器具备散热效果好、整体成本较低的优点，因此也逐渐被中、高端的 CPU 采用。

2.4.3 CPU 散热器的主要参数

常见的风冷散热器一般由风扇和散热块两部分组成，风扇的参数有转速、风量、噪声等，散热块包含了所用材质、工艺等，这两个重要部分的设计、结合，将直接影响到散热器的散热效能。风冷式散热器的主要参数如下。

1．风扇

风扇对整个散热效果起决定性的作用，其质量的好坏往往决定了散热器的效果、噪声和使用寿命。散热风扇由轴承（电动机）和叶片两大部分组成，常见风扇的外观如图 2-69 所示。

图 2-69　风扇

风扇的主要参数如下。

- 风扇轴承类型：风扇的轴承是散热器的关键部件，风扇的轴承和叶片的设计，直接影响到散热器的噪声大小。常见的风扇轴承类型主要有油封轴承（UFO Bearing）、单滚珠轴承（1Ball+1Sleeve）、双滚珠轴承（2 Ball Bearing）、液压轴承（Hydraulic）、磁悬浮轴承（Magnetic Bearing）、纳米陶瓷轴承（NANO Ceramic Bearing）、来福轴承（Rifle Bearing）、汽化轴承（VAPO Bearing）、流体保护系统轴承（Hypro Wave Bearing）等。常见风扇轴承类型的标签如图 2-70 所示。

a)

b)

c)

d)

图 2-70　常见风扇轴承类型的标签

a) 油封轴承　b) 单滚珠轴承　c) 双滚珠轴承　d) 磁悬浮轴承

- 风扇口径：即风扇的通风面积，风扇的口径越大，排风量也就越大。
- 风扇转速：同样尺寸的风扇，转速越高，风量也越大，冷却效果就越好。
- 风扇排风量：即体积流量，是指单位时间内流过的气体的体积，排风量越大越好。
- 风扇的噪声：风扇转速越高，风量越大，产生的噪声也越大。散热技术发展到现在，塞铜技术、热导管的引入等都能大大提高散热器的散热效率，而不再依靠提高风扇转速来提升散热速度。近年来，市场越来越注重静音效果，所以主流散热器风扇转速都控制在2000～3000r/min。

2．散热块

散热块由底座和鳍片（或称鳃片）两个部分组成。通过散热块的底座把 CPU 核心处的热量传导到面积巨大的鳍片上，最终将热量散发到空气中。散热块越大，散热性能越好。

散热块的材料主要为铜和铝。铝及铝合金的散热性能好，铜的导热性能好，把这两种材质有机地结合起来，使整体散热效能获得提升。另外，为了防止铜材氧化，还使用了新的镀镍技术。常见的散热块如图 2-71 所示。

散热片的制造工艺主要有铝挤压工艺、塞铜技术、折叶技术、回流焊接技术和热管工艺，如图 2-72 所示。散热片的体积越大，散热效果越好。

图 2-71　散热块

图 2-72　采用不同制造工艺生产的铝质散热片

有些散热块底部会粘贴一块导热硅胶，第一次使用时，导热硅胶被 CPU 高温熔化后填满 CPU 和散热片之间的微小间隙，然后在散热片的作用下温度很快降下来，于是 CPU 就和散热片通过导热硅胶紧密地连接起来了。

3．热管数量和直径

热管的作用是吸收 CPU 的热量并传递到散热片，因此热管的数量和直径大小就直接影响散热性能。一般散热器的热管为 2～3 根，直径 6mm；高端为 5～6 根，直径 8mm。

4．扣具

散热器的扣具是固定散热片和 CPU 插槽的，是散热器的重要配件之一。扣具设计的优劣将直接影响到安装的难易以及散热的效果。由于 CPU 的封装不同，散热器扣具设计是随 CPU 类型而定的。散热器底部和 CPU 表面所形成的压力越大，扣具越紧密，散热片与 CPU 表面的接触面积就越大，散热效果也越好。

常见的散热器的扣具有 3 种设计，如图 2-73 所示。第 1 种是 Intel LGA 平台的原装散热器扣具，安装拆卸都很简便，但是压力不够；第 2 种是经过改进的“背板+螺钉固定”扣具，散热效果比第一种好；第 3 种是 AMD 散热器的扣架，这种设计形成的压力比较适中，安装拆卸都很方便，所以 AMD 处理器都普遍采用这种设计。

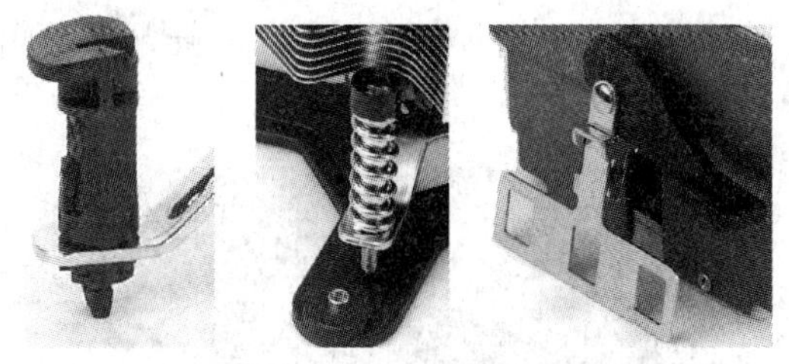

图 2-73 常见的散热器扣具

2.4.4 CPU 散热器的选购

选购散热器的注意事项如下。

如果购买的是盒装 CPU，其包装中一般都会附带一个原装散热器，只要不超频使用 CPU，完全不需要另外购买散热器。

目前，桌面级处理器的主流平台主要有 Intel LGA 775/1366/1156/1155 和 AMD Socket AM2/AM2+/AM3，这两种平台要使用各自的散热器。市场上也有全系列散热器，适合所有平台。在购买散热器时必须特别注意，以免购入不合适的产品而无法使用。

购买时要明确主要用途。例如，用于超频的，就必须将散热器的性能放在第一位，噪声以及功耗作为次要的选择。如果是一位音乐爱好者或者需要长时间工作，噪声、功耗才是首先需要考虑的。所以，用户要同时兼顾散热性能和静音效果。

2.5 实训——CPU 的安装、拆卸与检测

2.5.1 CPU 的安装、拆卸

CPU 有 Intel LGA 775/1156/1366 和 AMD Socket AM2/AM2+/AM3 两种平台，安装方法也有所区别，本节将介绍 Intel CPU 平台的安装，AMD CPU 平台的安装将在第 11 章介绍。

虽然 Intel 目前有 LGA 775/1156/1366 架构 CPU，但它们的安装和拆卸方法都相同。下面以安装 LGA 775 架构的 CPU 为例，介绍安装方法。

1）首先扳开固定杆，将上盖打开，如图 2-74 所示。

图 2-74 扳开固定杆并打开上盖

2）取下 Socket T 插槽上的黑色塑料保护盖，如图 2-75 所示。

3）把 CPU 平放在 Socket T 插槽内，如图 2-76 所示。由于有防呆缺口，所以方向不正确是放不进去的。

图 2-75　取下黑色塑料保护盖

图 2-76　放入 CPU

4）把上盖盖上，并且扣上固定杆，如图 2-77 所示，CPU 的安装就完成了。

5）安装散热器。Socket T 的固定方式是以 4 根塑料卡榫直接扣在主板上，因此 LGA775 CPU 插座周围并没有散热器的固定座，只有 4 个孔预留在 PCB 上面，如图 2-78 所示。

图 2-77　固定 CPU

图 2-78　散热器的固定孔

6）将风扇盖在 CPU 上方，并将散热器扣环压入主板孔位，向下压紧扣环，以锁定散热器，如图 2-79 所示。

图 2-79　固定散热器

7）最后将风扇电源线安装在主板上，CPU、风扇安装完成。

若需取下散热器和 CPU，先要用螺钉旋具把扣环依逆时针方向转动以移除风扇，然后再按与安装相反的顺序取下 CPU。

2.5.2 查看 CPU 信息

虽然从处理器的外观以及 CPU 编号上可以分辨出 CPU 的大致情况，但是如果希望知道某块 CPU 更详细的参数，尤其为了避免受到一些不法商家蒙骗，则需要检测 CPU。检测方法有两种：一种是在安装了需检测 CPU 的微机中运行检测程序；另一种是根据 CPU 上的编号，在互联网上查询。

CPU-Z 是一个通过 CPU 的 ID 号来检测 CPU 详细信息的免费工具软件，可以支持目前市场上所有的 CPU 产品。该软件可以提供全面的 CPU 相关信息报告，包括处理器的名称、厂商、时钟频率、核心电压、超频检测、CPU 所支持的多媒体指令集，并且还可以显示出关于 CPU 的 L1、L2 缓存的资料（大小、速度、技术），支持双处理器。该软件不仅可以检测 CPU 的信息，还可以检测包括主板、内存等信息。

CPU-Z 可以在 Windows 9x/Me/2000/XP 下直接运行，不需要安装。执行 CPU-Z 后，显示一个对话框，其中列出了当前 CPU 的主要参数，分为 3 部分。

第 1 部分为处理器（Processor）的类型，包括处理器名称（Name）、内核代号（Code Name）、封装（Package）、制造工艺（Technology）、规格（Specification）、系列（Family）、型号（Model）、步进（Stepping）、指令集（Instructions）。

第 2 部分为处理器的频率（Clocks）参数，包括内核时钟（Core Speed，即 CPU 的主频）、倍频（Multiplier）、Bus Speed（总线速度，即外频）、FSB/QPI/HT/DMI 总线频率。

第 3 部分为处理器的缓存（Cache）情况，包括一级数据缓存（L1 Data）、一级指令缓存（L1 Code）、二级缓存（Level 2）、三级缓存（Level 3）。在缓存（Caches）选项卡可显示更详细的缓存信息。

2.6 思考与练习

1. 上网搜索有关 CPU 发展简史的文章（搜索关键词：CPU 发展简史）。
2. 上网查找 Intel 睿频智能加速技术（Turbo Boost Technology）的原理和工作方式。
3. 请到计算机配件市场咨询当前主流 CPU 的型号、价格等信息。
4. 上网搜索有关 CPU 选购原则的内容。假设分别要配置高档游戏型、家庭娱乐型和普及型 3 台微机，请分别为其选择合适的 CPU 型号和价格（搜索关键词：CPU 选购原则、配置清单）。
5. 掌握 CPU 的型号及安装方法，了解 CPU 与主板的匹配情况。
6. 用 CPU-Z、WCPUID、CPUInfo、HWiNFO32 等测试程序，测试所使用 CPU 的信息。
7. 热管散热器的工作原理是什么？请用图示表示（搜索关键词：热管工作状况示意图）。

第3章　主　　板

主板又叫主机板（Main Board）、系统板（System Board）或母板（Mother Board），是微机系统中最大的一块电路板，几乎所有的部件都连接到主板上，通过主板把 CPU、显示卡、内存、硬盘等设备和外部设备有机地结合起来形成一套完整的系统。主板是与 CPU 配套最紧密的部件，每推出一款新型的 CPU，都会推出与之配套的主板控制芯片组。

3.1　主板的分类

微机主板的分类方式有以下几种。

1．按主板的结构分类

生产主板时都遵循行业规定的技术结构标准，以保证主板在安装时的兼容性和互换性。目前使用的主板结构标准有 ATX （标准型）、Micro ATX（紧凑型）、Mini ITX（迷你型）等，如图 3-1 所示。

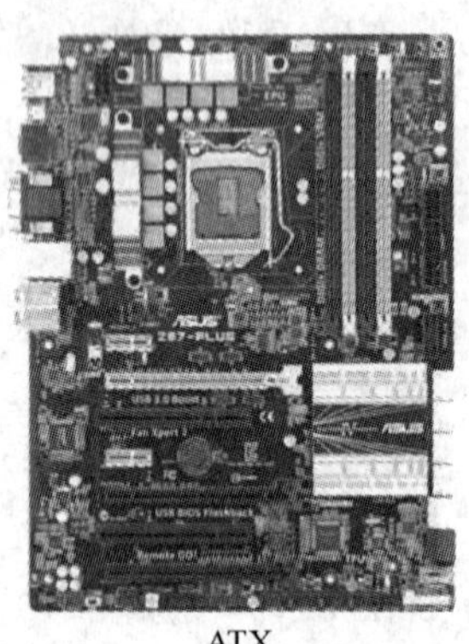

ATX

Micro ATX

Mini ITX

图 3-1　ATX、Micro ATX、Mini ITX 结构主板尺寸大小的对比

ATX（Advanced Technology Extended）主板规格由 Intel 在 1995 年制定，它对主板的尺寸、背板设置做出了统一的规定，使主板更易于安装，与周边设备有更好的兼容性。标准 ATX 主板俗称大板，一般为 305mm×244mm，有 5～8 个扩展插槽，有 4 个内存插槽。

Micro ATX 俗称小板，尺寸为 244mm×244mm，有 3～4 个扩展插槽，2～4 个内存插槽。

Mini ITX 主板的尺寸非常小，尺寸仅为 170mm×170mm，只有手掌大小，用于小空间、相对低成本的场合，如 HTPC、汽车、机顶盒以及网络设备中的计算机，可用于制造瘦客户机。Mini ITX 主板尺寸仅有 1 个扩展插槽（PCI-E 或 PCI），有 1～2 个内存插槽，有的 Mini ITX 主板使用 SO-DIMM（Small Outline Dual In-line Memory Module，小外形双列内存模组）内存插槽，只能用于笔记本电脑内存。

Micro ATX、Mini ITX 是 ATX 的衍生版本，保留了 ATX 的背板规格，但主板的面积、扩展插槽的数目均有不同程度的缩减，更适于安装在小型机箱中。

2．按主板支持 CPU 的类型分类

每种类型的 CPU 在接口类型、封装、主频、工作电压等方面都有差异，尤其在速度上差异很大。只有采用与主板相匹配的 CPU 类型，二者才能配套工作。特别需要注意的是，同一名称的 CPU 由于内核不同，能支持它的芯片组也不相同，与这种 CPU 配套的主板也不同。

3．按逻辑控制芯片组分类

芯片组（Chipset）是主板上最重要的部件，是主板的灵魂，主板的功能主要取决于芯片组。每推出一种新型的 CPU，就会推出与其配套的主板芯片组。现在研发 PC 主板芯片组的公司主要是 Intel、AMD 两家，各自仅适合各自的平台。

4．按是否为整合型分类

整合（All In One）主板，即主板上集成了视频处理等功能。通俗地解释，就是显示卡、声卡、网卡等扩展卡都被做到主板上。Intel、AMD、NVIDIA 芯片组厂商，都拥有属于自己的整合型主板芯片组。随着技术的提高，整合型主板应用越来越多，已经成为主流。

5．按生产厂家分类

生产主板芯片组的厂家虽然只有 Intel、AMD、NVIDIA，但生产主板的厂家却很多，市场上常见的主板品牌有华硕（ASUS）、技嘉（Gigabyte）、微星（MSI）、钻石（DFI）、精英（ECS）、映泰（BIOSTAR）、磐正（Epox）、升技（ABIT）、七彩虹（Colorful）、富士康（Foxconn）等。

3.2 主板的组成结构

虽然主板的品牌很多，CPU 架构也有 Intel LGA 1155/1150、AMD FM2/FM2+等，这些主板除 CPU 接口不同外，其他部分几乎都是相同的。下面以如图 3-2 所示的 ATX 主板为例，介绍主板上的重要部件。

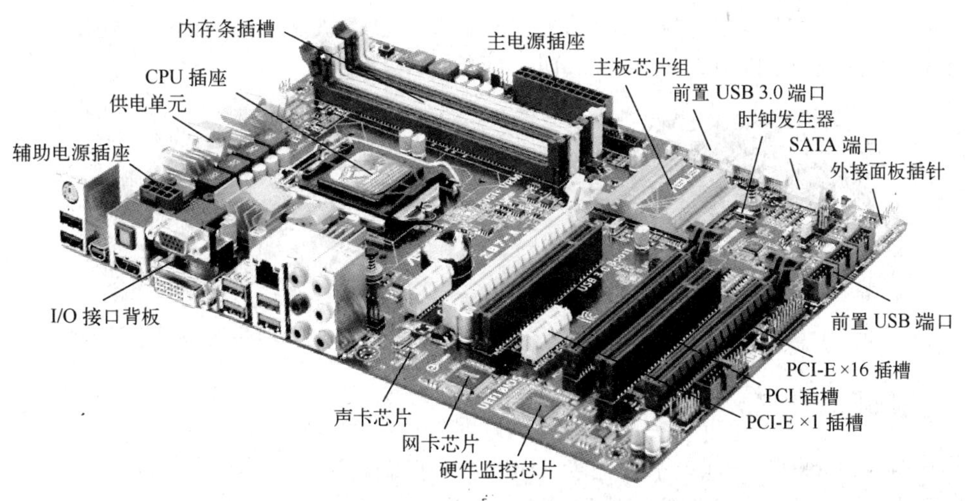

图 3-2　ATX 主板的结构

主板一般为矩形电路板，主要由 CPU 插槽、内存条插槽、扩展插槽（PCI-E 插槽、PCI 插槽等）、主板芯片组、电源插座、供电单元、SATA 端口、功能芯片（声卡、网卡、时钟发生器等）、外接面板插针、I/O 接口背板等组成。

3.2.1 PCB 基板

印制电路板（Printed Circuit Board，PCB）主要由铜皮（敷铜板）、玻璃纤维，经树脂材料黏合而成。其中每层铜皮称作一个电路层，其上的电子元器件是通过 PCB 内部的迹线（即铜箔线）连接的。铜皮层（即 PCB 层数）越多，电子线路的布线空间会更大，线路将能得到最优化的布局，能有效减少电磁干扰和不稳定因素，增加产品运行的稳定性。

主板的 PCB 为 4 层或 6 层，一般的主板分为 4 层，最上面和最下面的两层为“信号层”，中间两层分别是“接地层”和“电源层”。4 层和 6 层 PCB 的结构如图 3-3 所示。

PCB 表面颜色是一种阻焊剂（也称为阻焊漆）的颜色，其作用是防止电子元器件在焊接过程中出现错焊，同时它还有另一个作用，就是防止焊接元器件在使用过程中线路氧化和腐蚀，减少故障率，因此 PCB 的颜色与主板性能无直接关系。

在一块主板上，从主板芯片组到 CPU、内存、PCI-E 插槽的距离应该相等，这是主板设计的基本要求——时钟线等长。有时元器件之间的直线距离太短，为了保证走线线路的等长，常采用蛇行走线（如图 3-4 所示），以弯曲的方式走线来调节长度，蛇行走线还可以降低信号之间的干扰。

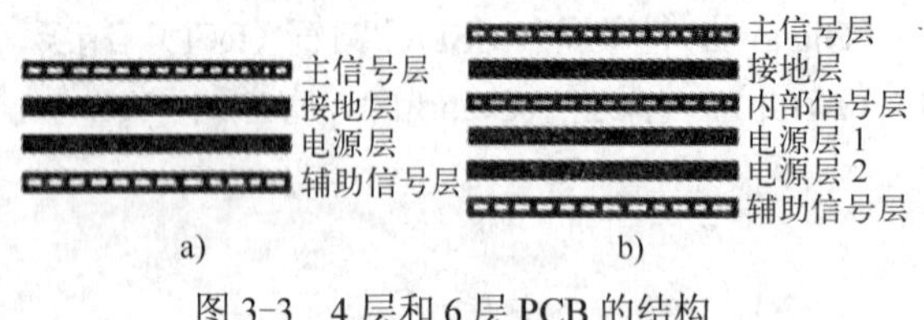

图 3-3 4 层和 6 层 PCB 的结构

a) 4 层 PCB 结构 b) 6 层 PCB 结构

图 3-4 蛇行走线

3.2.2 CPU 插座

目前常见的 CPU 插座有两类：一类是 Intel 的 LGA CPU 插座，如图 3-5 所示；另一类是 AMD 的 Socket CPU 插座，如图 3-6 所示。

图 3-5 Intel 的 LGA CPU 插座

图 3-6 AMD 的 Socket CPU 插座

3.2.3 主板芯片组芯片

芯片组（Chipset）是保证系统正常工作的重要控制模块。芯片组有单片、两片结构。对于两片构成，靠近 CPU 插槽的芯片称为北桥芯片，主要负责控制 CPU、内存和显示卡的工作，该芯片上面通常覆盖着一块散热片。靠近 PCI 插槽的芯片称为南桥芯片，主要负责控制系统的输入/输出等功能。芯片组也可以集成显示卡、声卡和网卡等部件。主板芯片组在主板上的位置如图 3-7 所示。

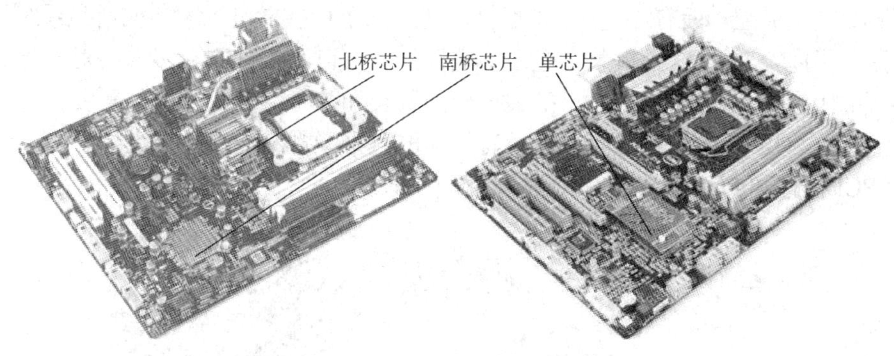

图 3-7　主板芯片组在主板上的位置

3.2.4　内存条插槽

内存条插槽的作用是安装内存条，一般主板提供 1、2 或 4 个插槽。使用的内存条类型有 DDR SDRAM、DDR2 SDRAM、DDR3 SDRAM 和 DDR4 SDRAM，相应的内存条插槽也有 4 种，这种内存条插槽称为双列直插内存模块（Dual Inline Memory Module，DIMM）插槽。

目前，DDR3、DDR4 为主流，主板上的 DDR3、DDR4 插槽如图 3-8 所示。

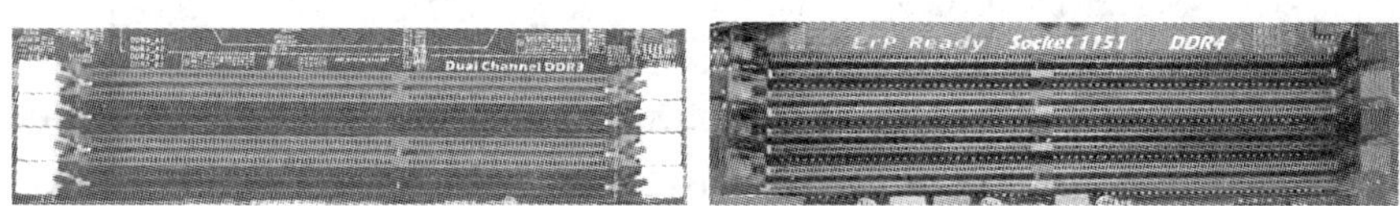

图 3-8　DDR3、DDR4 内存条插槽

对于支持双通道 DDR 内存的主板，4 个内存条插槽用两种颜色区分。要实现双通道必须成对配备内存，即只需将两条完全一样的 DDR 内存条插入同一颜色的内存条插槽中。

为了节省空间，有些 Mini ITX 结构的主板采用笔记本电脑小外形双列内存模组（Small Outline Dual In-line Memory Module，SO-DIMM）内存条插槽。如图 3-9 所示是分别采用笔记本电脑 SO-DIMM 内存条插槽和 DIMM 内存条插槽的主板。

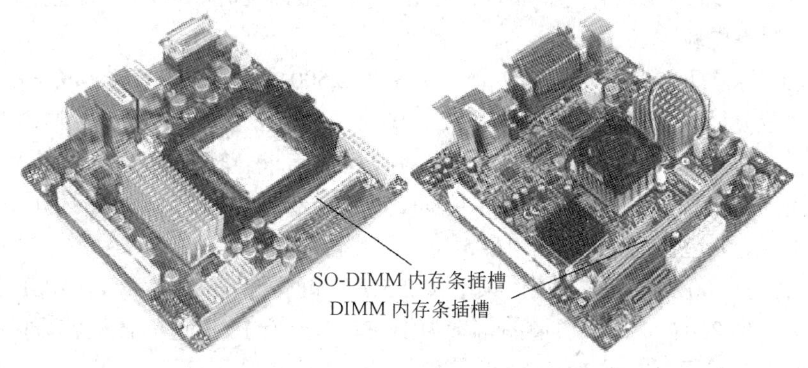

图 3-9　Mini ITX 结构主板上的笔记本电脑 SO-DIMM 内存条插槽和 DIMM 内存条插槽

3.2.5 扩展插槽

扩展插槽（Slot）是主板上用于固定扩展卡并将其连接到系统总线上的插槽，也叫扩展槽、I/O 插槽。主板上一般有 1～8 个扩展槽，通过插入扩展卡可以添加或增强系统的特性及功能。例如，用户若不满意主板整合显示卡的性能，可以添加独立显示卡。对于计划将来扩展微机性能的用户，在选购主板时，扩展插槽的种类和数量的多少是一个重要指标，有多种类型和足够数量的扩展插槽就意味着今后有足够的可升级性和设备扩展性。目前，新出的主板上只有 PCI 插槽和 PCI-E 插槽，如图 3-10 所示。

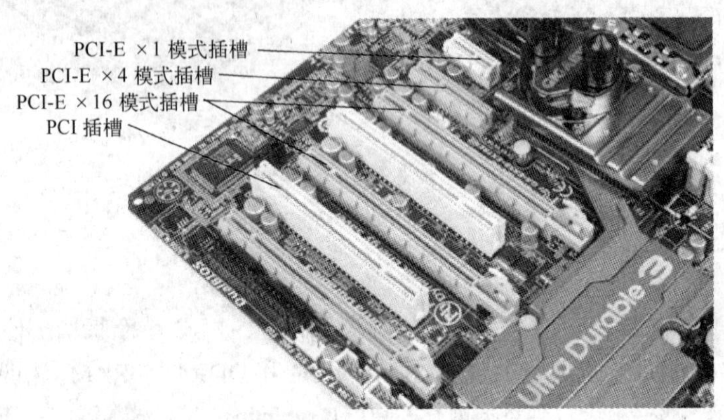

图 3-10 PCI 和 PCI-E 插槽

1．PCI 插槽

PCI 插槽是基于周边元件扩展接口（Peripherd Component Interconnect，PCI）局部总线的扩展插槽。PCI 接口的数据宽度为 32bit 或 64bit，工作频率为 33.3MHz，最大数据传输速率分别为(33.3MHz×32bit)/8=133MB/s 或(33.3MHz×64bit)/8=266MB/s。PCI 总线能自动识别外部设备，能插显示卡、声卡、网卡、电视卡、视频采集卡等扩展卡。PCI 插槽是主要扩展插槽，通过插接不同的扩展卡可以获得目前微机能实现的几乎所有外接功能。

2．PCI Express（简称 PCI-E、PCIE 或 PCIe）插槽

PCI-E 是由 Intel 公司提出的总线和接口标准，这个新标准将取代 PCI，它的主要优势就是数据传输速率高，而且还有相当大的发展潜力。PCI-E 总线采用设备间的点对点串行连接（Serial Interface），即允许每个设备都有自己的专用连接，同时利用串行的连接特点使传输速度提高到一个很高的频率。

PCI-E 1.0 标准于 2002 年发布，工作频率为 2500MHz（2.5GHz）。PCI-E 也有多种规格，根据总线位宽不同可分为×1、×4、×8、×16 和×32 通道（×2 用于内部接口而非插槽模式），能满足现在和将来一定时间内出现的各种设备的需求。较短的 PCI-E 卡可以插入较长的 PCI-E 插槽中使用。×1 的通道能实现单向(2500MHz×1)/8=312.5MB/s 的传输速率。×16 专为显示卡设计，能够达到 312.5MB/s×16=5GB/s 的传输速率。

PCI-E 2.0 于 2007 年发布，工作频率从 2.5GHz 翻番至 5GHz。PCI-E 3.0 于 2010 年发布，工作频率达到 8GHz，每个通道的带宽为 1GB/s，一个 16 通道的插槽就可以提供 16GB/s 的带宽。目前主要采用 PCI-E 2.0 和 3.0 标准。

有些主板还提供了 Mini PCI-E 插槽，用于插接无线网卡、SSD 等设备。Mini PCI-E 插槽最初是笔记本电脑的 PCI-E 插槽，现在也应用在台式机主板上，这种插槽设计方案方便了用户扩展主板的性能，如图 3-11 所示。

图 3-11　Mini PCI-E 插槽

3.2.6　硬盘接口

1．IDE（EIDE、ATA、PATA）接口

现在新出的主板都已经不提供原生的 IDE 接口，但主板厂商为照顾老用户，通过第三方芯片提供支持。早先推出的主板有两个 IDE 接口，现在新推出的主板只保留一个 IDE 接口插槽。每个 IDE 接口可以接两个 IDE 设备（硬盘、光驱），每个 IDE 接口上的设备有主、从之分，第一个 IDE 接口标注为 IDE1 或 Primary IDE，第二个 IDE 接口标注为 IDE2 或 Secondary IDE，最多可以连接 4 个 IDE 设备。IDE 接口的最大数据传输率是 100MB/s。

IDE 接口为 40 针双排针插槽。一些主板为了方便用户正确插入电缆插头，取消了未使用的第 20 针，形成了不对称的 39 针 IDE 接口插槽，以区分连接方向。有的主板还在接口插针的四周加了围栏，其中一边有个小缺口，标准的电缆插头只能从一个方向插入，以避免连接错误。主板 IDE 接口插槽如图 3-12 所示。随着 SATA 接口硬盘、光驱的普及，现在新推出的主板已经取消了 IDE 接口插槽。

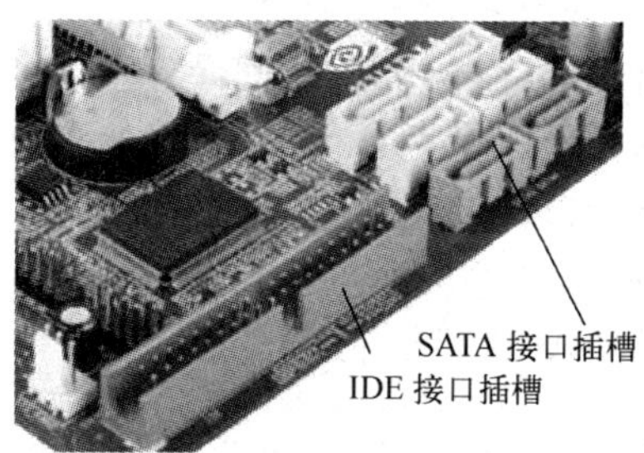

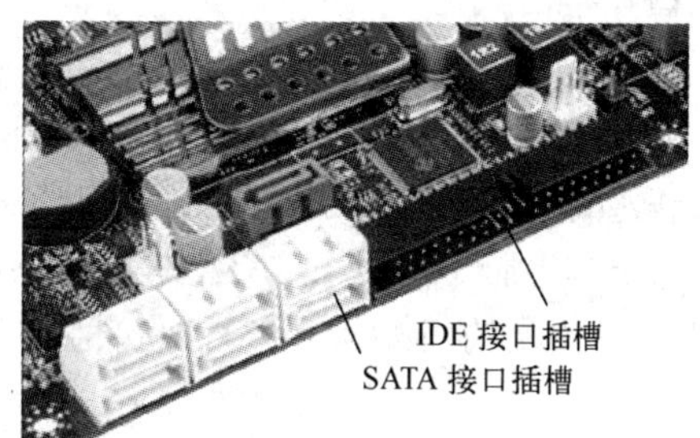

图 3-12　IDE、SATA 接口插槽

2．SATA 接口

Serial ATA（简称 SATA，即串行 ATA）接口是为了取代并行 IDE 接口而设计的，用 4 根引脚就能完成所有的工作，分别用于连接电源、连接地线、发送数据和接收数据。2001 年发布 SATA 1.0 标准，定义的带宽（数据传输率）为 1.5Gbit/s；2007 年制定了 SATA 2.0 及 SATA 2.5 标准，带宽为 3.0Gbit/s；2009 年制定了 SATA 3.0 标准，带宽为 6.0Gbit/s。新标准完全向下兼容，新标准产品与旧标准产品相连时速度会自动降至 3Gbit/s 或 1.5Gbit/s。现在新出的主板一般提供 2 个 SATA 3.0 接口插槽，4 个以上 SATA 2.0 接口插槽。SATA 接口插槽带有防插错设计，可以很方便地插拔。SATA 接口的设备没有主从之分。带有 SATA 接口的主板如图 3-13 所示。

图 3-13　同时带有 SATA 2.0、SATA 3.0 接口插槽的主板

3．eSATA 接口

外部串行 ATA（External Serial ATA，eSATA）是 SATA 接口的外部扩展规范。换言之，eSATA 就是外置版的 SATA，它是用来连接外部而非内部 SATA 设备。通过 eSATA 接口，就可以轻松地将 SATA 硬盘与主板的 eSATA 接口连接，而不用打开机箱更换 SATA 硬盘。eSATA 2.0 最高可提供 3.0Gbit/s（384MB/s）的数据传输速度，远远高于 USB 2.0，并且提供方便的热插拔功能，用户不用关机就能随时接上或移除 SATA 装置，十分方便。如图 3-14 所示为 eSATA 接口及连接示意图。

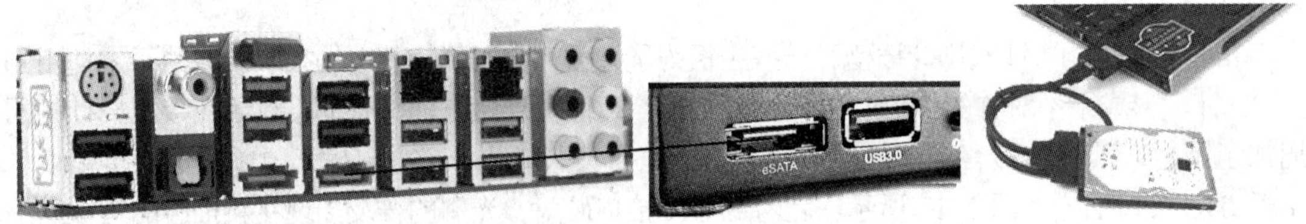

图 3-14　eSATA 接口及连接

4．mSATA 接口

有些主板提供了一个 mSATA 接口，可以把 mSATA 接口的固态硬盘（SSD）接驳在 mSATA 接口上。安装固态硬盘前后的 mSATA 接口，如图 3-15 所示。mSATA 是 SATA 协会开发的 mini-SATA（mSATA）接口控制器的产品规范，可以让 SATA 技术整合在小尺寸的装置上，例如笔记本电脑。同时 mSATA 提供跟 SATA 接口标准一样的速度和可靠度。mSATA 接口是采用微型外观的 SATA 接口，仍然由 SATA 接口控制，因此可能是 SATA 2.0 或 SATA 3.0。

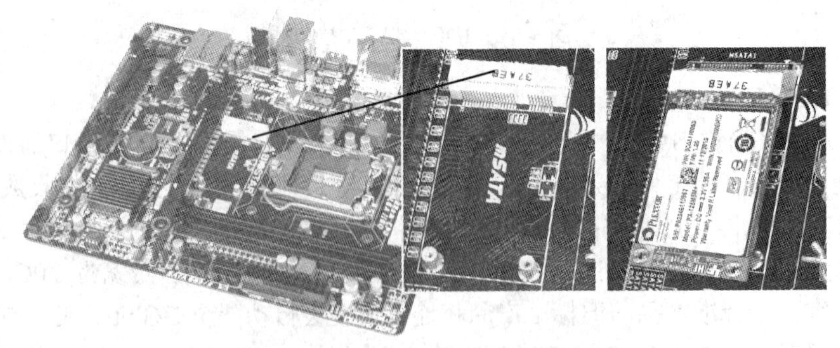

图 3-15　主板上的 mSATA 接口及安装固态硬盘（SSD）

5．SATA Express（SATA-E）

为了突破 SATA 3.0 的瓶颈，并为以前的 SATA 设备提供兼容，SATA 组织于 2011 年制

定，并于 2013 年批准了一种新的磁盘接口，称为 SATA-E。据 SATA 组织描述，SATA-E 是纯 PCI-E 环境的，支持 2 条通道，如果是 PCI-E 3.0 标准，那么带宽高达 2GB/s；如果是 PCI-E 2.0 标准，带宽为 1GB/s（接口理论速度则是 10Gbit/s）。虽然通道是 PCI-E，SATA-E 物理接口仍是 SATA 规范。

SATA-E 是目前 SATA 接口的升级版，并不是全新设计的接口，它是在现有 SATA 接口上加以改造得来的，由两个标准 SATA 接口加 1 个小型的 SATA 接口组成，物理向下兼容现在的 SATA 设备，如图 3-16 所示。

图 3-16　SATA-E 接口插槽及其数据线

SATA-E 主机必须同时支持 PCI-E 及 SATA 驱动器，而 SATA 驱动器只限于 AHCI 界面，PCI-E 驱动器则可以支持 AHCI 及 NVM Express。Windows 8.1 已经原生支持 AHCI 和 NVM Express，因此不需要额外驱动即可正常工作。

每个 SATA-E 接口可以接 1 个 SATA-E 硬盘，或者两个 SATA 硬盘。由于缺乏原生支持，目前 9 系列主板的 SATA-E 接口都是第三方芯片提供的。

6．M.2 接口（NGFF 接口）

SSD 速度瓶颈不只是台式机的问题，也是笔记本电脑的问题，为了解决 SATA 3.0 的读写瓶颈问题，Intel 推出了与 mSATA 接口近似的 NGFF 接口，也就是现在 9 系列主板上的 M.2 接口，如图 3-17 所示。9 系列主板的 M.2 接口是 Intel 原生支持的，因此不需要经过第三方的芯片。

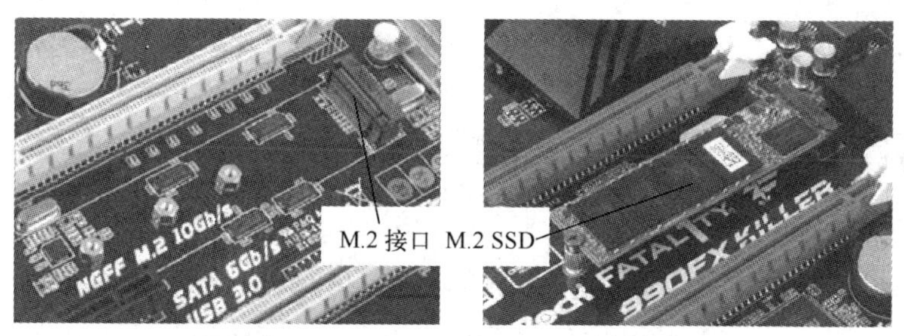

图 3-17　M.2 接口及安装固态硬盘（SSD）

M.2 接口有两种类型：Socket 2 和 Socket 3，其中 Socket 2 支持 SATA、PCI-E x2 接口。如果采用 PCI-E 2.0 x2 通道标准，M.2 接口带宽与 SATA Express 一样是 10Gbit/s（1GB/s）。Socket 3 可支持 PCI-E 3.0 x4 通道，理论带宽可达 32Gbit/s（接近 4GB/s）。

如图 3-18 所示提供了 1 个 SATA-E 和 4 个 SATA 3.0 接口，SATA-E 接口还能向下兼容 SATA 3.0。除此之外还提供了一个 M.2 接口供扩展，但该 M.2 接口与上层 SATA-E 接口共享总线，所以在使用时，二者只能择其一。

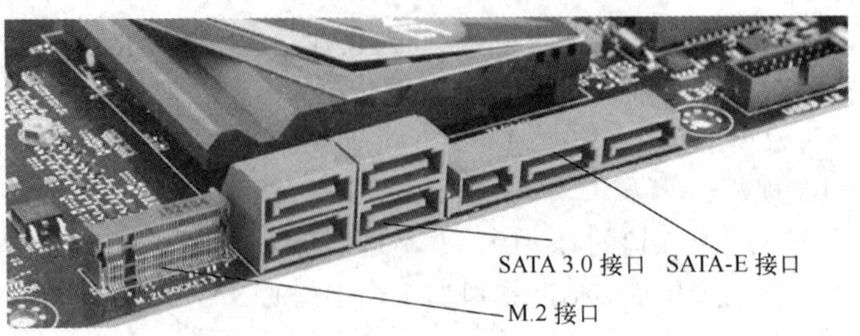

图 3-18　M.2 接口、SATA 3.0 接口、SATA-E

3.2.7　USB 接口

1．USB 接口标准

通用串行总线（Universal Serial Bus，USB）是一个外部总线标准，用于规范主机与外部设备的连接和数据传送。USB 有 5 个版本，分别为 USB 1.0、USB 1.1、USB 2.0、USB 3.0 和 USB 3.1。1996 年发布了第一代 USB 1.0，最大数据传输率为 1.5Mbit/s。1998 年发布了 USB 1.1，最大数据传输率为 12Mbit/s（1.5MB/s），后来称为“USB 2.0 Full-speed（全速版）”。2001 年发布了 USB 2.0，最大数据传输率为 480Mbit/s（60MB/s），称为“USB2.0 High-speed（高速版）”。2009 年发布了 USB 3.0，最大数据传输率高达 5Gbit/s（625MB/s），称为“USB SuperSpeed（极速版）”。USB 1.0/1.1 与 USB 2.0 的接口是相互兼容的，USB 3.0 向下兼容 USB 2.0 设备。2014 年发布 USB 3.1 接口标准，称为“USB SuperSpeed+”。

（1）USB 2.0 接口

USB 2.0 接口分为 4 种类型：A 型、B 型、Mini 型和后来补充的 Micro 型接口，每种接口都分插头和插座两个部分，如图 3-19 所示。A 型一般用于 PC；B 型一般用于非便携外围设备，如 3.5 英寸移动硬盘盒；Mini USB 一般用于早期的 MP3、数字照相机、移动硬盘等设备；Micro USB 是 2007 年制定的版本，应用于手机、移动硬盘、数字照相机等设备。

a)　b)　c)　d)

图 3-19　4 种 USB2.0 接口类型的插头和插座

a) A 型　b) B 型　c) Mini USB　d) Micro USB

（2）USB 3.0 接口

USB 3.0 接口分为 3 种类型：A 型、B 型和 Micro 型（目前无 Mini USB 3.0 标准），每种接口分为插头和插座，如图 3-20 所示。行业规定了 USB 3.0 接口的颜色必须为蓝色。

主板上的 USB 插座使用 A 型接口插座，主板 I/O 面板一般提供 4～6 个 USB 接口，其中 USB 3.0 插座为蓝色，USB 2.0 插座为黑色。主板上还提供几个可扩展的 USB 接口，通过主板提供的 USB 扩展连线连接到机箱的前面板上，所以主板上扩展的 USB 接口称为前端 USB（Front USB）接口。

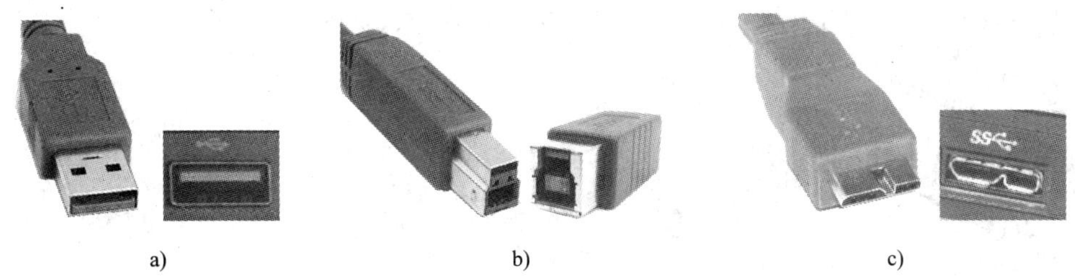

a) b) c)

图 3-20　3 种 USB 3.0 接口类型的插头和插座

a) A 型　b) B 型　c) Micro 型

USB 3.0 接口共 9 个引脚，分为两排，上面 5 个专门为 USB 3.0 设计，称之为 SuperSpeed，下面 4 个为兼容 USB 2.0 引脚。USB 2.0 有 4 个引脚，单排，如图 3-21 所示。所以，USB 2.0 A 型插头可以插入 USB 3.0 A 型插座中，而且 USB 2.0 设备也可以正常工作，只是传输速度将会降到 480Mbit/s，而不是 USB 3.0 所支持的 5Gbit/s。

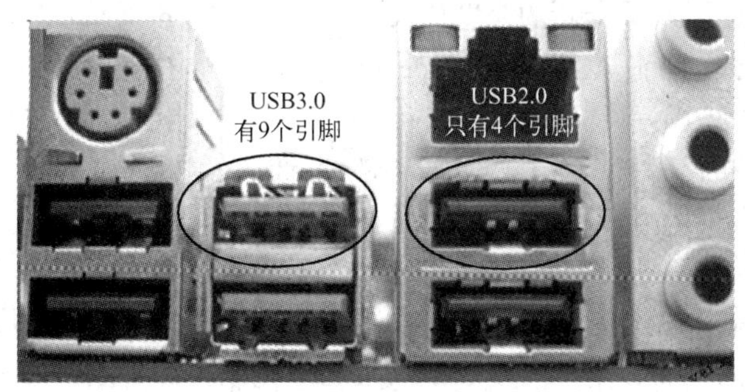

图 3-21　USB 3.0 接口与 USB 2.0 接口的引脚

（3）USB 3.1 接口

USB 3.1 是 USB 3.0 的改进版本，其改进一是将传输速率翻倍达到了 10Gbit/s，二是将供电能力提升至最高 100W，此外还提供了视音频数据的传输通道。USB 3.1 可以同时作为供电、音视频通路和外设数据通路，可以大大简化主机的接口配置。

USB 3.1 有 3 种类型，分别为 Type-A（Standard-A）、Type-B（Micro-B）以及 Type-C，如图 3-22 所示。标准的 Type-A 是目前应用最广泛的界面方式，Micro-B 则主要应用于智能手机和平板电脑等设备，而新定义的 Type-C 主要面向更轻薄、更纤细的设备。Type-C 仿 Apple Lightning（闪电）连接器，正反均可正常连接使用。USB 3.1 是完全向下兼容 USB 3.0/2.0 等旧标准的，除了 Type-C 新接口之外其他都可以继续使用老设备。

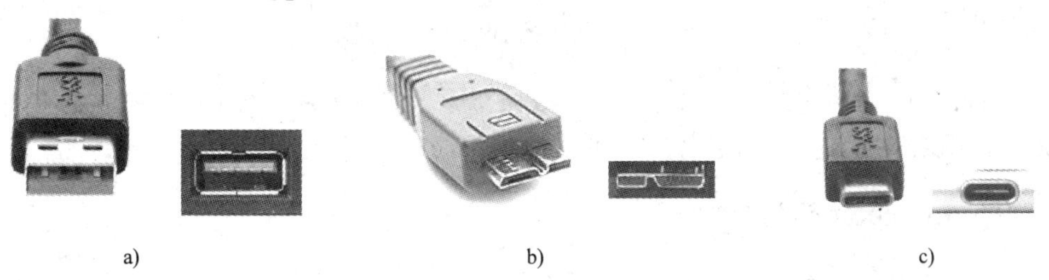

a) b) c)

图 3-22　3 种 USB 3.1 接口类型的插头和插座

a) Type-A（Standard-A）　b) Type-B（Micro-B）　c) Type-C

通过 USB 3.1 Type-C 转接口线，可以转换成其他接口，如图 3-23 所示。

双 Type-C 数据线

转 USB 公转母转接头

转苹果 lightning 数据线

转 Micro-B 数据线

图 3-23　USB 3.1 Type-C 转接口线

相比 USB 2.0 的 5V/0.5A，USB 3.0 提供了 5V/0.9A 电源。USB 3.1（SuperSpeed+）将供电的最高允许标准提高到了 20V/5A，供电 100W。

USB 3.1 的速度分 Gen1（5Gb/s）和 Gen2（10Gbit/s）两个版本，所以并非所有 Type-C 接口就是最大 10Gbit/s 的版本，也可能只有 5Gbit/s 的理论带宽。

USB 3.1 Type-C 还引入了全新的交替模式（Alternate Mode），即 Type-C 接口和数据线能传送非 USB 数据信号。目前 Alternate Mode 已经能够支持 DisplayPort 1.3 和 HDMI 3.2 规范，USB 3.1 的 USB AV 影音传输提供 9.8Gbit/s 频宽，最高支持 4096 x 2304 @ 30FPS 的 4K 显示画面，4K 显示的规格已和 HDMI 1.4 一样，同时 USB AV 也支持 HDCP 影像加密技术。

2．USB 3.1 控制芯片

Intel 100 系芯片组没有原生 USB 3.1 接口支持，要想实现只能靠第三方的桥接芯片。一枚祥硕 ASM1142 控制芯片可将 PCI-E 2.0 x2 或 PCI-E 3.0 x1 通道转接为两个 USB 3.1 接口，两个接口共享 10Gbit/s 带宽。一枚 Intel USB 3.1 控制芯片（Z527T、Z525T），通过 PCI-E 3.0 x4 通道转接为两个 USB 3.1 接口，提供高达 32Gbit/s 的总带宽，可使每一个 USB 3.1 接口的带宽达 10Gbit/s。主板上的 USB 3.1 控制芯片，如图 3-24 所示。

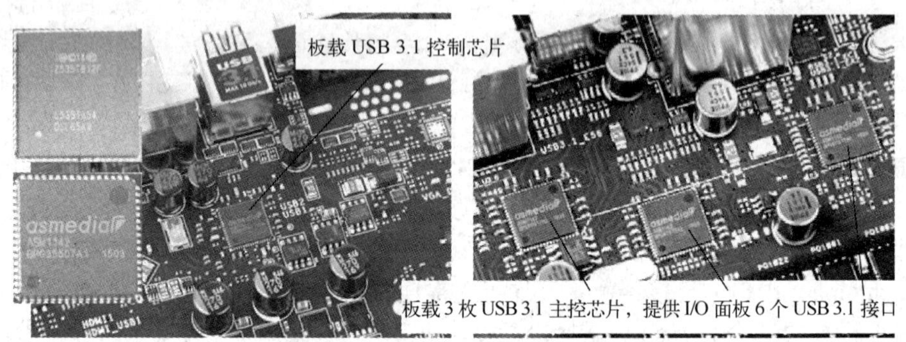

图 3-24　主板上的 USB 3.1 控制芯片

自 Intel 100 系主板开始，USB 3.1 接口更名为 USB 3.1 Gen2 接口（理论带宽为 10Gbit/s），而 USB 3.0 接口则更名为 USB 3.1 Gen1 接口（理论带宽为 5Gbit/s）。

3.2.8　Thunderbolt 接口

1．Thunderbolt 1 和 Thunderbolt 2 标准

Thunderbolt（雷电）技术由 Intel 于 2011 年发布，通过和 Apple 公司的技术合作推向市场，该技术主要用于连接 PC 和其他设备，融合了 PCI-E 数据传输技术和 DisplayPort 显示技术，两条通道可同时传输这两种协议的数据。与现在的其他接口相比，Thunderbolt 接口有着很出色的技术优势。目前，Thunderbolt 接口已经出现在 MacBook Pro 产品（见图 3-25）和高端主板上。Thunderbolt 接口的物理外观与原有 Mini DsiplayPort（Mini DP）接口相同。

图 3-25　苹果 Mac Book Pro 上的 Thunderbolt 接口

Thunderbolt 连接技术的核心是一颗 Intel 专用控制芯片，通过 PCI-E x4、DisplayPort 总线与主板芯片组南桥 PCH 相连。支持 PCI-E 和 DisplayPort 两种传输协议，拥有两条全带宽通道，分别负责 DisplayPort 信号和数据信号传输。Thunderbolt 连接技术架构图，如图 3-26 所示。简单概括起来，Thunderbolt 本身只是信号传输的载体，它既可以传输 DisplayPort 视频信号，也可以传输数据信号。专用的控制器芯片负责将这两种信号筛检出来，视频信号就按标准的 DisplayPort 协议，而传输数据时控制器就会将信号切入 PCI-E 通道，传输至 PCH 南桥芯片中。Mac Book Pro 主板上的 Thunderbolt 控制芯片，如图 3-27 所示。

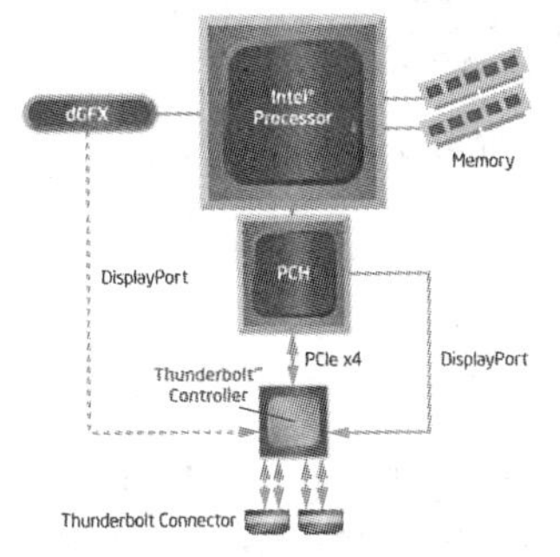

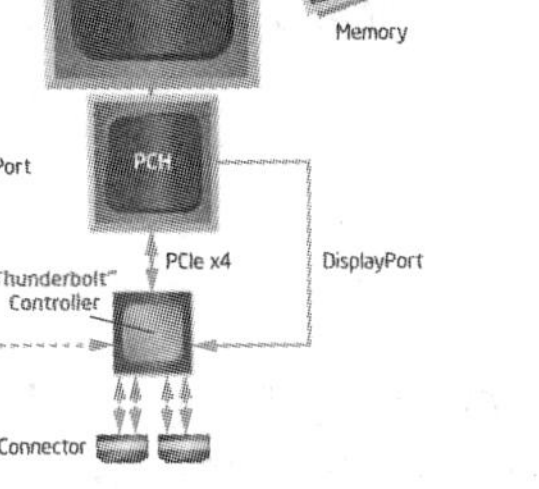

图 3-26　Thunderbolt 连接技术架构图

图 3-27　Mac Book Pro 主板上的 Thunderbolt 控制芯片

Thunderbolt 技术支持以菊花链形式将 7 台设备连接在一起。Mini DP 接口的显示器以及 Mini DP 至 HDMI/DVI/VGA 等接口的转接头都可以在 Thunderbolt 接口上正常使用，可传输 1080p 乃至超高清视频和最多八声道音频。目前，Thunderbolt 使用的是铜质线缆，铜线长度限制为 3m，通过线缆提供 10W 供电。

Thundrbolt 技术拥有四大优点：第一，它的传输速度快，Thunderbolt 1 每条通道都提供双向 10Gbit/s 带宽，Thunderbolt 2 每条通道都提供双向 20Gbit/s 带宽，速度远高于 USB 3.0 和 SATA 3.0；第二，Thunderbolt 接口不仅支持数据传输，而且支持视频信号传输，甚至它的物理接口与苹果制定的 mini DP 接口都是兼容的，mini DP 设备接上即可使用；第三，Thundbolt 接口的供电能力达到 10W，相比之下 USB 2.0 的供电为 5V×0.5A=2.5W，USB 3.0 最高也只有 5V×1A=5W，更高的供电能力可以驱动更多的设备而无须外接供电；第四，

Thunderbolt 无须驱动即可支持多种操作系统。

2．Thunderbolt 3 标准

2015 年 6 月 Intel 公布 Thunderbolt 3 标准，Thunderbolt 3 与 USB Type-C 统一端口，兼容 USB 3.1 标准，USB Type-C 设备可直接插在 Thunderbolt 3 接口上使用。

Thunderbolt 3 占用 4 条 PCI-E 3.0 通道来传输信号，其数据传输率将达到 40Gbit/s，是 Thunderbolt 2 的两倍，如图 3-28 所示。Thunderbolt 3 支持双 4K（4096×2160）60Hz 显示器输出，也支持输出 5K 显示信号（5K 显示器的像素数比 4K 多 70%）。同时，Thunderbolt 3 供更强的供电能力，可为设备提供 15W 电力，它还支持完整的 USB 3.1 规格，支持最高 100W 电力传送。

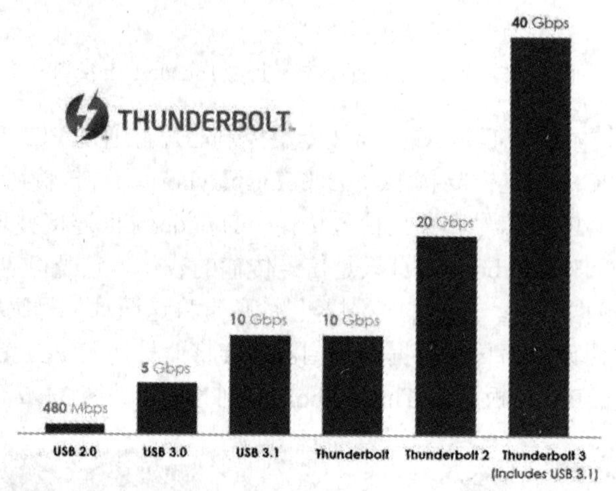

图 3-28　各版本 USB、Thunderbolt 接口的数据传输率对比

3.2.9　BIOS、UEFI 单元

1．BIOS

只读存储器基本输入输出系统（ROM Basic Input Output System，ROM BIOS），它是一组固化到只读存储器（ROM）芯片中，为微机提供最低级、最直接的硬件控制程序。简单地说，BIOS 是硬件与操作系统之间的接口程序负责解决硬件的即时要求，并按软件对硬件的操作要求具体执行。BIOS 中保存的程序主要包括如下几种。

- 自诊断程序：读取 CMOS RAM 中的数据识别硬件配置，并对其进行自检和初始化。
- CMOS 设置程序：引导过程中，进入设置程序后，用户可设置硬件参数，设置的参数保存在 CMOS RAM 中。
- 系统自举装载程序：在自检成功后把引导盘上的 0 道 0 扇区上的引导程序装入内存，让其运行以装入操作系统。
- I/O 设备的驱动程序和中断服务：由于 BIOS 直接与系统硬件资源打交道，因此总是针对某一类型的硬件系统，而各种硬件系统又各有不同，所以存在各种不同种类的 BIOS，新版本的 BIOS 比起老版本功能更强。

主板上的 BIOS 芯片是一块方形芯片，常见外观如图 3-29 所示。

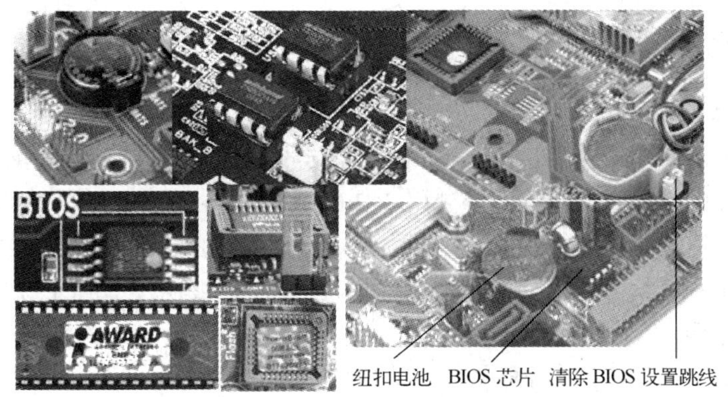

图 3-29 常见 BIOS 芯片的外观

有的主板上有两个 BIOS 芯片（双 BIOS），一个是主芯片，一个是备用芯片，支持一键切换，板载诊断卡和 Debug 指示灯，有启动、重启快捷键，方便裸机操作，如图 3-30 所示。

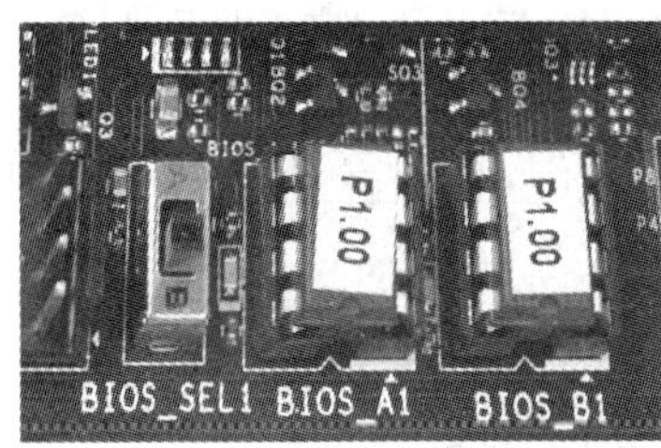

图 3-30 双 BIOS 设计

ROM BIOS 都采用闪存可擦编程只读存储器（Flash ROM），通过程序可以对 Flash ROM 重写，实现 BIOS 升级。主板 BIOS 主要有 Award BIOS、AMI BIOS、Phoenix BIOS 及 Phoenix-Award BIOS（Phoenix 公司收购 Award 后的品牌），在芯片上都能看到厂商的标记。

由于 BIOS 是只读的，无法保存用户设置的数据。用户在 BIOS 中设置的各项参数要保存在 CMOS 中，CMOS 通常是指主板上的一块可读写的 RAM 芯片，它存储了系统的时钟信息和硬件配置信息等，系统在加电引导时，要读取 CMOS 信息，用来初始化系统各个部件的状态。CMOS 参数现在通常保存在主板芯片组中的 RAM 单元中。关机后，为了维持 BIOS 的设置参数和主板上系统时钟的运行，主板上都装有一块电池，现在多采用纽扣电池。电池的寿命一般为 2～3 年。由于电池容易造成电解液泄漏，腐蚀主板，所以应注意更换。若长时间不用微机，应从主板上取下电池。

如果 CMOS 参数设置错误或忘记 BIOS 密码，并且无法进入 BIOS 程序重新设置，就要用硬件的方法恢复默认参数。为此，多数主板在电池旁边都有一个清除 BIOS 用户设置参数的跳线。为了方便操作，有些主板在后置面板上设置一个清空 BIOS 按键，不用打开机箱就可清空 BIOS。

2. UEFI

统一的可扩展固件接口（Unified Extensible Firmware Interface，UEFI）是一种详细描述全新类型接口的标准，是适用于微机的标准固件接口，旨在代替 BIOS。此标准由 UEFI 联盟中的 140 多个技术公司共同创建，其中包括微软公司。UEFI 旨在提高软件互操作性和解决 BIOS 的局限性。

UEFI 是 BIOS 的一种升级替代方案，作为传统 BIOS 的继任者，UEFI 拥有 BIOS 所不具备的诸多功能，比如图形化界面、多种多样的操作方式、允许植入硬件驱动等。这些特性让 UEFI 相比于传统 BIOS 更加易用、更加多功能、更加方便。而 Windows 8、Windows 10 都全面支持 UEFI，这也促使了众多主板厂商纷纷转投 UEFI，并将此作为主板的标准配置之一，在最近新出厂的主板中，很多已经使用 UEFI。UEFI 将是近 3 年的趋势，到时对于 PC 的利用以及维护都将步入一个新的时代。具备 UEFI 功能的主板预装了系统激活信息，有且仅可支持预装版本的系统激活，如果安装其他版本的系统则必须关闭 UEFI 功能，且需要保持 UEFI 功能的关闭状态。

在新出的主板上，BIOS 同时有两种：一种是标准的 BIOS，另外一种是具备 UEFI 功能的 BIOS，这两种 BIOS 都固化在一个 BIOS 芯片中。

3.2.10 主板电源插座

主板和插接在主板上的所有配件（CPU、内存条、键盘、显示卡等）都通过电源插座供电。目前安装 Intel Core i 和 AMD APU 级别 CPU 的主板上的 ATX 电源插座都是 24 针双列插座，具有防插错结构。在软件的配合下，ATX 电源可以实现软件开机和关机、键盘开机和关机、远程唤醒等电源管理功能。有的主板还另外提供一个 4 针或 8 针 12V 电源插座，给 CPU 提供辅助供电。主板电源插座如图 3-31 所示。

图 3-31　ATX 主板电源插座

3.2.11 主板供电单元

供电单元是指为 CPU、内存控制器、集成显示卡等部件供电的单元，其作用是对电源输送来的电流进行电压的转换，对电流进行整形和过滤，滤除各种杂波和干扰信号，以保证得到稳定的电压和纯净的电流。随着 CPU 主频和系统总线工作频率的提高，对主板供电的要求也越来越严格，因此主板稳定工作的前提是必须供应纯净的电流。主板供电电路的主要部分一般都位于主板 CPU 插座附近，如图 3-32 所示。

现在最常见的供电组合方案由“电容+电感+场效应晶体管（MOSFET 管）”组成一个相对独立的单相供电电路，这样的组成通常会在供电部分出现 N 次，也因此出现了 N 相供电。多相电路可以非常精确地平衡各相供电电路输出的电流，以维持各功率组件的热平衡。但并不是供电相数越多越好，过多的相数可能会造成转换时效降低。主板上常用的有 4、6、8、16、24、32 甚至 48 相或更多。

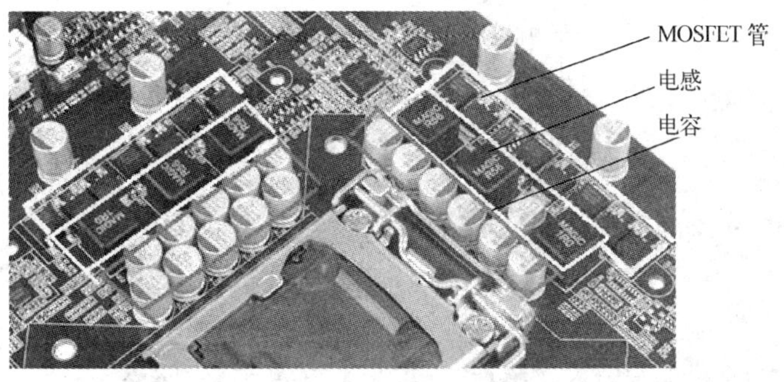

图 3-32　6 相供电电路

由于第 6 代酷睿内部移除了电压调节器，于是 CPU 供电模块部分由主板商设计。强大的供电模块不仅能保证整机的稳定运行，更能为 CPU 极限超频提供超强的动力，于是主板厂商在供电模块上设计了不同的供电模块，如图 3-33 所示。

图 3-33　主板上的供电模块

3.2.12　板载声卡

现在板载声卡已成为主板的标准配置，所有新出的主板都集成了符合 AC'97 Rev 2.3 规范的音频编解码芯片 Codec。几乎所有板载声卡的音频编解码芯片都为 6 或 8 声道解码，能够提供高品质的 6 或 8 声道音效输出，支持 5.1 或 7.1 声道的环绕立体音频（Sony/Philips Digital Interface, S/PDIF）输出，支持立体声输入，支持 DS3D、EAX 1.0/2.0、A3D、Sensaura 3DPA 等 3D API。板载声卡对于大部分用户来说，已经足够满足影视、游戏的要求，不需要再安装独立声卡。常见的声卡控制芯片有 Realtek 公司的 ALC650/655/850/861/883/887/888/889/892、AD1888/1980/1981B/1985、CMI8738、CMI9739A、ALC202A、VT1616 等。对于集成了 AC'97 软声卡的主板，一般在 PCI 插槽上端的主板上能看到一块小小的 AC'97 芯片，如图 3-34 所示。

例如，瑞昱（Realtek）公司的 ALC888、ALC892 音频芯片提供 7.1 声道 HD Audio 音效输出，具备接口侦测功能 Jack Sense（环绕，中置/低音，前置，后置环绕）；支持 S/PDIF 输入与输出，可与其他 DVD 系统或者视频/音频多媒体系统进行数字连接；支持 Realtek 独有的通用音频接口（Universal Audio Jack，UAJ）技术，通过此技术，使得台式机的前面板与笔记本电脑的音频接口上的两个插孔皆具有输入/输出功能，可让使用者随意插用，从而消除使用者可能错误插用的困扰，达到即插即用（Plug and Play）的便利性。

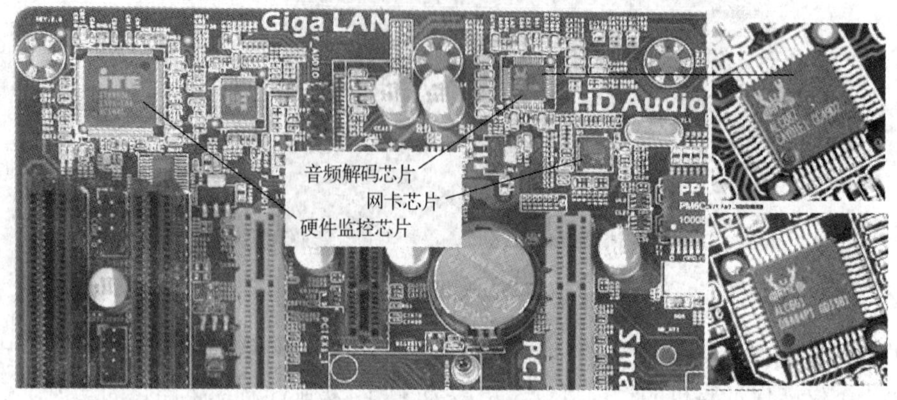

图 3-34　音频解码芯片

有些主板板载高保真第 3 代音频技术，采用瑞昱旗舰级音频芯片 Realtek ALC1150 音频解编码芯片并支持 7.1 声道 HD 音频，配合 Nichicon Fine Gold 系列黄金音频专用电容和 115dB 信噪比数-模转换器，TI NE5532 优质耳机放大器（支持高达 600Ω阻抗耳机），可以得到更逼真的游戏音频体验。如图 3-35 所示是音频模块部分。

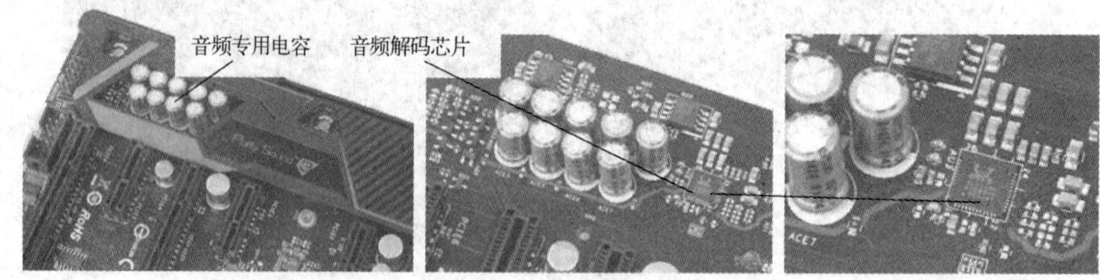

图 3-35　音频模块部分

3.2.13　板载网卡芯片

许多主板上集成了网卡芯片（Fast Ethernet 控制器），网卡控制芯片一般在主板后部的 I/O 面板上的 RJ-45 接口附近。主板上常见的网卡控制芯片有：

Realtek 瑞昱公司的 RTL8100C、TRL8201CL 支持 10/100Mbit/s 自适应的以太网网络。RTL8111B、RTL8111F、RTL8111GR 网卡控制芯片，支持 10Mbit/s、100Mbit/s、1000Mbit/s。

Marvell 的 88E1111、88E1115、88E1121 网卡控制芯片支持 10Mbit/s、100Mbit/s、1000Mbit/s。

BROADCOM 的 BCM5702WKFB 网卡控制芯片是支持 10Mbit/s、100Mbit/s、1000Mbit/s 的高性能芯片。

Intel 的千兆有线网卡，网卡芯片为 Intel I218V、I219V。还有杀手系列网卡等。

在主板上常见的板载网卡控制芯片如图 3-36 所示。

图 3-36　常见的板载网卡控制芯片

3.2.14　硬件监控芯片

硬件监控芯片的功能主要是对输入/输出接口（如鼠标、键盘、USB 接口等）的控制，以及对系统进行监控、检测（为主板提供 CPU 电压侦测、线性风扇转速控制、硬件温度监控等）。对于温度的监控，需与温度传感元件配合使用；对风扇电动机转速的监控，则需与 CPU 或显示卡的散热风扇配合使用。主板上的硬件监控芯片，也称 I/O 芯片或 Super I/O 芯片。目前流行的硬件监控芯片有 ITE 公司的 IT8628E、IT8712F-A、IT8620E，华邦（Winbond）公司的 W83627THF、WPCD376IAUFG，SMSC 公司的 LPC47M172，新唐（nuvoTon）的 NCT5573D、NCT5539D、NCT6776D、NVT6793D 等。硬件监控芯片一般位于主板的边缘，如图 3-37 所示。

图 3-37　常见的硬件监控芯片

3.2.15　时钟发生器

自从 IBM 公司发布第一台 PC 以来，主板上就开始使用一个频率为 14.318MHz 的石英晶体振荡器（简称晶振）来产生基准频率。用晶振与时钟发生器芯片（PPL-IC）组合，构成系统时钟发生器。晶振负责产生非常稳定的脉冲信号，而后经时钟发生器整形和分频，把多种时钟信号分别传输给各个设备，使得每个芯片都能够正常工作，如 CPU 的外频、PCI/PCI-E 总线频率、内存总线频率等，都是由它提供的。现在很多主板都具有线性超频的功能，其实这个功能就是由时钟芯片提供的。时钟芯片位于 PCI 槽的附近，因为时钟给 CPU、北桥、内存等设备的时钟信号线要等长。常见的时钟发生器有 RTM862-488、RTM360-110R、ICS950405AF、ICS952607EF、ICS950910AF、ICS96C535、华邦 W83194BR-SD、Cypress W312-02 等。如图 3-38 所示为常见的晶振和时钟发生器。

图 3-38　常见的晶振和时钟发生器

3.2.16　跳线、DIP 开关、插针

1．跳线

跳线（Jumper）主要用来设定硬件的工作状态，如 CPU 的核心（内核）电压、外频和倍频，主板的资源分配，以及启用或关闭某些主板功能等。跳线赋予了主板更为灵活的设置方式，使用户能够轻松地对主板上各部件的工作方式进行设置。但是随着大量硬件参数逐渐改在 BIOS 中设置，主板上的跳线已经越来越少了。

跳线实际上就是一个短路小开关，它由两部分组成：一部分固定在电路板上，由两根或两根以上金属跳线针组成；另一部分是“跳线帽”，这是一个可以活动的部件，外层是绝缘塑料，内层是导电材料，可以插在跳线针上面，将两根跳线针连接起来。跳线帽扣在两根跳线针上时为接通状态，有电流通过，称为 On；反之，不扣上跳线帽时，称为 Off。最常见的跳线主要有两种，一种是两针，另一种是三针。两针的跳线最简单，只有两种状态，On 或 Off。三针的跳线可以有 3 种状态：1 和 2 之间短接（Short），2 和 3 之间短接，以及全部开路（Open）。常见跳线及主板上的说明如图 3-39 所示。

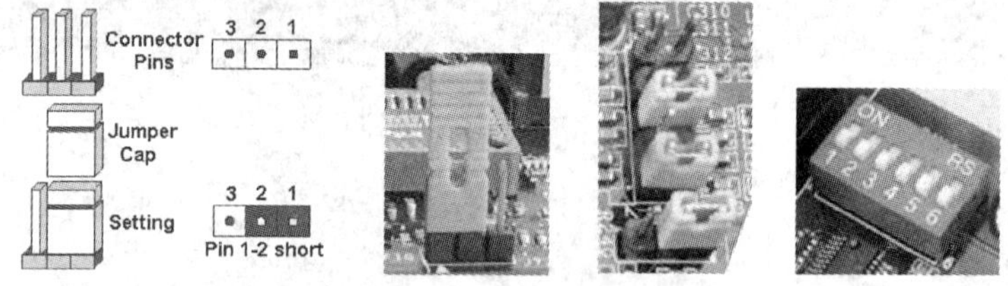

图 3-39　跳线、DIP 开关

跳线最常用的地方就是在主板上，早先的跳线用来设置 CPU 的倍频、外频、电压等项目。目前都采用免跳线的技术，在主板上除了一个清除 BIOS 设置参数的跳线之外再无任何跳线。只要把 CPU 插入，就可以自动识别并设置频率和工作电压。也可以通过 BIOS 设置参数对主频、工作频率和电压进行更改，不必使用专门的硬件跳线。

2．DIP 开关

尽管跳线已经使硬件设置变得非常灵活，但是跳线的插拔方式使用起来仍然不太方便。因此，使用 DIP 开关，可以更为直观和容易地设置硬件的工作状态。DIP 开关与普通跳线一样，只是把小跳线做成了开关，如图 3-39 所示。

3．机箱面板指示灯及控制按钮插针

主板上的插针有很多组，例如 USB 插针、CPU 风扇插针等，其中最重要的一组是机箱面板插针，如图 3-40 所示。

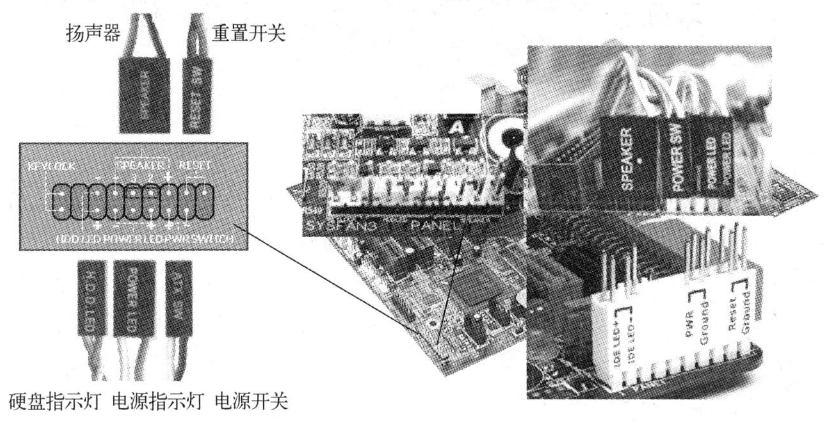

图 3-40 机箱面板指示灯接头及控制按钮插针示意图

机箱面板上的电源开关、重置开关、电源指示灯、硬盘指示灯等都连接到该插针组上，接头组的用途见表 3-1。说明中所标出的机箱接线颜色仅供参考，不同机箱接线颜色可能有所不同，不同主板插针接口的排列方式也可能有所不同。

表 3-1 面板指示灯及主板控制按钮插针说明

主板标注	用途	针数/针	插针顺序及机箱接线常用颜色
PWR SW	ATX 电源开关	2	1.黄（+） 2.黑（−）
RESET SW	复位接头，用硬件方式重新启动计算机	2	无方向性接头。1.红 2.黑
POWER LED	电源指示灯接头。电源指示灯为绿色，灯亮表示电源接通	2	1.绿（+） 2.白（−）
SPEAKER	扬声器接头，使计算机发声	4	无方向性接头。1.红（+5V） 4.黑 2、3.短接启动主板上扬声器，开路关闭主板上扬声器
HDD LED	硬盘读写指示灯接头，LED 为红色，灯亮表示正在进行硬盘操作	2	1.红（+） 2.白（−）

3.2.17 背板接口

随着主板技术的增加，主板上集成的接口越来越多，主板的 I/O 背板接口十分丰富，一般带有 PS/2 键鼠通用接口、RJ45 网络接口；视频输出（DisplayPort，DP）接口、DVI 接口、HDMI 接口；USB 2.0、USB 3.1 Gen1 接口、USB 3.1 Gen2 Type-A 和 USB 3.1 Gen2 Type-C 接口；音频输入/输出接口、光纤音频输出口。

1．USB 接口

主板上的 USB 2.0 插座使用 A 型接口插座，主板 I/O 面板一般提供 2～4 个 USB 接口，

USB 2.0 插座为黑色；主板上的 USB 3.0（3.1 Gen1）接口也使用 Type-A，提供 2～4 个，USB 3.0 插座为蓝色；主板上的 USB 3.1（3.1 Gen2）接口使用 Type-A 和 Type-C，各提供 1 个，USB 3.1 插座为红色。如图 3-41 所示。

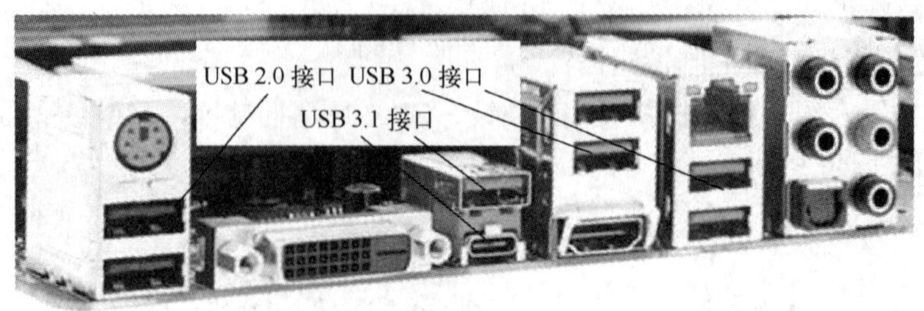

图 3-41　主板背板上的 USB 接口

主板上还提供几个可扩展的 USB 2.0 接口，通过主板提供的 USB 扩展连线连接到机箱的前面板上，所以主板上扩展的 USB 接口称为前端 USB（Front USB）接口。

2．PS/2 接口

多数主板都配有键盘和鼠标的 PS/2 接口，靠近主板的紫色口接键盘，绿色口接鼠标。有些主板只有一个键盘接口插槽；有些主板有一个键盘、鼠标通用接口插槽（PS/2 Combo 接口），插口颜色是紫、绿两色。主板背板上的 PS/2 接口插槽，如图 3-42 所示。有些主板取消了 PS/2 键盘、PS/2 鼠标接口，由 USB 接口代替。

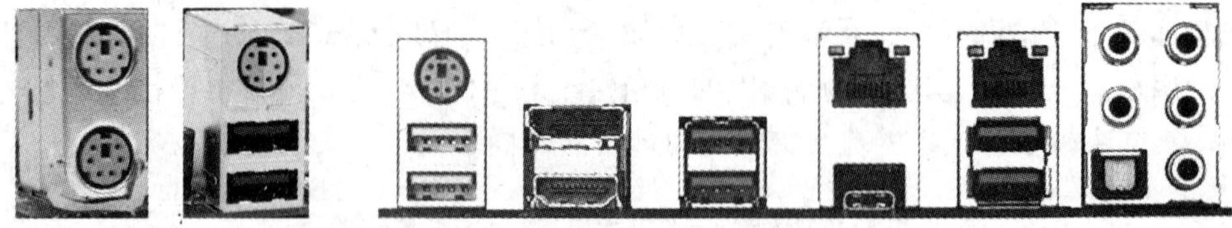

图 3-42　主板背板上的 PS/2 接口

3．RJ-45 网线接口

主板上的板载网络接口几乎都是 RJ-45 接口，RJ-45 是 8 芯线，如图 3-43 所示。RJ-45 接口应用于以双绞线为传输介质的局域网中，网卡上自带两个状态指示灯，通过这两个指示灯可判断网卡的工作状态。

4．无线网络外置天线接口

对于板载无线网卡的主板，I/O 接口背板上带有外置天线接口，如图 3-43 所示。

图 3-43　主板背板上的网线接口、外置天线接口

5．音频接口

目前主板上常见的音频接口均为3.5mm插孔，有3种：3个插孔（从上到下的插孔颜色依次为浅蓝色、草绿色、粉红色），5个插孔（左侧增加2个插孔，从上到下的插孔颜色为橙色、黑色），6个插孔（左侧下方增加1个灰色插孔），如图3-44所示。

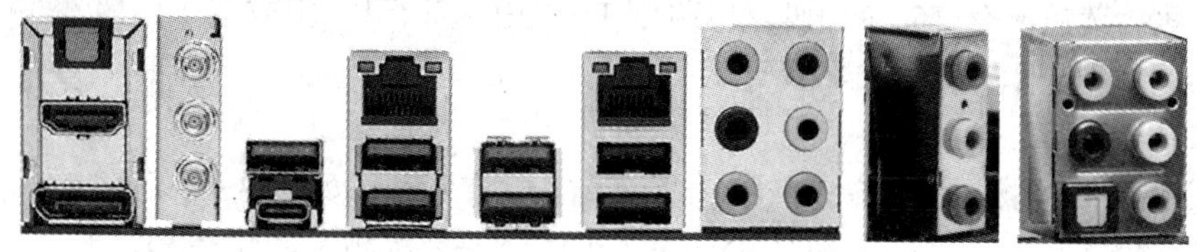

图3-44　主板背板上的音频插孔

各种颜色的插孔含义如下。

浅蓝色：音源输入插孔。连接MP3播放器或者CD机音响等音频输出端。

草绿色：音频输出插孔。连接耳机、音箱等音频接收设备。

粉红色：传声器输入插孔。连接到MIC。

橙色：中置或重低音音箱输出插孔。在6声道或8声道音效设置下，连接中置或重低音音箱。

黑色：后置环绕音箱输出插孔。在4声道、6声道或8声道音效设置下，连接后置环绕音箱。

灰色：侧边环绕音箱输出插孔。在8声道音效设置下，连接侧边环绕音箱。

不同声道与端口的连接方法见表3-2。要注意，对于多声道声卡，要打开多声道输出功能，必须先安装音频驱动程序，经正确设置后才能获得多声道输出。

表3-2　不同声道与插孔的连接方法

声道 端口	2声道（2.0）	4声道（2.1）	6声道（5.1）	8声道（7.1）
浅蓝色	声道输入	声道输入	声道输入	声道输入
草绿色	声道输出（一对音箱）	前置输出（一对音箱）	前置输出（一对音箱）	前置输出（一对音箱）
粉红色	MIC输入	MIC输入	MIC输入	MIC输入
橙色			中置和重低音（一只音箱）	中置和重低音（一只音箱）
黑色		后置输出（一只低音炮音箱）	后置输出（一对音箱）	后置输出（一对音箱）
灰色				侧置输出（一对音箱）

对于支持Realtek的UAJ技术的音频接口，台式机的前面板与笔记本电脑的音频接口上的两个插孔皆具输入/输出功能，可让使用者随意插用，完全消除使用者可能错误插用的困扰，真正达到即插即用的便利性。

6．光纤音频接口（S/PDIF光纤输出接口）

光纤音频接口（Toshiba Link，TosLink）是日本东芝（TOSHIBA）公司开发并设定的技术标准，在视听器材的背板上有Coaxial标识，TosLink光纤曾大量应用在视频播放机和组合音响上。光纤连接可以实现电气隔离，阻止数字噪声通过地线传输，有利于提高DAC的信噪比。光纤连接的信号要经过发射器和接收器的两次转换，会产生严重影响音质的时基抖动误差。现在某些型号的主板也配备了光纤音频接口，如图 3-45 所示。

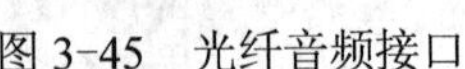

图 3-45　光纤音频接口

7．VGA 接口

VGA 接口是最常见的显示设备视频信号输出接口之一，主要连接显示器，一般为蓝色，有 15 个引脚，也称作 D-SUB 接口。集成主板上的 VGA 接口插槽，如图 3-46 所示。

8．DVI 接口

DVI 接口主要连接 LCD 等数字显示设备，DVI 有两种，如图 3-46 所示，一种是 DVI-D，只能接收数字信号；另外一种是 DVI-I，可同时兼容模拟和数字信号，通过转换接头可连接到 VGA 接口上。

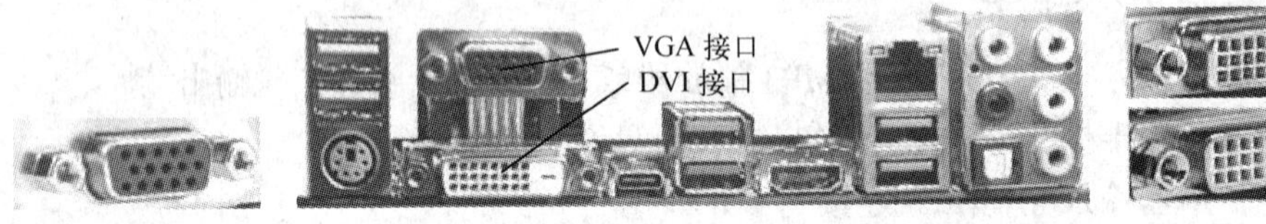

图 3-46　主板背板上的 VGA、DVI 接口

9．HDMI

目前的主板和显示卡上都有高清晰多媒体接口（High Definition Multimedia Interface，HDMI），如图 3-47 所示。通过一条 HDMI 线，可以同时传送影音信号，HDMI 1.0 接口提供 5Gbit/s 的数据传输率，最新发布的 HDMI 1.3 提供的带宽为 10.2Gbit/s，可以用于传送无压缩的音频信号和高分辨率视频信号。HDMI 接口有 3 种：标准 HDMI、Mini HDMI 和 Micro HDMI，外观如图 3-47 所示。

10．DisplayPort（简称 DP）接口

DisplayPort 1.0 标准可提供的带宽高达 10.8Gbit/s。DisplayPort 可支持 WQXGA+（2560×1600）、QXGA（2048×1536）等分辨率及 30/36bit（每原色 10/12bit）的色深，充足的带宽保证了今后大尺寸显示设备对更高分辨率的需求。DisplayPort 接口有 3 种：DP、Mini-DP 和 Micro-DP，外观如图 3-47 所示。Mini-DP 主要用于笔记本电脑、超极本，Micro-DP 主要用于智能手机、平板电脑以及超轻薄设备。

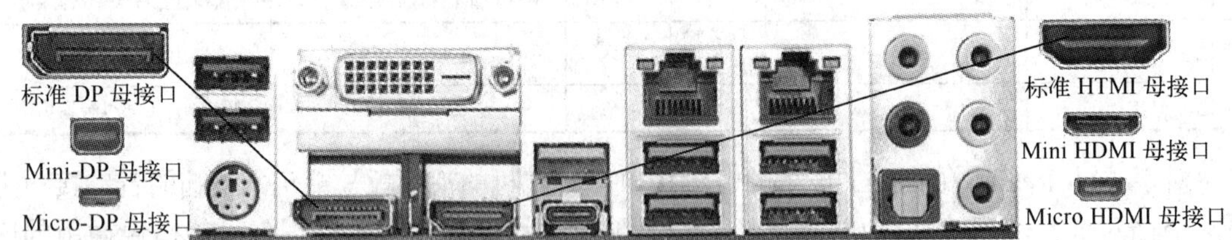

图 3-47　主板背板上的 HDMI、DP 接口

11．eSATA 接口

External SATA 简称 eSATA 或 E-SATA，是外置式 SATA 2.0 规范的延伸，用来连接外部的 SATA 设备。它把主板的 SATA 2.0 接口连接到 eSATA 接口上，eSATA 接口与普通 SATA

硬盘相连，而不用打开机箱更换 SATA 2.0 硬盘。SATA 2.0 接口的最大传输率为 3Gbit/s，远远超过 USB 2.0 等外部传输技术的速度。最新的 SATA 3.0 接口的最大传输率为 6Gbit/s。eSATA 接口插槽如图 3-48 所示。

12．串行接口

串行（COM）接口简称串口，是采用串行通信协议的扩展接口，常用于连接鼠标、外置 Modem、写字板等低速设备。串口的数据传输率是 115～230kbit/s。目前，新出的主板已取消了串口。串行接口如图 3-49 所示。

13．并行接口

并行（PRN、LPT）接口简称并口，是采用并行通信协议的扩展接口，如图 3-50 所示。并口的数据传输率比串口快 8 倍，标准并口的数据传输率为 1Mbit/s，常用来连接打印机，所以并口又被称为打印口。相对于 USB 接口，并行接口在速率和兼容性方面都要落后很多，所以许多主板取消了并行接口。

图 3-48　eSATA 接口端口

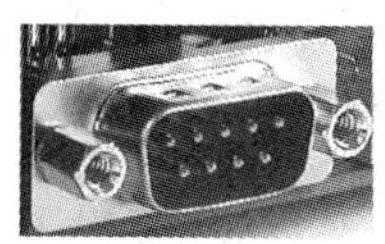

图 3-49　串行接口端口

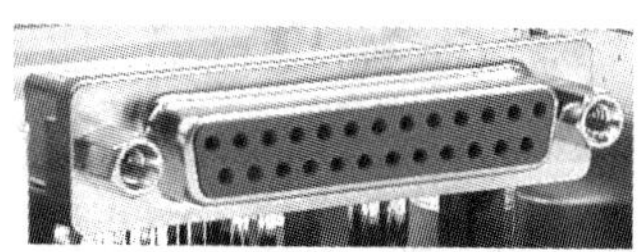

图 3-50　并行接口端口

3.3　主板芯片组

主板芯片组（Chipset）是主板的核心部件，起着协调和控制数据在 CPU、内存和各部件之间传输的作用，一块主板的功能、性能和技术特性都是由主板芯片组的特性来决定的。主板芯片组总是与某种类型的 CPU 配套，每当推出一款新规格的 CPU 时，就会同步推出相应的主板芯片组。主板芯片组的型号决定了主板的主要性能，如支持 CPU 的类型、内存类型和速度等，所以，常把采用某型号芯片组的主板称为该型号的主板。作为 PC 的主要配件，芯片组的发展直接关系到 PC 的升级换代。

3.3.1　主板芯片组的概念

芯片组按芯片数量可分为单芯片组和南、北桥芯片组；按是否整合显示卡，分为整合芯片组和非整合芯片组。芯片组也可以集成显示卡、声卡和网卡等部件。

采用由两片组成的南、北桥结构的主板上都有两块面积比较大的芯片。按照地图“上北下南”的标记方法，靠近 CPU 插槽的芯片称为北桥芯片，靠近 PCI 插槽的芯片称为南桥芯片。如图 3-51 所示为 CPU 中集成有内存控制器的南、北桥结构组成的主板示意图。对于单芯片组，功能与南、北桥芯片组相同，只是集成度更高。

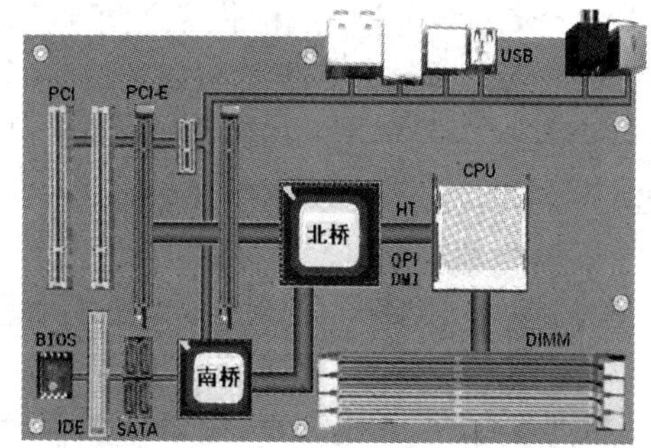

图 3-51　南、北桥结构组成的主板示意图

（1）北桥芯片（North Bridge Chipset）

北桥芯片是主板芯片组中起主导作用的组成部分，也称为主桥（Host Bridge），一般位于 CPU 插槽和 PCI-E 插槽之间。北桥芯片负责与 CPU 的联系，并控制内存、PCI-E 数据在北桥内部传输，提供对 CPU 的类型、主频、HT 或 QPI、DMI 总线频率、内存的类型和最大容量、PCI-E 插槽等的支持，整合型芯片组的北桥芯片还集成了显示卡核心。这也是芯片组的名称及主板的型号以北桥芯片的名称来命名的原因。总体来说，北桥芯片主要承担高速数据传输设备的连接。现在，CPU 陆续整合了内存控制器、PCI-E 控制器，北桥的主要功能已经整合到 CPU 中，芯片组只剩下一颗南桥芯片，用于连接外部低速设备。

（2）南桥芯片（South Bridge Chipset）

南桥芯片负责低速 I/O 总线之间的通信，如 PCI 总线、PCI-E×1 或×4、USB、LAN、ATA、SATA、音频控制器、键盘控制器、实时时钟控制器、高级电源管理等。由于这些设备的速度都比较慢，所以将它们分离出来让南桥芯片控制，这样北桥高速部分就不会受到低速设备的影响，可以全速运行。主板上的众多功能都依靠南桥芯片来实现，南桥提供支持这些低速接口的类型和数量，如提供 USB、SATA 接口的数量等。当然，南桥芯片不可能独立实现这么多的功能，它需要与其他功能芯片共同合作，从而让各种低速设备正常运转。南桥芯片功能在不断增强，以取代更多的独立板卡。南桥芯片一般位于主板上离 CPU 插槽较远的下方，PCI 插槽的附近，这种布局是考虑到它所连接的 I/O 总线较多，离处理器远一点有利于布线，而且更加容易实现信号线等长的布线原则。

南、北桥两片芯片之间的数据传递由专用总线完成。北桥芯片决定了芯片组的档次和性能，而南桥芯片相对灵活和次要。一般来说，一款 CPU 就可以决定一款北桥芯片，而南桥芯片组与 CPU 的关系很小，它可以与各种不同的北桥芯片组搭配使用。对于单独一片的芯片组，其实是把南、北桥两片芯片集成到一片芯片中。芯片组就像桥梁或纽带一样，将系统中各个独立的器件和设备连接起来形成一个整体。

南桥芯片在功能上会存在很大的差异，同一种南桥芯片可以搭配不同的北桥芯片，厂商会根据成本控制及市场定位来选择搭配。虽然其中存在一定的对应关系，但是只要连接总线相符并且引脚兼容，主板厂商完全可以随意选择。

3.3.2 主板系统总线

1．前端总线（Front Side Bus，FSB）

总线是将数据从一个部件传输到另一个或多个部件的一组传输线，有多种总线类型。前端总线是 CPU 与主板北桥芯片之间连接的通道，前端总线也称为 CPU 总线，是 PC 系统中最快的总线，也是芯片组与主板的核心。这条总线主要由 CPU 使用，用来与高速缓存、主存和北桥之间传送信息。由于数据传输最大带宽取决于所有同时传输的数据的宽度和传输频率，而 CPU 通过 FSB 连接到北桥芯片，进而通过北桥芯片和内存、显示卡交换数据，所以前端总线频率越高，代表着 CPU 与内存之间的数据传输量越大，越能充分发挥出 CPU 的功能。前端总线频率（FSB Clock Speed）常以 MHz 或 GHz 为单位。

Intel Core2 Duo 使用的 FSB 工作频率有 800MHz、1066MHz、1333MHz、1600MHz 几种，宽度为 64 位。Intel Core2 Duo 的前端总线示意图如图 3-52 所示。

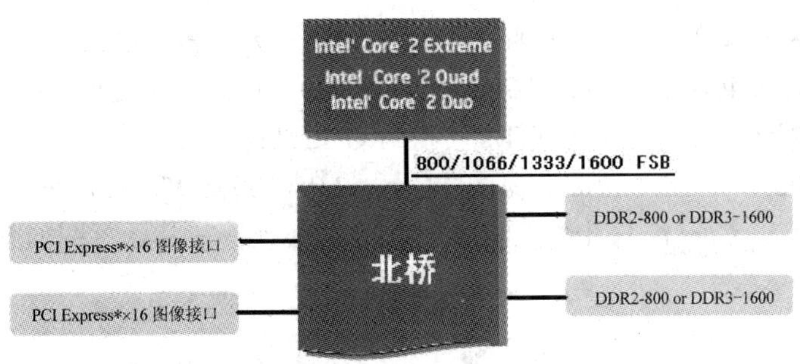

图 3-52　Intel Core2 Duo 的前端总线示意图

外频与前端总线频率是不同的。前端总线的速度指的是 CPU 和北桥芯片间总线传输的速度，更实质性地表示了 CPU 与外界数据传输的速度。而外频是 CPU 与主板之间同步运行的速度，主要表示对 PCI 及其他总线的影响。

2．超级传输通道（HyperTransport，HT）总线

AMD Athlon 64、Athlon 64 X2、Athlon II、Phenom II 等处理器，都在 CPU 内部集成有内存控制器，这样就取消了前端总线。2003 年 AMD 推出了 HT 总线来完成 CPU 与主板北桥芯片组之间的连接。HT 作为 AMD 主板 CPU 上广为应用的一种端到端总线技术，它可在内存控制器、磁盘控制器以及 PCI-E 总线控制器之间提供更高的数据传输带宽。HT 1.0 在双向 32bit 模式的总线带宽为 12.8GB/s。2004 年 AMD 推出的 HT 2.0 规格，最大带宽提升到 22.4GB/s。最新的 HT 3.0 又将工作频率增到 2.6GHz，这样，HT 3.0 在 2.6GHz 高频率 32bit 高位宽的运行模式下，即可提供高达 41.6GB/s 的总线带宽（即使在 16bit 位宽下也能提供 20.8GB/s 带宽）。HT 3.0 技术在近两年内都能满足内存、显卡和处理器的需要。AMD HT 总线示意图如图 3-53 所示。

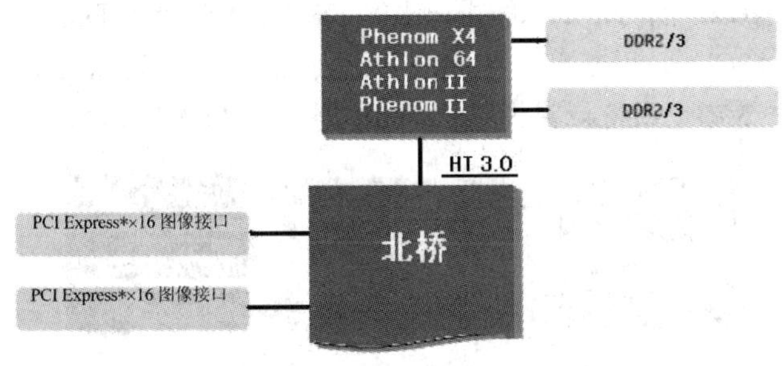

图 3-53　AMD HT 总线示意图

3．快速智能互连（Quick Path Interconnect，QPI）总线

AMD 早在 2003 年 K8 时代的 CPU 中已经集成了内存控制器，能大幅提升内存性能。Intel 为了改变 Core2 处理器内存性能低于 Athlon 64 X2、Phenom 系列的局面，2008 年 11 月推出的 Core i7 也开始集成内存控制器，内存控制器从北桥芯片组中转移到 Core i7 CPU 中，支持三通道 DDR3-1333 内存，内存读取延迟大幅减少，内存带宽则大幅提升。

CPU 集成内存控制器后，Intel 把 CPU 与主板北桥芯片组之间的连接总线命名为 QPI（与 AMD 的 HT 总线相似）。QPI 将取代 FSB，成为 Intel 新一代 CPU 的总线，QDI 为串行的点到点连接技术，也可以用于多处理器之间的互连。QDI 总线速度将会因平台而异，目前的 QDI 总线频率为 4.8GT/s（2.4GHz）、6.4GT/s（3.2GHz）等，例如，Core i7-980X/975/965 的 QPI 总线速率为 6.4GT/s，Core i7-960/950/940/920 的 QPI 总线速率为 4.8GT/s。GT/s 为 Giga Transfers/s，即十亿次每秒，把 GT/s 转换为 GHz 要除以 2。

现在支持 Gulftown、Bloomfield 核心的 Core i7-980X/975/950/920 等处理器的 X58 芯片组依然是南、北桥架构，Core i7 与北桥之间通过 QDI 总线连接，其示意图如图 3-54 所示。

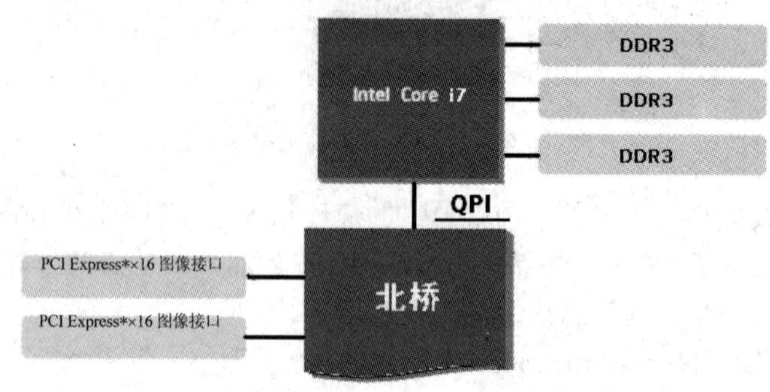

图 3-54　Intel QDI 总线示意图

4．直接媒体接口（Direct Media Interface，DMI）总线

从 Intel 第一代 Core i 系列处理器开始，已将内存控制器和 PCI-E 控制器集成到 CPU，即以往主板北桥芯片组的大部分功能都集成到 CPU 内部，在与外部接口设备进行连接的时候，需要有一条简洁快速的通道，就是 DMI 总线。而且支持 Core i 系列处理器所使用主板都是单芯片芯片组，不再有所谓的南北桥，而只有主要负责 PCI-Express、I/O 设备的管理等工作 PCH 芯片。DMI 用于连接 CPU 与主板单芯片组及外部接口设备。DMI 总线相对于 QPI 来讲，在技术上有所创新，技术的进步也很明显。

在 Intel 100 系芯片组中，DMI 总线由原来的 DMI 2.0 升级到 DMI 3.0。DMI 总线提升至 DMI 3.0 后，速率达到 8GT/s，而 9 系则为 DMI 2.0 总线，速率 5GT/s，DMI 总线作为 CPU 与芯片组之间通信的桥梁，对整个系统起着非常重要的作用。Intel DMI 总线示意图如图 3-55 所示。

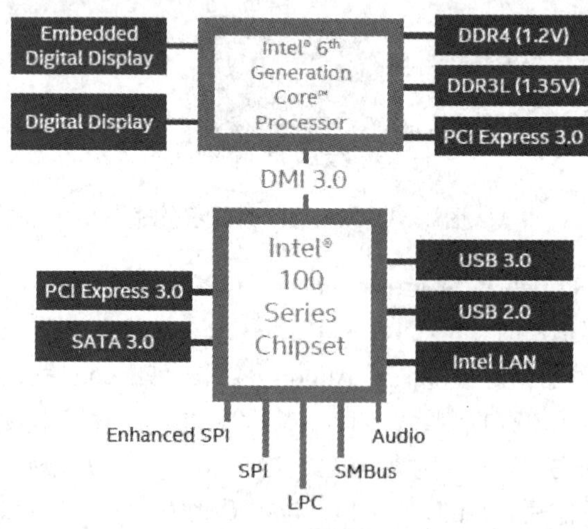

图 3-55　Intel DMI 总线示意图

3.3.3 主流主板芯片组

目前研发 PC 主板芯片组的厂家主要是 Intel、AMD 两家公司，各自不同的芯片组规格仅适合各自的平台。下面介绍 Intel 和 AMD 两大架构的主流芯片组。

1. Intel 100 系列芯片组

Intel 新一代的芯片组，命名直接从之前的 8 系、9 系跃升到了 100 系列。2015 年 9 月 Intel 发布了支持第六代 Skylake 处理器的 100 系列芯片组，包括 Z170、H170、B150、H110、Q170、Q150。芯片组的命名延续了过去的规则，Z 代表高端，H 为主流，B 为低端，Q 为面向商务品牌机市场，同时数字越大则定位越高。

100 系芯片组第一个重大变化是 LGA1151 插槽，不兼容之前的处理器；内存同时支持 DDR4 1.2V、DDR3 1.35V，双通道，最多 4 条；Intel 开始使用 DMI 3.0 总线，单通道速度是 8GT/s，而 PCH 提供的 PCI-E 通道也达到了 20 条 PCI-E 3.0 通道（多了 4 条）、6 个 SATA 6 Gbps 接口（没变）、3 个 SATA Express 接口（以前没有）、10 个 USB 3.0 接口（多了 4 个）、3 个 RST PCI-E 接口（以前没有）。快速存储技术 RST 升级到 14 版本，还有智能响应技术 RST。

100 系列将首次原生支持 SATA Express，具体数量可由主板厂商自行配置。由于一个 SATA Express 接口要占用两个普通 SATA，因此原生的最多不能超过 3 个。

值得注意的是，100 系芯片组依然没有原生 USB3.1 接口支持，要想实现还是只能靠第三方的桥接芯片。而且自 100 系主板开始，USB 3.1 接口正式更名为 USB 3.1 Gen2 接口（理论带宽为 10Gbit/s），而 USB 3.0 接口则更名为 USB 3.1 Gen1 接口（理论带宽为 5Gbit/s）。

如图 3-56 所示是 Intel 100 芯片组及架构示意图。Intel 100 采用 PCH 单芯片的设计，传统的北桥被设计在处理器内部，这也是 Intel 从 2010 年就开始沿用的设计思路，CPU 和主板之间凭借 DMI 3.0 总线连接。

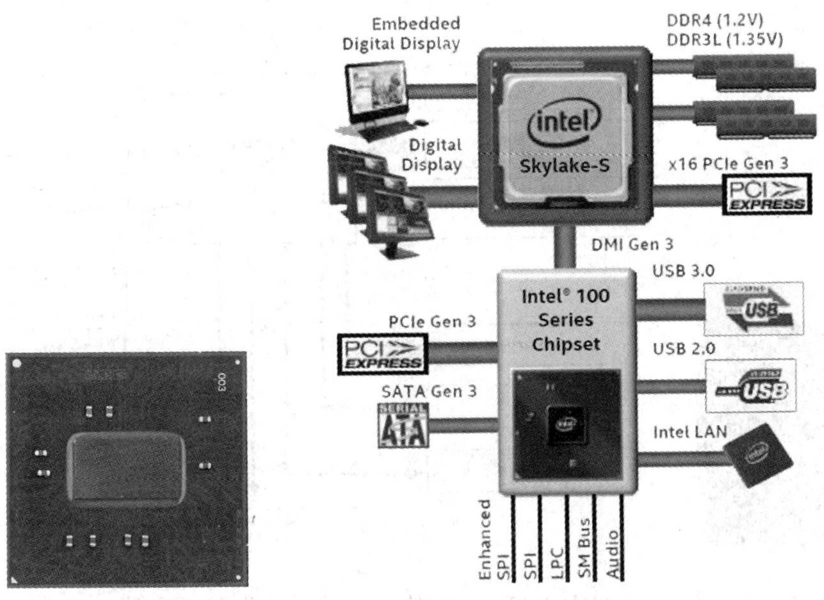

图 3-56 Intel 100 芯片组的 PCH 芯片外观及架构示意图

2．AMD A 系列芯片组

全新的 AMD Godavari APU 是 Kaveri APU 的升级，在架构上与 Kaveri 并没有太大差异，主要是在频率上进行调整，支持第四代 Kaveri 架构 APU 处理器的 A88X、A78、A55 芯片组，仍然支持 Godavari APU。其中 A88X 为最高规格，A55 为入门规格，表 3-3 是 A88X、A78、A55 芯片组的区别。

表 3-3　AMD A 系列芯片组的规格对比

型　号	A88X	A78	A55
APU 接口	FM2+	FM2+	FM1/FM2/FM2+
DDR3 内存插槽数量	视 CPU 而定	视 CPU 而定	视 CPU 而定
PCI-E 版本	PCI-E 3.0	PCI-E 3.0	PCI-E 2.0
PCI-E 显示卡支持	1 块×16 或 2 块×8	1 块×16	1 块×16
SATA 3.0 数量	8	6	0
SATA 2.0 数量	0	0	6
USB 3.0 数量	4	4	0
USB 2.0 数量	10	10	14

支持 AMD Eyefinity 技术，最多可将影像输出至 3 个独立的显示器，其中 HDMI1.4 接口更支持 4K 解析度（3840×2160）。

如图 3-57 所示是 A88X 芯片组及架构示意图，A88X 采用单芯片的设计，传统的北桥被设计在 APU 处理器内部，APU 和主板之间凭借 HT 3.0 总线连接。

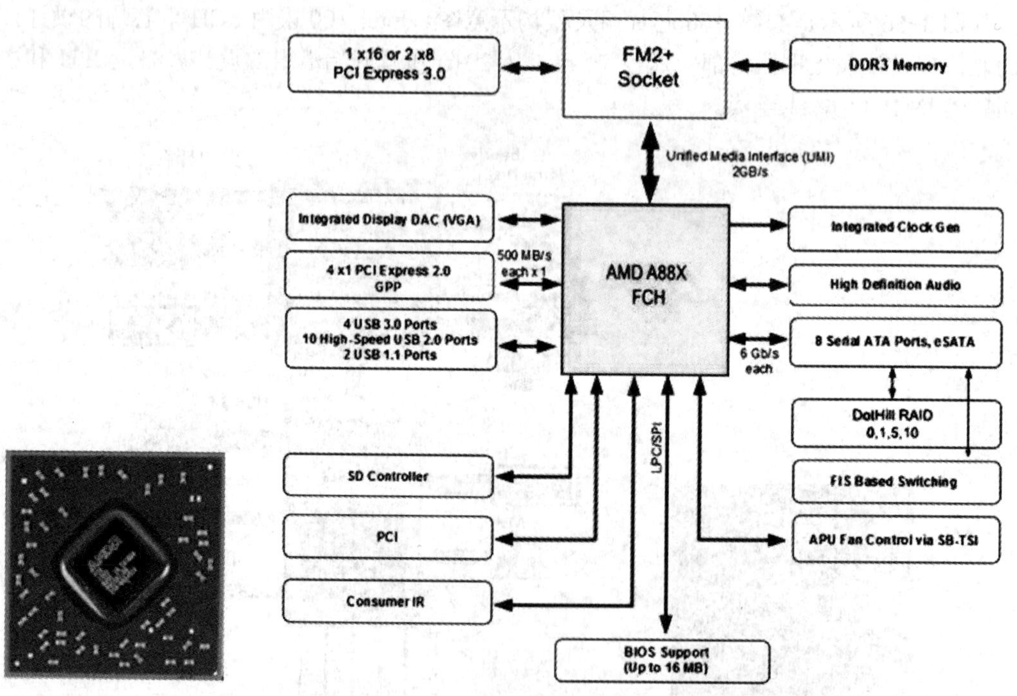

图 3-57　AMD A88X 芯片组的外观及其芯片组架构示意图

3.4 主板的选购

面对性能各异、价格不一的主板，购买时要考虑的因素很多，下面给出一般的选购原则。

1．根据应用需求

现在硬件变化很快，而大多数硬件很难升级，以前留足升级的观点已经不再适用，用户应按自己的实际需要来选购主板。在选购时应放弃过去一味追求高性能、多功能的传统思想，将关注重点与自己的实际应用需求相结合，以找到最适合的解决方案。例如，如果只是上网、文字处理等普通应用，就不必强求具备强大的 3D 游戏性能与可升级能力，可选购一款主流集成主板产品，没有必要去选购当时最新推出的顶级产品。如果不是超频爱好者，就不要买提供外频组合及调节 CPU 核心电压功能的主板。

2．必要的功能

选购时还要考虑主板是否实现了必要的功能，例如，是否带有 USB 3.0、IEEE 1394、SATA 接口等，板载声卡、网卡是否满足需要等。

3．品牌

不同厂商及相同厂商的不同批次和不同型号的主板质量是不同的，因此选购者应该尽量选购口碑好的品牌和型号。

4．价格

价格是用户最关心的因素之一。不同产品的价格和该产品的市场定位有密切的关系。大厂商的产品往往性能好一些，价格也就贵些。有的产品用料差一些，成本和价格也就可以更低一些。用户应该按照自己的需要考察性能价格比，完全抛开价格因素而比较不同产品的性能、质量或者功能是不合理的。

5．服务

无论选择何种档次的主板，在购买前都要认真考虑厂商的售后服务，如厂商能否提供完善的质保服务、承诺产品保换时间的长短、是否提供详细的中文说明书、配件和驱动程序提供是否完整等。总之，在选购前要多了解主板方面的知识、主板厂商的实力、产品的特点，做到心中有数。同时也要多看、多听、多比较，这样才能选购到一块称心如意的主板。

3.5 实训——主板的安装和拆卸

用户可按下面的方法把主板安装到机箱内：打开机箱的侧板，把机箱平放在桌子上，然后把已经安装好 CPU、内存条的主板放进机箱，将主板有 PCI-E 插槽的一方对着机箱后板放下，并大致将鼠标、键盘接口对准机箱背板上的对应插口，如图 3-58 所示。记住放主板时，不要插其他卡（如显示卡、声卡等）和连接线。将主板和机箱上的螺钉孔对准之后，把机箱自带的螺钉拧上，不需要拧得很紧，能达到稳固就行了，以利于以后的拆装。

如果要把主板从机箱中取出来，首先把插在主板上的显示卡、声卡、网卡等扩展卡取出来，并且把硬盘信号线、软驱信号线等各种连接线从主板上拔下，然后把固定主板的螺钉拧下，就可以很容易地取出主板了。

图 3-58　安装主板

3.6　思考与练习

1．选购主板有哪些原则？CPU 与主板该如何匹配？

2．对照学校的微机，学会读主板说明书，并能根据说明书设置主板。

3．掌握主板的固定方法和各种卡、插件连接的方法。

4．查阅有关计算机商情报刊，上网查看硬件资讯；到当地计算机配件市场考察主板的型号、价格等商情信息。要求列出不同应用要求或价格档次的 CPU 与主板的搭配清单。

5．用有关测试软件（如 CPU-Z、WCPUID、HWiNFO32、3DMark、SiSoft Sandra、AIDA32 等）测试所用微机的主板信息。

第4章　内　　存

内存（Memory）条是计算机中重要的配件之一，主要用于暂时存放 CPU 中的运算数据，以及与硬盘等外部存储器交换的数据，因此内存的大小和性能影响着整机的性能。

4.1　内存条的分类、结构和封装

内存的作用是存放各种输入、输出数据和中间结果，以及与外部存储器交换数据时作为缓冲使用。由于 CPU 只能直接处理内存中的数据，所以内存的速度和容量大小对计算机性能的影响相当大。按内存在计算机内的用途分为主存储器（Main Memory，简称主存）和辅助存储器（Auxiliary Memory，简称辅存）。平时说的内存容量指的就是主存储器的容量。

为了节省主板空间，增强配置的灵活性，现在主板均采用内存模块结构，其中条形结构是现在最常用的模块结构。条形存储器是把存储器芯片、电容、电阻等元器件焊在一小条印制电路板上，形成大容量的内存模块，简称内存条。

4.1.1　内存条的分类

1．按内存条的技术标准（接口类型）分类

根据内存条的不同技术标准或称内存接口类型，可分为 DDR SDRAM、DDR2 SDRAM、DDR3 SDRAM、DDR4 SDRAM 等。目前，主板上使用的主流内存类型是 DDR3 SDRAM。

2．按内存条的使用机型分类

按内存条的使用机型可分为台式机内存条和笔记本电脑内存条。

（1）台式机内存条

台式机内存条使用标准双边接触内存模组（Dual Inline Memory Module，DIMM），这种类型接口的内存条两边都有引脚。184 线的 DDR SDRAM、240 线的 DDR2 和 DDR3 SDRAM、284 线的 DDR4 内存条都属于 DIMM 接口类型。所谓内存线数是指引脚数。

如图 4-1 所示是台式机 DDR3 DIMM 内存条。本章主要介绍台式机主板上使用的内存条。

图 4-1　台式机 DDR3 DIMM 内存条

（2）笔记本电脑内存条

为了满足笔记本电脑对小尺寸的要求，一般采用一种改良型的 DIMM 模块，称为 SO-

DIMM，应用于笔记本电脑、打印机、传真机等设备。SO-DIMM 的尺寸比标准的 DIMM 小很多，而且引脚数也不相同。SO-DIMM 根据 DDR 内存规格的不同而不同，SO-DIMM DDR 有 184 引脚，DDR2 有 200 引脚，DDR3 有 204 引脚。如图 4-2 所示是笔记本电脑 DDR2、DDR3 SO-DIMM 内存条的外观。

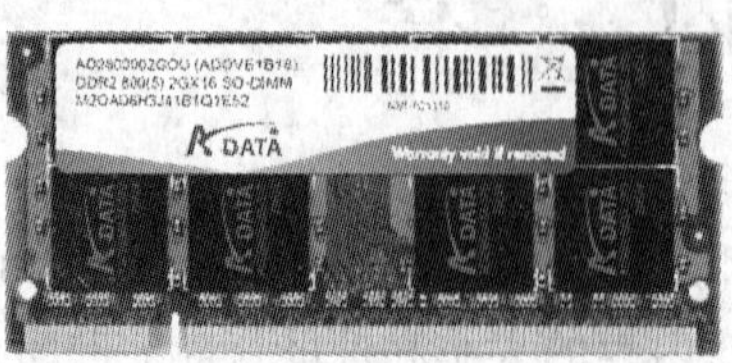

图 4-2　笔记本电脑 DDR2、DDR3 SO-DIMM 内存条

4.1.2　内存条的结构

下面以如图 4-3 所示的 DDR3 SDRAM 为例，介绍内存条的结构。

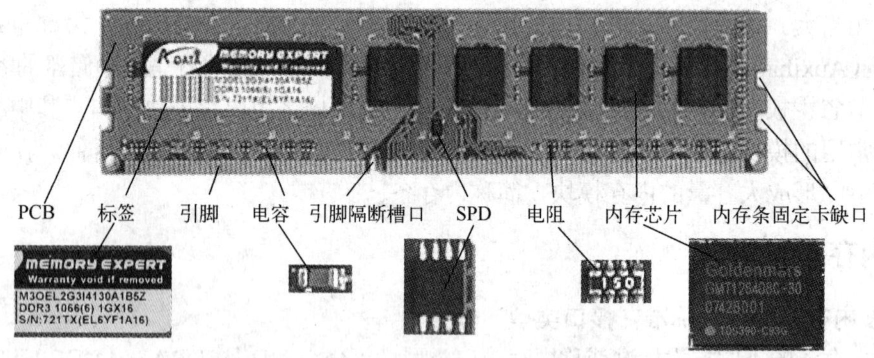

图 4-3　DDR3 SDRAM 内存条的结构

1．印制电路板（PCB）

内存条的 PCB 多数是绿色的，也有红色的，电路板都采用多层设计，有 4 层或 6 层的。理论上 6 层 PCB 比 4 层 PCB 的电气性能要好，性能也更稳定，所以大品牌内存条多采用 6 层 PCB 制造。因为 PCB 制造严密，所以从肉眼上较难分辨 PCB 是 4 层或 6 层，只能借助一些印在 PCB 上的符号或标识来判断。

2．金手指（引脚）

黄色的引脚是内存条与主板内存条槽接触的部分，通常称为金手指。金手指是铜质导线，使用时间长就可能被氧化，影响内存条的正常工作，以致发生无法开机的故障。每隔一年左右的时间，可用橡皮擦一遍被氧化的金手指就可以解决这个问题。

3．内存条固定卡缺口

主板上的内存插槽上有两个夹子，用来牢固地扣住内存条，内存条上的缺口是用于固定内存条的。

4．金手指缺口

金手指上的缺口的作用，一是用来防止内存条插反（只有一侧有），二是用来区分不同类型的内存条。

5．内存芯片

内存条上的内存芯片也称内存颗粒，内存条的性能、速度、容量都是由内存芯片决定的。内存芯片上都印有芯片标签，这是了解内存条性能参数的重要依据。现在内存芯片的最新制造工艺是 30nm。

内存条上焊接的内存芯片有单面与双面之分。单面焊接内存芯片的内存条，每条提供一组 Bank；对于双面内存条，则每条提供两组 Bank。单、双面内存条区别很小，但同等容量的内存条，单面的比双面的集成度要高，工作起来更稳定，所以应尽量购买单面内存条。

6．SPD 芯片

串行存在检测（Serial Presence Detect，SPD）芯片是一片 8 针、容量为 256B 的 EEPROM 芯片。对于 SDRAM、DDR SDRAM，它位于内存条正面的右侧，DDR2、DDR3 位于中间，采用小外形集成电路封装（Small Outline Integrated Circuit Package，SOIC）形式。SPD 芯片内记录了该内存条的许多重要参数，如芯片厂商、内存厂商、工作频率、容量、电压、行/列地址数量、是否具备 ECC 校验、各种主要操作时序（如 CL、tRCD、tRP、tRAS）等。

SPD 芯片中的参数都是由内存制造商根据内存芯片的实际性能写入的，主要用途是协助北桥芯片精确调整内存的时序参数，以达到最佳的运行效果。如果在 BIOS 中将内存设置选项定为“By SPD”，当开机时，主板 BIOS 就会读取 SPD 中的参数，主板北桥芯片组则根据这些参数自动配置相应的内存工作时序，从而可以充分发挥内存的性能。

7．内存颗粒空位

一般内存条每面焊接 8 片内存芯片，如果多出一个空位没有焊接芯片，则这个空位是预留给 ECC 校验模块的。

8．电容

内存条上的电容采用贴片式电容。电容的作用是滤除高频干扰，提高内存条的稳定性。

9．电阻

内存条上的电阻采用贴片式电阻。因为在数据传输的过程中要对不同的信号进行阻抗匹配和信号衰减，所以许多地方都要用到电阻。在内存条的 PCB 设计中，使用什么样阻值的电阻往往会对内存条的稳定性产生很大影响。

10．标签

内存条上一般贴有一张标签，上面印有厂商名称、容量、内存类型、生产日期等内容，其中还可能有运行频率、时序、电压和一些厂商的特殊标识。内存标签是了解内存性能参数的重要依据。内存条标签的形式如图 4-4 所示。

图 4-4　内存条上的标签

11．散热器

对于 DDR2、DDR3 内存条，由于其发热量较大，有些会外加散热片，以提高散热效果。带有散热片的内存条如图 4-5 所示。

图 4-5　带有散热片的内存条

4.1.3　内存条的封装

封装技术其实就是一种将集成电路内核加上外壳和引脚的技术，它不仅起着安装、固定、密封、保护芯片和增强导热性能的作用，而且是沟通芯片内部与外部电路的桥梁，即芯片上的接点用导线连接到封装外壳的引脚上，这些引脚又通过印制电路板上的导线与其他器件建立连接。因此，封装技术直接影响到芯片自身性能的发挥和与之连接的 PCB 的设计和制造。我们看到的内存芯片是内存核心经过封装后的产品。

芯片的封装技术历经几代变迁，技术指标一代比一代先进，芯片面积与封装面积越来越接近，适用频率越来越高，耐温性能越来越好，以及引脚数增多，引脚间距减小，重量减轻，可靠性提高，使用更加方便等。

目前内存的封装方式主要有 TSOP、BGA、CSP 3 种，封装方式也影响着内存的性能。

1．TSOP 封装

薄型小尺寸封装（Thin Small Outline Package，TSOP）的一个典型特点就是在封装芯片的周围有很多引脚，如 SDRAM 内存的集成电路两侧都有引脚，SGRAM 内存的集成电路四面都有引脚。TSOP 封装操作方便，可靠性比较高，是目前的主流封装形式。改进的 TSOP 技术 TSOP II 目前广泛应用于 SDRAM、DDR SDRAM 内存的制造上，如图 4-6 所示。

图 4-6　采用 TSOP 封装的内存芯片

2．BGA 封装

球栅阵列封装（Ball Grid Array Package，BGA）的最大特点是芯片边缘没有引脚，而是通过芯片下面的球状引脚与印制电路板连接。采用 BGA 封装可以使内存在体积不变的情况下将内存容量提高 2～3 倍。与 TSOP 相比，它具有更小的体积、更好的散热性能和电气性能。DDR2 标准规定所有 DDR2 内存均采用 BGA 的改进型（Finepitch Ball Grid Array，FBGA）封装形式，如图 4-7 所示。

DDR2 有 60/68/84 球 FBGA 封装 3 种规格。DDR3 增加了引脚，8 位芯片采用 78 球 FBGA 封装，16 位芯片采用 96 球 FBGA 封装，并且 DDR3 必须是绿色封装，不能含有任何有害物质。

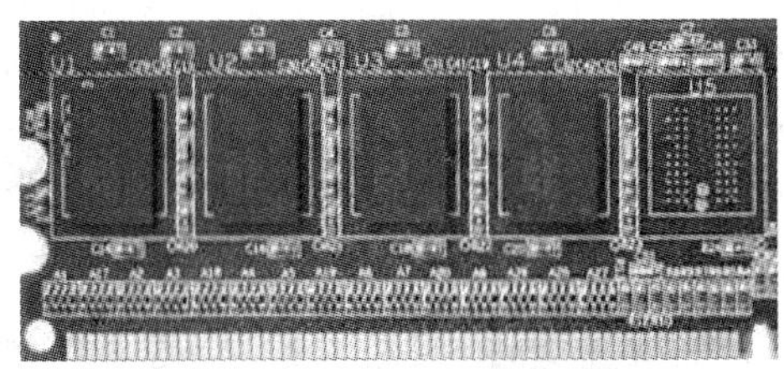

图 4-7　采用 FBGA 封装的内存芯片

3．CSP 封装

芯片级封装（Chip Scale Package，CSP）作为新一代封装方式，其性能又有了很大的提高。CSP 封装不但体积小，同时也更薄，更能提高内存芯片长时间运行的可靠性，芯片速度也随之得到大幅度的提高。目前该封装方式主要用于高频 DDR 内存，如图 4-8 所示。

图 4-8　采用 CSP 封装的内存芯片

4.2　内存条的技术发展和技术标准

在计算机技术发展的初期，还没有内存条的概念，当时是把内存芯片直接焊接到主板上，因为维修、升级困难，所以，设计出了模块化的条装内存，每一条上集成了多块内存芯片，同时在主板上也设计相应的内存插槽，这样内存条就可方便随意安装与拆卸了，内存的维修、升级都变得非常简单。

4.2.1　内存条的技术发展

内存条经历了从第一代的 SIMM 内存条，到 EDO DRAM 内存条，以及 1999 年市场主流的 SDRAM 内存条，直到 2002 年进入 DDR（200～400Mbit/s）时代，在 2006 年大量使用 DDR2（400～800Mbit/s）内存，2010 年 DDR3（800～2133Mbit/s）成为市场主流，预计 2015 年以后 DDR4（2133～4266Mbit/s）将取代 DDR3 成为主流。各种标准内存条的发展年代趋势图，如图 4-9 所示。

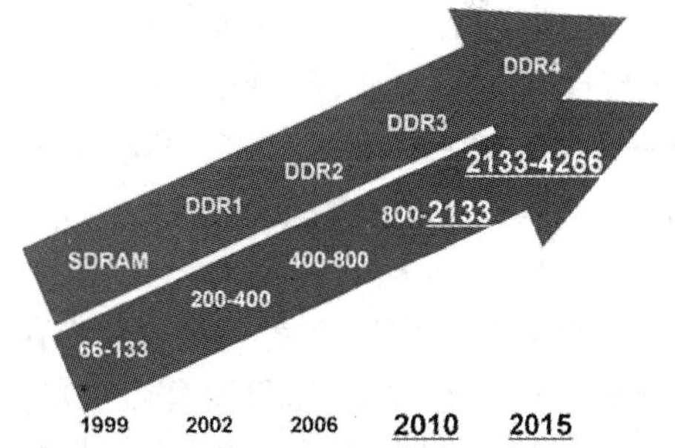

图 4-9　各种标准内存条的发展年代趋势图

内存有 3 种不同的频率指标，它们分别是核心频率、时钟频率和数据传输频率。核心频率即为内存 Cell 阵列（Memory Cell Array，即内部电容）的刷新频率，它是内存的真实运行频率；时钟频率即输入/输出缓冲（I/O Buffer）的传输频率；数据传输频率就是指等效频率。DDR DRAM 各标准的数据传输率，如图 4-10 所示。

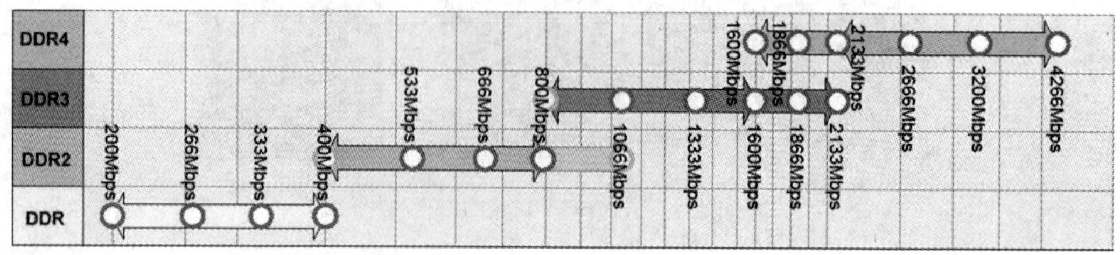

图 4-10　各标准 DDR DRAM 的传输率

同步动态随机存取内存（Synchronous Dynamic Random Access Memory，SDRAM），前缀的 Synchronous 告诉了大家这种内存的特性，也就是同步。1996 年底，SDRAM 开始在系统中出现，不同于早期的技术，SDRAM 是为了与 CPU 的计时同步化所设计，这使得内存控制器能够掌握准备所要求的数据所需的准确时钟周期，因此 CPU 从此不需要延后下一次的数据存取。举例而言，PC66 SDRAM 以 66MT/s 的传输速率运作；PC100 SDRAM 以 100MT/s 的传输速率运作；PC133 SDRAM 以 133MT/s 的传输速率运作，以此类推。SDRAM 亦可称为单倍数据传输率 SDRAM（Single Data Rate SDRAM，SDR SDRAM）。SDR SDRAM 的核心频率、I/O 频率、等效频率皆相同。举例而言，PC133 规格的内存，其核心频率、I/O 频率、等效频率都是 133MHz。SDR SDRAM 在 1 个周期内只能读写 1 次，若需要同时写入与读取，必须等到先前的指令执行完毕，才能接着存取。

双通道同步动态随机存取内存（Double Data Rate SDRAM，DDR SDRAM）是新一代的 SDRAM 技术。有别于 SDR（Single Data Rate），DDR 的双倍数据传输率指的就是单一周期内可读取或写入 2 次。在核心频率不变的情况下，传输效率为 SDR SDRAM 的 2 倍。第一代 DDR 内存 Prefetch 为 2bit，是 SDR 的 2 倍，运作时 I/O 会预取 2bit 的资料。举例而言，此时 DDR 内存的传输速率约为 266～400MT/s 不等，像是 DDR 266、DDR 400 都是这个时期的产品。

双通道两次同步动态随机存取内存（Double Data Rate Two SDRAM，DDR2 SDRAM）Prefetch 又再度提升至 4bit（DDR 的两倍），DDR2 的 I/O 频率是 DDR 的 2 倍，也就是 266、333、400MHz。例如，核心频率同样有 133～200MHz 的颗粒，I/O 频率提升的影响下，此时的 DDR2 传输速率约为 533～800MT/s 不等，也就是常见的 DDR2 533、DDR2 800 等内存规格。

双通道 3 次同步动态随机存取内存（Double Data Rate Three SDRAM，DDR3 SDRAM）Prefetch 提升至 8bit，即每次会存取 8bit 为一组的数据。DDR3 传输速率为 800～1600MT/s。此外，DDR3 的规格要求将电压控制在 1.5V，较 DDR2 的 1.8V 更为省电。DDR3 也新增 ASR（Automatic Self-Refresh）、SRT（Self-Refresh Temperature）等两种功能，让内存在休眠时也能够随着温度变化去控制对内存颗粒的充电频率，以确保系统数据的完整性。

DDR4 SDRAM（Double Data Rate Fourth SDRAM）：DDR4 提供比 DDR3/DDR2 更低的供电电压 1.2V 以及更高的带宽，DDR4 的传输速率目前可达 2133～3200MT/s。DDR4 新增了 4 个 Bank Group 数据组的设计，各个 Bank Group 具备独立启动操作读、写等动作特性，Bank Group 数据组可套用多任务的观念来想象，亦可解释为 DDR4 在同一频率工作周期内，至多可以处理 4 笔数据，效率明显好过于 DDR3。另外 DDR4 增加了 DBI（Data Bus Inversion）、CRC（Cyclic Redundancy Check）、CA parity 等功能，让 DDR4 内存在更快速与更省电的同时亦能够增强信号的完整性、改善数据传输及存储的可靠性。

SDRAM、DDR、DDR2、DDR3、DDR4 内存主要参数对照见下表。

表 SDRAM、DDR、DDR2、DDR3、DDR4 内存主要参数对照表

内存标准类型	核心频率/MHz	时钟频率/MHz	预读取	数据传输速率/（MT/s）	带宽/（GB/s）	工作电压/V
SDRAM	100～166	100～166	1n	100～166	0.8～1.3	3.3
DDR	133～200	133～200	2n	266～400	2.1～3.2	2.5/2.6
DDR2	133～200	266～400	4n	533～800	4.2～6.4	1.8
DDR3/DDR3L	133～200	533～800	8n	1066～1600	8.5～14.9	1.5/1.35
DDR4	133～200	1066～1600	8n	2133～3200	17～21.3	1.2

通过表 4-1 可看出，近年来内存的频率虽然在成倍增长，可实际上真正内存单元的核心频率一直保持在 133～200 MHz，这是因为电容的刷新频率受制于制造工艺而很难取得突破。而每一代 DDR 的推出都能够以较低的存储单元频率实现更大的带宽，并且为将来频率和带宽的提升留下了一定的空间。虽然存储单元的频率一直都没变，但时钟频率却一直在增长，再加上 DDR 是双倍数据传输，因此 DDR～DDR4 内存的时钟频率可以达到核心频率的 2～8 倍。

4.2.2 内存条的技术标准

根据内存条的不同技术标准或称内存接口类型，DRAM 又可分为不同的类型，SDRAM 家族的内存包括 DDR SDRAM、DDR2 SDRAM、DDR3 SDRAM、DDR4 SDRAM 等类型，下面主要介绍后 4 种内存条。

1．DDR SDRAM 内存条

DDR SDRAM（简称 DDR）内存条是在 SDRAM 内存条基础上发展而来的，仍然沿用 SDRAM 生产体系。DDR 内存条有 184 个引脚，常见容量有 128MB、256MB、512MB 等，其外观如图 4-11 所示。

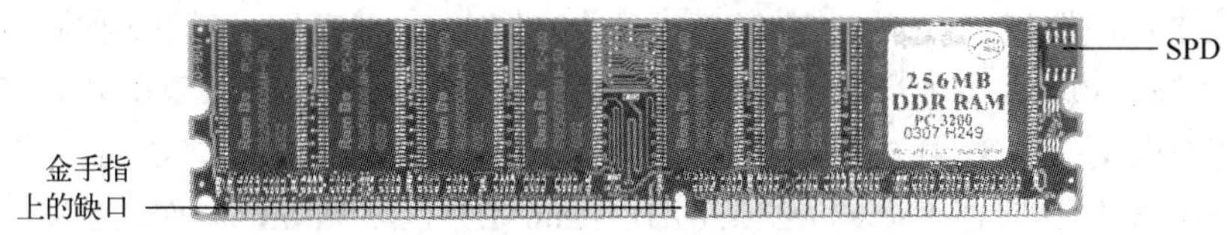

图 4-11 DDR 内存条

内存芯片的频率有芯片核心频率和外部频率（时钟频率）两种，平时所说的内存的频率都是指其外部频率。对于 DDR，这两个频率是相同的。根据 DDR 内存条的工作频率，分为 DDR200、DDR266、DDR333、DDR400 等多种类型。JEDEC 制定的 DDR 内存的速度最高为 DDR400。以 DDR333 为例，它的核心频率、外部频率、数据传输速率分别是 133MHz、

133MHz、266Mbit/s。DDR400 的核心频率、外部频率、数据传输速率分别是 200MHz、200MHz、400Mbit/s。

内存带宽也叫数据传输速率（Data Rate），是指单位时间内通过内存的数据量，通常以 MB/s 表示。计算内存带宽的公式：

内存最大带宽（MB/s）=[最大外部频率（MHz）×每个时钟周期内交换的数据包个数×总线宽度（bit）]/8

如果内存是 SDRAM，“每个时钟周期内交换的数据包个数”为 1；如果是 DDR，则为 2；如果是 DDR2，则为 4；如果是 DDR3，则为 8。

例如，在 100MHz 下，DDR 内存的理论带宽为（100MHz × 2 × 64bit）/8 = 1.6GB/s，在 133MHz 下可达到（133MHz × 2 × 64bit）/8=2.1GB/s。此处，除以 8 是将位（bit）换算成字节（B）。

关于 DDR 内存的命名方法，由于 DDR 比 SDRAM 的数据带宽提高了一倍，所以把时钟频率为 100/133/166/200MHz 的 DDR 内存称作 DDR200/266/333/400。另一种表示方法是用 DDR 内存的最大理论数据传输速率（带宽）来命名的，例如，DDR400 的外部工作频率是 200MHz，它的最大理论数据传输速率是（200MHz × 2 × 64 bit）/8=3200Mbit/s，所以就采用了 PC3200 的命名方法。

DDR 内存使用 184 线 DIMM 模块，采用 2.5 V 工作电压，提供 64 位的内存数据总线连接。DDR 内存价格低廉，性能较好。

2．DDR2 SDRAM 内存条

DDR2 SDRAM（简称 DDR2）内存条有 240 个引脚，内存条的 SPD 芯片与 DDR 内存不同，通常被焊在内存条的中间位置，DDR2 内存条的外观如图 4-12 所示。常见容量有 256MB、512MB、1GB、2GB 等。

图 4-12 DDR2 SDRAM 内存条

DDR2 内存条的外部数据频率在 400～800MHz，从 400MHz（核心频率为 100MHz）开始，现已定义的频率达到 533MHz（核心频率为 133MHz）、667MHz（核心频率为 166MHz）和 800MHz（核心频率为 200MHz），标准工作频率分别为 200MHz、266MHz、333MHz 和 400MHz，工作电压为 1.8V，提供 64bit 的内存数据总线连接。例如，DDR2 533 的核心频率、时钟频率、数据传输速率分别为 133MHz、266MHz、533Mbit/s。而 DDR2 533 的核心频率与 DDR 266 和 PC133 SDRAM 是一样的。

3．DDR3 SDRAM 内存条

DDR3 SDRAM（简称 DDR3）内存条是当前主流内存产品。DDR3 与 DDR2 一样，也有 240 个引脚，但 DDR3 引脚隔断槽口与 DDR2 不同，DDR3 内存左、右两侧安装插口与 DDR2 不同，DDR3 的外观如图 4-13 所示。DDR3 常见容量有 1GB、2GB、4GB 等。

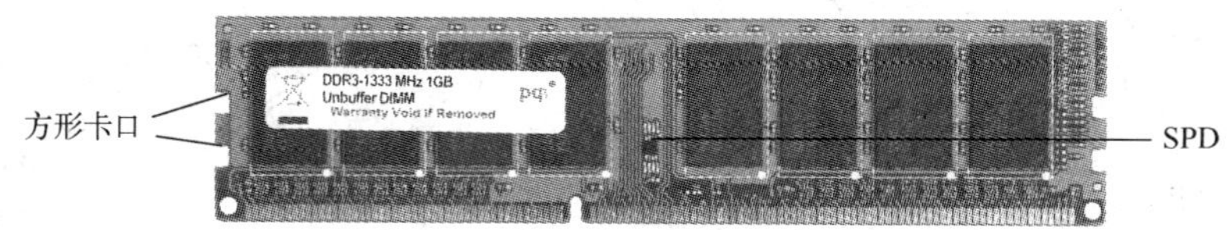

图 4-13　DDR3 SDRAM 内存条

JEDEC 制定的 DDR3 内存标准主要为 8bit 预取，较 DDR2 4bit 的预取设计提升一倍，其频率包括 DDR3 800/1066/1333/1600 共 4 种。在这 4 种频率中，DDR3 800 相对于 DDR2 800 并没有太大的性能优势，所以目前 DDR3 内存市场以 DDR3 1066 为主流。

DDR3 与 DDR2 的基本原理类似，没有本质区别。DDR3 进一步改进为 8bit 预取技术，它将 DRAM 的核心频率、外部频率和数据频率进一步分开，数据频率仍然为外部频率的两倍（还是 DDR 技术），而外部频率又为核心频率的两倍。这样，DDR3 的数据频率实际上是核心频率的 8 倍。以 DDR3-800 为例，虽然其核心频率只有 100MHz，但是数据通过 8 条传输路线同步传输至 I/O 缓存区，这样就实现了 800Mbit/s 的数据传输速率。

由于 DDR2 的数据传输速率发展到 800Mbit/s 时，其内核频率已经达到 200MHz，因此再向上提升较为困难，这就需要采用新的技术来保证速度的提升。

和 DDR 升级到 DDR2 类似，DDR3 内存相对于 DDR2 内存，同样只是规格上的提高，并没有真正的更新换代。DDR2 和 DDR3 接触引脚数目皆为 240 针，只是防呆凹槽的位置有所不同。DDR3 相比 DDR2 内存，主要有以下优点。

1）速度更快：预取机制从 DDR2 的 4bit 提升到 8bit，核心同频率下数据传输量将会是 DDR2 的两倍，在相同 Cell 频率下，DDR3 的数据传输率是 DDR2 的两倍。这样 DRAM 内核频率只有接口频率的 1/8，DDR3-800 的核心工作频率只有 100MHz，当 DRAM 内核工作频率为 200MHz 时，接口频率已经达到了 1600MHz。

2）更省电：DDR3 电压从 DDR2 的 1.8V 降低到 1.5V，并采用了新的技术，同频率下比 DDR2 更省电，也降低了发热量。

3）容量更大：DDR2 中有 4 Bank 和 8 Bank 的设计，目的就是为了应对未来大容量芯片的需求。而 DDR3 起始的逻辑 Bank 就是 8 个，而且已为 16 个逻辑 Bank 做好了准备，单条内存容量将大大提高。

从 DDR、DDR2 到 DDR3，最大的改进就是预取位数在不断增加，而内核频率却没有变化，所以随着生产工艺的改进，电压和功耗可以逐步降低。

4．DDR4 SDRAM 内存条

DDR4 内存沿袭了 DDR 的本质架构，最关键的使命就是提升频率，它的起跳数据传输率为 1600Mbit/s，也就是相当于最低 DDR4-1600。DDR4 将标准电压降低到了 1.2V，前三代的电压标准分别为 2.5V、1.8V、1.5V，如图 4-14 所示。DDR、DDR2、DDR3 分别是 2n、4n、8n 预取，每一代都翻番，但是 DDR4 依然停留在了 8n 预取上，也就是内部数据率是外部频率的 1/8。bank group 可选 2 个或 4 个，这可以让 DDR4 内存在每个独立的 bank group 内单独执行激活、读取、写入或者刷新操作，也能提升整体内存效率和带宽，尤其是在小容量内存颗粒时。

DDR4 内存条的外观有了一些变化。DDR4 内存条的长度与 DDR3 相同，高度略微增加。内存条厚度从 DDR3 的 1.0mm 增至 DDR4 的 1.2mm，主要是因为 PCB 层数增多了。

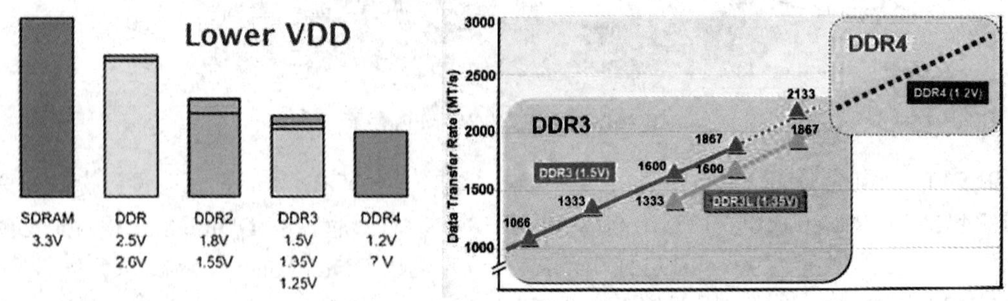

图 4-14　各标准内存条的电压

金手指引脚数量，从 DDR3 的 240 针增至 DDR4 的 284 针，同时引脚间距从 1.0mm 缩短到 0.85mm，总长度不变。SO-DIMM 从 DDR3 的 204 针增至 DDR4 的 256 针，同时引脚间距从 0.6mm 缩短到 0.5mm，内存条也变长了 1mm。金手指中间的"缺口"位置相比 DDR3 更为靠近中央。

金手指底部以前一直都是平直的，但 DDR4 却是弯曲的，其中两头较短、中间较长，这样主要是为了更方便插拔，如图 4-15 所示。

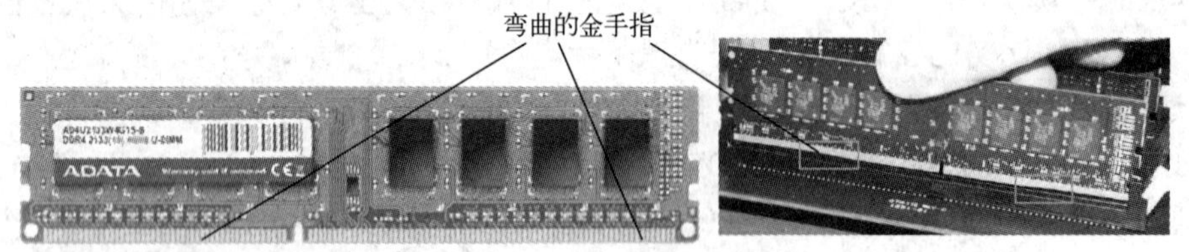

图 4-15　DDR4 SDRAM 内存条

4.3　内存时间参数

内存时间参数就是系统在数据获取或传输之前处于等待内存的准备状态的时间长短。对于速度快的计算机而言，能够用较少时间就从内存中得到所需要的数据。因此，具有较短时间延迟的计算机通常也具有较高的性能表现。

4.3.1　内存的参数

影响内存性能的原因有多种，外部原因主要是位于主板芯片组内或者位于 CPU 内部的内存控制器，内存本身的性能影响因素包括频率和延迟两个方面，其中延迟在应用中将以时序参数的设定来体现。在标称 DDR/DDR2/DDR3 SDRAM 的时序参数时，常用类似"3-3-3-8"的形式，这是用户最关注的 4 项时序参数，依次为 CL、tRCD、tRP 和 tRAS。这 4 个参数的含义如下。

1．CAS Latency（CL 或 tCL）

列地址选通脉冲时间延迟（Column Address Strobe Latency，CAS Latency，简称 CL 或 tCL）是指内存接收到一条数据读取指令后要等待多少个时钟周期才实际执行该指令，也就是内存存取数据所需的延迟时间。内存单元矩阵就像一个大表格，通过列（Column）和行

（Row）为存储在其中的数据定位，CL 就是指要多少个时钟周期后才能找到相应的位置。CL 是最重要的内存延迟参数，也是在一定频率下衡量支持不同规范的内存的重要标志之一。这个参数越小，内存的速度越快。目前 DDR 内存的 CL 值主要为 2、2.5 和 3，DDR2 的 CL 在 3～6，DDR3 的 CL 在 5～8。

DDR3 的延迟值有所增加，可能认为 DDR3 内存的延迟表现将不及 DDR2。其实要计算整个内存模块的延迟值，还需要把内存颗粒的工作频率计算在内。JEDEC 规定 DDR2-533 的 CL 4-4-4（CL-tRCD-tRP）、DDR2-667 的 CL 5-5-5 及 DDR2-800 的 CL6-6-6，其内存延迟时间均为 15 ns。DDR3-1066、DDR3-1333 和 DDR3-1600 的 CL 值分别为 7-7-7、8-8-8 及 9-9-9，把内存颗粒工作频率计算在内，其内存模块的延迟值应为 13.125ns、12ns 及 11.25ns，相比 DDR2 内存模块提升了约 25%，因此以 CAS 数值当成内存模块的延迟值是不正确的。

2．RAS to CAS Delay（tRCD）

行地址传输到列地址的延迟时间（time of RAS to CAS Delay，RAS to CAS Delay，简称 tRCD）是指内存行地址选通脉冲信号（RAS）与列地址选通脉冲信号（CAS）之间的延迟。该参数可以控制 DRAM RAS 信号与 CAS 信号之间的延迟，参数越小速度越快。可选值有 2、3 和 4。

3．RAS Precharge（tRP）

内存行地址选通脉冲预充电时间（time of RAS Precharge，RAS Precharge，简称 tRP）是指内存 RAS 预充电的时间。该参数可以控制在进行 DRAM 刷新操作之前 RAS 预充电所需要的时钟周期数，数值越小速度越快。可选值有 2、3 和 4。

4．RAS Active Delay（tRAS）

RAS Active Delay（tRAS）也称 Cycle Time 或 Act to Precharge Delay，是指内存行地址选通延迟时间，数值越小速度越快。可选值范围为 5～12。

4.3.2　内存的参数标识

在内存条的标签上，通常会给出该内存的重要参数，如 CL。有些内存条会给出更加详细的参数序列，通常按 CL-tRCD-tRP-tRAS（有时省略 tRAS）的顺序列出这 4 个参数。如图 4-16 所示，从左侧的内存条标签可看出，它的频率为 1333MHz，CL 参数为 9-9-9-24，电压为 1.5V。

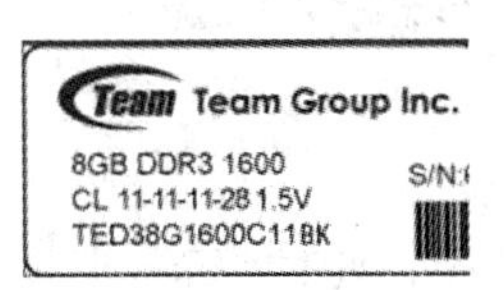

图 4-16　内存条标签上的参数

在 DDR SDRAM 的制造过程中，厂商已将这些特性参数写入 SPD 中。在开机时，主板的 BIOS 就会检查此项内容，并以这些参数值作为默认的模式运行。它们的单位都是时钟周期。例如，采用能够运行在时间参数为 2-2-2-5 DDR 内存的计算机要比采用 3-4-4-8 的计算机运行得更快，更有效率。如图 4-17 所示是 BIOS 设置选项。

用户的参数可以在 BIOS 中设置（若设置为 By SPD，则自动读取 SPD 中的参数，其性能的优劣往往体现在这些数字中），也可以手工设置这些参数值，设置值越小越好，但对内存的要求也就越高，质量不过硬的内存就可能变得不稳定。例如，某 DDR400 内存在 200MHz 外频下的 SPD 参数为 2.5-3-3-8，当频率高于 217MHz 时，为了保证在更高频率下的稳定运行，SPD 参数应相应地变为 2.5-4-4-8。

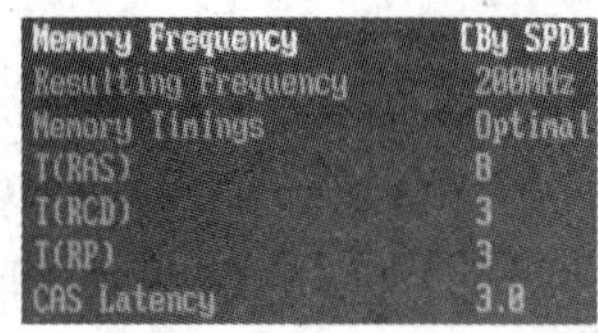

图 4-17　BIOS 设置选项

4.4　双通道内存技术

1．双通道内存控制技术的概念

双通道就是设计两个内存控制器，这两个内存控制器可以独立工作，每个控制器控制一个内存通道。双通道内存技术是一种内存控制和管理技术，它依赖于内存控制器产生作用，在理论上能够使两条同等规格内存所提供的带宽增长一倍。双通道早已应用于服务器和工作站系统中了，后来才应用在台式机主板上。

早先的内存控制器被设计在主板芯片组的北桥中，如图 4-18 所示。2003 年 9 月，AMD 发布了桌面 64 位 Athon 64 系列处理器，将北桥芯片中的内存控制器整合到了处理器内部，如图 4-19 所示。后来，Intel 也把内存控制器整合到处理器内部，Intel 甚至在 Core i7 整合了 3 个内存控制器，可实现三通道内存技术，如图 4-20 所示。所以，现在内存是否支持双通道，是由 CPU 决定的，与主板无关。

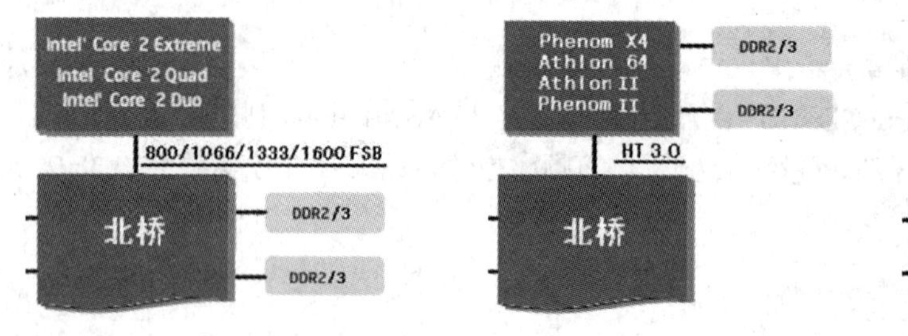

图 4-18　北桥双通道　　图 4-19　CPU 双通道

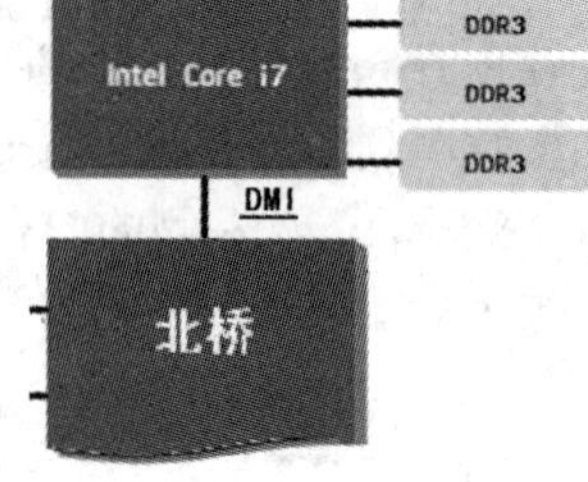

图 4-20　CPU 三通道

双通道体系包含了两个独立的、具备互补性的智能内存控制器，两个内存控制器能够并行运作。双通道内存技术是为了解决 CPU 总线带宽与内存带宽的矛盾而提供的一种方案，能有效地提高内存总带宽，从而适应新型处理器的数据传输、处理的需要。例如，当控制器 B 准备进行下一次存取内存时，控制器 A 就在读/写主内存，反之亦然。两个内存控制器的这种互补可以让有效等待时间缩减 50%，因此双通道技术使内存的带宽翻了一番。

2．实现双通道内存条的安装

双通道内存条的安装有一定的要求。对于支持双通道内存的主板，一般有 4 个 DIMM 插槽，每两个一组，每组有两种颜色的插槽，代表一个内存通道。要实现双通道必须成对地配备内存，即只需将两条完全一样的内存条插入同一颜色的内存条插槽中，如图 4-21 所示。

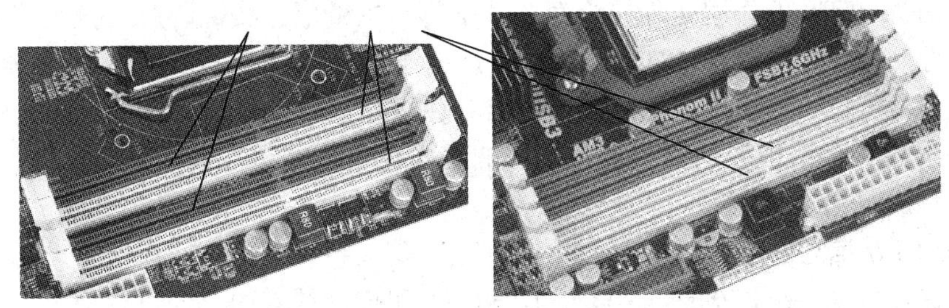

图 4-21　双通道内存条的安装

4.5　内存条的选购

选购内存条时，需要注意以下几个方面。

1．主板是否支持该类型内存

目前桌面平台所采用的内存主要为 DDR2、DDR3、DDR4 等，其中，DDR2和DDR3内存是目前的主流产品。由于这几种类型的内存从内存控制器到内存插槽都互不兼容，所以在购买内存条之前，首先要确定自己的主板支持的内存类型。

2．选择合适的内存容量

内存的容量大，整机的系统性能就能够提高，价格也较高。所以内存容量不是越大越好，在选购内存条时也要根据自己的需求来选择，以发挥内存的最大价值。

现在，Windows 7/8/10 已经取代 Windows XP 成为主流操作系统，操作系统空载内存占用都超过 1GB，配 2GB 内存根本行不通，越来越多的应用占用内存都超过 2GB，可见 4GB 已成为标配。另外有一些专业的软件、游戏运行内存超过 4GB，可见对内存占用是越来越大。

对于办公室人员，建议选用单条 4GB 内存。对于游戏玩家，新装机用户应该以单条 4GB 起步，或者组建双通道 8GB，因为现在游戏对内存的占用也是越来越大。对专业软件用户，例如图像、音频、视频编辑，建议选用单条 8GB 内存。

3．频率要搭配

购买内存条时一定要注意内存工作频率要与 CPU 前端总线匹配，宁大毋小，以免造成内存瓶颈，目前主流的内存频率为 DDR3-1600。

4．内存颗粒

内存颗粒的好坏直接影响到内存的性能，是内存条上最重要的元件。虽然内存条的品牌较多，但内存颗粒（内存芯片）的制造商只有几家，所以许多不同品牌的内存条上焊接着相同型号的内存芯片，在选择内存条时，应注意内存颗粒的品牌。常见的内存芯片制造商有三星（SAMSUNG）、华邦（Winbond）等厂家，这些厂家本身也推出了内存条产品，可优先选用。由于内存芯片生产技术都处于同一档次，因此不同厂商的内存芯片在速度、性能上相差很小。

5．产品做工要精良

对于内存条来说，最重要的是稳定性和性能，内存条的做工水平直接会影响到性能、稳定及超频。内存 PCB 的作用是连接内存芯片引脚与主板信号线，因此其做工好坏直接关系着系统稳定性。目前主流内存 PCB 层数一般是 6 层，这类电路板具有良好的电气性能，可以有效屏蔽信号干扰。而更优秀的高规格内存条往往配备了 8 层 PCB，以起到更好的效能。

内存条上的“金手指”的优劣也直接影响着内存条的兼容性甚至是稳定性，“金手指”的金属层要厚、明亮。

6．检测 SPD 信息

串行存在检查（Serial Presence Detect，SPD）里面存放着内存条可以稳定工作的指标信息以及产品的生产厂家等信息。不过，由于每个厂商都能对 SPD 进行随意修改，因此很多杂牌内存厂商会将 SPD 参数进行修改或者直接复制名牌产品的 SPD，上机用软件检测可以查看出来。因此，在购买内存条以后，建议用 CPU-Z 等软件查看。

7．小心假冒或返修产品

假冒品牌内存条采用打磨内存颗粒的手段，然后再加印上新的编号参数。打磨过的芯片比较暗淡无光，有起毛的感觉，而且加印上的字迹模糊不清晰，这些一般都是假冒的内存产品。此外，还要观察 PCB 是否整洁、有无毛刺等，“金手指”是否很明显有经过插拔所留下的痕迹，如果有，则很有可能是返修内存产品（当然也不排除有厂家出厂前经过测试，不过比较少）。需要提醒读者的是，返修和假冒内存条因为存在安全隐患，无论多么便宜都不值得购买。

8．建议优先选购品牌内存条

内存条分为有品牌和无品牌两种。品牌内存条质量信得过，都有外包装。无品牌的内存，多为散装，这类内存条只依内存条上的内存芯片的品牌命名。在内存条的选择上，建议优先选购知名大厂的内存产品，虽然价格上会稍稍贵一点，但是主流品牌不仅品质有保证，而且一般都提供“终身保修”的售后服务。正规产品的包装都比较完整，包括产品型号、产品描述、安装使用说明书、产品保证书、条形码、产地、符合标准的盒子等。

4.6 实训

4.6.1 内存条的安装和拆卸

内存条的安装、拆卸非常简单。首先分清内存条的类型。在安装内存条前，先用双手把内存条插槽两端的卡子向两侧掰开，如图 4-22 所示。将内存条平行地放入内存条插槽内，并用力下压，听到“啪”的一声响后，卡子恢复到原位，说明内存条安装到位，如图 4-23 所示。如果内存条插到底，两端的卡子不能够自动归位，可用手将其掰到位。

内存条都采用了防误插设计，内存条的一边有一个不对称的凹槽，这个凹槽刚好与内存条插槽中的凸点（隔断）相对应，在插入内存条时一定要仔细观察内存插槽。

对于双通道内存条的安装有一定的要求。支持双通道内存条的主板其内存插槽的颜色和布局一般都有区分。一般有 4 个 DIMM 插槽，每两个一组，每组颜色一般不一样，每一个组代表一个内存通道，只有当两组通道上都同时安装了内存条时，才能使内存条工作在双通道模式下。另外要注意对称安装，即第 1 个通道第 1 个插槽搭配第 2 个通道第 1 个插槽，依此类推。用户只要按不同的颜色搭配，对号入座进行安装即可。如果在相同颜色的插槽上安装内存条，则只能工作在单通道模式下。

图 4-22　将卡子向两侧掰开

图 4-23　向下压入内存条

4.6.2　查看内存默认频率及默认 SPD 参数

要辨别内存的频率和 CAS 等参数值，仅靠厂家在内存条上的一些标签是很难确定其是否达标或真实可信的。这时，应该用 CPU-Z 等软件查看其 SPD 内容，如果是正品内存条，在这些软件中都可清楚地显示其本身频率和该频率下能达到的 CAS 值，而杂牌内存条一般不能正确显示 SPD 内容。

下面以使用 CPU-Z 为例，查看内存条中的内容。运行 CPU-Z，分别选择“内存”和“SPD”选项卡，查看其中的内容，如图 4-24 所示。

图 4-24　“内存”和“SPD”选项卡

在“内存”选项卡中可以看到，在“常规”区域中，“类型”为 DDR3，“大小”为 2048MB。“通道数”为单通道。在“时序”区域中，“内存频率”为 399MHz，“前端总线：内存”为 1∶2，“CAS#延迟（CL）”为 6.0 时钟，“RAS#到 CAS#（tRCD）”为 6 时钟，“RAS#预充电（tRP）”为 6 时钟，“循环周期（tRAS）”为 15 时钟。

在“SPD”选项卡中可以看到，在产品描述区域中可以看出最大带宽、制造商、型号等内容。在“时序表”区域中，列出了不同总线频率下的延时值。

如果要检验一款内存条是否能达到厂家标称的频率或 CAS 值，可以在 BIOS 中将其调整为该频率或 CAS 值，看看其能否在 Windows 操作系统中正常运行。

4.7 思考与练习

1．查阅有关计算机商情报刊，上网查看硬件信息；到当地计算机配套市场考察内存条的型号、价格等商情信息。

2．上网查找有关主流 DDR3、DDR4 内存颗粒编码规则方面的资料（搜索关键词：主流 DDR 内存颗粒）。

3．理解 DRAM 的内存时间参数的含义，在 BIOS 中设置内存参数。

4．掌握内存条的型号及安装方法。

5．用有关的内存测试软件（如 CPU-Z 等）测试所用微机的内存信息。

第 5 章　显　示　卡

显示卡，简称显卡，又称为视频卡、视频适配器、图形卡、图形适配器、显示适配器等，是微机最基本的组成部分之一。显示卡是一种显示信息转换硬件，它向显示器提供行扫描信号，控制显示器的显示。显示卡的作用就是把 CPU 送来的图像数据转换成显示器接收的格式，并向显示器提供信号，控制显示器正确显示。目前，显示卡已经成为继 CPU 之后发展最快的部件，微机的图形性能已经成为决定微机整体性能的一个重要因素。

5.1　显示卡的分类、结构和主要参数

微机里有各种各样的扩展卡，其中必不可少的就是显示卡，它是显示器与主机通信的控制电路和接口。独立显示卡是一块独立的电路板，如图 5-1 所示，安装在主板的扩展槽中。“整合显示卡”是显示卡直接整合在主板、北桥芯片或者 CPU 中。

图 5-1　显示卡

5.1.1　显示卡的分类

显示卡有许多分类方法。

1．按显示卡的接口标准分类

根据显示卡的接口标准，PC 的显示卡一共经历了 5 代：MDA、CGA、EGA、VGA 和 SVGA，其中前 4 代都已被淘汰。由于 VGA 与显示器接口为模拟方式，扩展余地很大，因此 VESA 协会提出了 VGA 的扩展接口标准。凡是满足这些标准并得到 VESA 协会确认的扩展 VGA 就叫 SVGA（Super VGA）。目前，所有显示卡都满足 SVGA 接口标准。

2．按显示卡与 PC 的总线接口分类

显示卡要插在主板上才能与主板交换数据。与主板连接的总线接口主要经历了 ISA、EISA、VESA、PCI、AGP、PCI-E 等阶段。目前新出的显示卡几乎都是 PCI-E×16 接口。

3．按显示卡的图形功能分类

按显示卡的图形功能分类，可分为 3 类：第 1 类是纯二维（2D），第 2 类是纯三维（3D），第 3 类是二维+三维（2D+3D）显卡。影响此 3 类显卡的硬件因素主要是显示芯片和显示存储器。目前新出的显示卡都是 2D+3D 的。

4．按显示卡的显示芯片分类

显示芯片决定了显示卡的性能和档次。目前显示芯片厂商只有 NVIDIA 和 AMD-ATI 两家。

5．按是否是整合显示卡分类

早期的整合显示卡一般集成在主板的北桥芯片中，现在都整合在 CPU 中。目前整合显卡厂商只有 AMD 和 Intel 两家。

6．按显示卡的应用领域分类

显示卡的应用领域大致可分为 4 类：普通家庭用户、游戏发烧友、商业用户和专业图形工作者。普通家庭用户的主要目的是工作、娱乐和教育等；对于游戏发烧友来说，所追求的往往是最高的硬件要求，以最大限度地满足他们在追求速度的同时所期待的逼真度；对于商业用户来说，在购买显示卡时一般会考虑到其 2D 加速性能，因为商业用户往往使用 Word、Excel、PowerPoint 或者 Access 等软件，快速、清晰、可靠的显示及处理速度是很重要的；专业图形工作者主要从事 CAD、3D 等图形图像处理，需要较高的图形性能。

7．按显示卡的品牌分类

虽然设计生产显示芯片的公司只有几家，但生产显示卡的公司却很多。采用相同显示芯片制造的显示卡，由于显示卡上其他元件（如显示内存）存在差异，其性能也会有所不同，在选购时应注意。常见的显示卡品牌有七彩虹、昂达、小影霸、铭瑄、蓝宝石、影驰等。

5.1.2 显示卡的结构

显示卡的主要部件有 GPU、显示内存、供电、PCB、散热、接口、BIOS、驱动等。现在主流的显示卡由于运算速度快、发热量大，需要在 GPU 芯片上安装一个散热器。如图 5-2 所示是一块 PCI-E×16 显示卡的结构（已经去掉散热器）。

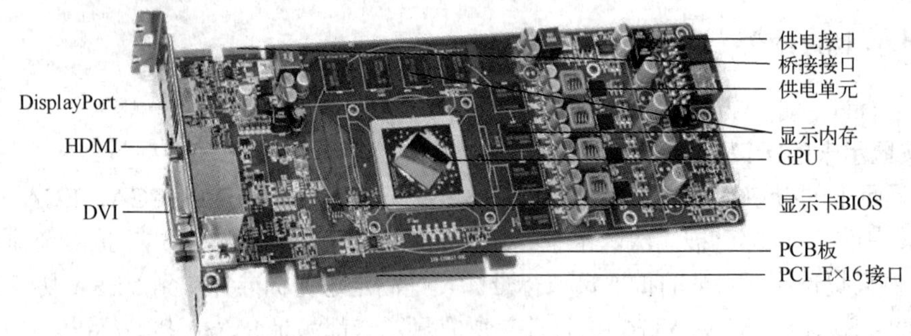

图 5-2 显示卡的结构

1．GPU

图形处理单元或图形处理器（Graphic Processing Unit，GPU）也称显卡核心，是显示卡的核心芯片，它的性能直接决定了显示卡的性能，它的主要任务是把通过总线传输过来的显示数据在 GPU 中进行构建、渲染等工作，最后通过显示卡的输出接口显示在显示器上。

GPU 的性能决定了显示卡的性能和档次。家用娱乐型显示卡都采用单芯片设计的 GPU 芯片，而部分专业的工作站显示卡则采用了多个 GPU 芯片组合的方式。

GPU 芯片通常是显示卡上最大的芯片，一般都有散热器。GPU 芯片上有商标、生产日期、编号和厂商名称，例如 NVIDIA、AMD-ATI 等。通常 GPU 厂商会对 GPU 性能进行划分，按照不同档次对 GPU 核心命名。相同的 GPU 核心又分为不同的型号，型号的差异通过增加或减少最大加速频率、CUDA 核心数量（流处理器数量）、晶体管数量、纹理单元数量、ROP 单元数量、显存位宽来进一步划分显示卡的性能。

2．显示内存

与主板上的主存功能一样，显示卡缓冲存储器又称为显示内存（Video RAM），简称显存，也是用于存放数据的，只不过它存放的是显示芯片处理后的数据，在显示器上看到的图像数据都存放在显示内存中。GPU 的性能越强，需要的显存容量也就越多。目前显示卡采用 GDDR3、GDDR4 或 GDDR5 显存，显存品牌有 Qimonda、SAMSUNG、Hynix 等。

3．显示卡 BIOS

显示卡性能的好坏除了要有硬件支持，还需要软件层支持。BIOS 的强弱也直接影响着显示卡的性能。通过显示卡 BIOS，用户可以调节显示卡的频率、核心电压、风扇转速等参数。

显示卡 BIOS 又称 VGA BIOS，主要用于存放显示芯片与驱动程序之间的控制程序，还存放显示卡型号、规格、生产厂家、出厂时间等信息。启动微机时，在显示器上首先显示 VGA BIOS 的内容。前几年生产的显示卡的 BIOS 芯片大小与主板 BIOS 一样，如图 5-3 所示。现在显示卡的 BIOS 很小，大小与内存条上的 SPD 相同。早期显示卡 BIOS 是固化在 ROM 中的，目前采用 Flash BIOS，可以通过专用的程序进行改写或升级。如图 5-4 所示是 ATMEL 公司的 25F1024 显示卡 BIOS 存储芯片，容量为 1MB。常见的显示卡 BIOS 厂家有 AMD、ATMEL 等。

图 5-3　较早的显示卡 BIOS

图 5-4　目前显示卡的 BIOS

在操作系统中安装的显示卡的驱动程序中包含有关显示卡硬件设备的信息，显示卡的驱动程序对显示卡性能的发挥也有着不小的影响，显示卡厂商为了保证硬件的兼容性及增强硬件的功能会经常升级驱动程序。

4．供电单元

显示卡的频率越高，对它的供电要求也越高，因此常采用显示核心芯片与显存分开独立供电的设计。有些高端或运行频率较高的显示卡，核心更是采用了两相或多相供电的设计，每相供电分别由电容元件、MOS 管、电感组成。由于 PCI-E×16 接口目前所能提供最大的功率为 71W 左右，因此不少高端显示卡还需要外接 4 针或 6 针电源插座，从机箱电源直接供电。

5. PCB

显示卡的 PCB 厚度对显卡内部走线、电子芯片的焊接、显示卡的牢固程度有着重要影响。显示卡所采用的 PCB 厚度主要有 6 层、8 层几种（当然是越厚越好）。另外需要注意的是显示卡品质的好坏同 PCB 的颜色的无关，PCB 的颜色只不过是染料剂作用的结果。

6. 显示卡的散热装置

显示卡上都会带有散热器，散热装置的散热性能直接影响系统运行的稳定性，常见的显示卡散热器有散热片、风扇、热管、涡轮式风冷等几种，如图 5-5 所示。

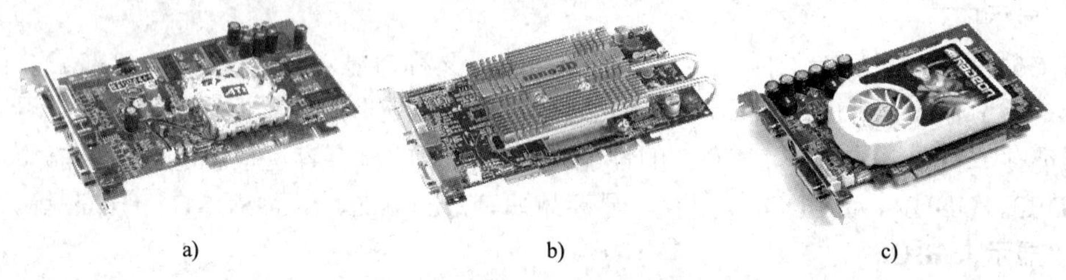

a) b) c)

图 5-5 常见显示卡上的散热器

a) 风扇 b) 热管 c) 涡轮式风冷

7. 显示卡接口

显示卡上的接口主要有供电接口、桥接接口、PCI-E 接口、输出接口。

（1）供电接口

供电接口为显卡提供电力支持，常见的有 6PIN、8PIN、8+6PIN，一般高端的显卡提供的供电接口多。

（2）桥接接口

显卡的桥接接口为显卡提供交火用。

（3）总线接口

显示卡总线接口主要是 PCI、AGP 和 PCI-E×16，目前新出的显示卡总线接口均为 PCI-E×16。

（4）输出接口

显示卡把处理好的图像数据通过输出接口与显示设备连接。显卡的输出接口主要有 VGA、DVI、HDMI、DP、MINI HMDI/DP 几种，显卡的视频输出能力与提供的输出接口类型、数量有关。

1）视频图形阵列（Video Graphics Array，VGA）接口：VGA 接口是 15 个插孔的 D 形插座（称为 D-Sub 接口），VGA 插座的插孔分为 3 排，每排 5 个孔。VGA 插座是显示卡的输出接口，与显示器的 D 形插头相连，用于把模拟信号输出到 CRT 显示器或者 LCD 中，是以前主要的输出接口。VGA 插座的外观如图 5-6 所示。

2）数字视频接口（Digital Visual Interface，DVI）：DVI 有 3 行 8 列共 24 个引脚，用于连接 LCD 等数字显示器。通过 DVI，视频信号无须转换，信号无衰减或失真，显示效果比 VGA 好，将会取代 VGA 接口。这是因为显示卡处理的都是数字信息，因此在把帧缓存数据传给显示器之前必须先把数字信号转换为模拟信号再传送出去，而在这个过程中就产生了信号的失真。模拟信号产生之后，要经由 VGA 电缆线（又一个信号失真源）传给显示器。如果显示器是数字设备（如 LCD 等）而不是传统的 CRT 显示器，那么失真会更加严重，因为模拟信号还要再一次被转换为数字信号，因此引入了 DVI。DVI 是目前主流的输出接口。

DVI 在支持数字平板显示器的同时也向下兼容 CRT 显示器。DVI 通常有两种：仅支持数字信号的 DVI-D 和同时支持数字与模拟信号的 DVI-I。DVI 插座的外观如图 5-7 所示。

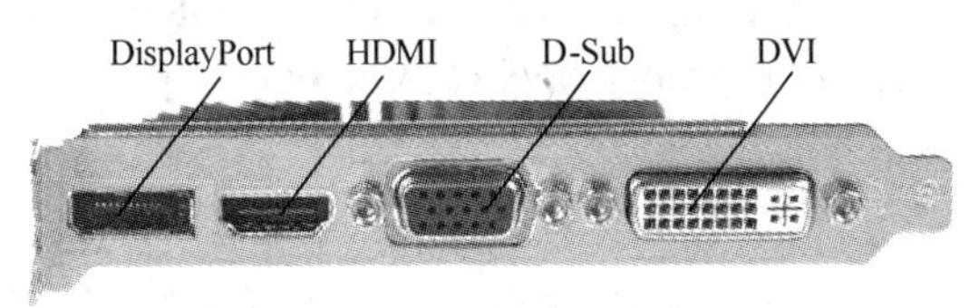

图 5-6　D-Sub、DVI、HDMI、DisplayPort 插座

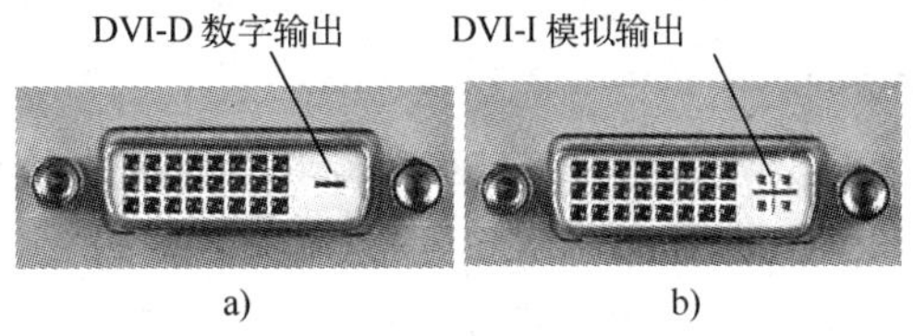

a)　　b)

图 5-7　DVI-D 和 DVI-I

a) DVI-D　b) DVI-I

3）高清晰多媒体接口（High Definition Multimedia InterFace，HDMI）：HDMI 是基于 DVI 制订的，两者可以兼容。HDMI 可以看作是强化的 DVI 接口和多声道音频的结合。最新的显示卡上已经配备 HDMI 接口插座，如图 5-6 所示。在数字家电领域，HDMI 正在逐步取代 DVI，成为连接消费类电子设备的标准接口。

（5）DisplayPort 接口

DisplayPort 接口是一种针对所有显示设备（包括内部和外部接口）的开放标准，是全新的数字视频音频接口。DisplayPort 接口如图 5-6 所示。

5.1.3　显示卡的主要参数

显示卡的参数很多，下面按部件分成 3 部分来介绍。

1．显示芯片

显示芯片也就是 GPU，主要负责处理视频信息和 3D 渲染，GPU 决定显示卡的性能。

（1）芯片厂商

目前主流独立显示芯片厂商主要有两家：NVIDIA 和 AMD-ATI，其部分显示芯片外观如图 5-8 所示。

图 5-8　显示芯片

（2）开发代号

开发代号就是显示芯片厂商为了便于显示芯片在设计、生产、销售等方面的管理和驱动架构的统一，而对一个系列的显示芯片给出的基本代号。显示芯片厂商可以对相同核心代号

的显示芯片做一些改动，如通过控制渲染管线数量、顶点着色单元数量、显存类型、显存位宽、核心和显存频率、所支持的技术特性等方面来衍生出一系列的显示芯片，来满足不同性能、价格、市场等的需要。同一种开发代号的显示芯片可以使用相同的驱动程序，这为显示芯片制造商编写驱动程序以及消费者使用显示卡都提供了方便。

同一种开发代号的显示芯片的渲染架构以及所支持的技术特性基本相同，而且所采用的制程也相同，所以开发代号是判断显示卡性能和档次的重要参数。同一类型号的不同版本可以是一个代号，例如，GeForce GTX260/280/295 的代号都是 GT200；Radeon HD5870/5850/5770/5750 的代号都是 RV870。但也有其他的情况，如 GeForce 9800GTX/9800GT 的代号是 G92，而 GeForce 9600GT/9600GSO 的代号是 G94。

（3）芯片型号

相同核心代号的 GPU 也会有不同的芯片型号，如 Radeon HD4890/4870/4850/4830 都采用代号为 RV770 的显示核心。这是因为生产芯片时，会出现一些有缺陷的芯片，厂家通过屏蔽核心管线或降低显示卡核心频率等方法，将其处理成合格的、较为低端的产品，并命名为不同的芯片型号。

（4）核心频率

显卡的核心频率是指显示核心的工作频率，其中最大频率为显示卡工作时的最高频率，显示卡的频率越高性能就越强。其工作频率在一定程度上可以反映出显示核心的性能。但显示卡的性能是由核心频率、流处理器单元、显存频率、显存位宽等多方面因素决定的，因此在显示核心不同的情况下，核心频率高并不代表此显示卡性能强。在同样级别的显示芯片中，核心频率高则性能要强一些。

在同样的显示核心下，部分厂商会适当提高其产品的显示核心频率，使其工作在高于显示核心固定的频率上以达到更高的性能，提高核心频率是显示卡超频的方法之一。

（5）制造工艺

制造工艺是指集成电路内电路与电路之间的距离，显示芯片的制造工艺与 CPU 一样，也是用微米来衡量其加工精度的。制造工艺的提高，意味着显示芯片的体积更小、集成度更高，可以容纳更多的晶体管，性能会更加强大，功耗也会降低。当前主流的制造工艺是 40nm。

但是，采用更高制造工艺的显示芯片并不代表其具有更高的性能，因为显示芯片设计架构各不相同，并不能单纯用制造工艺来衡量其性能。

（6）显示芯片位宽

显示芯片位宽是指显示芯片内部数据总线的宽度，也就是显示芯片内部所采用的数据传输位数。采用更大的位宽意味着在数据传输速度不变的情况下，瞬间所能传输的数据量越大，因此位宽是决定显示芯片级别的重要参数之一。目前主流的显示芯片的位宽是 256bit，已推出的显示芯片最大位宽是 512bit。

显示芯片位宽增加并不代表该芯片性能更强，因为显示芯片集成度相当高，设计、制造都需要很高的技术能力，单纯强调显示芯片位宽并没有多大意义，只有在其他部件、芯片设计、制造工艺等方面都完全配合的情况下，显示芯片位宽的作用才能得到体现。

（7）刷新频率

刷新频率（单位为 Hz）是 GPU 向显示器传送信号，是其每秒刷新屏幕的次数。影响刷新频率的因素有两个，一是显示卡每秒可以产生的图像数目，二是显示器每秒能够接收并显示的图像数目。刷新频率可以分为 56～120Hz 等许多档次。过低的刷新频率会使用户感到屏幕闪烁，容易导致眼睛疲劳。刷新频率越高，屏幕的闪烁就越小，图像也就越稳定，即使长时间使用也不容易感觉眼睛疲劳（建议使用 85Hz 以上的刷新频率）。

（8）最大分辨率

分辨率指的是显示卡在显示器上所能描绘的像素数量，分为水平行点数和垂直行点数。例如，如果分辨率为 1024 像素×768 像素，即水平由 1024 个点组成，垂直由 768 个点组成。典型的分辨率有 640 像素×480 像素、800 像素×600 像素、1024 像素×768 像素、1280 像素×1024 像素、1600 像素×1200 像素或更高。

最大分辨率表示显示卡输出给显示器并在显示器上描绘像素点的最大数量。目前的显示芯片都能提供 2048 像素×1536 像素的最大分辨率，但绝大多数显示器并不能提供这样高的显示分辨率。

（9）色深

色深也称颜色数，是指显示卡在一定分辨率下可以同屏显示的色彩数量。一般以多少色或多少 bit（位）色来表示，如标准 VGA 显示卡在 640×480 分辨率下的颜色数为 16bit 色或 4 bit 色。通常色深可以设定为 16 bit、24 bit，当色深为 24 bit 时，称为真彩色，此时可以显示出 2^{24}=16777216 种颜色。色深的位数越高，所能同屏显示的颜色就越多，相应的屏幕上所显示的图像质量就越好。由于色深的增加使显示卡所要处理的数据量剧增，从而引起显示速度或屏幕刷新频率的降低。

（10）流处理器（渲染器，着色器）单元

着色或渲染（Shader）分两种，一种是顶点渲染（Vertex Shader），三维图形都是由一个一个三角形组成的，顶点渲染就是计算顶点位置，并为后期像素渲染做准备；另一种是像素渲染（Pixel Shader），像素渲染就是以像素为单位，计算光照、颜色的一系列算法。

在 DX10 时代首次提出了“统一渲染架构”，GPU 取消了传统的“像素管线”和“顶点管线”，统一改为流处理器单元，它既可以进行顶点运算也可以进行像素运算，这样在不同的场景中，GPU 就可以动态地分配顶点运算和像素运算的流处理器数量，达到资源的充分利用。

现在，流处理器数量的多少已经成了决定显示卡性能高低的一个很重要的指标，NVIDIA 和 AMD-ATI 也在不断地增加显示卡的流处理器数量使显示卡的性能达到跳跃式增长，例如，Radeon HD5870 有 1600 个流处理器，HD4870 有 800 个流处理器单元，GTX280 有 240 个流处理器单元。由于 NVIDIA 和 AMD-ATI 的 GPU 架构不一样，所以不能以流处理器的数量来衡量两种 GPU 性能的强弱，例如，HD4850 有 800 个流处理器单元，9800GTX+ 有 128 个流处理器单元，而它们的性能却相当。

（11）光栅操作单元（Raster Operations Units，ROPs）

光栅操作单元，简称光栅单元，也称最终成像单元，作用是把 GPU 前几段处理的结果成像出来，将像素点光栅化，主要影响抗锯齿、动态模糊之类特效，每一帧处理完后被光栅单元送入显存的帧缓冲区。光栅单元对性能影响较小，其数量也较少。例如，Radeon HD5800 系列的 ROPs 为 32 个，Radeon HD5700/4800 系列为 16 个。

2．显存芯片

显示内存简称显存，也称帧缓存，其主要功能是暂时储存显示芯片要处理或处理过的渲染数据。显示芯片（颗粒）决定了显示卡所能提供的功能和其基本性能，而显示卡性能的发挥则很大程度上取决于显存。显存频率及容量是影响显示卡性能的第二大因素。影响显存性能的主要因素包括：显存类型、显存容量、显存位宽、显存带宽、显存频率、读取速度。

（1）显存类型

显存芯片与内存芯片在 SDRAM、DDR SDRAM 时期是一样的，后来由于 GPU 需要比 CPU 更高的带宽、位宽、频率等特殊的需要，显存芯片与内存芯片开始分别发展。

内存厂商推出了专门为图形系统设计的高速 DDR 显存，称为 GDDR（Graphics Double Data Rate），又分为 GDDR1、GDDR2、GDDR3、GDDR4、GDRR5。

显存主要由传统的内存制造商提供，目前主要的显存生产厂商有美国的美光（Micron）、德国的英飞凌（Infineon）、韩国的三星（SAMSUNG）、现代（HY）等。常见的显存颗粒如图 5-9 所示。

图 5-9　常见的显存颗粒

（2）显存位宽

显存位宽是显存在一个时钟周期内所能传送数据的位数，位数越大则瞬间所能传输的数据量越大。一块显示卡的显存位宽是由显示卡核心的显存位宽控制器决定的。常见的显存位宽有 64bit、128bit、256bit、320bit 和 512bit，显存位宽越高，性能越好，价格也就越高。目前高端显示卡的显存位宽为 512bit，主流显示卡基本都为 128bit 和 256bit。

显示卡的显存是由一块块的显存芯片构成的，显存总位宽同样也是由显存颗粒的位宽组成的，即显存位宽=显存颗粒位宽×显存颗粒数。

（3）显存带宽

显存带宽指的是显示核心与显存通信的数据宽度，显示卡的显存带宽越大，表示在相同的时间段内，核心与显存间数据的交换量越大。计算公式：

显存带宽=(显存位宽×显存工作频率)/8

例如，GeForce 8600GT 核心及显存频率为 540MHz/1400MHz，显存位宽为 128bit，那么该显示卡的显存带宽=(128×1400)/8 = 22400（B/s）=22.4（GB/s）。

（4）显存容量

显存容量是显示卡上显存的容量，它决定着显存临时存储数据的多少。目前显示卡主流容量有 128MB、256MB、512MB、1GB 等。当显存到达一定容量后，再增加内存对显示卡的性能已经没有影响了。显示卡的显存容量只是参考之一，重要的还是其他参数，如核心、位宽、频率等，这些决定显示卡性能的因素优先于显存容量。

单颗显存容量的计算转换公式：单颗显存容量=(存储单元容量×数据位宽)/8

例如，“显示卡使用了 4 颗 16M×32bit 的高速 GDDR3 显存”，其中 16 M 表示显存存储单元的容量为 16Mbit，32bit 是单颗显存的数据位宽，单颗容量是(16Mbit×32bit)/8=64MB，4 颗的总容量是 4×64MB=256MB。

（5）显存时钟周期（显存速度）

显存时钟周期就是显存时钟脉冲的重复周期，它是衡量显存速度的重要指标。显存速度越快，单位时间交换的数据量也越大，显示卡的性能也就越高。显存的时钟周期一般以 ns 为单位，越小表示显存的速度越快，显存的性能越好。现在常见的显存类型中，DDR2 显存速度为 4.0～2.0ns，DDR3 显存速度为 2.0～0.8ns，DDR4 显存速度最低为 0.9ns，DDR5 显存速度最低为 0.4ns。

（6）显存频率

显存频率是指默认情况下，该显存在显卡上工作时的频率，以 MHz 为单位。显存频率在一定程度上反映了该显存的速度。显存频率随着显存的类型、性能的不同而不同（例如，GDDR5 显存强于 GDDR3 显存）。

显存频率与显存时钟周期是相关的，二者成倒数关系，计算公式：

显存频率（MHz）=1000/(显存速度×n)

n 因显存类型不同而不同，如果是 SDRAM，n=1；如果是 DDR，n=2。

3．GPU 的其他技术

（1）3D API

在计算机中，所有软件的程序接口，包括 3D 图形程序接口在内，统称为应用程序接口（Application Program Interface，API）。使用 API，程序员无须关心硬件的具体性能和参数，只需要编写符合接口的程序代码，让设计软件调用其 API 程序，其 API 就会自动调用与硬件有关的底层数据，大大提高程序开发的效率。

同样，显示芯片厂商根据标准来设计自己的硬件产品，以达到在 API 调用硬件资源时最优化，获得更好的性能。有了 API，便可实现不同厂家的硬件、软件在最大范围内的兼容。例如，在最能体现 3D API 的游戏方面，游戏设计人员不必去考虑具体某款显示卡的特性，而只是按照 3D API 的标准来开发游戏，当游戏运行时则直接通过 3D API 来调用显示卡的硬件资源。

在图形图像行业里，三维图形的 API 有许多种。这几年，有 3 种 API 格式逐渐确立了它们在图形图像领域的地位，即 DirectX、OpenGL 和 Quick Draw 3D（Heidi）。很多图形加速卡都支持这 3 种格式。DirectX 是由微软公司制订的 3D 规格界面，因为 Windows 操作系统的关系，受到最多的 3D 游戏支持。

1）DirectX 图形接口程序。DirectX 是微软公司推出的 Windows 9x/NT/200x/XP/7 下的一种图形应用程序接口标准，简单地说，DirectX 技术是一套多媒体接口方案，其中的 Direct 3D 部分被游戏和显示卡厂商广泛使用，成了 3D 游戏和显示卡的一个重要接口标准。微软定义 DirectX 为“硬件设备无关性”。也就是说，DirectX 是一系列的动态链接库（DLL）。通过这些 DLL，开发者可以在不关心硬件设备差异的情况下访问底层的硬件。其标准方式是 DirectX 提供（应用程序和游戏）软件，程序员在 Windows 下直接操作硬件，而不是通过 Windows 的图形设备接口（GDI）。DirectX 确保了游戏软件的图形、语音、动画、3D 和网络的表现能力，但其前提是所使用的计算机在软件和硬件上都支持 DirectX 标准。

DirectX 并不是一个单纯的图形API，而是由显示、语音、输入和网络 4 大部分组成的，它提供了一整套的多媒体接口方案。2002 年底，微软公司发布了 DirectX 9.0，2004 年 10 月微软公司发布了 DirectX 9.0c，2005 年 12 月微软公司发布了 DirectX 10.0，2009 年微软公司发布了 DirectX 11。

DirectX 11 的拆嵌式细分曲面技术（Tessellation）、多线程（Multi-Threading）、通用计算（DirectCompute）、渲染引擎 5.0（Shader Model 5.0）及纹理压缩（Texture Compression）5 个重要特性，为用户带来了更好的视觉享受。Windows 7 直接提供了 DirectX 11，而 Windows Vista 则可通过升级 DirectX 驱动包来支持 DirectX11。

显示卡所支持的 DirectX 版本已成为评价显示卡性能的标准之一。从显示卡支持什么版本的 DirectX，用户就可以分辨出显示卡的性能高低，从而选择出适合于自己的显示卡产品。

2）OpenGL。开放图形程序库（Open Graphics Library，OpenGL）是美国 SGI 公司开发的 3D 图形库。OpenGL 是一种 3D 程序接口（即常说的 3D API），它是 3D 加速卡硬件和 3D 图形应用程序之间一座非常重要的沟通桥梁。也可以说，OpenGL 是一个功能强大、调用方便的底层 3D 图形库。因其与硬件、窗口系统、操作系统相互独立，可用在各种操作系统和窗口平台上开发应用程序，包括 Windows 9x/NT/200x/XP/7、UNIX、Linux、MacOS、OS/2 等。虽然 DirectX 在家用市场上占优，但在专业高端绘图领域，OpenGL 优势明显。

由于 OpenGL 具有强大的图形功能和可移植性，已经有许多大公司接受其作为标准图形软件接口。OpenGL 目前由独立机构 OpenGL 体系结构审查委员会（OpenGL Architecture Review Broad，OpenGL ARB）负责维护，其成员包括 SGI 公司、微软公司、Intel 公司、IBM 公司等。在 OpenGL ARB 的努力下，OpenGL 已经成为交互式图形图像处理的一种事实上的工业标准，其主要版本有 1.0、1.1、1.2、1.2.1 和 2.0。用户可以用 OpenGL 作为开发图形应用程序的基础。

3）Heidi。Autodesk 是目前全球 CAD/CAM/CAE/GIS/MM 工业领域中拥有用户量最多的软件公司，也是基于 PC 平台的全球最大的 CAD、动画及可视化软件公司。就目前的 AutoCAD 的应用状态和用户类型来看，从事纯三维设计的小于 25%（用于大型装配设计和复杂工程分析），从事纯二维设计的约 25%（用于绘制企业生产性数字化二维工程图），而既从事二维设计又从事三维设计的大于 50%（广泛用于零部件和一般装配设计分析）。Heidi 就是 Autodesk 在 CAD、动画及可视化软件领域中最重要的主流支撑应用软件接口。Heidi 与 OpenGL 的区别在于它不能通过显示表进行操作。Heidi 是一个纯粹的立即模式接口，主要适用于应用开发。著名的 3D 程序软件，如 3D Studio MAX/VIZ、AutoCAD，以及一些经济建模、商业图形演示和机械设计等软件都使用 Heidi 系统。与 OpenGL 相比，Heidi 还只是一种原始对象接口，功能请求单一化，靠使用标准界面或者直接利用特定的 3D 芯片来进行硬件加速。如果没有硬件的密切配合，在对大型的高质量、高分辨率、高刷新频率的图形工作时，显示效果会受到很大的影响。Heidi 的突出特点是灵活多变，这要归功于插入式结构（Plug-ins）和内部定义的 Heidi 接口。

（2）ATI Eyefinity 技术

ATI Eyefinity 技术是 AMD 显示卡最新的多屏显示技术，Radeon HD 5000 系列单个 GPU 就能最多同时连接 6 台液晶显示器。每台分辨率最高 2560×1600 像素（30in），按照 3×2 的方式排列，总分辨率就是 7680×3200 像素，亦即 2457.6 万个像素，而人眼只能直接处理大约 700 万个像素。

（3）NVIDIA 3D Vision Surround 技术

立体多屏环绕（3D Vision Surround）技术是 NVIDIA 显示卡最新的多屏显示技术，最多只能达到 3 屏，但它支持 3D 立体效果，是 3D Vision 技术的扩展增强版。

3D 立体系统需要 3 台同样支持 3D Vision 技术的液晶显示器、投影仪或者 DLP，单个分辨率最高 1920 像素×1080 像素；如果是非立体系统（此时叫作 NVIDIA Surround），任何普通显示设备均可，单个分辨率最高 2560×1600 像素。

5.2　主流显示卡芯片

就像桌面处理器主要来自 Intel 和 AMD 两家一样，现在主流的 GPU 主要来自 NVIDIA 和 AMD。

英伟达（NVIDIA）公司创立于 1993 年，是一家以设计显示芯片和主板芯片组为主的半导体公司。

ATI 全称为 Array Technology Industry Technologies Inc，创立于 1985 年 8 月，是一家专门设计与销售适用于个人计算机的显示卡、图形处理器、芯片组、机顶盒、数字电视、电子游戏机和手提式设备等的半导体公司。Radeon 系列显示芯片是 ATI 公司的代表产品。2006 年 ATI 公司被 AMD 公司收购。

NVIDIA 和 AMD 很明确地针对市场的高、中、低端用户推出一个系列产品，一般同系列的几个版本只是核心/显存频率、着色器数量等几个参数的差别，它们的内在特性都很类似。

目前的 GPU 厂商一般不制造或销售自有品牌的显示卡，只有在新 GPU 芯片推出时，制作公版演示卡而已，这些显示卡并不会在零售市场销售，而是把制造和销售显示卡的任务交给显示卡厂商。公版显示卡就是 GPU 厂商为了协助显示卡厂商生产显示卡，在推出一款新的 GPU 时根据该 GPU 的特点而设计出的样品显示卡。同一系列产品，GPU 厂商根据此系列中各款 GPU 的规格、市场定位不同，推出搭配不同的显存（速度和容量），不同用料的公版设计，分化出多个版本，然后把这些不同版本的公版提供给板卡厂商加工。所以在选购显示卡时，要从 GPU、显存、PCB、其他元件等多个方面考虑。

显示卡根据其性能和价位分为入门级显示卡、中端显示卡和高端显示卡，NVIDIA 和 AMD 两家均有各档次的产品。

1．GeForce GTX 750Ti/750

2014 年 2 月，NVIDIA 正式发布了基于 28nm 制程工艺、全新的 Maxwell 架构设计的中、低端 GPU 产品 GeForce GTX 750Ti 和 GeForce GTX 750。两款 GPU 产品均拥有出色的游戏性能和性能功耗比，可用于游戏 PC、家用娱乐和网吧。

GeForce GTX 750Ti/750 基于全新的 Maxwell 架构，采用 GM107-400/300 芯片（拥有 18.7 亿的晶体管规模），默认核心频率达到了 1020MHz，默认 Pixel Fillrate 能力均为 16.3 Gpixels/s，默认 Texture Fillrate 能力分别为 40.8Gpixels/s 和 32.6 Gpixels/s，显存带宽分别为 86.4 GB/s 和 80.2 GB/s。GeForce GTX 750Ti（GM107-400）和 GeForce GTX 750（GM107-300）GPU 芯片的外观如图 5-10 所示。NVIDIA 公版 GeForce GTX 750Ti 的外观如图 5-11 所示。

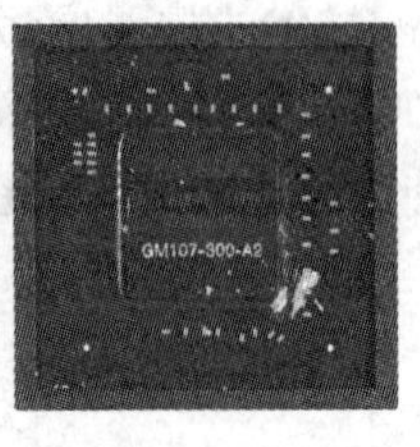

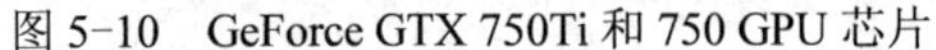
图 5-10　GeForce GTX 750Ti 和 750 GPU 芯片

图 5-11　NVIDIA 公版 GeForce GTX 750Ti 显卡

2．Radeon R9-290X/290

2013 年 10 月，AMD 正式发布了采用 28nm 制程工艺，代号 Hawaii 的全新架构的新一代旗舰级 GPU 产品 Radeon R9-290X/290。Radeon R9-290X/290 定位旗舰级市场，以包括 4K UltraHD 分辨率及多屏拼接在内的各种高分辨率/超高分辨率应用场合为目标。Radeon R9-290X 集成 62 亿个晶体管，默认核心及显存运行频率为 1000/5000MHz，Hawaii 拥有 8 组 64bit 双通道显存控制器，可以实现 512bit 显存位宽，并可在 5000MHz 显存频率上实现 320GB/s 的理论位宽。

TrueAudio 是 Hawaii 架构最奇特的功能性改进。该功能通过内建在芯片中的 Multiple integrated Tensilica HIFI EP Audio DSP，首次在 GPU 上实现了 8 声道环绕立体声输出，并带来了逼真的音效处理效果。TrueAudio 可以在 3.5mm 耳机、USB 输出设备以及数个支持 HDMI/DP Audio 的显示设备上实现输出。

Radeon R9-290X 和 290 GPU 芯片的外观如图 5-12 所示，Raden R9-290 显示卡如图 5-13 所示。

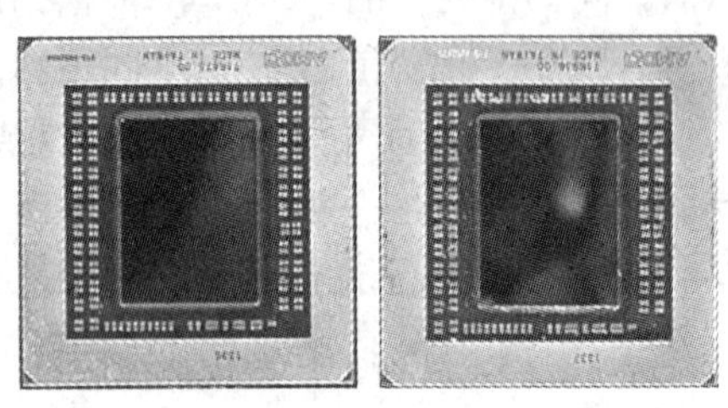
图 5-12　Radeon R9-290X 和 290 GPU 芯片

图 5-13　Radeon R9-290 显示卡

5.3　核心显示卡

核心显示卡是处理器厂商凭借其在处理器制程上的先进工艺以及新的架构设计，将图形核心（GPU）与处理核心整合在同一块基板上，构成一颗完整的处理器。

目前 Intel 的处理器以及 AMD 的 APU 都集成了核心显卡，而核心显示卡的性能也在逐步提升，目前已经能够和入门级的独立显卡相媲美，适合对显卡性能要求高的办公、教育用户。

5.3.1 Intel 核心显示卡

2010 年，Intel 公司在第一代 Westmere 微架构的 Core i5-600/Core i3/Pentium 中首次集成了显示卡，但是，CPU 和显示卡并没有真正融合，只是将 CPU 和 GPU 两个芯片封装在一起而已，因此打开 CPU 顶盖后可以看到两个核心，如图 5-14 所示。

2011 年在第二代 Sandy Bridge 微架构的 Core i3/i5/i7/Pentium 中，CPU 与 GPU 真正融合在一起，Intel 把这个 GPU 称为核心显示卡，核心显卡划分成 HD Graphics 2000 和 HD Graphics 3000 两种。现在核心显示卡与内存控制、PCI-E 控制器等部件一样，成为 CPU 的一个处理单元，如图 5-15 所示。

图 5-14 第一代 Core i3/Core i5-600 中的内置显示卡

图 5-15 第二代 Core i3/i5/i7 核心显示卡

2012 年在第三代 Ivy Bridge 中的核心显卡有两种型号：高端型号命名为 HD Graphics 4000，主流型号命名为 HD Graphics 2500。

2013 年在第四代 Haswell 中的核心显卡更新为 HD Graphics 4400/4600，功能更强，支持 DX11.1、OpenCL1.2，优化 3D 性能，支持 HDMI、DP、DVI、VGA 接口标准。

2014 年在第五代 Broadwell 中首次搭载 Intel 自家顶级核显 Iris Pro 6200（属于 Intel 的第八代 GPU 图形架构），完整支持 DX12，拥有 48 个 EU 单元，并且自带 128MB eDRAM 缓存。Broadwell 架构下所集成的显示核心将成为看点，在已发布的移动版上，第五代 Broadwell 处理器共包含 4 类核心显卡型号，分别为 GT1、GT2、GT3 与 GT3（28W）。

2015 年在第六代 Skylake 处理器中，核心显卡升级为第九代核显，Intel 首次在 Skylake 身上配备 72 个执行单元的 GPU，核显规格进一步提升。同时解码能力也会得到进一步加强，支持 JPEG、JMPEG、MPEG2、VC1、WMV9、AVC、H.264、VP8、HEVC/H.265 硬解码，支持最新版本的 DirectX、OpenGL 和 OpenCL API 等。

5.3.2 AMD 核心显示卡

2006 年，AMD 公司收购 ATI 公司，不久 AMD 公司便开始了 APU 计划，实现 CPU 与 GPU 的真正融合。2011 年 1 月发布了面向入门级用户的 AMD E 系列 APU，2011 年 6 月发布了面向桌面主流用户的 AMD A 系列 APU。它们具有比 Intel 第二代 Core i 核心显示卡更强大的性能。

2011 年，AMD 在核心代号为 Sumo 的第一代 APU 产品中内置了 HD6000D 独显核心。

2012 年，AMD 在核心代号为 Trinity 的第二代 APU 产品中内置了 HD7000D 独显核心。

2013 年，AMD 在核心代号为 Richland 的第三代 APU 产品中将 GPU 更换成

HD8000D。

2014 年，AMD 在核心代号为 Kaveri 的第四代 APU 产品中，GPU 核心为桌面级 GCN 架构 Radeon R7 系列独显核心。

2015 年，AMD 在核心代号为 Godavari 的第六代桌面版 APU 产品中，GPU 核心为第三代次世代图形核心（GCN）架构设计，集成的 Radeon 显卡基于 GCN 1.1 架构。

5.4 高清视频解码技术

1．高清数字电视的概念

高清晰度电视（High Definition Television，HDTV）技术源自于数字电视（Digital Television，DTV）技术，HDTV 技术和 DTV 技术都采用数字信号，而 HDTV 技术则属于 DTV 的最高标准。

从整体上讲，高清数字电视分为 3 部分，一是视频源的采集；二是将视频信号压缩编码，保存或通过线路（有线或者无线的）传给用户；三是信号在用户的数字电视上解码并重现。所以，要实现高清，就要在从拍摄、制作到显示的全过程中都采用高清设备。

2．高清标准格式

所谓高清数字电视标准，就是高清视频信号的压缩编码、传输、解码和重现的标准。美国电影电视工程师协会从分辨率的角度制订了 4 个数字电影及数字内容的解析度标准：低分辨率（低于 0.8 K）、常规分辨率（低于 2 K）、高分辨率（2 K）和超高分辨率（4 K 甚至更高）4 个层级。如图 5-16 所示是目前常见的几种分辨率大小的示意图。

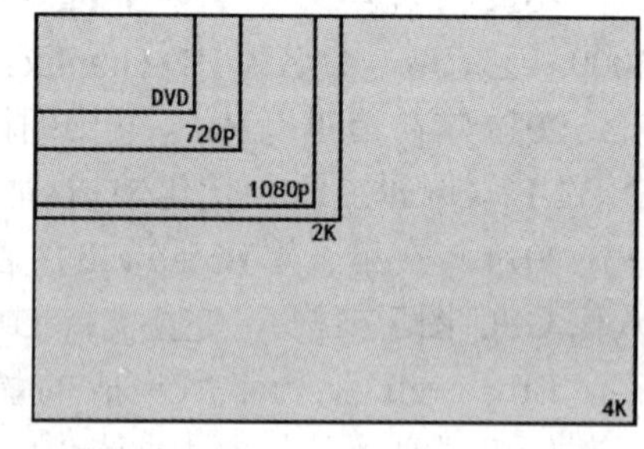

图 5-16 常见分辨率大小的示意图

（1）低分辨率（低于 0.8 K）

分辨率低于 0.8 K（1024×768=1 K）称为低分辨率，如 VCD、DVD（640×480）、电视节目、720p 格式（1280×720p）、1920×1080i 等，这类标准被称为标清（Standard Definition）。

（2）常规分辨率（低于 2 K）

常规分辨率分为高清（High Definition，HD）和全高清（FULL HD）。

国际上公认的高清的标准有两条：视频垂直分辨率超过 720p 或 1080i；视频宽纵比为 16∶9。其中 i 为 interlace，即隔行扫描；p 为 progressive，即逐行扫描。全高清是指能够以 1920×1080p 显示全高清影像。1080p 的画质要胜过 1080i。

（3）高分辨率（2 K）

目前国内大多数的数字电影是 2 K 的，分辨率为 2048×1080。

（4）超高分辨率（4 K）

4K 分辨率（4 K Resolution）是一种新兴的数字电影及数字内容的解析度标准，4 K 超高清（Ultra High Definition）数字电影是指分辨率为 4096×2160（也称 4 K×2 K）的数字电影，是目前分辨率最高的数字电影。4K 分辨率是 1080p 的 4 倍。

3．高清视频的 3 种编码

常用的高清视频编码格式有以下 3 种，不同的编码技术在压缩比和画质方面有区别。

（1）H.264 编码

H.264（又被称为 MPEG-4/AVC）是由国际电信联盟（iTU-T）所制定的视频压缩格式。H.264 最具价值的部分是它有更高的数据压缩比，在同等图像质量下，H.264 的数据压缩率比当前 DVD 系统中使用的 MPEG-2 高 2～3 倍，比 MPEG-4 高 1.5～2 倍。正因为如此，经过 H.264 压缩的视频数据，在网络传输过程中所需要的带宽更少，也更加经济，H.264 只需要 1～2Mbit/s 的传输速率。H.264 是 DVD 论坛认可的蓝光光碟编码标准之一，不过 H.264 解码算法更复杂。经过 H.264 压缩的视频文件一般也是采用“avi”作为扩展名，与微软的 avi 格式很容易混淆，不容易辨认，只能通过解码器来自己识别。H.264 在大部分视频服务中都有应用，如数字电视、交互媒体、视频会议、视频点播、流媒体服务等。NVIDAI、AMD 和 Intel 公司新推出的显示卡都支持 H.264 硬件解码加速。

（2）VC-1 编码（也称 WMV-HD）

VC-1 是微软公司开发的基于 Windows Media Video 9（WMV9）格式的视频编解码系统，是 DVD 论坛认可的蓝光光碟编码标准之一。VC-1 得到众多硬件厂商的支持，新推出的显示卡大多针对 VC-1 解码进行了优化。VC-1 的压缩比率比 MPEG-2 优势明显，但与 H.264 相差不少。VC-1 要支付版权费，而 H.264 是免费的。但因在 Windows 操作系统中大力支持 WMV 系列版本，所以在 PC 系统中应用较广。

（3）MPEG-2 TS 编码

和 DVD 视频采用的 MPEG-2 格式不同的是，高清视频采用的是 MPEG-2 TS 格式，这是一种视频流格式，主要用于实时传送节目。MPEG-2 TS 格式的高清视频文件在网上很常见，一般采用“mpg”“tp”“ts”为扩展名。由于 MPEG-2 TS 压缩比率低，对解码环境要求也很低，所以 MPEG-2 TS 依然有很好的生存空间。MPEG-2 TS 格式的高清视频文件通常都相当大，因此很少应用在蓝光 DVD 中。

从系统要求来看，MPEG-2 TS 因其压缩比率较低，文件容量最大，所以对于解码环境要求也较低，而微软公司的 WMV-HD 格式的高清视频播放就需要更高的解码环境要求，H.264 对解码环境的要求较高。

4．高清设备接口标准

（1）HDMI 标准

高清晰度多媒体接口（High-Definition Multimedia Interface，HDMI）是首个支持在单线缆上传输，不经过压缩的全数字高清晰度、多声道音频和智能格式与控制命令数据的数字接口，是由日立、松下、飞利浦、SONY、汤姆逊、东芝和 Silicon Image 共 7 家公司共同发起制定的。该组织于 2002 年 12 月发布了 HDMI 1.0 技术规范，2006 年 5 月升级至 HDMI 1.3，带宽和速率都提升了 2 倍以上，达到了 340MHz 的带宽和 10.2Gbit/s 的速率，以满足最新的 1440p/WAXGA 分辨率的要求。HDMI 1.4 标准即将发布，HDMI 1.4 支持 3D 显示器，并支持高清 1080p 的分辨率，同时还有多种 3D 技术。新的 Micro HDMI 比现在的 19 针普通接口小 50%左右，可为便携设备带来最高 1080p 的分辨率支持。

HDMI 可以提供高达 5Gbit/s 的数据传输带宽，可以传送无压缩的音频信号及高分辨率视频信号。在使用 HDMI 互接时，只需要一条 HDMI 线便可以同时传送影音信号，大大简化了家庭影院系统的安装。HDMI 插孔及连接线插头，如图 5-17 所示。

高带宽数字内容保护（High-bandwidth Digital Content Protection，HDCP）是 Intel 公司

为 HDMI 开发的，防止具有著作权的影音内容遭到未经授权的复制的加密技术，如果软件和硬件其中之一不支持 HDCP，就无法读取数字内容。因此，要想播放经过加密的高清电影光盘，显示卡要支持 HDCP。

图 5-17　HDMI 插孔及连接线插头

此外，微软公司在 Windows Vista/7 中对 HDCP 也有了强制性的要求，简称为“保护内容输出管理（OPM）协议”。首先它会检测显示卡是否采用 HDMI 数字连接，是否支持 HDCP，一旦操作系统的 OPM 协议检测不到符合 HDCP 规范的显示卡，而又要欣赏这些受协议保护的数字内容，会发生两种情况：这些受保护的视频内容会以低质量的图像格式播放出来，就像把压缩过头的 JPEG 图片再放大一样；另一种结果就是黑屏，什么都看不到，如图 5-18 所示。

（2）DisplayPort 接口标准

目前 HDMI 技术凭借支持音视频输出、提供足以播放高清节目的带宽等优势，正向家电和 PC 领域扩展。不过，现在一种功能更强、带宽更大的新型接口——DisplayPort 正在同 HDMI 竞争。由于 HDMI 最初是基于家电领域的，而 DisplayPort 接口是基于 IT 领域的，所以 DisplayPort 接口更具竞争力。DisplayPort 接口的外观如图 5-19 所示。为了节省后挡板空间，除标准 DisplayPort 接口外，还有 Mini Display Port 接口。

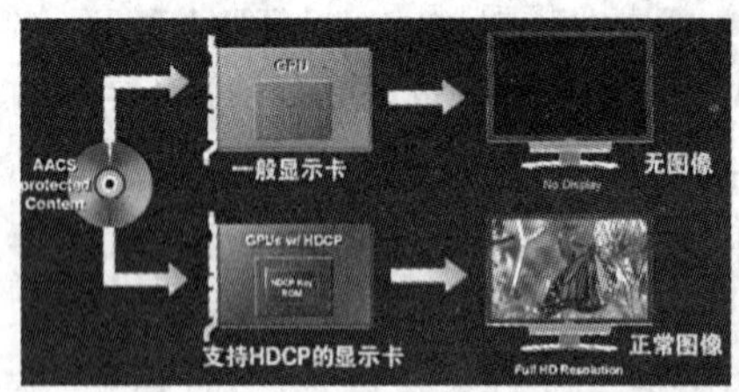

图 5-18　显示卡要支持 HDCP

图 5-19　DisplayPort 接口插孔及连接线插头

2006 年 5 月，视频电子标准组织（VESA）正式发布了 DisplayPort 1.0 标准，这是一种针对所有显示设备（包括内部和外部接口）的开放标准。DisplayPort 标准具有下列特点。

- 高带宽。DisplayPort 1.0 标准可提供的带宽高达 10.8Gbit/s，而 HDMI 1.2a 的带宽仅为 4.95Gbit/s，最新发布的 HDMI 1.3 所提供的带宽（10.2Gbit/s）也稍逊于 DisplayPort 1.0。DisplayPort 可支持 WQXGA+（2560×1600）、QXGA（2048×1536）等分辨率及 30/36bit（每原色 10/12bit）的色深，充足的带宽保证了今后大尺寸显示设备对更高分辨率的需求。
- 最大程度整合周边设备。与 HDMI 一样，DisplayPort 也允许音频与视频信号共用一条线缆传输，支持多种高质量数字音频。但比 HDMI 更先进的是，DisplayPort 在一条线缆上还可实现更多的功能。在 4 条主传输通道之外，DisplayPort 还提供了一条功能强大的辅助通道。
- 同时适合内外接口。DisplayPort 的外接型接头有两种：一种是标准型，类似 USB、HDMI 等接头；另一种是低矮型，主要针对连接面积有限的应用，如超薄型笔记本电脑。两种接头的最长外接距离都可以达到 15m。除实现设备与设备之间的连接外，

DisplayPort 还可用作设备内部的接口，甚至是芯片与芯片之间的数据接口。

- 具备高度的可扩展特性。尽管 DisplayPort 1.0 标准只支持一条音频流传输，但 DisplayPort 具备高度的可扩展特性，扩展后，一条 DisplayPort 连接线最高可支持 6 条 1080i 或 3 条 1080p 视频流。
- 内容保护技术更可靠。DisplayPort 不像 HDMI 那样采用 HDCP，而是使用 Philips 为 DisplayPort 制定的一套内容防复制协议，该技术基于 128 位高速加密引擎，采用标准密钥交换方法，支持标准的 RSA 认证，提供高达 2048 位的密钥长度，保护技术比 HDMI 的 HDCP 更加可靠。

从技术层面来说，DisplayPort 占据了很大优势。现在 DisplayPort 已经获得 DELL、HP、NVIDIA、SAMSUNG、Philips、Genesis Microchip 等厂商的支持。2008 年，DisplayPort 产品已经进入市场。DisplayPort 接口也可以转接为 DVI 或 HDMI。

5．高清视频在 PC 中的应用

高清技术不但在传统的家电领域里取得了一定的进展，而且已经扩展到了 PC 行业。在使用 PC 播放高清视频文件时，如果使用 CPU 进行软解码，CPU 的占用率非常高。要想流畅地播放高清视频，显示卡是否支持 MPEG-2 TS 和 WMA-HD 等视频格式的硬件解码显得尤为重要。目前 AMD-ATI、NVIDIA 和 Intel 公司推出的显卡、核显，都支持高清视频标准，最新的 GPU 还支持 4K 标准。

5.5 实训

5.5.1 显示卡的选购

确定主板后，就可以选择显示卡。在选购显示卡时同样要根据主要用途和主板上的总线扩展插槽类型来选购。显示卡按照价格情况，可分为低档、中档和高档。按照用途来分，分为普通应用型、高档玩家型、特殊需求型。各档次之间价格相差较大，从几百元到几千元不等。至于选购 NVIDIA 还是 AMD 的显示芯片，以及显示卡的品牌，可根据个人爱好和主要技术来选购，对于一般用户没有太大区别。

1．普通应用型

对于办公、家庭用户，主要用途是做文字处理、上网、编程等简单的工作，这些工作对显示卡的要求都比较低。主板集成的显示卡完全可以应付这些工作。如果要单独安装显示卡，可选购价格在 200 元左右的显示卡。

2．高档玩家型

这类用户需要功能强大的显示卡，一般可选购该时期的中、高档显示卡产品，一般这类产品可选的余地不大，而且价格较高。

3．特殊需求型

用户需要根据需求来搭配显示卡产品，如显示卡与显示器的特殊需求。

5.5.2 显示卡的安装

显示卡的硬件安装很简单，先去掉主板上对应显示卡插槽位置的挡板，将显示卡垂直插入插槽，如图 5-20 所示，然后拧紧螺钉，如图 5-21 所示。此外，还要安装显示卡驱动程序。

图 5-20　插入显示卡

图 5-21　固定显示卡

5.5.3　查看显示卡参数

GPU-Z 是专门用来检测显示卡规格、参数的工具软件。GPU-Z 功能十分强大，不但操作简单方便，体积小巧，而且无须安装，可以很方便、很直观地看到显示卡的各项参数信息。

运行 GPU-Z，窗口中显示有“显示卡（Graphics Card）”“传感器（Sensors）”“验证（Validation）”等选项卡，默认为“显示卡”选项卡，它显示的是显示卡的基本参数信息，如图 5-22 所示。通过查看这些参数，可以了解显示卡的性能。

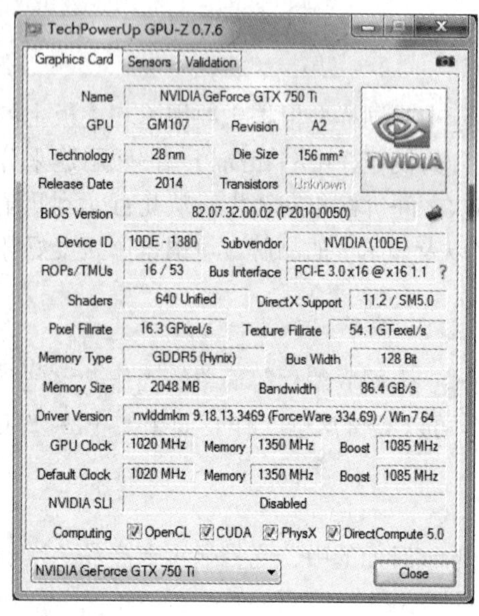

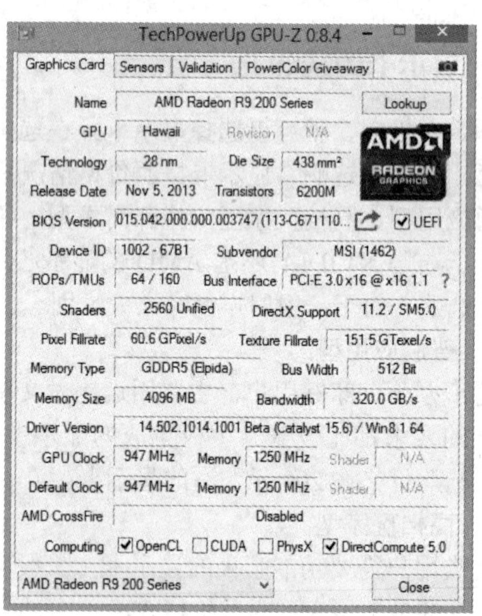

图 5-22　用 GPU-Z 查看 NVIDIA GeForce GTX 750Ti、AMD Radeon R9 290 显卡的参数

1．“显示卡”选项卡

（1）核心参数部分

设备名称（Name）：显示 GPU 的型号，如 NVIDIA GeForce GTX 750Ti、AMD Radeon R9

290 Series。

GPU 代号（GPU）：显示 GPU 芯片的核心代号，如 GM107、Hawaii。

GPU 版本（Revision）：显示 GPU 芯片的步进制程编号，如 A2。

生产工艺（Technology）：此处显示 GPU 芯片的制程工艺，如 28 nm。

核心参数部分还有芯片面积（Die Size）、晶体管数量（Transistors）、发布日期（Release Date）、BIOS 版本（BIOS Version）、设备 ID（Device ID）、销售商（Subvendor）、光栅单元（ROPs）、渲染器（Shaders）、像素填充率（Pixel Fillrate）、纹理填充率（Texture Fillrate）、总线接口（Bus Width）、DirectX 支持（DirectX Support）等。

（2）显存信息部分

显存类型（Memory Type）：显示显示卡所采用的显存类型，如 GDDR5 等。

显存信息部分还有显存容量（Memory Size）、显存位宽（Bus Width）、带宽（Band width）。

（3）显示卡频率部分

当前 GPU 频率（GPU Clock）：显示 GPU 当前的运行频率。

默认 GPU 频率（Default Clock）：显示 GPU 的默认频率。

当前显存频率（Memory Clock）：显示显存当前的运行频率。

默认显存频率（Default Memory Clock）：显示显存默认频率。

（4）计算技术

显示是否支持该项技术，有 OpenCL、CUDA、PhysX、DirectCompute 等。

2．“传感器”选项卡

“传感器”选项卡中的选项有 GPU 核心频率（GPU Core Clock）、GPU 显存时钟频率（GPU Memory Clock）、GPU 温度（GPU Temperatuer）、风扇转速（Fan Speed）、GPU Load（GPU 占有率）、GPU 温度等相关参数。这里显示的参数均为当前显示卡运行时的各项参数情况。

5.6 思考与练习

1．显示卡由哪些部件组成？显示卡的主要性能指标有哪些？

2．熟练掌握显示卡的安装与拆除方法，以及显示卡和显示器的连接方法。

3．掌握显示卡驱动程序的安装方法。

4．查阅有关计算机商情报刊，上网查看硬件信息；到当地计算机配件市场考察显示卡的型号、价格等商情信息。

5．在 Windows XP/7 中练习安装图形接口程序，如 DirectX，并比较安装前、后运行 3D 游戏的效果。

6．使用 GPU-Z 等测试程序，测试显示卡的性能。

7．查找有关 GDDR 方面的文章（关键字：GDDR 全解析）。

8．上网查看有关数字高清方面的技术文章（关键字：HDMI、DisplayPort）。

第 6 章　液晶显示器

显示器（Monitor）是微机中最重要的输出设备之一，用户通过显示器来观察计算机的运行情况，是用户与计算机沟通的主要界面。

6.1　显示器的分类

显示器有多种分类方法，如按工作原理、屏幕尺寸、用途和特殊功能等。

1．按工作原理分类

按制造显示器的器件或工作原理来分，显示器产品主要有两类：一是阴极射线管（Cathode Ray Tube，CRT）显示器；二是液晶显示器（Liquid Crystal Display，LCD）。现在CRT 显示器已经逐渐退出市场，本章仅介绍 LCD，常见 LCD 的外观如图 6-1 所示。

图 6-1　液晶显示器

2．按屏幕尺寸、横纵比分类

显示器屏幕的尺寸一般以英寸为单位，目前常见显示器的屏幕大小有 17 in（英寸，1in=2.54cm）、19in、21in、22in、23in、24in、25in 等。

按屏幕的横纵比分为普屏（5∶4）和宽屏（16∶10、16∶9、21∶9 等），如图 6-2 所示。

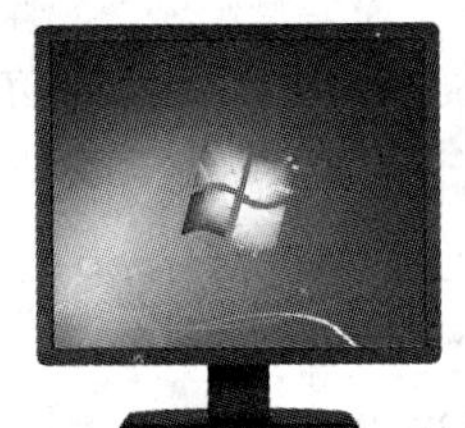

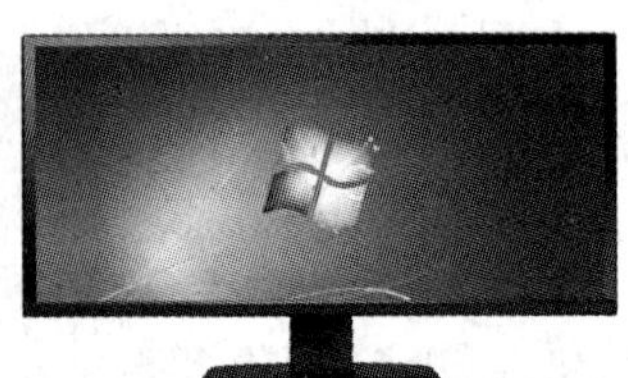

图 6-2　常见横纵比例的液晶显示器（5∶4、16∶10、16∶9、21∶9）

3．按用途分类

按显示器的用途，可将显示器分为 4 类：实用型、绘图型、专业型和多媒体型。实用型适合一般个人及家庭使用，绘图型适合绘图设计，专业型适合专业排版及专业精密图形绘制，多媒体型适合对图像品质要求较高的个人和家庭。

4．按特殊功能分类

目前液晶显示器常见的特殊功能有 3D 液晶显示器（分为偏光式 3D 显示器、裸眼 3D 显示器）和多点触控液晶显示器（触摸屏能够识别多个触点同时单击，并且识别触摸的运动轨迹），如图 6-3 所示。

图 6-3　3D 液晶显示器和多点触控液晶显示器

6.2　液晶面板的分类

下面按照液晶面板的制造技术和质量级别来分类。

1．按液晶面板的制造技术分类

液晶面板就是液晶显示器的屏幕。一台液晶显示器 80%左右的成本都集中在面板上，所以液晶面板关系着液晶显示器自身的质量和价格。在选择显示器时，面板是选择的重点。

根据液晶面板的制造技术，目前市场上主流液晶显示器产品的面板类型有 4 大类，分别是 TN 型面板、IPS 型面板、VA 型面板（MVA 型面板、PVA 型面板）和 PLS 型面板。

（1）扭曲向列（Twisted Nematic，TN）型

目前市场上的入门级和中端的液晶显示器，广泛使用的 TN 型为 TN+Film 类型面板。TN+Film 类型面板基于早期可视角度很小的 TN 技术（视角最大 90°），但在面板上增加了一层转向膜，将可视角度提高到 170° 左右，成了一种视角较广的产品。

在技术性能上，TN 型比 IPS 型、VA 型面板逊色，它不能表现出 16.7 M 色彩（某些 TN 型面板标称能达到 16.7 M 色，实际是通过电路芯片控制实现的）。虽然大部分 TN 型面板的显示器标称上下可视角度是 170°/170°，但只要达到 130° 左右，图像颜色就开始变化。现在市场上一般在 8ms 响应时间以内的产品大多采用 TN 型面板。用手轻按液晶面板，能看到有水波纹的屏幕就是 TN 型面板。TN 型面板的优点是价格便宜、响应时间快、开机速度快、功耗较低；缺点是可视角度窄、色域偏低。TN+Film 类型面板的主要生产厂商有三星、LG-Display 等。

（2）垂直排列（Vertical Alignment，VA）型

VA 型面板在目前显示器产品中应用较为广泛，最为明显的技术特点是提供 16.7 M 色彩和 160° 以上大可视角度。VA 型面板属于常暗模式液晶，在液晶受损坏而未加电时，该像素呈现暗态。用手轻按 LCD 面板，压力点消失时，在面板上会留下梅花印记，VA 型面板属于软屏，梅花印记的色彩会偏深，消失速度也较快。VA 型面板的优点是广角设计，色域广，亮点率较低；缺点是功耗较高，价格偏高。目前 VA 型面板分为两种，一种为 MVA 型，另一种为 PVA 型。

多区域垂直排列（Multi-domain Vertical Alignment，MVA）型面板是富士通公司推出的一种面板类型。

PVA 型面板是三星公司推出的一种面板类型，是在富士通 MVA 面板基础上的改进和提高，可以获得优于 MVA 的亮度输出和对比度。PVA 又分为 S-PVA 和 C-PVA。

（3）平面切换（In Plane Switching，IPS）型

IPS 是日立公司于 2001 年推出的液晶屏技术，俗称“Super TFT”。IPS 按性能优劣又分为 H-IPS、S-IPS、E-IPS 类型，其中 E-IPS 是经济型，价格较低。主要生产厂商有日立、LG-Display、NEC、瀚宇彩晶等厂商。

IPS 技术最大的特点是它的两极都在同一个面上，不像其他液晶模式的电极是在上下两面，立体排列。由于电极在同一平面上，不管在何种状态下液晶分子始终都与屏幕平行，会使开口率降低，减少透光率，因此 IPS 应用在液晶电视上会需要更多的灯管，而在一定程度上，耗电量也会大些。

IPS 屏的优点是可视角度大（178°），响应速度快，色彩还原准确，是液晶面板里的高端产品。缺点是功耗较高，漏光问题比较严重，黑色纯度不够，对比度要比 PVA 稍差，因此必须依靠光学膜的补偿才能实现更好的黑色，价格偏高。

与其他类型的屏相比，IPS 屏的屏幕较硬，用手轻轻划一下不容易出现水纹样变形，用手轻按面板时，需要施加的力更大，出现的梅花印比较淡，松开后能迅速消失。仔细看屏幕时，如果看到是方向朝左的鱼鳞状像素，加上硬屏的话，就可以确定是 IPS 面板。

（4）平面线性切换（Plane-to-LineSwitching，PLS）型

PLS 是三星最新研发制造的面板，自推出后一直是三星显示器使用的面板。PLS 与 IPS 两者的液晶分子排布规律相似，同样是水平方式的液晶分子排布，因此都拥有“硬屏”特点，即手指触摸上去，不会留下水波纹痕迹，且可视角度均可以达到 178° 的广视角水平。三星 PLS 面板的驱动方式是所有电极都位于相同平面上，利用垂直、水平电场驱动液晶分子动作。与 IPS 面板驱动方式以及相关用料上的差异，使得 PLS 面板相比 IPS 面板，透光率有了 20%左右的提升，更高的透光率使屏幕亮度相比 IPS 提升了 10%，也使得 PLS 面板有了 30%能耗的节省。由于不需要使用偏振片等昂贵部件，该液晶屏的生产成本也降低了 15%。除此之外，PLS 面板的每一个像素点都表现得异常清晰通透，还原最真实的色彩。事实上，IPS 面板只适合于文档编辑和观看视频，但 PLS 面板则非常适合处理游戏等需要高速刷新屏幕的应用。

（5）其他类型的液晶面板

液晶面板还包括如 SHARP 的 ASV、NEC 的 ExtraView、Panasonic 的 OCB、Hyundai 的 FFS 等其他类型，它们生产的液晶显示器大多采用自己厂商独有的液晶面板，其他品牌所采用的相对较少。

（6）各种类型液晶面板的特点

表 6-1 列出了各种类型液晶面板的特点对比。

表 6-1　液晶面板的特点对比

种类	响应时间	对比度	亮度	可视角度	价格
TN	短	普通	普通或高	小	便宜
IPS	普通	普通	高	大	贵
经济型 E-IPS	普通	普通	普通	较大	一般
S-PVA	较长	高	高	较大	贵
C-PVA	较长	高	普通	较大	一般
PLS	普通	普通	高	较大	一般

TN 型是最常见的，适合一般显示器使用，色彩满足家用，价格便宜，市场占有率高。

PVA 是三星面板的一个概称，相比 TN 来说色彩饱和度有所提升，偏暖色调，可视角度大了些，有低端 C-PVA 和高端 S-PVA 之分。

IPS 是 LG 面板的一个总称，有 3 种，即 E-IPS、S-IPS 和 H-IPS。总体色调偏冷，响应速度快，适合玩游戏，家用一般的 E-IPS 就足够了。

MVA 是日本面板的一个技术，比 PVA 的优势就是黑色更黑，对比度增加了，这种面板一般不多见，价格也不便宜。

三星的 PLS 面板定位在 S-PVA 之下，与 C-PVA 属于一个级别，不过其特征与 E-IPS 面板非常相似。

TN 型面板和 VA、IPS、PLS 型面板之间除了在显示色彩、可视范围和响应延时上有所区别外，更为关键的是产品的价格定位。TN 面板成本较为低廉，适合大众用户，而 IPS、PLS 面板更适合追求完美显示效果的用户。

2．按液晶面板的质量级别分类

一般是按照液晶面板上的坏点数量来分级的。坏点就是有的显示单元永远亮着（称为亮点），有的永远不亮（称为暗点），有的显示不同的颜色（称为花点），这都是不可修复的坏点。参照国际标准化组织（International Standards Organization，ISO）在 2001 年制定的关于液晶面板坏点的标准，定义了 4 个等级（Class）的品质。Class 1 不允许有坏点，是最高等级，最差等级是 Class 4，容许有 10 个坏点。而一般情况都使用的是 Class 2 这个级别，允许有 3 个坏点，但如果只有两个坏点却出现在 5 像素×5 像素的范围内，同样是不被允许的。

6.3　液晶显示器的主要参数

LCD 的主要参数有以下几项。

1．屏幕尺寸

LCD 的屏幕尺寸是根据其面板的对角线标注的，由于封装时其边框几乎不会遮挡面板，因此更接近实际可视面积。LCD 的尺寸经历了从 15in、17in、19in、20in、21in、21.5in、22in、23in、23.6in、24in、26in、27in 直到 30in 的过程。

2．屏幕比例

屏幕显示比例按照“水平：高度”来表示，19in 以下多采用传统的 5：4 或者 4：3，更大尺寸的 LCD，由于主要面向视频娱乐，几乎都采用 16：10、16：9、15：9、21：9 的宽屏幕，以适应宽屏影视。16：10、16：9 和 21：9 等产品，对于高清视频内容均能够兼容。在显示其他内容时，16：10 要比 16：9 显示的内容多，点距要大，阅读更舒服，所以价格上 16：10 比 16：9 稍贵。由于 16：9 的显示器面板切割更加经济，使其产品的成本更低，厂商的利益更大，所以目前市场上的主流 LCD 屏幕比例是 16：9。消费者可根据主要用途和价格来选择屏幕比例，如果主要从事办公，可以选择 4：3 或 16：10；如果主要是视频娱乐，可以选择 16：9、21：9。有些宽屏 LCD，在 OSD 菜单中有支持 16：10 和 4：3 比例切换的功能，这样能够对不支持宽屏分辨率的游戏拥有很好的兼容性，画面不会出现因为拉伸而变形的现象。

3．面板类型

目前市场上常见的面板类型有 TN、IPS、PVA、MVA、PLS 等。多数廉价的 LCD 产品，都是采用 TN 型面板。如果追求色彩逼真、靓丽，应该选用 IPS、PLS 型面板。

4．液晶显示器色彩（最大显示色彩数）

虽然液晶显示器还原的色彩看起来更纯正、更艳丽，但实际上它能还原的最大色彩数还远远不及 CRT 显示器（几乎无限多种）。就目前彩色液晶显示器能还原的色彩数而言，红、绿、蓝三原色都只能单色表现 6 位色，即 2^6=64 种色，每个独立像素（RGB 3 种色彩）可以表现的最大色彩数是 64×64×64=262 144 种色。高端液晶显示器利用 FRC（Frame Rate Control）技术抖动算法，使得每个基色可以表现 8 位色，即 2^8=256 种色，则最大色彩数为 256×256×256=16 777 216（16.7M）种色。

目前主流 LCD 采用的液晶面板都是 TN 型的 6 bit 面板，加入抖动技术可实现所谓的 16.7M 色。即便采用 8bit 面板，由于背光灯和彩色滤光片等造成的偏差，也无法实现 16.7M 色。

对于专业级的 LCD，为了弥补背光灯和彩色滤光片造成的偏差，LCD 内部集成 10bit 甚至 12bit 可编程色彩查询表，可用于更加精确的色彩校准，并能在白色到黑色之间显示更多的灰阶，有助于 Gamma 曲线更加平滑地再现。

5．背光类型

由于液晶本身不会发光，因此需要借助光源来使其产生亮度。目前，市场上主流的液晶背光技术包括冷阴极荧光灯（CCFL）和发光二极管（LED）两类，如图 6-4 所示。

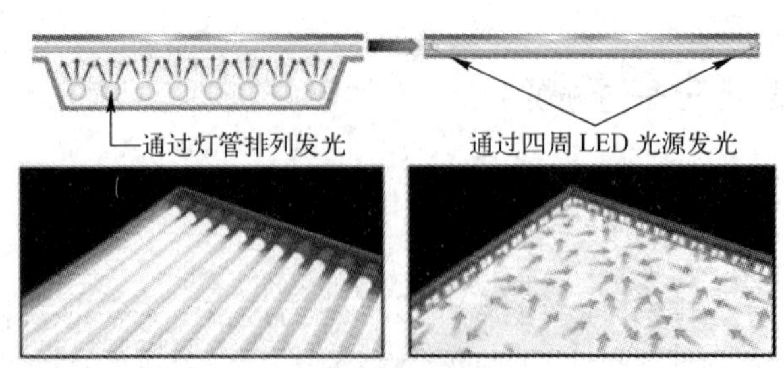

图 6-4　CCFL（左图）和 LED（右图）背光

CCFL（Cold Cathode Fluorescent Lamp），或称为 CCFT（Cold Cathode Fluorescent Tube）背光源是目前液晶电视的最主要背光产品，灯管标称寿命可达到 60000h。CCFL 背光源的特点是成本低廉，但是其发光效率低，含对人体有害物质，由于是线状光源，所以影响液晶面板的亮度均匀性，色彩表现不及 LED 背光。

LED 背光在 2009 年得到广泛应用，凭借色彩均匀、超低功耗等特色，得到了不少厂商的认同，各厂商纷纷发布自家的 LED 背光显示器，LED 背光被看作是 CCFL 背光的替代与升级。在液晶显示器上可以使用白色 LED（WLED）背光，也可以是红、绿、蓝三原色。采用 LED 背光的优势在于厚度更薄，大约为 5cm，色域也非常宽广，黑色的光通量更是可以降低到 0.05lm，对比度高达 10000∶1。同时，LED 背光光源具有 10wh 的寿命。目前制约 LED 背光发展的问题主要是成本，价格比冷荧光灯管光源高出许多。

6．分辨率

分辨率就是屏幕上显示的像素的个数，用“横向点数×高度点数”表示。液晶显示器只有一个最佳分辨率，而这一分辨率往往也是液晶显示器的最大分辨率。液晶显示器在最佳分辨率下的像素点与液晶颗粒是对应的。正是由于这种显示原理，液晶显示器只有在显示模式跟液晶显示板的分辨率（最大分辨率）完全一样时才能达到最佳效果。而在显示小于最佳分辨率的画面时，液晶显示器则采用两种方式来显示。例如，最大分辨率为 1024×768 像素的屏幕，一种是居中显示，比如在显示 800×600 像素分辨率时，显示器只以其中间的 800×600 像素的区域来显示画面，周围则为阴影，此时，由于信号与像素是一一对应的，所以画面清晰，但画面太小；另外一种则是扩大方式，就是将该 800 像素×600 像素分辨率的画面通过计算扩大为 1024×768 像素的分辨率来显示。

显示器的分辨率从 1024×768 像素（DV 标准），到 1280×720 像素（高清标准），再到现在主流分辨率 1920×1080 像素（全高清的标准）。大屏幕分辨率已经达到 2048×1152 像素，实现了 2 K 分辨率标准，未来将向 4 K 分辨率（4096×2160 像素），甚至 8 K 分辨率标准发展。常见液晶显示器的分辨率见表 6-2。

表 6-2　常见液晶显示器的分辨率和点距

液 晶 尺 寸	点距/ mm	分辨率/像素	液 晶 尺 寸	点距/ mm	分辨率/像素
15in 普屏	0.297	1024×768	21in 普屏	0.270	1600×1200
17in 普屏	0.264	1280×1024	21.5in 宽屏（16∶10）	0.248	1920×1080
17in 宽屏（16∶10）	0.291	1280×720	22in 宽屏（16∶10）	0.282	1680×1050
17in 宽屏（16∶10）	0.255	1440×900	23in 普屏	0.294	1600×1200
18.5in 宽屏（16∶10）	0.300	1366×768	23in 宽屏（16∶10）	0.249	2048×1152
19in 普屏	0.294	1280×1024	24in 宽屏（16∶10）	0.270	1920×1200
19in 宽屏（16∶10）	0.2835	1440×900	24in 宽屏（16∶9）	0.277	1920×1080
20in 普屏	0.255	1600×1200	27.5in 宽屏（16∶10）	0.309	1920×1200
20in 普屏	0.2915	1400×1050	27in 宽屏（16∶9）	0.270	2560×1440
20in 宽屏（16∶10）	0.258	1680×1050	30in 宽屏（16∶10）	0.2505	2560×1600

分辨率、视频标准与屏幕大小示意图，如图 6-5 所示。能够完全显示 1920×1080 像素的显示器或电视机称为高分辨率（High Def inition，Full HD），也就是全高清，厂家会在

显示产品上贴一个标志，如图 6-6 所示。所以，高于 1920×1080 像素分辨率的显示器均支持 Full HD。

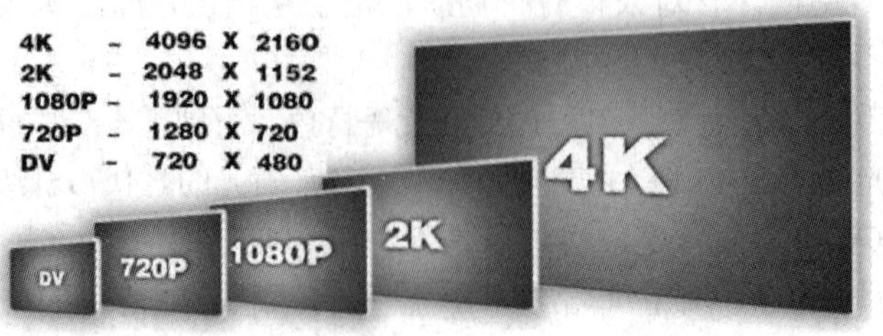

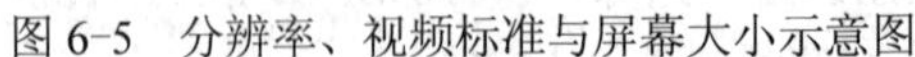
图 6-5　分辨率、视频标准与屏幕大小示意图

图 6-6　显示器的高清标志

7．点距

液晶屏幕的点距是指两个连续的液晶颗粒（像素，包括红、绿、蓝 3 个点）中心之间的距离，如图 6-7 所示，点距的计算方式是面板尺寸除以分辨率所得的数值。由于液晶显示器的像素数量是固定的，因此在尺寸与分辨率都相同时，液晶显示器的像素间距是相同的。例如，22in 宽屏液晶显示器的点距计算方法：液晶面板（注意，是液晶面板而不是液晶显示器）的长（47.3cm）或者宽（29.6cm）除以长的像素（1680）或者宽的像素（1050），等于 0.282mm；24in 宽屏液晶显示器的点距为面板长度（51.8cm）除以面板长的像素（1920），等于 0.27mm。液晶显示器的点距在液晶面板出厂时已经决定，是无法改变的。

点距的大小会决定显示图像的精细度。相同尺寸，点距越小，显示图像越精细。相反，点距越大，图像相比之下也要粗糙一些。因此，点距的选择需要在文本和图形、视频应用之间进行权衡，既不能太大，也不能太小。一般认为点距在 0.27～0.30mm 是最舒适的。出于对眼睛的保护，对于没有精细点距要求的用户（如主要用于办公、写作、上网），推荐使用同尺寸下点距大的液晶产品。常见液晶显示器点距见表 6-2，文字大小对比如图 6-8 所示。

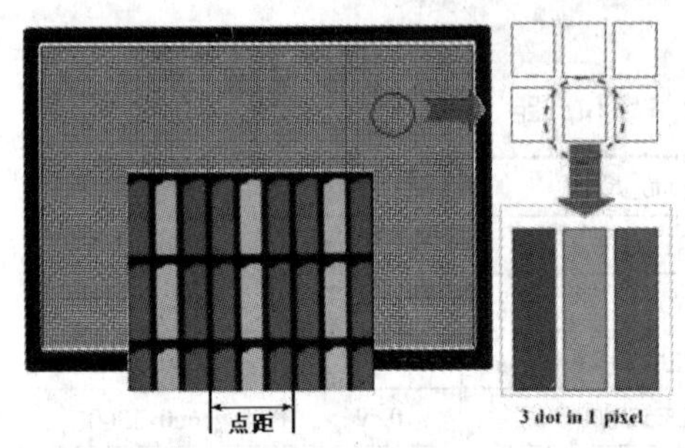

图 6-7　LCD 点距示意图

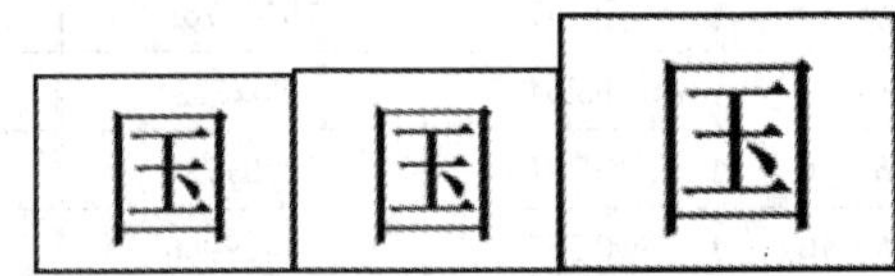

图 6-8　点距为 0.255mm、0.258mm、0.2915mm 时文字大小对比

8．亮度

亮度是对发射或反射自某一平面的光通量的测定，而液晶显示器标称的亮度表示它在显示全白画面时所能达到的最大亮度，单位是 cd/m^2（坎[德拉]每平方米）。如 250 cd/m^2 表示在 1 m^2 点燃 250 支蜡烛的亮度。人的眼睛接受的最佳亮度为 150 cd/m^2。由于显示器的亮度会受外界光线影响，因此需要制造亮度比较高的显示器。液晶显示器的标称亮度表示它在显示全白画面时所能达到的最大亮度。液晶材质本身并不会发光，因此所有的液晶显示器都需要

背光灯管来照明，背光的亮度也就决定了显示器的亮度。目前主流产品的亮度标称值一般在 250～500cd/m^2，但是，这个参数指的是最大亮度值，反映的都是液晶背光灯管所能发出的最大亮度。适合长时间阅读工作的亮度值是 110cd/m^2 左右，亮度太高有可能使观看者眼睛受伤，没有必要选择高标称值的产品。

对于 LCD 而言，亮度并不是标称值越高越好，而是亮度要均匀，包括白色均匀性、黑色均匀性、色度均匀性值。亮度均匀与否，和背光源的数量与配置方式相关，品质较佳的 LCD，画面亮度均匀，无明显的暗区。

9．对比度

对比度的定义为最大亮度值（全白）除以最小亮度值（全黑）的比值。显示器接收全白信号时所显示的亮度与全黑信号显示器的亮度的比值，也称为最大对比度或全开/全关对比度（Full On Full Off，FOFO）。在动态对比度概念之前，厂商往往喜欢用这个最大数值标称显示器的对比度，例如，一台显示器在显示全白画面时，实测亮度值为 225cd/m^2，全黑画面实测亮度为 0.5cd/m^2，那么它的最大对比度就是 450∶1，如图 6-9 所示。

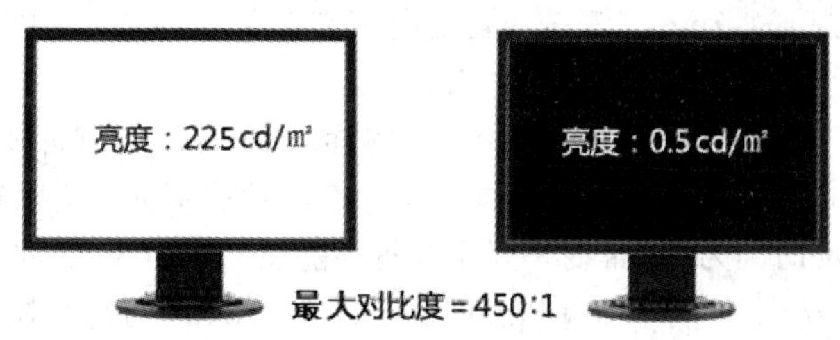

图 6-9　显示器最大对比度示意图

对比度越高，图像的锐利程度就越高，图像也就越清晰，显示器所表现出来的色彩也就越鲜明，层次感越丰富。

要提高对比度，就必须提高屏幕所显示画面的绝对亮度，同时还要降低液晶显示器在显示“黑色”时的亮度。由冷阴极背光灯（CCFL）所构成的背光源很难做到快速开关，因此背光源始终处于点亮的状态。为了要得到全黑画面，液晶模块必须把由背光源照射来的光完全阻挡，由于液晶的物理特性，液晶模块不可能完全阻隔光线，因此液晶显示器实现全黑的画面非常困难。

10．动态对比度

动态对比度技术可以在屏幕显示不同画面时，智能地调节出与显示画面最合适的对比度。如果屏幕上以黑暗的画面为主，那么动态对比度就会让屏幕黑得更多；在有暗有亮的情况下，则会瞬间调整对比度参数，以便让整幅画面获得更加清晰的细节纹理表现，不过此时亮部的画面往往都会有些偏色。

动态对比度是在某些特定情况下测到的液晶显示器的对比度数值。很多厂商利用对背光灯管控制电路进行改进，使其可以根据画面内容来动态调节背光灯管亮度，把全黑画面的亮度降到更低的水平，以达到提高局部区域的对比度。例如，如果厂商在控制电路中针对全黑画面将背光灯彻底关闭的话，这时亮度为 0cd/m^2，动态对比度将会是“无穷大”，目前动态对比度已经达到 50000∶1，因此动态对比度意义不大。开启动态对比度后，画面的亮部更亮，暗部更暗，在播放动态画面时会有忽明忽暗的感觉，基本上只对欣赏电影类节目有帮助。所以消费者在选购时，还是应该以真实的对比度为选购目标。

11．响应时间

响应时间就是液晶颗粒由暗转亮或由亮转暗的时间，单位为ms，有“上升时间”和“下降时间”两部分，而通常谈到的响应时间是指两者之和。响应时间数值越小说明响应速度越快，对动态画面的延时影响也就越小。

当前厂商所标称的响应时间，一般是黑白响应时间或灰阶响应时间（TN 型面板）。所谓黑白响应时间是液晶显示器各像素点对输入信号反应的速度，即像素由暗转亮或由亮转暗所需要的时间，而标称值则基本以“黑-白-黑”全程响应时间作为标准。

响应时间也并非越短越好，较短的响应时间会造成显示的色彩变淡、不够鲜艳。同时，LCD 画面拖影现象也并非单纯由响应时间这个因素决定。

所谓的灰阶响应时间，是相对早期的黑白响应时间而定义的，因为显示器显示的图像极少出现全黑全白转换，所以不够合理，灰阶响应时间显然更能反映动态效果。由于灰阶响应时间的数值较小，所以显示器上面标识的响应时间通常指灰阶响应时间。例如，某液晶显示器的全程平均响应时间为 16ms 左右，但是由于它在某一级灰阶的响应时间表现达到了5ms，于是就把这款产品的响应时间标识为 5ms。

响应时间决定了显示器每秒所能显示的画面帧数。通常，当画面显示速度超过 25 帧/s时，人眼会将快速变换的画面视为连续画面，不会有停顿的感觉，所以响应时间会直接影响人的视觉感受。当响应时间为 30ms 时，显示器每秒能显示 1/0.030=33 帧画面；25ms 时每秒显示 1/0.025=40 帧；16ms 时每秒显示 1/0.016=62.5 帧；8 ms 时每秒显示 1/0.008=125 帧；5ms 时每秒显示 1/0.005=200 帧；4ms 时每秒显示 1/0.004=250 帧画面。响应时间越短，显示器每秒显示的画面就越多。

目前市场上的主流 LCD 响应时间都已经达到 8ms 以下，某些高端产品响应时间甚至为5ms、4ms、2ms 等，数字越小代表速度越快。对于一般的用户来说，只要购买 8ms 的产品就已经可以满足日常应用的要求了。

12．色域显示范围

一台显示器的色彩是否丰富最根本的决定因素是色域范围，其次是 γ 曲线对还原准确性的影响，所谓 16.2M 色和 16.7M 色并非决定因素。

一种颜色用 3 个属性来表示，即色调、亮度和颜色饱和度（鲜艳度）。

由于色调、亮度这两项参数对于大部分液晶显示器来说基本都是一样的，所以颜色饱和度，也就是色域范围就成为决定 LCD 色彩好坏的关键。IPS 型面板还原更加真实，而 TN 型面板色彩表现得有点淡。

13．可视角度（水平/垂直）

液晶显示器的可视角度是指用户可以清楚看到液晶显示器画面的角度范围。因为背光源发出的光线经过偏极片、液晶和取向层后，绝大部分光线都集中于显示器正面。因此通常液晶显示器的最佳视角不大，超过最佳视角后，画面的亮度、对比度及色彩效果就会急剧下降，导致无法观看。可视角度分为水平和垂直两方面，水平可视角度是以液晶显示屏的垂直中轴线为中心，向左向右移动，可以清楚地看到影像的范围。垂直角度是以液晶显示屏的平行中轴线为中心，向上向下移动，可以清楚地看到影像的范围。

14．镜面屏

镜面屏就是显示器表面看上去像镜面（光滑、反光），由此被形象地称作镜面屏。镜面屏是通过特殊的镀膜技术在液晶显示屏的表面形成一层非常平整的透明薄膜，使其减少液晶屏内部出射光被散射的程度，从而提高亮度、对比度及颜色的饱和度。镜面屏适合游戏、DVD 影片播放等家庭娱乐，可以实现更加完美的显示效果。但是，镜面屏会像一面镜子一样让使用者清楚地看到自己和背后的一切，而无法看清屏幕上的文字和图像细节，还会感到非常刺眼，容易造成视觉疲劳。普通屏则采用了防炫处理，以减少反射光对眼的刺激。镜面反射和漫反射示意图，如图 6-10 所示。

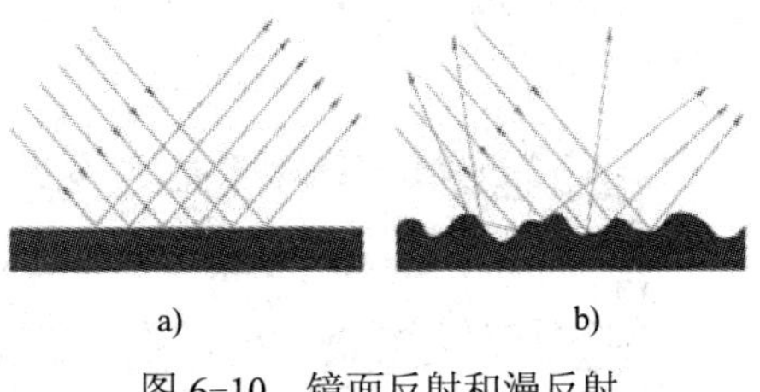

图 6-10　镜面反射和漫反射

a) 镜面反射　b) 漫反射

15．坏点

液晶显示技术发展到现在，仍然无法从根本上克服坏点这一缺陷。因为液晶面板由两块玻璃板所构成，中间的夹层是厚约 5μm 的水晶液滴。这些水晶液滴被均匀分隔开来，并包含在细小的单元格里，每 3 个单元格构成屏幕上的一个像素点。在放大镜下像素点呈正方形，一个像素点即是一个发光点。每个发光点都有独立的晶体管来控制其电流的强弱，如果控制该点的晶体管坏掉，就会造成该光点永远点亮或不亮。

液晶屏常见的坏点可分为亮点、暗点和花点 3 种。

1）亮点。在黑屏的情况下呈现的红、绿、蓝点叫作亮点。亮点的出现分为以下两种情况。

- 在黑屏的情况下单纯地呈现红或者绿或者蓝色彩的点。
- 在切换至红、绿、蓝 3 色显示模式下，只有在红或者绿或者蓝中的一种显示模式下有白色点，同时在另外两种模式下均有其他色点的情况，这种情况是在同一像素中存在两个亮点。

2）暗点。在白屏情况下为纯黑色的点或者在黑屏下为纯白色的点。在切换至红、绿、蓝 3 色显示模式下，此点始终在同一位置上并且始终为纯黑色或纯白色。这种情况说明该像素的红、绿、蓝 3 个子像素点均已损坏，此类点称为暗点。

3）花点。在白屏的情况下出现非单纯红、绿、蓝的色点叫作花点。花点的出现分为以下两种情况。

- 在切换至红、绿、蓝 3 色显示模式下，同一位置上只有在红或者绿或者蓝一种显示模式下有坏点的情况，这种情况表明此像素内只有一个花点。
- 在切换至红、绿、蓝 3 色显示模式下，同一位置上在红或者绿或者蓝中的两种显示模式下都有坏点的情况，这种情况表明此像素内有两个花点。

一般来说，花点对液晶显示器品质的影响相对较小，因此液晶品质评判标准中对有无亮点及亮点所在位置的规定更严格。一般在销售产品时会承诺无亮点。

除了 ISO 对液晶基板坏点分级外，显示器生产厂家也有一种分级。生产出的液晶显示器成品如果无任何坏点就是 AA 级产品；有 3 个以下坏点，其中亮点不超过一个，而且在屏幕中央内的为 A 级产品；有 3 个以下坏点，其中亮点不超过两个，而且在屏幕中央内的为 B 级产品。

坏点是用户在选购液晶显示器时最需要注意的问题之一。如果要检测坏点，应记住坏点包括不同颜色的花点和亮点，选购时务必把桌面背景调成全黑、全白以及红、绿、蓝单色屏来分别检查。

16．接口类型

目前，市场上主流液晶显示器的接口多数都同时具备 D-SUB 和 DVI 接口，部分大屏幕高端 LCD 还带有 HDMI、DisplayPort（DP）接口、S-Video 接口，如图 6-11 所示。

图 6-11　液晶显示器的输入接口

17．钢琴烤漆外观设计

钢琴烤漆外观设计其实是外观表面经过高光镜面漆面处理，是近年来液晶显示器外观设计的一个新的发展趋势。液晶显示器上钢琴烤漆设计实际使用的是“聚氨酯漆喷漆”工艺，这种漆和钢琴漆的面漆成分（钢琴漆使用的喷漆为“不饱和聚酯漆”）很接近，但与钢琴漆工艺相比，这种工艺没有喷涂底漆，也就不是烤漆工艺，也没有经过高温固化的过程，而聚氨酯漆本身的稳定性也不如不饱和聚酯漆，经过 1～2 年时间之后，聚氨酯漆就会失去原来的光彩，变得“灰头土脸”，而钢琴漆则不会有太大的变化。另外，钢琴烤漆设计容易留下指纹。

18．认证

认证的本意是通过最权威的机构对产品进行鉴定，以判断其是否达到了该项指标的标准。由于普通消费者对很多产品不具备辨别的能力，认证就成为帮助消费者购买产品的参考指标。现在已经衍生出许多认证，消费者应能识别这些认证。

（1）TCO 认证

TCO 认证是由瑞典专家委员会制定的世界上关于显示器环保要求最严格的标准之一，要通过 TCO 认证，必须在生态（Ecology）、能源（Energy）、辐射（Emissions）及人体工学（Ergonomics）4 个方面都符合标准。目前 TCO 认证在全球得到了广泛的认同，是目前显示器行业中公认的最为通行的认证之一。TCO 认证不是强制性的，而是厂商自愿申请的，并且需要缴费。所以消费者只能把 TCO 认证作为一个参考指数，不必一定有 TCO 认证。

TCO 认证的版本主要有 TCO'99、TCO'03 及 TCO'06 等，其中 TCO'03、TCO'06 是针对液晶显示器的版本，而且 TCO'06 更严格。TCO 认证标识如图 6-12 所示。

（2）CCC 强制认证

中国强制认证（China Compulsory Certification，CCC）是国家认证认可监督管理委员会根据《强制性产品认证管理规定》制定的。虽然 CCC 认证也是收费的，但是 CCC 是强制性认证，消费者一定要购买有 CCC 认证的液晶显示器产品，CCC 认证标识如图 6-13 所示。

（3）能源之星认证

除了 TCO 认证之外，能源之星也是被业内厂商和广大消费者认可的一项重要的认证标准，它是美国环境保护署发起的一项能源节约计划。能源之星认证自 1992 年起发展至今，目的是通过节能产品降低能耗，帮助人们节省开支，并保护地球大气环境。

2006 年推出能源之星 4.0，2009 年推出能源之星 5.0，其标识如图 6-14 所示。能源之星 5.0 标准主要针对个人计算机、显示设备及游戏机等产品进行能效评定。显示器能源之星 5.0 标准综合了显示面积、像素数、工作功率、待机功率、关机功率等多项因素，并且针对具有自动亮度调节功能的产品做了补充规定。符合能源之星 5.0 标准的液晶显示器会更加节能、环保。

图 6-12　TCO'06、TCO'03 认证标识

图 6-13　CCC 认证标识

图 6-14　能源之星 5.0 认证标识

（4）环保 RoHS 认证

RoHS 认证是一项欧洲议会指令，它要求生产商在电子电气设备中限制使用有毒物质，其中包括铅（Pb）、镉（Cd）、汞（Hg）、六价铬（Cr6+）、多溴二苯醚（PBDEs）、多溴联苯（PBBs）6 大有害物质，其目的在于降低人们在平常使用产品时面对这类物质的风险，并且降低产品在最终循环再用或处理时排放到环境中的有害物质量。RoHS 认证表示该产品是绿色环保的电气产品。

液晶显示器的背光源大多使用冷阴极荧光灯管，它含有铅和汞；印制电路板用的焊锡中含有铅；塑料外壳中会加入作为耐燃剂的多溴二苯醚、多溴联苯。这些有毒物质会慢性地影响用户的身体健康，其中铅是对人体的神经系统及肾脏造成损害的重金属元素，汞会影响人体的中枢神经及肾脏系统，多溴二苯醚和多溴联苯是致癌性及致畸胎性物质。

消费者为了健康，应该选用通过 RoHS 认证的产品。RoHS 认证标识如图 6-15 所示。

（5）微软Windows Vista/Windows 7 认证

2007 年年初，为配合 Windows Vista 上市，微软公司发布了 Windows Vista 认证，其标识如图 6-16 所示。Windows Vista 认证并不对液晶显示器的辐射、色彩表现做任何要求，而且事实上能否兼容 Windows Vista 系统更多的是与计算机主机的硬件有关，与显示器产品的关系并不大。不过这项认证中最为关键的是提供对 HDCP 高清保护协议的支持，目前市场上所有 LCD 都支持 HDCP。其实在CRT 显示器、LCD 上都可以流畅运行 Windows Vista。Windows Vista 认证不是强制性的，而且是收费的，因此消费者不必在意有无 Windows Vista 认证。

Windows 7 发布后，微软发布了 Windows 7 兼容性认证，如图 6-16 所示。Windows 7 目前只有一种认证，但实际上并没有在协议方面增加任何新的内容，Windows 7 认证也是之前 Windows Vista 认证的一种延伸。即使是没有通过 Windows 7 认证的液晶显示器，同样能够很好地支持 Windows 7 操作系统，所以这项认证可有可无。

图 6-15　RohS 认证标识标识

图 6-16　Windows Vista/7 认证标识

（6）其他认证

前面介绍的认证一般都会粘贴到显示器的明显位置上，它们是常见的认证，还有如下一些认证通常不被注意。

MPR 认证：由瑞典国家技术部制定的电磁场辐射规范（包括电场、静电场强度），包括 MPR Ⅰ、MPR Ⅱ。目前，MPR Ⅱ是世界性的显示器质量标准之一，市场上的产品都符合这一标准。

FCC 认证：FCC 标准由美国联邦通信委员会制定，它对数字设备及开关电源等发出的辐射、噪声量进行了限定。FCC 认证分为 A 和 B 两类，B 类技术要求更加严格。笔记本电脑和 CD 机需要符合 B 类限制规定，而在美国销售的电子产品也都必须通过 B 类认证。

CE 认证：贴有 CE 标志的产品，表示其符合欧盟《技术协调与标准化新方法》指令的基本要求，可以在欧盟市场上自由流通。

6.4 显示器的选购

显示器、鼠标、键盘可能关系到人体的健康，因为在使用计算机时，用户始终要面对它们，尤其是显示器。显示器更新周期比较慢，价格变动幅度也不像其他部件那样大，是所有部件中寿命最长的，因此挑选一台好的显示器非常重要。

现在 LCD 技术已经非常成熟，而且 LCD 适合所有用户，包括图形设计工作者。在选购显示器时，应根据用途、品牌、尺寸及技术参数等综合考虑。

首先是尺寸，在目前条件下，对于大多数消费者来说，应该选择 19in 以上的 LCD。如果主要用于上网浏览和文字处理，应该选择点距大的 LCD；如果主要用于图像处理，则可选择点距小的 LCD；如果主要用于办公，可选用 16∶10 大点距的 LCD；如果主要用于影视播放，则可选用 16∶9 的 LCD。目前，所有 LCD 都支持 HDCP，都可以播放高清电影。

6.5 实训

机箱内部全部组装完成后，还需将显示器、鼠标、键盘、打印机和音箱等连接到微机上。液晶显示器都有 DVI 插头，将该插头插入显示卡的对应输出端口，如图 6-17 所示，再将旁边的两个螺钉慢慢拧紧。显示卡的输出端口与 DVI 接头均有防误插设计，安装时按照接口形状安装即可，非常方便。

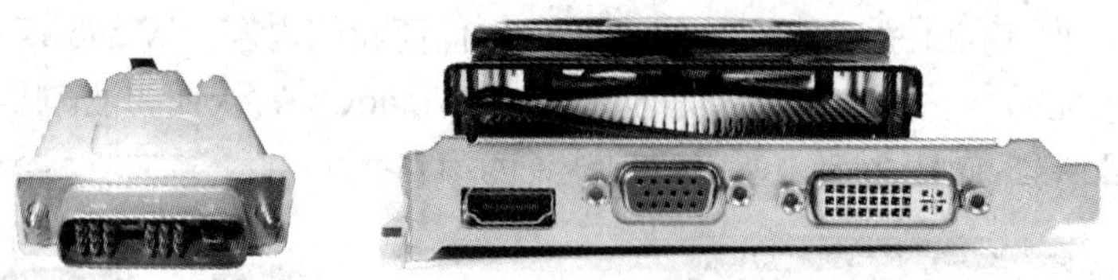

图 6-17　DVI 插头

对于传统的“D”形 15 针（信号）插头，可将其对准显示卡的 VGA 输出端口，如图 6-18 所示，平稳插入，然后拧紧插头两端的压紧螺钉即可。

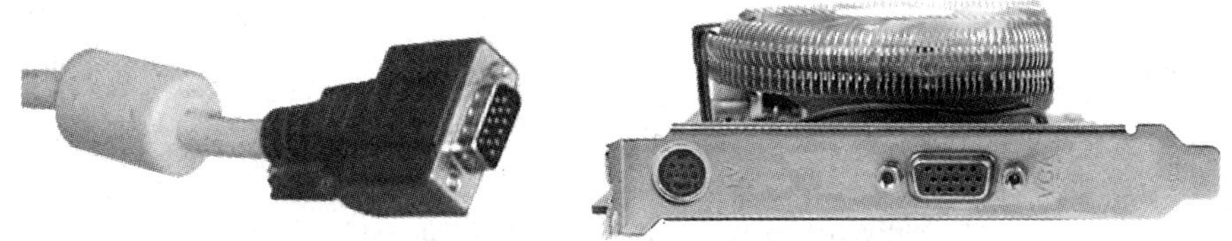

图 6-18　显示器“D”形信号插头

大部分显示器有独立的电源输入线，可将其直接插入市电的电源插座。

6.6　思考与练习

1．了解液晶显示器的技术指标。

2．显示器的选购原则有哪些？怎样才能选购一台合适的显示器？

3．调查市场，索取有关显示器的技术资料，逐项分析显示器的每个参数。上网查询显示器的商情信息，查询有关液晶显示器评测方面的文章（搜索关键字：显示器评测）。

4．用 MonitorTest、DisplayMate、Nokia Monitor Test 等显示器测试软件测试和调整显示器。

5．熟练掌握显示器的连接方法。

6．安装显示器驱动程序，并对比在不同分辨率、不同刷新频率下的显示效果。

7．用显示器上的调节按钮调整显示器参数。

第 7 章　硬盘驱动器

硬盘驱动器简称硬盘，是微机中主要的外部存储设备，它具有比其他存储器大得多的存储容量，在整个微机系统中起着重要的作用。因为大量的数据都是存储在硬盘上的，而这些数据比硬盘本身更宝贵，所以硬盘的可靠性非常重要。

7.1　硬盘驱动器的分类

目前，微机的硬盘可按接口类型、存储技术、盘径尺寸等进行分类。

1．按接口类型分类

硬盘接口是硬盘与主机系统间的连接部件，作用是在硬盘缓存和主机内存之间传输数据。不同的硬盘接口决定着硬盘与微机之间的连接速度，在整个系统中，硬盘接口的优劣直接影响着程序运行快慢和系统性能好坏。按与微机之间的数据接口类型，可将硬盘划分为以下几大类。

（1）IDE 接口的硬盘

IDE 是智能驱动设备（Intelligent Drive Electronics）或集成驱动设备（Integrated Drive Electronics）的缩写。IDE 接口是一个集成存储设备的接口，控制器被集成在硬盘驱动器或光盘驱动器中。IDE 接口硬盘采用 ATA（Advanced Technology Attachment）规范，因此一般也把 IDE 硬盘称为 ATA 硬盘。加强型 IDE（Enhanced IDE，EIDE）是西部数据公司改进 IDE 接口之后推出的新接口，采用 ATA-2 标准，使用扩充 CHS（Cyl inder Head Sector）或 LBA（Logical Block Address ing）的方式，突破 528MB 的容量限制。ATA 标准经历了 ATA-1（数据传输率为 4.16MB/s）、ATA-2（16.67MB/s）、ATA-3（16.67MB/s）、ATA-4（33.33MB/s）、ATA-5（66.67MB/s），以及后来的非正式标准 ATA-100/133（100/133MB/s）。硬盘及主板上的 IDE 接口都是 EIDE 接口。IDE 接口和 EIDE 接口的外观一样，都有 40 个引脚，IDE 接口硬盘的外观如图 7-1 所示。现今，IDE 接口硬盘已经退出市场。

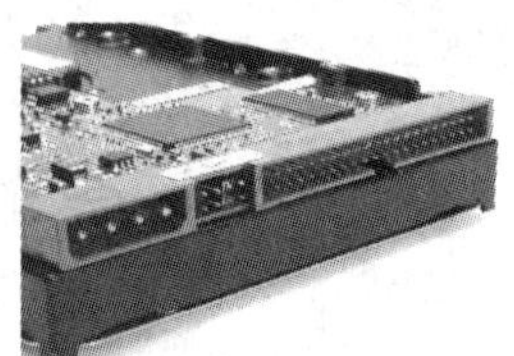

图 7-1　IDE 接口硬盘

（2）Serial ATA 接口的硬盘

现在主流的硬盘接口是 Serial ATA（简称 SATA）标准。SATA 1.0 数据传输速率的有效带宽峰值为 150 MB/s。SATA 2.0（SATA II）或 2.5 标准的数据传输速率为 300 MB/s，SATA 3.0（SATA III）标准的数据传输速率为 600MB/s。SATA 采用点对点传输模式，以保证每块硬盘都能够独享通道带宽，而且没有主、从的限制。其数据线更长、更细，数据线的长度可以达到 1m。SATA 接口硬盘的外观如图 7-2 所示。

图 7-2　SATA 接口硬盘

（3）SATA Express（SATA-E）接口的硬盘

SATA 3.0 接口技术规范规定的带宽极限为 6Gbit/s，也就是每秒传输 600MB 左右的数据，但是最新的固态硬盘的速度已经达到了 1300MB/s，现有的 SATA 接口已经无法满足设备需求。为此，SATA-IO 组织于 2011 年底公布了新的 SATA 连接标准 SATA Express，并于 2013 年批准。SATA Express 使用两个 PCIE 2.0 通道，提供高达 10Gbit/s 的数据传输速度。

SATA-E 并不是全新设计的接口，是 SATA 接口的升级版，在主板一端，由两个标准 SATA 接口加 1 个小型的 SATA 接口组成。SATA-E 设备将直接从电源取电，即需要额外的供电输入。其连接示意图如图 7-3 所示。

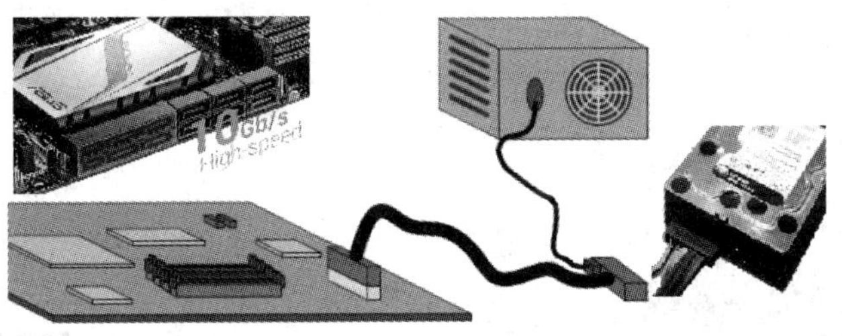

图 7-3　SATA-E 接口连接示意图

（4）mSATA 接口的固态硬盘

笔记本电脑、超极本常用 mSATA 接口的固态硬盘，如图 7-4 所示。有些主板也提供了一个 mSATA 接口，可以把 mSATA 接口的固态硬盘（SSD）接驳在 mSATA 接口上。

图 7-4　mSATA 接口的固态硬盘

（5）M.2 接口（NGFF 接口）

在 Intel 9 系列以后的主板上，提供了 M.2 接口。M.2 接口有两种类型：Socket 2 和 Socket 3，其中 Socket 2 支持 SATA、PCI-E×2 通道。如果采用 PCI-E×2 通道标准，M.2 接口带宽与 SATA Express 一样是 10Gbit/s。Socket 3 可支持 PCI-E×4 通道，理论带宽可达 32Gbit/s。但该 M.2 接口与上层 SATA-E 接口共享总线，所以二者只能同时用一个。M.2 接口的固态硬盘如图 7-5 所示。

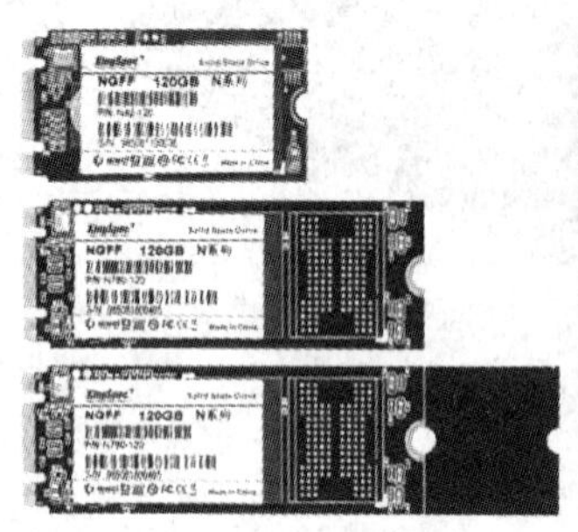
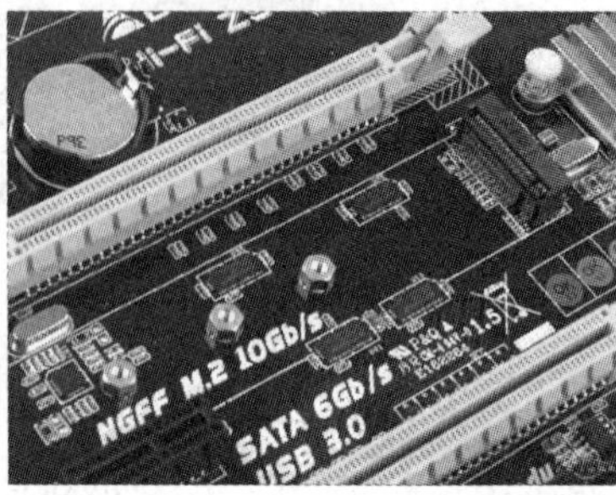

图 7-5　M.2 接口的固态硬盘

（6）PCIe 接口的硬盘

随着固态硬盘性能不断地提高，SATA 接口（3Gbit/s）已经难以发挥固态硬盘在传输速度上的优势，就出现了采用更高带宽的 PCIe 接口的固态硬盘（也称固态存储卡），PCIe 3.0×4 通道的理论接口带宽为 4GB/s。PCIe 固态硬盘很像显卡，具备超高速读写速度和随机读写性能。由于 SATA 接口速率的限制，未来 SSD 的发展方向可能会倾向于 PCIe 接口。PCIe 接口的固态硬盘有 PCIe 接口（×1、×4 等通道）和 Mini PCIe 接口（×1 通道），外观如图 7-6 所示。

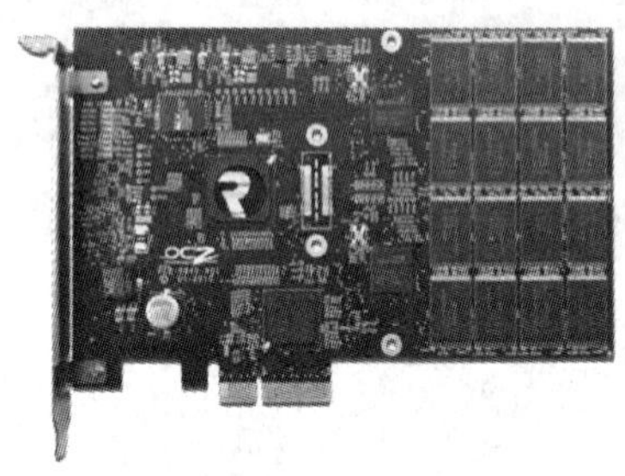
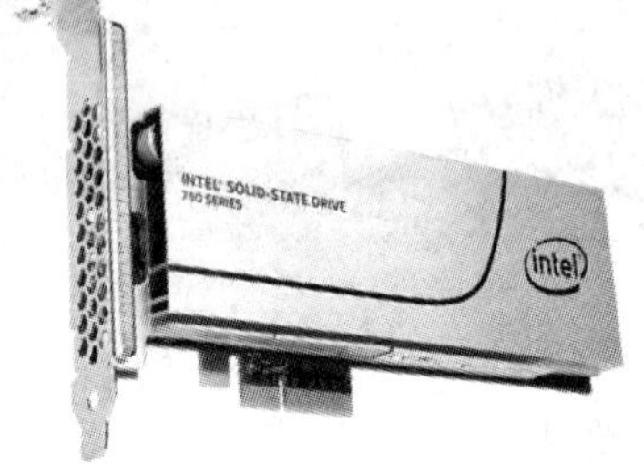

图 7-6　PCIe 接口的固态硬盘

（7）其他接口的硬盘

除常用的 Serial ATA、IDE 接口的硬盘外，还有 SCSI 接口、无线、网络接口的硬盘。

2．按存储技术分类

（1）机械硬盘

机械硬盘采用 IBM 公司的温彻斯特（Winchester）技术，主要是由一个或者多个铝制或玻璃制的碟片组成，这些碟片外覆盖有铁磁性材料，被密封固定在硬盘外壳中，如图 7-7 所示。

图 7-7　机械硬盘

（2）固态硬盘（Solid State Disk 或 Solid State Drive，SSD）

由于机械结构的原因，机械硬盘的转速不可能大幅提升，随着存储芯片价格的降低，便产生了固态硬盘。固态硬盘，也称电子硬盘或者固态电子盘，是由控制单元和存储单元（Flash 芯片或 DRAM 芯片）阵列组成的硬盘。固态硬盘的存储介质分为两种，一种采用 Flash 芯片作为存储介质，另外一种采用 DRAM 芯片作为存储介质，目前绝大多数固态硬盘采用的是 Flash 芯片。存储单元负责存储数据，控制单元负责读取、写入数据。由于固态硬盘没有普通硬盘的机械结构，也不存在机械硬盘的寻道问题，因此系统能够在低于 1ms 的时间内对任意位置存储单元完成输入/输出操作。固态硬盘读写速度比机械硬盘更快，具有不怕振动和冲击、无工作噪声、极低发热量等优点。目前固态硬盘成本较高，广泛应用于车载、工控、视频监控、小型笔记本电脑、平板电脑等市场上。SSD 硬盘的容量为 64～240GB。常见固态硬盘的外观如图 7-8 所示。

图 7-8　固态硬盘

（3）混合固态硬盘

混合固态硬盘是把机械式构造的硬盘和固态硬盘的闪存集成到一起的一种硬盘，也称双驱动（Dual-drive）硬盘。简单地说，混合硬盘就是一块基于传统机械硬盘经改进而成的新硬盘，除了机械硬盘必备的碟片、电动机、磁头等，还内置了闪存颗粒，用以存储用户经常访问的数据，可以达到如 SSD 一样的体验效果。从理论上来说，一块混合硬盘就可以结合闪存与硬盘的优势，完成 HDD+SSD 的工作，将经常访问的数据放在闪存上，而将大容量、非经常访问的数据存储在磁盘上。

3．按盘径尺寸分类

台式机和笔记本电脑使用的硬盘按内部盘径尺寸分为 3.5in 和 2.5in 两种，如图 7-9 所示。

目前，3.5in 硬盘的容量为 500GB～5TB，2.5in 硬盘的容量为 250GB～2TB。

研发台式机 3.5in 硬盘的厂商有西部数据、希捷、日立等公司。研发笔记本电脑用的 2.5in 硬盘的厂商主要是东芝、三星等公司。

图 7-9　3.5in 和 2.5in 硬盘

4．按应用场合分类

硬盘按应用场合分为普通级硬盘、企业级硬盘、监控级硬盘、笔记本电脑硬盘等，其中企业级硬盘、监控级硬盘对应用都有特殊要求，因此价格也高于普通硬盘。

7.2　硬盘驱动器的结构

自从 IBM 公司在 1956 年 9 月推出世界上第一块硬盘至今，硬盘的温彻斯特结构就一直没有改变。除了容量在不断增加外，其他各方面性能一直无法得到更有效的提高。例如，主流硬盘的转速已在 7200r/min 停留了许多年，可以说硬盘的性能已经在一定程度上限制了 PC 系统整体性能的提升。

7.2.1　机械硬盘的结构

硬盘的性能能否快速提高，主要受制于其机械结构。硬盘的组成主要包括盘片、读写磁头、盘片主轴、控制电动机、磁头控制器、数据转换器、接口、缓存等几个部分。另外，千万不要随意打开硬盘的外壳，因为硬盘的内部是不能沾染灰尘的，否则将报废。

1．机械硬盘的外部结构

从外观上看，机械硬盘由数据接口、电源接口、控制电路板、固定盖板、安装螺孔和产品标签等组成。

（1）数据接口

数据接口根据连接方式的差异，分为 IDE、SATA 等接口。IDE 接口为 40 针，如图 7-10 所示。SATA 接口把 ATA 标准的并行数据传输方式改为连续串行的方式，这样在同一时间内只会有 1 位数据传输，此做法能减少接口的引脚数目，用 4 个针就能完成数据的传输（第 1 针数据输出、第 2 针信号输入、第 3 针供电、第 4 针地线），SATA 硬盘使用 7 针接口，如图 7-11 所示是 SATA 接口硬盘。

（2）电源接口

电源接口与主机电源相连，为硬盘工作提供能源。IDE 硬盘的电源接口为 4 针（如图 7-10 所示），而 SATA 硬盘的电源接口为 15 针（如图 7-11 所示）。

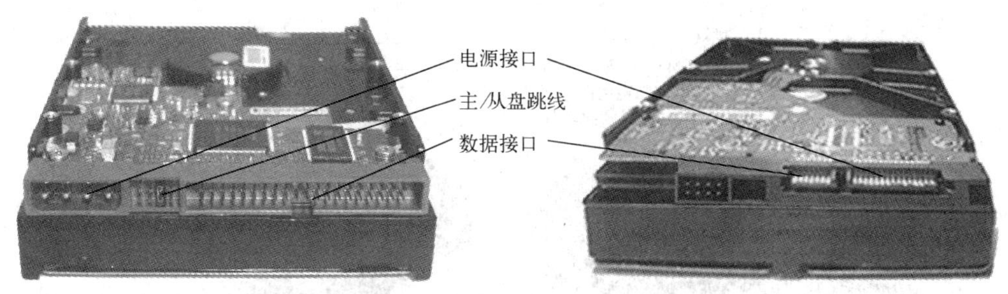

图 7-10　IDE 接口硬盘的外部结构　　图 7-11　SATA 接口硬盘的外部结构

（3）控制电路板

硬盘的背面是控制电路板。控制电路板上有主控芯片、电动机控制芯片、缓存芯片等。为了散热，控制电路板都是裸露在硬盘外壳上的，如图 7-12 所示。

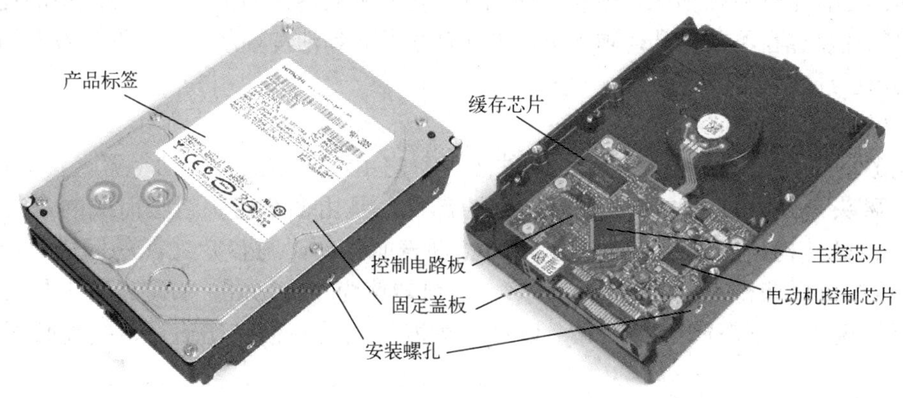

图 7-12　硬盘的外部结构

（4）固定盖板

硬盘的固定盖板面板上标注有产品的型号、产地、设置数据等信息，它与底板结合成一个密封的整体，以保证硬盘盘片和机构的稳定运行。

（5）安装螺孔

安装螺孔用于硬盘的安装。对于 3.5in 硬盘，固定盖板和侧面都有安装螺孔，可以方便灵活地安装。

（6）产品标签

一般在硬盘的正面都贴有硬盘的标签，标签上一般都标注着与硬盘相关的信息，如型号、容量、接口类型、缓存数量、产地、出厂日期、产品序列号等。

2．机械硬盘的内部结构

打开硬盘外壳之后，可以看到硬盘内部主要包括磁盘盘片、主轴组件、磁头驱动机构等主要部件，如图 7-13 所示。

（1）磁盘盘片

硬盘内部结构中体积最大的是磁盘盘片，是硬盘存储数据的载体。现在的磁盘盘片大多采用金属材料。一般硬盘的磁盘盘片是由多个重叠在一起并由垫圈隔开的盘片组成，也就是常说的该硬盘是几碟装。如图 7-13 所示的硬盘是三碟装盘片。

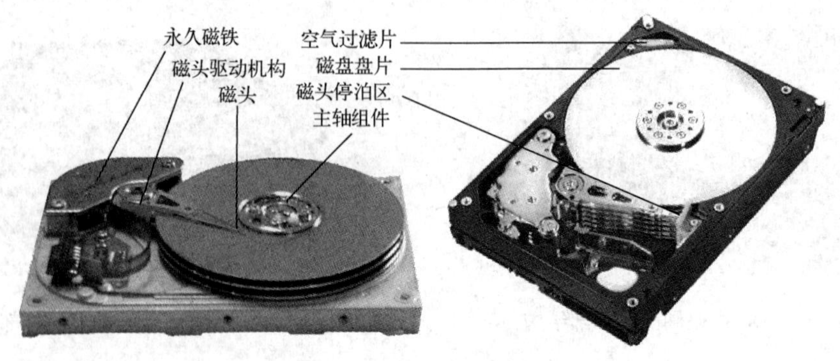

图 7-13　硬盘的内部结构

（2）主轴组件

硬盘的主轴组件包括轴承、驱动电动机等。随着硬盘容量的扩大和传输速率的提高，驱动电动机的速度也在不断提升，轴承也从滚珠轴承发展到油浸轴承，再发展到液态轴承，目前液态轴承已经成为主流。

（3）磁头驱动机构

磁头驱动机构是硬盘中最精密的部件之一，它由读写磁头、传动手臂、传动轴 3 部分组成。磁头是硬盘技术中最重要和关键的部件，是由多个磁头组合而成的，它采用非接触式头、盘结构，加电后在高速旋转的磁盘表面移动，与盘片之间的间隙只有 0.1～0.3μm，这样可以获得很好的数据传输率。目前转速为 7200r/min 的硬盘磁头与盘片的间隙（飞行高度）一般都低于 0.3μm，以利于读取较大的高信噪比信号，提高数据传输的可靠性。

其中电磁线圈电动机包含着一块永久磁铁，这是磁头驱动机构对传动手臂起作用的关键，永久磁铁磁力非常强。

7.2.2　固态硬盘的结构

1．固态硬盘的外部结构

由于固态硬盘有 SATA 接口、mSATA 接口、PCIe 接口和 Mini PCIe 接口，所以外观也不同，下面以 SATA 接口的固态硬盘为例，介绍固态硬盘的结构。

对于 SATA 接口的固态硬盘，其接口规范，功能及使用方法与机械硬盘完全相同，在产品外形和尺寸上也与机械硬盘一致。固态硬盘由于没有了盘片、电动机等机械结构，因此发热量、体积都要比传统的机械硬盘小，一般固态硬盘只有 2.5in，一些笔记本电脑用的固态硬盘只有 1.8in。

2．固态硬盘的内部结构

下面以某 2.5in SATA 接口的固态硬盘为例，介绍固态硬盘的内部结构。打开固态硬盘的外壳后，可以看到固态硬盘的内部结构非常简单，由两块金属外壳和 PCB 组成，如图 7-14 所示。

如图 7-15 所示是其 PCB 的正面和背面，上面的元件主要有闪存芯片、缓存芯片、主控芯片和 Fireware 固件芯片等。PCB 上的闪存芯片阵列分布于 PCB 两侧，每个容量为 4GB，共同组成固态硬盘，用于保存数据。固态硬盘的缓存芯片采用 DRAM 芯片，容量为 16MB，DRAM 的读写速度比闪存芯片快。无论机械硬盘还是固态硬盘，都有主控芯片和 Fireware 固件芯片。

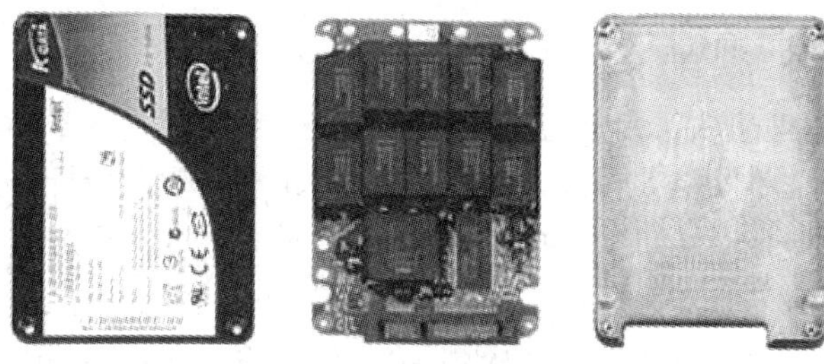

图 7-14　2.5in SATA 接口的固态硬盘内部

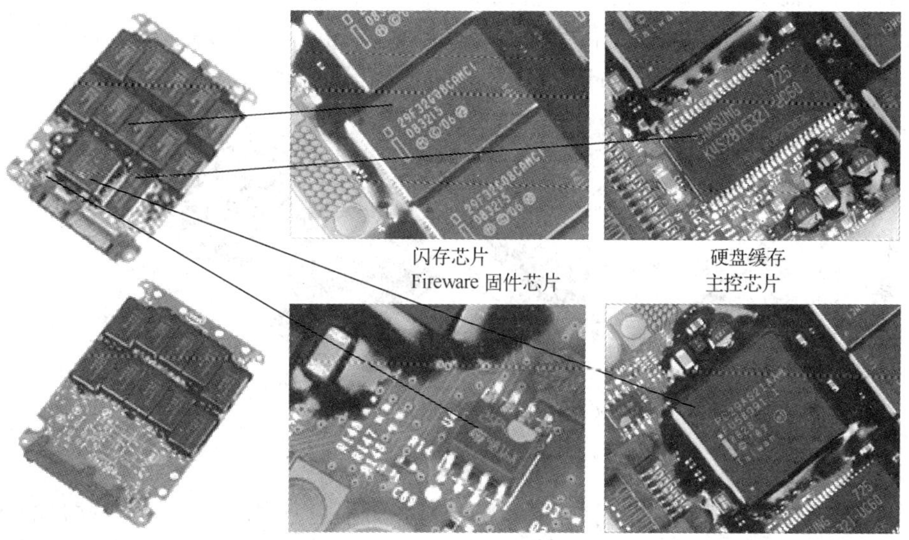

图 7-15　PCB 的正面和背面

3．固态硬盘的优、缺点

固态硬盘相比机械硬盘有以下优点。

1）读取速度快。由于采用闪存快速随机读取，所以读延迟极小，这是固态硬盘最大的优点。

2）防振抗摔。由于固态硬盘内部是纯电子元器件，所以不怕碰撞和冲击、振动。

3）发热低、噪声小。闪存芯片发热量小，工作时噪声小。

4）体积小。相比传统的机械硬盘，固态硬盘体积更小，重量更轻，方便携带。

虽然固态硬盘有许多优点，但目前还存在以下缺点。

1）容量小、成本高。相比机械硬盘，一般固态硬盘的容量小许多，当前主流 SSD 的容量为 240～480GB，而价格却是机械硬盘的 3～5 倍。

2）写入速度慢。固态硬盘在数据读取上比机械硬盘快许多，但在数据写入上比传统硬盘慢许多，而且容易产生碎片。

3）寿命短。在一般的固态硬盘中，闪存的写入寿命为 1～10 万次，在计算机系统中很容易超过这个数量。

4）可靠性低。固态硬盘中的数据损坏后基本不可能恢复损坏芯片中的数据。

7.2.3　混合固态硬盘的结构

SSD 的优点是读写速度快，多任务处理能力强，但是缺点是容量小、价格贵。传统的机械硬盘虽然读写速度慢，但是容量大，价格便宜。为此提出了一种折中方案，即把传统机械硬盘和固态硬盘集成到一起，形成一种新的硬盘，这样既可以实现普通机械硬盘的大容量，又能提供更快速的读写速度，而且还可以通过一定的策略进一步提高性能，即可以实时对硬盘文件的使用频率进行监测和分析，并把使用频率较高的文件复制到闪存中，以便快速进行重新调用，从而达到加快硬盘读写速度的目的。

1．混合固态硬盘的外部结构

混合硬盘（Hybrid HDD）也称混合固态硬盘（SSHD），与普通的机械硬盘在外观上没有区别，如图 7-16 所示是希捷 4 TB SATA3 64MB 缓存+8GB SSD 的混合硬盘。

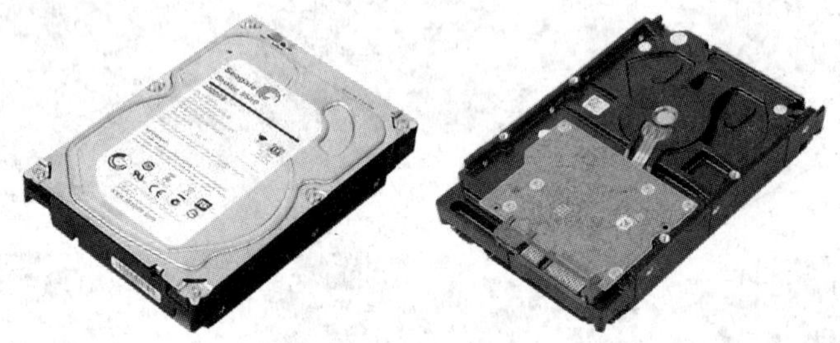

图 7-16　固态混合硬盘的外形

2．混合固态硬盘的内部结构

混合固态硬盘中的机械硬盘与普通机械硬盘没有区别，区别主要是混合硬盘的 PCB 基板上集成了 SSD 闪存和主控芯片，因此它的 PCB 基板面积更大，电子元器件更为密集。如图 7-17 所示。

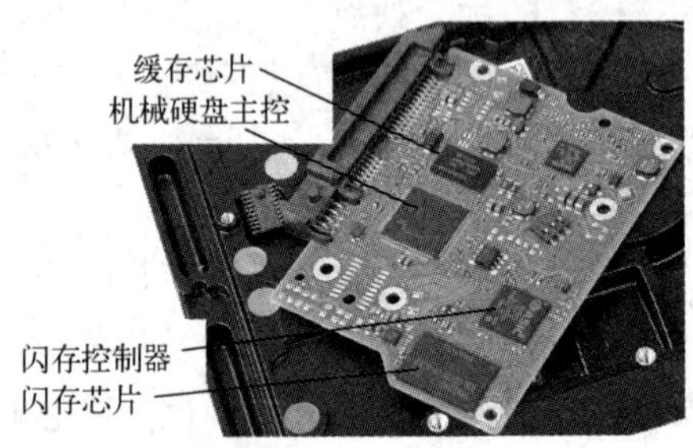

图 7-17　固态混合硬盘的内部

3．混合硬盘的工作方式

混合硬盘有以下两种工作方式。

（1）SSD 缓存加速技术

SSD 缓存加速技术将独立的 SSD 作为缓存，这个缓存相当于降低速度的内存，整个机械硬盘拥有固态硬盘的速度。它将 SSD 依附在机械硬盘，用户手动或者程序自动把 SSD 建立一个加速缓冲区，为主体的机械硬盘提供缓存加速服务。但是这种技术有两个缺点：一是数据的稳定可靠性较差，SSD 缓存全盘接收活动数据，而且需要快速擦写退出那些不用的数据，SSD 的寿命将快速消耗；二是它和内存一样，关机之后数据消失。

（2）缓存记忆技术

SSD 缓存记忆技术把 SSD 作为记忆缓存，并非全盘接收全部活动的数据，而是有选择性地预存数据。它的工作原理是把频繁使用的各种应用、数据预存到 SSD 缓存，这个缓存具备学习和记忆功能，它预存的数据不会因为关机而消失。因此，它的使用寿命更长，更加安全。

7.3 硬盘驱动器的主要参数

1．容量

硬盘容量的单位为 GB 或 TB。目前，硬盘容量一般为 250GB～5 TB，多数硬盘由 1～5 张碟片组成，所以又可以分为硬盘总容量和硬盘单碟容量。从数量上说，每张碟片的存储容量越高，达到相同容量所用的碟片数量就越少，系统的可靠性也就越高。同时，高密度盘片可使硬盘在读取相同数据量时，磁头的寻道动作和移动距离减少，从而使平均寻道时间减少，加快硬盘的读写速度。因此，单碟容量成了减少碟片数量最直接的办法。目前，台式机硬盘的单碟容量有 250GB、500GB、1TB 等。

计算机中显示出来的容量往往比硬盘容量的标称值要小，这是由于不同的单位转换关系造成的。在计算机技术中，1GB=1024MB，而硬盘厂家通常按照 1GB=1000MB 换算。

2．转速

硬盘的转速是指硬盘内电动机主轴的旋转速度，也就是硬盘盘片在一分钟内所能完成的最大转数，单位为 r/min。硬盘的转速越高，硬盘的寻道时间就越短，内部数据传输速率就越高，硬盘的性能就越好，转速的快慢是硬盘档次的重要参数之一。

硬盘的转速与硬盘性能关系非常大，目前 ATA 和 SATA 硬盘的主轴转速一般为 5400～10000r/min，主流硬盘的转速为 7200r/min。由于受到制造技术的限制，硬盘转速的提升非常缓慢，这也是新的硬盘接口出现后性能仍不能提升的主要原因，另外，高转速也带来了高热量。

从下表中的参数对比可以看出，由于转速的不同，性能差别直接反映在随机读取/写入寻道时间这个性能上。随机寻道性能这个参数的数值是越低越好，也是日常硬盘应用在速度上最能直接体验的一个性能。无论是 Windows 系统启动、大量零碎文件的读写、各种软件的启动时间等，都和随机读取/写入时间有着直接的关系。这是 CPU、内存性能再高都无法改变的。

表　7200r/min 硬盘和 5900r/min 硬盘参数对比　　（单位：ms）

参 数 名 称	7200r/min 硬盘	5900r/min 硬盘
平均延迟时间	4.16	5.1
随机读取寻道时间	<8.5	<16.0
随机写入寻道时间	<9.5	<16.0

3．硬盘缓存

硬盘缓存是指硬盘控制器上的一块存取速度极快的内存芯片，是硬盘与外部数据总线交换数据的场所，其容量通常用 KB 或 MB 来表示。硬盘缓存可以加快硬盘的读写速度，同时也可以在一定程度上保护硬盘。硬盘的缓存主要起 3 种作用：预读取、对写入动作进行缓存、临时存储最后访问过的数据，目的是解决硬盘与计算机其他部件速度不匹配的问题。目前，硬盘缓存的容量为 2MB、8MB、16MB、32MB、64MB 或更大。理论上，硬盘的缓存越大越好。

4．接口

硬盘的数据接口主要有 ATA 和 SATA 两种标准。ATA-5 标准的数据传输速率为 66.67MB/s；SATA 1.0 标准数据传输速率的有效带宽峰值为 150MB/s，SATA 2.0 或 2.5 标准的数据传输速率为 300MB/s，SATA 3.0 标准的数据传输速率为 600MB/s。

5．平均寻道时间（Average Seek Time）

平均寻道时间指硬盘磁头移动到数据所在磁道时所用的时间，单位为 ms。注意它与平均访问时间的差别，平均寻道时间当然是越小越好，现在选购硬盘时应该选择平均寻道时间低于 9ms 的产品。

6．平均潜伏期（Average Latency）

平均潜伏期指当磁头移动到数据所在的磁道后，等待所要的数据块继续转动（半圈或多些、少些）到磁头下的时间，单位为 ms。

7．单磁道时间（Single Track Seek）

单磁道时间指磁头从一磁道转移至另一磁道的时间，单位为 ms。

8．全程访问时间（Max Full Seek）

全程访问时间指磁头开始移动直到最后找到所需要的数据块所用的全部时间，单位为 ms。

9．平均访问时间（Average Access）

平均访问时间指磁头找到指定数据的平均时间，通常是平均寻道时间和平均潜伏时间之和，单位为 ms。注意，现在一些硬盘广告中所说的平均访问时间大部分都是用平均寻道时间来代替的。

10．最大内部数据传输速率（Maximum Internal Data Transfer Rate）

最大内部数据传输速率也叫持续数据传输速率（Sustained Transfer Rate），单位为 Mbit/s（注意与 MB/s 之间的差别）。它指磁头至硬盘缓存间的最大数据传输速率，一般取决于硬盘的盘片转速和盘片数据线密度（指同一磁道上的数据间隔度）。注意，在这项指标中常常使用 Mbit/s 为单位，如果需要将单位转换成 MB/s，就必须将 Mbit/s 数据除以 8（1B=8bit）。例如，某硬盘给出的最大内部数据传输率为 131Mbit/s，但如果用单位 MB/s 就只有 16.375MB/s。

11．外部数据传输速率（External Transfer Rate）

通常称为突发数据传输速率（Burst Data Transfer Rate），指从硬盘缓冲区读取数据的速率，在广告或硬盘特性表中常以数据接口速率代替，单位为 MB/s。例如，Ultra ATA/100 的最大外部数据传输速率为 100MB/s，Ultra 320 SCSI 的数据传输速率为 320MB/s，SATA 1.0 的数据传输速率为 150MB/s，SATA 2.0 或 2.5 标准的数据传输速率为 300MB/s，SATA 3.0 标准的数据传输速率为 600MB/s。

内部数据传输速率与外部数据传输率的关系如图 7-18 所示，由于外部数据传输速率受内部数据传输速率的制约，所以无法达到标称的速率。

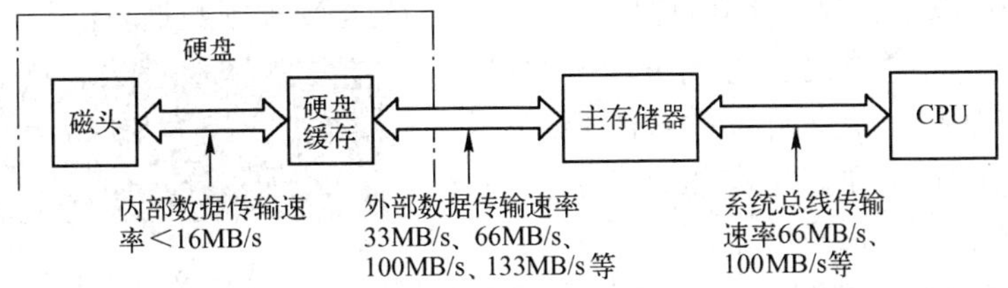

图 7-18 硬盘内部数据传输速率与外部数据传输速率关系示意图

12．单碟容量

硬盘中的存储盘片一般有 1～4 片。每张盘片的存储密度越高，则其达到相同容量所用的盘片就越少，其系统可靠性也就越好。同时，高密度片可使硬盘在读取相同数据量时，磁头的寻道动作和移动距离减少，从而使平均寻道时间减少，加快硬盘读写速度。3.5in 的碟片单碟容量有 40GB、80GB、500GB、1TB、2TB 等。

13．数据保护技术

数据保护技术是硬盘的一项重要附加技术指标，现在的硬盘除了有自监测、分析和报告技术（Self-Monitor ing、Analysis and Report ing Technology，S.M.A.R.T）外，一般还拥有各自的一套数据保护系统，如迈拓（Maxtor）公司的 ShockBlock 防振保护和 MaxSafe 技术，西部数据公司的数据卫士，希捷公司的 3D Defense 等。

硬盘是一种可靠性非常高的设备，它的平均无故障工作时间可达 10 万小时以上，但即使如此仍不能排除硬盘发生故障的可能。硬盘发生的故障有两种类型：不可预测的和可预测的。不可预测的故障可能是由于集成电路、控制装置或温度调节装置的焊接出现了问题而引起的，到目前为止无法预测这种故障。可预测的故障是由于硬盘驱动器逐渐老化造成的。大约有 60%的驱动器的故障是机械性的，而这正是 S.M.A.R.T 设计并希望预测的一类故障，例如，S.M.A.R.T 可以监视磁性介质上的磁头飞行的高度，也可以监视硬盘上的电子控制电路的工作状态或数据传输速率。计算机中的硬盘如果支持 S.M.A.R.T，那么万一该硬盘出现不良状态，硬盘的 S.M.A.R.T 功能通过操作系统就会发出一个警告，可能出现如下信息：

WARNING: Immediately backup your data and replace your hard disk drive. A failure may be imminent.

此时应该结束工作并退出应用程序，然后将重要数据备份到其他的存储器中。S.M.A.R.T 提供了一种低成本、高效率的保护数据的方式。要实现此功能，除硬盘具有 S.M.A.R.T 功能外，还要在 BIOS 或操作系统中设置。

14．NCQ 技术

从 Intel ICH6R 南桥芯片开始，引入了本机命令排序（Native Command Queuing，NCQ）技术，这些技术的引入使硬盘工作提速，并提高硬盘工作时的可靠性。

SCSI 技术超越普通硬盘及 SATA 硬盘的一个重要原因就是 NCQ。PC 使用的传统硬盘都是线性工作的，这种工作方式存在着潜在的危害。硬盘内部由一片或几片盘片作为存储数据的介质。每层盘片按照半径不同的同心圆被划分为不同的磁道，而后磁道又被划分成不同的扇区。每层盘片都用一个或多个磁头进行读/写操作。如果数据存储于同一磁道中，那么数据搜索速度将是最快的，即寻道时间最短，而磁头在磁道之间移动会消耗时间。通过 NCQ 技术，寻道顺序可以被有效地重新排列，将位于外围的全部需求数据块读取完毕之后，再读取内部磁道的数据，通过这种方式可以大大提高寻道的速度。NCQ 技术示意图如图 7-19 所示。目前，硬盘厂商都已开始在其生产的硬盘中加入对 NCQ 技术的支持。

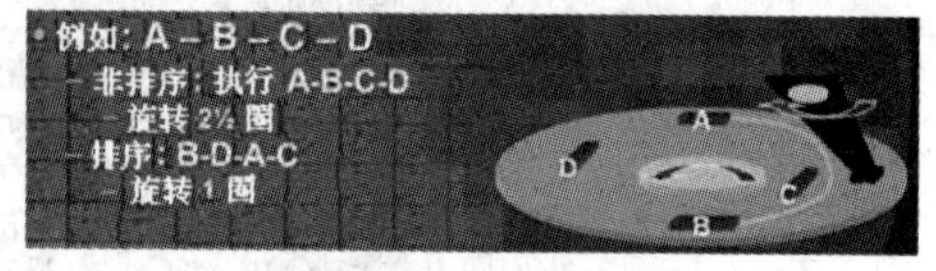

图 7-19　NCQ 技术示意图

对于支持 NCQ 技术的硬盘，安装到系统后一般并不会自动开启 NCQ 技术，必须在 BIOS 中开启 AHCI，部分芯片组还要进入系统，然后进行设置。现在的 P43、P45、NVIDIA 和 AMD 的主流芯片组几乎都支持 AHCI 功能，一般主板说明书中都会有介绍。

15．Green Power 技术

Green Power 技术是西部数据硬盘的一项技术，具有 3 大特色功能：优化降低寻道功耗（IntelliSeek）、闲置时将磁头撤出降低功耗（IntelliPark）和工作负载、智能调节硬盘转速（IntelliPower）。这种技术被称为绿色环保节能技术，有这种技术的硬盘称为绿盘。

7.4 硬盘驱动器的选购

硬盘作为计算机的重要组成部件之一，在整个计算机系统中起着重要的作用。尤其是硬盘中往往保存着大量的重要数据，如文件、照片等，一旦丢失将无法弥补。

目前市场上只有希捷（希捷收购三星硬盘）、西数（西数收购日立硬盘）、东芝 3 家品牌，而东芝主要产品是移动市场，台式机市场就剩下希捷与西数两家。从质量和功能来说，硬盘采用的技术都差不多，质量都能保证，价格也相近，同时在售后服务上也都是 3 年保修。由于应用和需求的不同，在选择硬盘时还是应该根据自己的需求来选择性价比较合适的产品。在选购硬盘时除品牌、质保、售后服务外，还可从下面几个方面考虑。

1．按需求选择容量大小

购买硬盘时，首先要考虑的就是容量的大小，这主要根据用途而定。如果是一般学习工作使用，那么 500GB 以下容量就已经足够用了；如果是用来存储大型三维游戏和高清电影，那么就要选购 2TB 以上的大容量硬盘。

另外，在选购时还要注意，对于 2TB 以上容量的硬盘，由于 DOS 时代遗留下来的逻辑块寻址模式（LBA），无法寻址 2TB 容量以上的空间。因此，在 3TB 硬盘上使用的是 Long LBA 寻址技术，这种技术增加了用于寻址硬盘存储空间的地址字节数，可是 Windows XP 等操作系统并不原生支持这种新的寻址模式，因此到目前为止，只有 Windows 7/8 64 位系统和修改版的 Linux 系统用户才可以正常使用这种硬盘。

2．选购主流转速

硬盘的转速越高，硬盘的寻道时间就越短，数据传输速率就越高，硬盘的性能就越好。目前，市面上的硬盘主流转速为 7200r/min，而万转转速的硬盘价格过高，一般用户不适合选用。

3．注意缓存大小

除了转速，硬盘的缓存大小与速度也是直接关系到硬盘的数据传输速率的重要因素。大缓存可以把经常使用的数据暂存在缓存中，减小系统的负荷，也提高了数据的传输速度，从而提高整个平台的整体传输性能。目前，市面上硬盘的最大缓存容量可以达到 64MB，大部分主流硬盘产品的缓存容量为 32MB，一些中低端产品为16MB，选购时在价格相差不大的情况下应该尽量选购大容量缓存的硬盘产品。

4．单碟容量越大性能越高

目前，主流硬盘的单碟容量为 500GB、1TB、2TB 不等，单碟容量越大，硬盘可存储的数据就越多，硬盘的持续传输速率也得到提升。另外，相同容量的硬盘，单碟容量高的体积相对较薄，如图 7-20 所示。

图 7-20　同容量不同单碟容量的硬盘体积对比

5．优先选购 SATA 接口的硬盘

目前一般用户使用的硬盘接口主要分为 IDE、SATA（SATA II、III）两种规格，要根据自己主板支持的接口来选购，如果主板上有 SATA 接口，则优先选用 SATA 接口的硬盘。

目前市场上的 SATA 3.0 接口是主流标准，其外部数据传输率为 6Gbit/s（600 MB/s），此外还包括 NCQ、端口多路器（Port Multiplier）、交错启动（Staggered Sp in-up）等一系列的技术特征。

6．选购主流产品

在购买硬盘时优先考虑主流产品，近期的主流产品指标包括容量为 500GB～5TB，转速为 7200r/min，数据缓存为 16MB 或 32MB，接口类型为 SATA 600（SATA 3.0、SATA III 或 6Gbit/s）接口，平均寻道时间<9.0ms。

大部分消费者并不熟悉硬盘的发展，在购买硬盘的时候主要关注容量，即使商家拿出库存老产品，消费者也无从分辨硬盘是否为库存的老产品，所以要注意看硬盘的出厂时间（如图 7-21 所示），如果是 2011 年及更早生产的产品，请不要购买。

图 7-21　查看硬盘的生产日期

7.5　实训

7.5.1　SATA 接口硬盘的安装

SATA 接口的硬盘同样需要连接数据线和电源线。SATA 数据线为扁长形，SATA 把 ATA 标准的并行数据传输方式改为连续串行的方式，这样在同一时间内只会有 1 位数据传输，此做法能减少接口的引脚数目，用 4 个针脚就能完成数据的传输（第 1 针数据输出、第 2 针信号输入、第 3 针供电、第 4 针为地线）。SATA 接口硬盘使用 7 针 SATA 的数据接口，SATA 接口及 SATA 的数据线如图 7-22 所示。

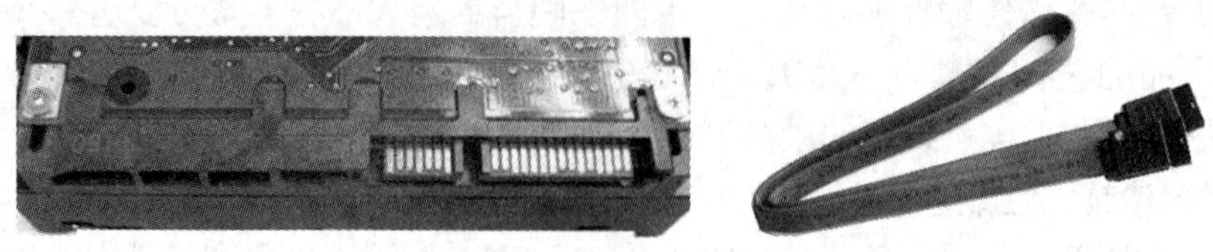

图 7-22　SATA 接口及 SATA 的数据线

SATA 接口硬盘的电源接口为 15 针，SATA 接口硬盘的电源线插头如图 7-23 所示。

SATA 的数据线插头和电源线插头都有方向性，所以不会插反，直接连接主板上的相应接口即可，如图 7-24 所示。

图 7-23　SATA 接口硬盘的电源线插头

图 7-24　硬盘和主板上的 SATA 接口

7.5.2　IDE 接口硬盘的安装

虽然 IDE 硬盘已经退出市场，但早年购入的硬盘几乎都是 IDE 硬盘，所以也介绍一下 IDE 接口硬盘的安装方法。

1）将硬盘固定在安装架上。一般机箱都设有安装硬盘的位置，先用专用螺钉将硬盘固定在硬盘架上，然后将硬盘用螺钉固定在该位置上，如图 7-25 所示。安装时，硬盘要紧紧固定在托架上，不能晃动，否则容易使磁头撞损盘面数据区，损坏硬盘。

图 7-25　固定硬盘

硬盘可以水平放置，也可以竖直放置。水平放置时，电路面朝下，标签面向上，目的是减少灰尘落到电路板上。

2）连接硬盘电源线。电源接口与主机电源相连，为硬盘工作提供能源。IDE 接口硬盘的电源插头为大的 4 芯电源线，颜色分别为红、黑、黑、黄，如图 7-26 所示。在电源上选择一根 4 芯硬盘电源线，将电源线“D”形插头与硬盘电源插座相连接，应注意方向，反了插不进去。

图 7-26　IDE 接口硬盘的电源线插头

3）连接 IDE 数据线。IDE 和 EIDE 接口硬盘数据线有两种形式，即单硬盘线和双硬盘线。一般主板上有两个 IDE 接口插槽，它们通常标识为 IDE1 或 Primary IDE、IDE2 或 Secondary IDE。由于每个 IDE 接口插槽均可连接两台 IDE 设备，如硬盘、光驱，所以一共可以连接 4 台 IDE 设备。通常将硬盘连在 IDE1 上并设为主设备（Master），光驱和第二硬盘既可连在 IDE1 上，设为从设备（Slave），也可连在 IDE2 上，设为主设备或从设备。

IDE 和 EIDE 接口的硬盘使用的数据线有两种，适合 Ultra DMA 33 的普通 40 芯的扁平数据线；适合 Ultra DMA 66/100/133 的 80 芯专用数据线，此线较细，与旧的 40 针数据线有明显不同。扁平数据线 1 脚的确定方法及 80 芯数据线的连接方法，如图 7-27 所示。

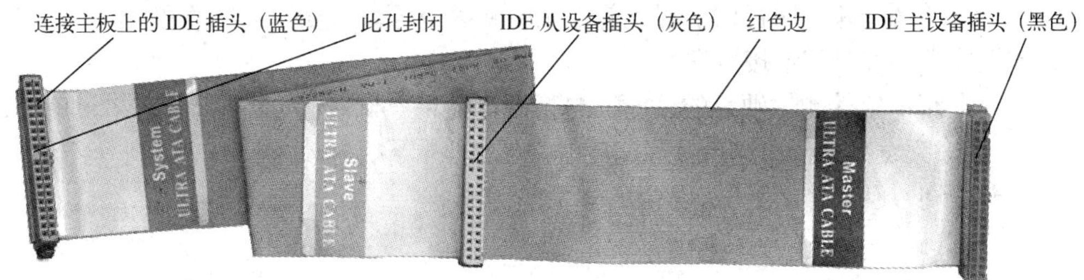

图 7-27　80 芯数据线

硬盘线的红线对准硬盘上信号线插座的第 1 脚（一般标有序号），插头对准插座引脚插入。将配套的 IDE 扁平数据线一端与硬盘上的数据线插座相连，注意方向，数据线有红色标志的一端应该与插座上标有 1 的插针对齐（即数据线的第 1 根红线与 4 芯电源线的红线相邻），如图 7-28 所示。

图 7-28　硬盘的数据线与电源线的连接

连接牢固后，将数据线的另一端与主板上标志为 Primary IDE 的插座相连，如图 7-29 所示。

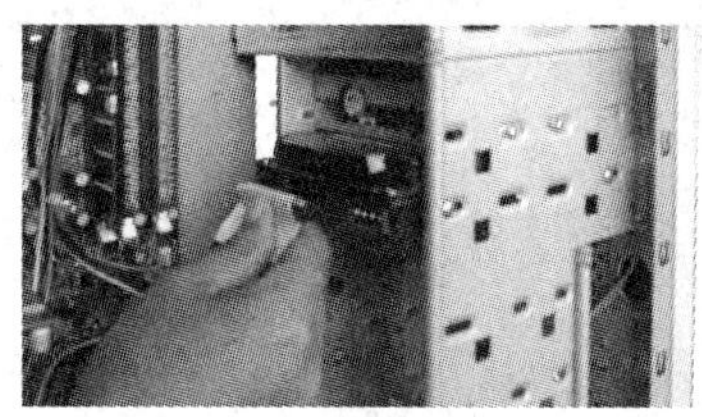

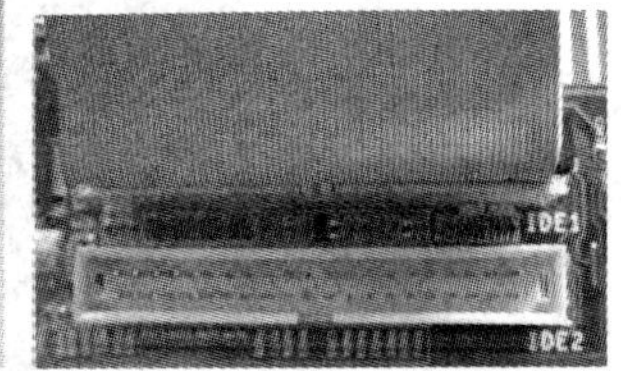

图 7-29　连接 IDE 数据线

如果使用 40 芯的数据线连接 IDE 设备，则基本上可以忽略设备的主从设置情况及设备在数据线上的连接顺序。如果采用 80 芯的数据线，则必须保证设备的主从状态与数据线上的主从接口保持正确的对应关系，否则很有可能导致设备不能正常工作或无法发挥其性能。80 芯的 IDE 数据线虽然和 40 芯的数据线大致相同，都有 3 个形状一模一样的接口，但它却有明确的定义：蓝色的插头接主板，黑色的插头接 IDE 主设备，灰色的插头接 IDE 从设备。

至此，硬盘的安装便结束了。如果要使用硬盘，还需完成 BIOS 设置、硬盘分区等工作。

7.6 思考与练习

1．理解硬盘的主要技术参数。

2．通过市场调查和上网查询了解目前主流的硬盘型号、主要技术参数和价格。

3．掌握硬盘的安装和连接方法。

4．用硬盘测试软件测试硬盘的性能，包括硬盘随机存储时间、CPU 占有率、硬盘数据传输速率、最大突发数据传输速率及写速度等。

5．上网查询，了解什么是磁盘的磁道、扇区和簇。

第 8 章　光盘驱动器和光盘

光盘驱动器（简称光驱）和光盘属于光存储设备。由于光盘具有存储量大、价格低廉、携带保存方便等多种优势，许多软件、资料数据、影视剧、音乐等会以光盘为载体。光驱曾经是前几年微机的标准配置，随着大容量移动存储器（U 盘、移动硬盘等）和网络的应用，光驱现在已经很少使用了，光盘驱动器和光盘正逐渐退出市场。

8.1　光盘驱动器的分类

光盘驱动器有多种分类方法，下面按光盘驱动器的存储技术、接口等分类。

1．按光盘的存储技术分类

光盘驱动器简称光驱。根据光盘的存储技术，光驱可分为只读光盘（CD-ROM）驱动器、可重写光盘（CD-RW）驱动器、DVD 只读光盘（DVD-ROM）驱动器、Combo 光盘驱动器、DVD 刻录机（DVD±R/RW、DVD-RAM、蓝光 DVD 和 HD-DVD、可反复擦写 DVD 光盘存储器）等，其外观如图 8-1 所示。目前主流的光驱产品是 DVD-ROM 和 DVD 刻录机。

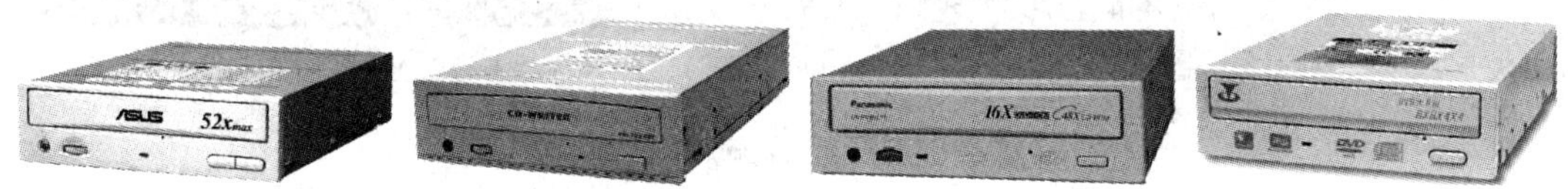

图 8-1　CD-ROM 驱动器、CD-RW 驱动器、Combo 驱动器和 DVD 刻录机

2．按光驱的接口分类

根据光驱的接口，可分为 IDE 接口、SATA 接口、SCSI 接口等。当前光驱的主流接口是 IDE 接口（如图 8-2 所示）和 SATA 接口（如图 8-3 所示）。

图 8-2　光驱上的 IDE 接口

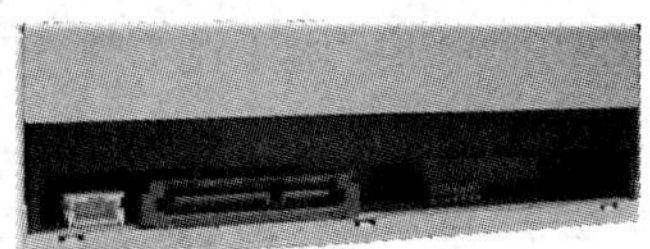

图 8-3　光驱上的 SATA 接口

3．按光驱的放置方式分类

根据光驱是否放在机箱内部，可将光驱分为内置式光驱和外置式光驱。如图 8-4 所示为常见外置式光驱的外观。

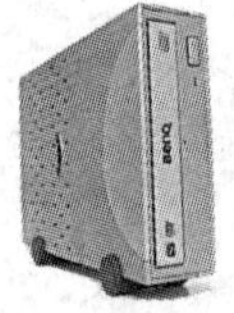

图 8-4　外置式光驱的外观

8.2　CD-ROM 驱动器

只读光盘存储器（Compact Disc-Read Only Memory，CD-ROM）光盘具有容量大、速度快、兼容性强、盘片成本低等特点，是多媒体应用的重要载体，众多的应用软件和游戏都被保存在 CD-ROM 光盘中。

8.2.1　CD-ROM 驱动器的结构

1．CD-ROM 驱动器的外部结构

如图 8-5 所示是一个普通的内置式 CD-ROM 驱动器，其各部分名称及作用如下。

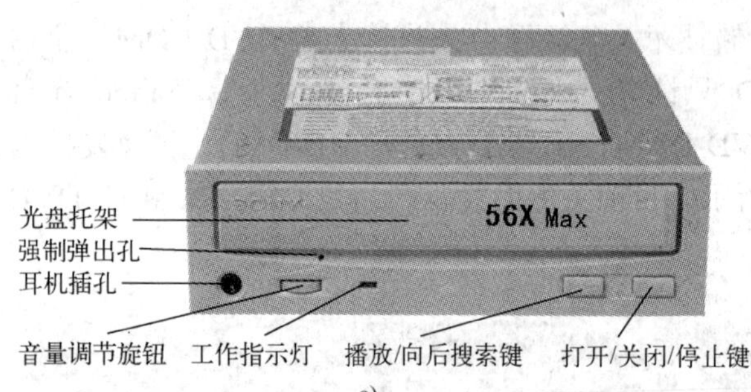

a)

主/从/CSEL 模式跳线　数据线插座　电源插座

数字音频输出连接口　模拟音频输出连接口

b)

图 8-5　CD-ROM 驱动器的结构

a) 前面　b) 后面

（1）CD-ROM 驱动器的控制面板（如图 8-5a 所示）

- 光盘托架：用于放置光盘。
- 强制弹出孔：在断电或其他非正常状态下，插入曲别针，将光盘托盘强制弹出。
- 耳机插孔：用于连接耳机或音箱，可输出 Audio CD 音乐。
- 音量调节旋钮：用于调节输出的 CD 音乐音量的大小。有的用两个数字按键代替模拟的旋钮。
- 工作指示灯：灯亮时，表示驱动器正在读取数据；不亮时，表示驱动器没有读取数据。
- 播放/向后搜索键：用于直接使用控制面板播放 Audio CD。
- 打开/关闭/停止键：用于控制光盘托架的进、出。如果正在播放 CD，将停止播放。

（2）CD-ROM 驱动器的后面（如图 8-5b 所示）

- 电源插座：使用与硬盘相同的 4 线电源线。
- 数据线插座：连接数据线，数据线的另一端连接 CD-ROM 控制器接口。如果为 IDE 接口的光驱，则与 IDE 硬盘的连接方法相同。

- 主/从/CSEL 模式跳线：用来设置 IDE 设备的主从位置，与 IDE 硬盘的跳线功能相同。
- 数字音频输出连接口：可以连接到数字音频系统或数码音乐设备。目前的微机，一般不使用。
- 模拟音频输出连接口：这是光驱与声卡的连接口，可实现 Audio CD 的播放。要注意，音频线只对播放 Audio CD 有用。

2．CD-ROM 驱动器的内部结构

由于 CD-ROM 驱动器集光、电、机械于一体，所以内部结构非常复杂，从总体上来看，主要由控制电路和机芯组成，其机芯结构如图 8-6 所示。

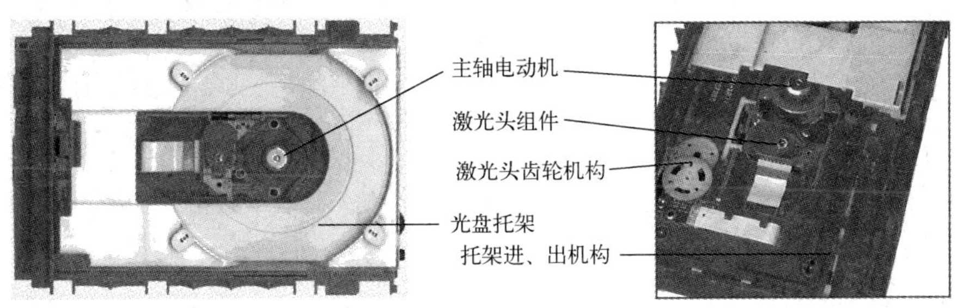

图 8-6　光驱机芯结构

- 主轴电动机：压紧光盘后，带动光盘高速旋转。
- 激光头组件：包括激光头、聚焦透镜等组成部分，配合齿轮机构和导轨等机械部分，根据系统信号确定读取光盘数据，并通过数据电缆将数据传输到控制电路。
- 激光头齿轮机构：带动激光头组件沿轴承运动。
- 光盘托架：通过光盘托架输送光盘。
- 起动机构：控制光盘托架的进出和主轴电动机的起动。

在“内部机芯”方面，光驱有“塑料制”与“钢制”两种。其中，“塑料”产品价格低廉，所以被大多数光驱厂商采用。不过现在高倍速光驱的转速极快，发热量极大，而塑料的耐热能力较差，所以高热量是降低其寿命的重要因素。为了解决机芯的快速老化问题，钢制机芯的产品应运而生，但是钢制机芯的光驱成本比塑料的要高一些。

8.2.2　CD-ROM 驱动器的基本工作原理

激光头是光驱的心脏，也是最精密的部分。它主要负责数据的读取工作，因此在清理光驱内部的时候要格外小心。激光头主要包括激光发生器（又称激光二极管）、半反射棱镜、物镜、透镜及光敏元件（光敏二极管）等几部分。

首先将光盘带有“凹”和“凸”的一面向下对着激光头，当激光头读取盘片上的数据时，从激光发生器发出的激光透过半反射棱镜汇聚在镜头上，镜头将激光聚焦成为极其细小的光点，透过光盘表面透明基片照射到凹凸面上。此时，光盘上的反射物质就会将照射过来的光线反射回去，透过镜头再照射到半反射棱镜上。此时，由于棱镜是半反射结构的，因此不会让光束穿透它并回到激光发生器上，而是经过反射，穿过透镜，到达光敏二极管。由于凸起面会将激光原封不动反射回去，凹进面则将光线发散出去，所以光驱就依靠“反射”和“发散”来识别数据。其中，发光强度由高到低或由低到高的变化表示为“1”，持续一段时间的连续发光强度表示为“0”。光敏二极管接收到的是以“0”“1”排列的数据，并最终将它们解析成为保存的数据，其工作原理如图 8-7 所示。

在实际应用中，并不是每张盘片都能均匀地刻出凹凸槽，当光盘被划伤、弄污、变形后自然会损失一些反射光，这样便无法顺利地读取盘中的数据了。类似这些情况也会对光驱提出较为严格的要求，不同“纠错”能力的光驱读同一张“有问题”盘的效果是不同的。

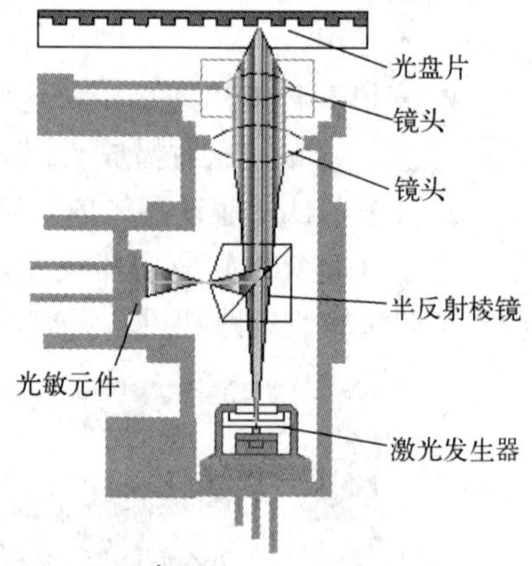

图 8-7　光驱的工作原理

8.2.3　CD-ROM 驱动器的主要参数

1．速度

CD-ROM 驱动器的速度指的是标称速度，最初的单倍速相当于 Audio CD 的标准速度 150KB/s。CD-ROM 驱动器的倍速均是指单倍速的倍数，如 2×（2 倍速）、4×（4 倍速）、8×（8 倍速）、24×（24 倍速）、32×（32 倍速）、56×（56 倍速）等。

2．数据传输速率

此指标与标称速度密切相关，标称速度由数据传输速率换算而来。CD-ROM 驱动器标称速度与数据传输速率的换算关系：数据传输速率=标称速度（倍速）×150KB/s。例如，56×光驱的数据传输速率为 56×150KB/s=8400KB/s。不过随着 CD-ROM 驱动器速度的提高，单纯的数据传输速率已经不能衡量 CD-ROM 驱动器的整体性能，由寻道时间和数据传输速率结合派生出的两个子项——内圈传输速率（Inside Transfer Rate）和外圈传输速率（Outside Transfer Rate）也影响着 CD-ROM 驱动器的性能。

3．读盘（旋转）方式

光盘在 CD-ROM 驱动器电动机的带动下高速旋转，激光读取头在光盘表面横向移动，读取存储在光盘数据轨道上的数据。电动机带动光盘旋转通常采用两种方式：一种是改变光盘转速，另一种是改变数据传输速率，这两种方式各有优缺点。如果采用改变光盘转速的设计方式，在读取数据的速度上不可能达到真正的高速运行；而采用改变传输速率的设计方式，虽然可以得到最高速度，但无法得到始终如一的速度。

- 恒定线速度（Constant Linear Velocity，CLV）方式。CLV 方式的特点是在读取光盘内圈时加快转速，可以保证在读取盘片内、外圈时有大致相同的数据传输速率，一般在 12×以下的 CD-ROM 驱动器中使用。不过现在的 CD-ROM 驱动器速度都已达到了 40×或更高，在如此快的转速下，读取内、外圈时要改变电动机转速将难于控制。因此，恒定线速度技术已经无法满足现代高倍速 CD-ROM 驱动器的需要。
- 恒定角速度（Constant Angular Velocity，CAV）方式。CAV 方式的特点是无论激光头读取光盘外圈还是内圈，电动机都以相同的速度旋转。由于光盘内圈的周长小于外圈，而光盘上存取数据区域的密度是恒定的，更长的周长意味着更多的数据。也就是说，采用 CAV 技术的 CD-ROM 驱动器在读取盘片外圈和内圈时的传输速率不一样，这样的 CD-ROM 驱动器只有在读光盘外圈时才基本达到其标称速度（最快速度）。而大部分光盘是没有刻满数据的，如果遇到只在内圈刻有数据的盘片时，使用 CAV 技术的 CD-ROM 驱动器的速度会比标称值低得多。20×以上的 CD-ROM 驱动器大多采用 CAV 方式。

- 局部恒定角速度（Partial-Constant Angular Velocity，P-CAV）方式。P-CAV 方式是现代 CD-ROM 驱动器才具有的，属于目前最高级的一种读盘方式。它把 CAV 技术和 CLV 技术合二为一，其主要特点是当激光头读取盘片的内圈数据时，旋转速度保持不变，而大幅增加数据传输速率；当激光头读取外圈数据时，逐渐增加旋转速度，使性能保持最高。只有 P-CAV 方式的 CD-ROM 驱动器才能基本实现其标称倍速值。部分32×以上的 CD-ROM 驱动器采用 P-CAV 方式。

有些 CD-ROM 驱动器的面板上会标出“Max”的字样，如图 8-5 所示。这类 CD-ROM 驱动器大部分都是 CAV 或 P-CAV 方式的 CD-ROM 驱动器。对于 CAV 方式，无论激光头读取光盘内圈还是外圈，光盘都以恒定的速度旋转。CAV 和 P-CAV 方式的读取速度比 CLV 方式快，因为恒定的转速减少了激光头的设置时间。目前，大多数 CD-ROM 驱动器都采用 CAV 方式，它们不需要改变电动机速度的电路系统，所以生产成本比较低。

4．纠错能力

纠错能力即读有问题盘的能力。纠错能力是 CD-ROM 驱动器一项很重要的指标，有的 CD-ROM 驱动器刚开始使用时读盘能力还不错，可随着使用时间的增加，驱动器的读盘能力下降，质量稍差的光盘可能根本无法识别，所以要使用纠错能力强的 CD-ROM 驱动器。

随着数据读取技术趋于成熟，大部分主流产品的纠错能力还是可以接受的。有些产品通过调大激光头发射功率来达到纠错目的，使用较长的时间以后，激光头老化，性能就会大幅度下降。好的产品则采用了先进的纠错技术和较好的服务系统，加上中等功率的激光发射，在读盘能力较强的前提下，始终保持良好的状态，这样的 CD-ROM 驱动器才算得上真正的“超强纠错”。

5．CPU 占用率

CPU 占用率可以反映 CD-ROM 驱动器的 BIOS 水平。好的产品可以尽量减少 CPU 占用率，这实际上是一个编写 BIOS 的软件算法问题。当然，这只对质量比较好的盘片有效，如果碰上有问题盘，CPU 占用率会直线上升。所以如果想节约宝贵的时间，需要选购那些读盘能力较强和 CPU 占用率低的 CD-ROM 驱动器。

6．寻道时间（Seek Time）

寻道时间是 CD-ROM 驱动器中激光头从开始寻找到找到所需数据花费的时间，一般为平均随机寻道时间。寻道时间越短越好，不能超过 95ms。

7．缓存容量

缓存（Buffer Memory）的作用是提供一个数据的缓冲区域，将读取的数据暂时保存，然后一次性进行传输和转换，目的是解决 CD-ROM 驱动器与计算机其他部件速度不匹配的问题。缓存最少要有 128KB 的容量，现在的 CD-ROM 驱动器的缓存一般是 256KB 或者 512KB。当然，缓存容量越大越好。

8．接口

常用的 CD-ROM 驱动器接口有 IDE 接口和 STAT 接口。

8.3 DVD-ROM 驱动器

开发之初，DVD 的名称为 Digital Video Disc，即数字视频光盘，只能存储视频、音频信息。而当 DVD 扩展其功能之后，DVD 不但可以存储 MPEG-2 的视频、音频信息，而且可以存储计算机程序、文件数字信息，以满足人们对大存储容量、高性能的存储媒体的需求。这种集计算机技术、光学记录技术及影视技术为一体的媒介便成为数字通用光盘（Digital Versatile Disk）。

8.3.1 DVD-ROM 驱动器的分类

DVD 的类型很多，而且现在仍然在不断增加。

1．按 DVD 的格式划分

DVD 最初的格式是只读类型，即数据信息只能在工厂里记录一次，包括以下几种格式。

- DVD-ROM：用于记录数据，包括计算机应用的多媒体数据，用途类似 CD-ROM。
- DVD-Video：用于记录家庭影音设备或者 DVD-ROM 驱动器播放的视频信息，用途类似 LD 或 Video CD。这种格式具有版权保护功能。
- DVD-Audio：用于记录高品质的多音轨音频，用途类似 Audio CD。

后来增加了写入或多次擦写格式，但各厂商出于自身利益的考虑，到现在为止，还没有达成统一的刻录型格式，从而出现了互不兼容的 DVD 格式——DVD-RAM、DVD-RW、DVD+RW 等。

2．按盘片的容量划分

DVD 格式及其容量见表 8-1。每面有两层的 DVD 盘，称为 DVD±R DL（Dual Layer）、DVD-R DL 和 DVD+R DL 规格。

表 8-1 DVD 的格式及其容量

格　式	类　型	每面层数	容量/ GB
DVD-Video 和 DVD-ROM	DVD-5	1	4.7
	DVD-9	2	8.5
	DVD-10	2	9.4
	DVD-18	2	17
DVD-RAM（DVD-VR）	DVD-RAM	1	4.7
		2	9.4
DVD-R/+R	DVD-R DVD+R	1	4.7
		2	9.4
DVD-RW/+RW	DVD-RW DVD+RW	1	4.7

8.3.2 DVD-ROM 驱动器的结构

DVD-ROM 驱动器的外观与 CD-ROM 驱动器相同，其控制面板上的按键、插孔的作用以及背面的接口也都与 CD-ROM 驱动器相同。

DVD-ROM 驱动器中激光头读盘方式有下面几种。

1．单激光头单透镜双聚焦

这是目前使用较为广泛的 DVD 读取方式。在读取 DVD 和 VCD/CD 盘片时，采用不同波长的激光束来读取。它采用特制的综合透镜，通过透镜中间的激光束形成 CD 及 VCD 的聚焦点，而通过透镜边缘的激光形成 DVD 的聚焦点。它的优点是读盘速度较快，造价便宜。缺点是如果用户长期使用品质较低劣的盘片，会影响其使用寿命。单激光头的驱动器片如图 8-8 所示。

2．单激光头双透镜

这也是目前使用较为广泛的 DVD 读取方式。它采用单一激光头，两组聚焦镜，针对不同类型（DVD 和 VCD/CD）的盘片选用不同的聚焦镜来读取。它的优点是读取质量较高，但读盘速度较慢，且其机械故障率较高。

3．单激光头双激光器

此为先锋技术，是目前比较流行的 DVD 读盘方式。它在一个激光头内安装了两个不同的激光器，分别发出读取 VCD 和 CD 的 780nm 波长的激光束，以及读取 DVD 的 650 nm 波长的激光束。它的优点是读盘质量稳定且速度快，机芯的使用寿命也长。

4．双激光头双激光器

就是两套完全独立的激光头读取系统，一套是用来读取 VCD 和 CD 的 780nm 激光头，另一套是用来读取 DVD 的 650nm 激光头。它的优点是读盘质量很好，但成本相对较高，大多数价格偏高的 DVD 机都采用这种系统。由于其采用了两组独立的读取机芯，所以机械故障率也较高。双激光头的驱动器如图 8-9 所示。

图 8-8　单激光头的驱动器

图 8-9　双激光头的驱动器

8.3.3　DVD-ROM 驱动器的主要参数

1．DVD-ROM 驱动器的速度

DVD-ROM 驱动器利用聚焦更集中的红外激光提高了每单位面积的存储密度。DVD-ROM 驱动器与 CD-ROM 驱动器对于读盘速度的定义有所不同，1×DVD-ROM 驱动器数据读取速度为 1.38MB/s，而 1×CD-ROM 驱动器为 150KB/s，前者相当于后者的 9 倍。由于 DVD-ROM 驱动器可以根据盘片的不同而产生不同的激光波长，所以 DVD-ROM 驱动器可以兼容 CD-ROM。DVD-ROM 驱动器采用的纠错方式也比较特殊，比 CD-ROM 驱动器采用的方式要强很多。

2．DVD 的兼容性

所有 DVD-ROM 驱动器都可以读取 Audio CD 和 CD-ROM 数据盘。DVD-ROM 驱动器支持的格式包括 CD-Audio、CD-ROM、CD-I、CD-R/RW、Video CD、DVD Video、DVD-ROM（单、双层）和 DVD-R 等。

3．其他技术参数

有些技术参数是所有光盘驱动器都具有的，如读盘方式（DVD-ROM 驱动器有 CAV 和

P-CAV 两种）、CPU 占用率、缓存容量、平均寻道时间、传输模式等，其概念与 CD-ROM 驱动器相同。

8.4 DVD 刻录机

内置式 DVD 刻录机采用了 IDE（PATA）或 SATA 接口。DVD 刻录机的外观与 DVD-ROM、Combo、CD-RW、CD-ROM 驱动器相同，其控制面板上的按键、插孔的作用以及背面的接口也都与它们类似。DVD 刻录机的外观如图 8-10 所示。

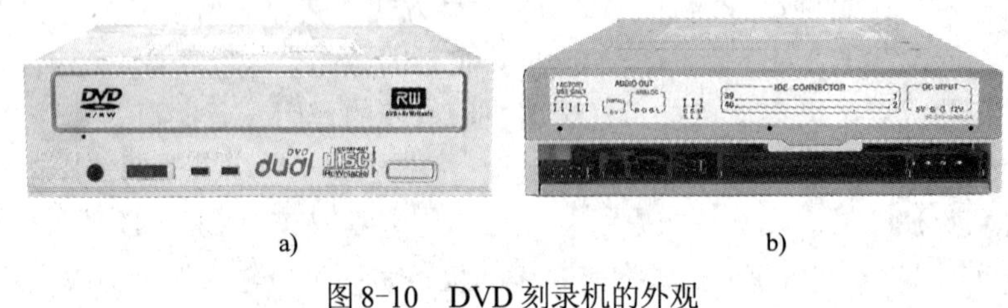

a)　　b)

图 8-10　DVD 刻录机的外观

a) 前面　b) 后面

8.4.1　DVD 刻录机的分类

1．DVD 刻录机的 3 种基本刻录规格

目前，市场上有 3 种完全不同的可擦写 DVD 规格：DVD 论坛（DVD Forum）的 DVD-RAM 和 DVD-R/RW，以及 DVD 联盟（DVD Alliance）的 DVD+RW。虽然它们均能提供单盘 4.7 GB 的最大容量，都可以让用户选择刻录的数据传输速率，但是在格式化时间、刻录速度、兼容性、重写次数，甚至支持盘片的价格和寿命等诸多细节问题上，都存在很大的差异，这些都直接导致了光存储市场的混乱，使得用户在选购产品时很茫然，同时也有不兼容等问题。下面分别介绍这 3 种规格。

（1）DVD-R/RW 规格

DVD-R/RW 是日本先锋（Pioneer）等公司主推的刻录标准，采用和原有 DVD-ROM 相同的物理格式。在旋转模式、盘片结构及反射率上和 DVD-ROM 相兼容。它采用的 CLV 方式和传统的 DVD-ROM 相同，但也造成了速度容易受到限制的问题。目前 DVD-R 刻录速度最高可达到 16×，而 DVD-RW 的速度则基本上以 6×为主。

DVD-RW 全名为 DVD-ReWritable，意思是可复写型 DVD-R，即可以重复读写。DVD-RW 的优点是兼容性好。它提供了两种记录模式：视频录制模式和 DVD 视频模式，前一种模式功能较丰富，但与 DVD 影碟机不兼容；后一种模式刻录的数据可以在 DVD 影碟机上播放。

最早的 DVD-R 盘片的容量是 3.95GB，后来又发展出 4.7GB 的盘片，版本为 2.0。对于 DVD-R 来说，目前分为创作用途（Authoring）和普通用途（General）两种盘片。创作用途的专用可记录盘片，无法在其他驱动器上使用。

（2）DVD-RAM 规格

DVD-RAM 是松下等公司主推的 DVD 刻录标准，是最先问世的可擦写的 DVD 规格，其特点是：格式化时间很短（不足 1min），而且容量大，最高可达 9.4GB。其最初是为满足PC 用户备份数据的需要而开发的。与连续读取的 DVD 视频光盘不同，DVD-RAM 采用随机访问的读写方式（同样使用相变记录方式），使用起来更加方便。格式化后的 DVD-RAM 不需要特殊的软件就可擦写，也就是说，可以像硬盘一样使用。另外，DVD-RAM 可以擦写 10 万次以上（DVD-RW、DVD+RW 标准只可以擦写 1000 次左右），它同时有较快的写入速度和随机存取速度。

从 DVD-RAM 的这些优势来看，DVD 刻录机如果采用 DVD-RAM 标准，无疑是最为方便的，况且 DVD-RAM 可擦写的耐用性较好。可惜的是，DVD-RAM 到目前为止也没能成长为具有通用价值的产品，因为 DVD-RAM 不能在大多数的 DVD 影碟机和 DVD-ROM 驱动器中播放，技术好但兼容性差是 DVD-RAM 的一个需要解决的问题。尽管如此，DVD-RAM 理想的可纠错特性却使其成为部分特定行业（如图书馆、电影工作室和医疗领域）的理想选择之一，并且在 DVD 录像机和 DVD 摄像机等领域得到了较好的发展。

（3）DVD+R/RW 规格

DVD+R/RW 是由索尼、飞利浦、惠普等厂商主推的刻录标准。DVD+RW 标准在制定之初就定位于消费类电子产品及计算机光存储产品，所以 DVD+RW 既具有 DVD-RAM 的易用性，又提高了 DVD-RW 的兼容性。DVD+RW 的技术相对于 DVD-RW 有非常明显的优势。

DVD+RW 驱动器能实现比 DVD-RW 驱动器更快的刻录速度，现在一般 DVD-R 驱动器的刻录速度为 8 倍速，DVD-RW 为 4 倍速，DVD+R 驱动器和 DVD+RW 驱动器的最高刻录速度已经达到 16 倍速和 8 倍速。

DVD+RW 驱动器支持 DVD+VR（Video Recording）格式，这种格式与现有的 DVD 影碟机和游戏机完全兼容，配合相应软件便可一边进行 DV 影音剪辑一边刻录，大幅度提高了影音处理与刻录的效率。DVD+RW 驱动器的缺点是其专用的 DVD+RW/DVD+R 成本较高，导致盘片价格比 DVD-R/RW 高。

2．DVD-Multi 和 DVD-Dual 规格

从原理上来说，DVD-Multi（集成 DVD-R/RW 和 DVD-RAM）和 DVD-Dual（集成 DVD+R/RW 和 DVD-R/RW）是前面 3 种 DVD 规格相互组合而衍生出来的产物。

（1）DVD-Multi

DVD-Multi 技术以 DVD-RAM 为主要架构，兼容 DVD-RAM、DVD-R、DVD-RW 规格，但不支持 CD-R/CD-RW。在松下公司推动下，DVD-Multi 并不再单纯是一种技术，而是将 DVD 论坛的影音与刻录规范结合后的设计规范。由于 DVD-RAM 与 DVD-R/RW 是两种互补性非常强的标准，所以将它们结合在一起，显得非常有生命力，也得到了众多厂商的支持。

（2）DVD-Dual

DVD-Dual 规范，又称 DVD-Dual RW 标准，由索尼公司设计并率先推行。DVD-Dual 并没有一个统一的规范，可以让厂商们自由发挥。但由于其跨越两大阵营，所以厂商只有成为这两个阵营的会员才有可能以相对较佳的成本推出产品。DVD-Dual 刻录机可以刻录 DVD+R/RW 和 DVD-R/RW 两种规格的标准 DVD 光盘，因而受到普通用户的欢迎。

3. 光雕刻录机

2005 年底，市场上出现了支持光雕技术的 DVD 刻录机。光雕（LightScribe）是由美国惠普公司开发成功的一种利用激光在光盘表面上刻印图案的技术。简单地说，就是在刻录完数据后，把光盘标签的一面向下放入光驱中，通过一个专用的激光头发出的激光束照射这种专用光雕盘的背面（无数据层），通过一系列的化学反应将用户使用软件设计好的文字、图像烧印到 CD 或 DVD 盘片背面上，效果如同丝网印刷一样富有质感。现在的光刻录技术只能实现单色刻录，而且速度非常慢，彩色和更快速度的光雕刻录机即将投入市场。这项技术的最大好处就是用户不需要再用光盘笔在光盘上写字了。

这项技术需要刻录机与刻录盘配合使用，也就是刻录机与刻录盘片都必须支持 LightScribe 才可以，并且需要配合支持光雕技术的软件来设计、控制。光雕刻录机及光雕盘烧印前后的效果，如图 8-11 所示。

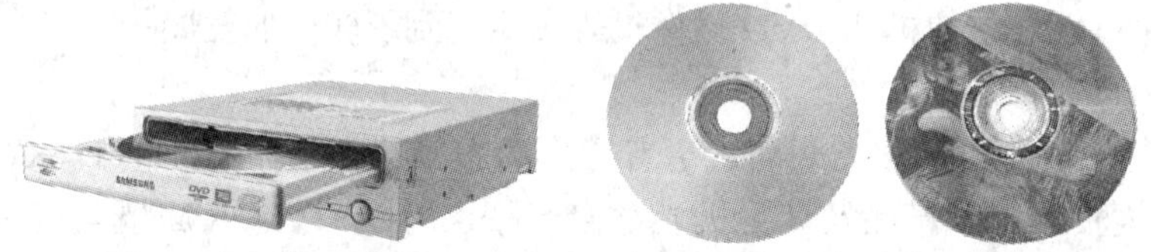

图 8-11 光雕刻录机及光雕盘烧印前后的效果

8.4.2 DVD 刻录机的主要参数

DVD 刻录机的主要技术参数为：写入速度、读取速度、缓存容量、随机寻道时间、写入模式、支持光盘格式和使用接口等，其概念与 DVD-ROM、CD-RW 驱动器基本相同。

8.4.3 DVD 刻录机的产品规格

现在市场上常见的 DVD 刻录机规格，主要有 DVD-RAM、DVD-RW、DVD+RW 和 DVD Dual 四种。

市场上常见的 DVD 盘片主要有 DVD-R、DVD-RW 和 DVD+R、DVD+RW 这两大规格。用户若想能同时使用这两大规格的盘片，选用 DVD Dual（或称 DVD±RW）比较合适。

此外，市场上还存在可以同时支持 DVD-RAM 与 DVD-RW 规格的 DVD-Multi，以及可以同时支持 DVD-RAM、DVD-RW 和 DVD+RW 3 种规格的全功能 DVD 刻录机。不过因为 DVD-RAM 很少在普通办公和家庭中应用，所以生产这类 DVD 刻录机的厂商和具体产品也相对较少。各种 DVD 规格标记如图 8-12 所示。

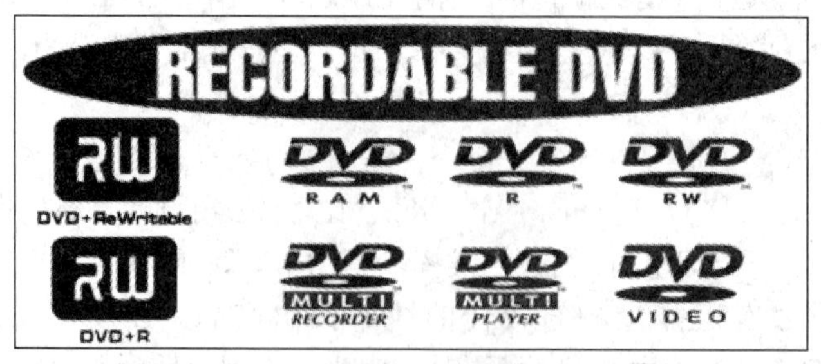

图 8-12 DVD 规格标记

8.4.4 DVD 刻录机的选购

虽然蓝光 DVD 和 HD-DVD 将取代现在应用普遍的 DVD，但受到价格的限制，估计还要等上几年的时间才能被大众消费者接受。

一般来说，光驱是一个易耗配件，即使保护得再好，一段时间后也需要更换。下面介绍选购 DVD 刻录机的原则。

（1）按需求选择 DVD 刻录格式

目前主流的 DVD 刻录标准主要有 3 种：DVD-RAM、DVD-R/RW 与 DVD+R/RW，互相之间并不兼容。为了改善 DVD 刻录机的兼容性，厂商还先后推出了 DVD-Dual、DVD-Multi 及 DVD-ALL。除此以外，DVD-RAM、DVD-R/RW 与 DVD+R/RW 这 3 种刻录盘规格的兼容性也不尽相同，这也是需要在使用时格外注意的，3 种规格的详细对比见表 8-2。

表 8-2 DVD-RAM、DVD-R/RW 与 DVD+R/RW 各项参数对比

DVD 刻录标准	刻录机成本	兼容 DVD 刻录机	兼容 DVD 播放机	盘片成本	DVD-ROM 兼容性
DVD-RAM	高	DVD-Multi、DVD-ALL	否	很高	较差
DVD-R/RW	较低	DVD-Multi、DVD-Dual、DVD-ALL	很好	一般	很好
DVD+R/RW	较低	DVD-Dual、DVD-ALL	较好	很低	较好

从表 8-2 可知，DVD-R/RW 具有最好的兼容性，其缺点是 DVD-R 格式的数据写入后下次就不能再继续刻录盘片剩余的部分，是一次性写入式的 DVD 刻录格式，适合刻录影视作品。

DVD+RW 具有很好的易用性，DVD+R 格式的数据写入后允许再次继续刻录盘片剩余的空间，是多次写入式的 DVD 刻录格式，适合刻录数据资料。

由于刻录机和刻录盘的成本很高，所以一般家庭用户极少选用 DVD-RAM。

（2）不要盲目追求高速度

目前 DVD 刻录机的速度有 4×、8×、16×、20×速，主流速度是 16×。16×及以上对刻录盘的要求较高，而且刻录机的速度与刻录盘的速度是匹配的。也就是说，16×的刻录机要想达到 16×的刻录速度，必须使用 16×的刻录盘片；如果使用的是 8×刻录盘片，刻录机将降低速度到 8×，用 8×的速度刻录。

现在市场上的 DVD-R 和 DVD+R 盘片的主流速度都是 2×～8×，真正支持 16×刻录的 DVD-R 和 DVD+R 盘片很少，而且价格较贵。从经济和安全方面考虑，4×刻录盘是目前不错的选择。

（3）特殊技术

如果需要某些特殊功能，可以选购具有特殊技术的刻录机，如光雕刻录机。

8.5 蓝光 DVD 和 HD-DVD

随着高清视频产品的出现，MPEG-2 压缩格式的 2h 高画质电影或电视节目记录容量需要 20GB，容量为 4.7GB 的 DVD 已经不能满足这样的存储要求。

2002 年 2 月，9 家国际主流电子公司（SONY、Matsushita、Hitachi、Pioneer、SHARP、Philips、Toho mson、SAMSUNG、LGE）发表了 Blu-Ray Disc 规格（蓝光），稍后 Toshiba 和 NEC 公司提出了 HD-DVD 规格。HD-DVD 兼容性较好，而蓝光则拥有较大容量，蓝光和 HD-DVD 将成为未来高清视频应用的重点。2006 年市场上已经有不少家用型蓝光播放机销售，PC 使用的内置型的蓝光刻录机也有许多品牌推出，其产品标记如图 8-13 所示。

图 8-13　蓝光和 HD-DVD 产品的标记

蓝光（Blu-ray）或称蓝光盘（Blu-ray Disc，BD）是目前光存储业界新一代 DVD 光盘技术标准之一，不但可应用于录制、擦写或播放高清影像，同时也可应用于存储容量更为巨大的数字内容。

目前蓝光 DVD 有 3 种类型：只读蓝光驱动器（BD-ROM）、蓝光刻录机（BD-RW）和蓝光 Combo（BD-ROM+DVD-RW）。

内置式蓝光 DVD 的接口采用 IDE 接口或 SATA 接口，蓝光 DVD 刻录机的外观如图 8-14 所示。

图 8-14　蓝光 DVD 刻录机的外观

蓝光 DVD 支持除 HD-DVD 以外的所有 CD 和 DVD 格式。

蓝光 DVD 标准支持单写的 BD-R 和可以复写的 BD-RE 光盘，如图 8-15 所示。蓝光光盘的容量为单层 25GB，双层 50GB。HD-DVD 单层可记录 20GB 的容量。目前 BD-R 和 BD-RE 格式的写入和读取的速度都只有 2×。

图 8-15　BD-R 和 BD-RE 光盘

DVD 和 BD 每代中的 1 倍速定义都是不同的，DVD 1×=1385KB/s，而 BD/HD DVD 1×=4995KB/s。

目前蓝光光驱和蓝光光盘价格都较贵，预计价格下降后，会成为人们装机和使用的首选。

8.6　光盘

市场上常见的光盘有 CD-R 盘片、CD-RW 盘片、DVD-R/RW 盘片、DVD+R/RW 盘片、BD-ROM 盘片、BD-R 和 BD-RE 盘片等。

8.6.1　光盘的结构与数据的存放方式

1．光盘的结构

（1）CD-ROM 盘片

CD-ROM 盘片的直径一般为 120mm（另外一种是 80mm CD-ROM，即 mini CD-ROM，有 184MB、200MB、215MB 等几种容量），可以保存大约 635MB 的数据，这些数据被记录在高低不同的凹凸起伏槽上，这是 CD-ROM 同软盘、硬盘等介质的重要区别之一。CD-ROM 盘片中心有一个直径为 15mm 的孔，其外有一个 13.5mm 宽的环状区是不保存任何数据的，再向外的 38mm 宽的环状区才是真正存放数据的地方。盘片的最外侧还有一圈 1mm 的无数据区。盘片的厚度一般为 1.2mm，重量约为 14～18g。

CD-ROM 盘片的径向截面共有 3 层：聚碳酸酯片基（透明衬底）、铝反射层和漆保护层，如图 8-16 所示。CD-ROM 是单面盘，一面专门用来印制商标，另一面用来存储数据。激光束必须穿过透明衬底才能到达凹坑，读出数据，因此，在存放数据的那一面，表面上的任何污损都会影响数据的读取性能。

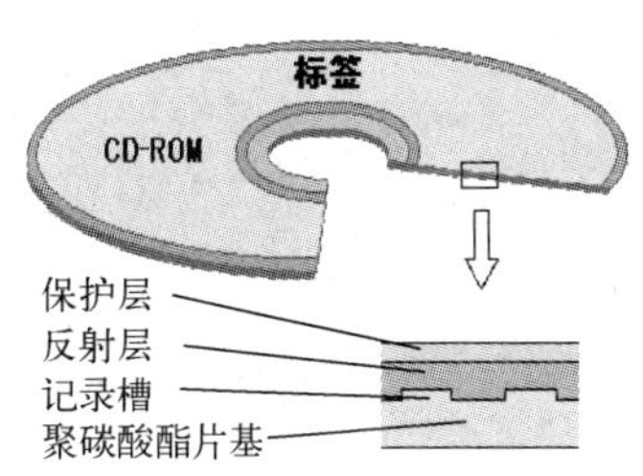

图 8-16　CD-ROM 的结构

在 CD-ROM 盘面上用凹槽（记录槽）反映信息，当激光束照射到凹槽的边界时，反射光束强弱发生变化，读出的数据为 1；当激光束照射到槽底的平坦部分时，反射光强弱没有发生变化，读出的数据为 0。

（2）CD-R 盘片

用高功率激光照射 CD-R 光盘的染料层，使其发生化学变化，在盘片上产生凹坑（Pit），没有照射的地方仍为平面（Land）。这种化学变化是无法恢复的，所以 CD-R 只能写入一次，不能重复写入。光驱在读取这些平面和凹坑时产生 0 与 1 的信号，经过译码器分析后，可得到盘片上的数据。CD-R 盘片的结构如图 8-17 所示。

（3）CD-RW 盘片

CD-RW 盘片内部镀了一层 200～500Å（1Å=10^{-8} cm）的薄膜，薄膜的材质多为银、铟、硒或碲混合物的结晶层。这个结晶层的特点是能呈现出结晶与非结晶的状态，激光照射可使这两种状态相互转换，而这两种状态也在盘片上呈现出平面与凹坑的效果。同样，光驱读取这些平面与凹坑所产生的 0 与 1 的信号，经过译码器分析后，得到光盘上的数据。CD-RW 盘片的结构如图 8-18 所示。

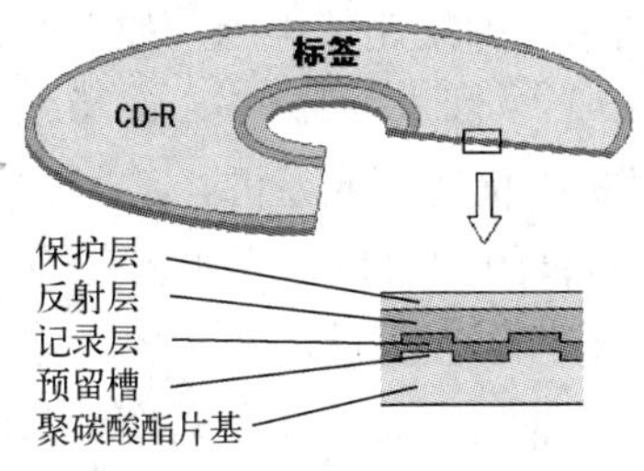

图 8-17　CD-R 盘片的结构

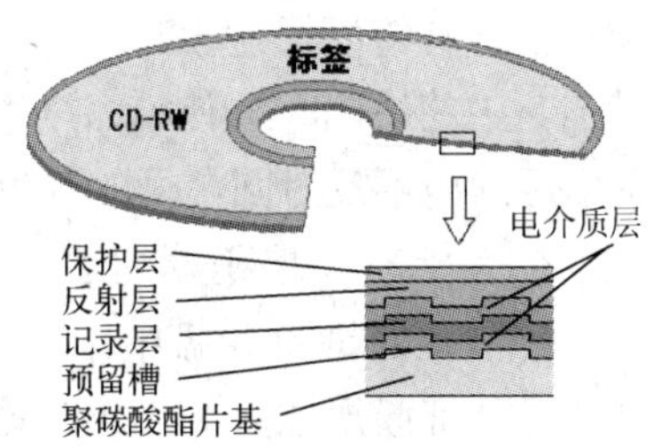

图 8-18　CD-RW 盘片的结构

2．CD-ROM 盘片中数据的存放方式

（1）光道

CD-ROM 上的光道与磁盘上的磁道不同，它是一条螺旋线，如图 8-19 所示。CD-ROM 盘片上的螺旋线开始于 CD-ROM 的中心，逐渐向外沿展开。

CD-ROM 盘片的径向道密度比磁盘大得多，16000 条/in，而螺旋线的圈与圈之间的距离为 1.6μm，螺旋线宽度为 0.6μm，螺旋线上代表信息的凹槽深度为 0.12μm，螺旋线总长度为 5km。这些正是 CD-ROM 容量比磁盘大得多的原因。

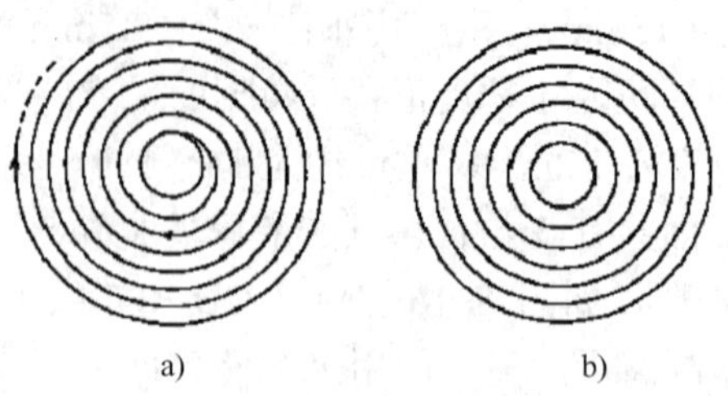

图 8-19　CD-ROM 盘片的光道与磁盘的磁道

a) CD-ROM 盘片的光道　b) 磁盘的磁道

（2）扇区

CD-ROM 的扇区结构很复杂，数据存放的物理格式类似于 CD-DA。CD-ROM 的光道是一条螺旋线，有 3 种物理扇区方式，即扇区方式 0、扇区方式 1 和扇区方式 2。这 3 种扇区方式的用途如下。

- 扇区方式 0 在 CD-ROM 中用作导入区和导出区。
- 在扇区方式 1 中，安排了错误检测码（EDC）和错误控制码（ECC），此方式具有很强的检错和纠错能力，因此适用于保存计算机程序、用户数据等。
- 扇区方式 2 与扇区方式 0 的结构相似，用于存放用户数据信息，但由于没有安排检错和纠错码，仅适用于存放声音、图像等内容。

8.6.2　光盘的选购

1．CD-ROM 盘片的选购

光盘有正反两个表面，被激光扫射而检出信号的一面称为正面，有镀铝反射膜并印了文字的一面称为背面。正面片基的内层上压制了许多凹凸不平的信息点阵，当激光射向它时检出信号，由于背面镀有镜面反射膜，信号就被反射回来。如果制作不当，如盘面处理不够洁净或由于镀膜工艺中的缺陷，会使膜面产生“气泡”或“针眼”等缺陷，在激光照射到这些缺陷时，会发生透射而不反射回信号的现象，造成微机中止运行或死机。

光盘的正面常常涂有一层稍厚的透明保护膜，而背面则仅仅涂上很薄的有色或无色涂层，或只印上文字（这在廉价光盘中比较常见）。由于背面镀膜层的防护较弱，人们又往往注意不够，经常导致镀膜层的人为损伤，影响对激光的反射，这比正面划伤带来的问题更严重。所以购买光盘时，不仅应当注意光盘正面是否洁净，还应对着较强的光源，从正面向背面仔细观察盘面有无透光点，即是否存在镀膜层的缺陷，应选择无透光点的光盘。对于已购买的光盘，应保护好光盘的背面，勿擦伤或划伤。

2．CD-R、CD-RW 盘片的选购

（1）CD-R、CD-RW 盘片的尺寸

CD-R 盘片按直径大小可以分为 80mm 和 120mm 两种。80mm 盘片较为少见，其标称容量为 21min/184MB；120mm 盘片的标称容量主要有 74min/650MB、74min/680MB、80min/700MB、80min/720MB 和 80min/730MB 等几种。其中，74min/650MB 是标准的容量。

（2）盘片的颜色

CD-R 的工作原理是利用较高功率的激光在空白的光盘片上刻出可供读出的反光点，为了达到这个目的，CD-R 盘片上必须涂抹一些用激光就可以改变其反光特性的特殊颜料。CD-R 盘片都使用有机染料作为记录层的主要材料。根据颜色的不同，盘片又分为金盘、蓝盘、绿盘和白金盘，而且这些盘片适合的刻录机也各不相同。因此，对于 CD-R 盘片的选择，除了要注意生产厂家、片基是否平整、颜色是否均匀外，还要注意选择盘片的颜色。

- 绿盘：绿盘在市场上非常普遍，价格也很便宜。制作绿盘的有机染料为 Cyanine，非常怕强光，制作盘片时要加入适当的铁金属来降低其对光的敏感程度。绿盘的颜色有翡翠绿、蓝绿、深蓝等，它们是与黄金反射层组合而成的。生产厂商主要有理光、TDK 和三菱。许多厂商都建议使用绿盘，原因是这种材料可以接受较广泛的激光读取范围，兼容性较好。目前，很多光盘刻录机都用绿盘来进行测试。
- 金盘：这种盘片呈现金黄的颜色，因为制作金盘的有机染料本身是接近透明的浅黄色。一般认为制作金盘的这种有机染料有更好的抗光性，能延长存放资料的时间。此外，金盘的反射层是以黄金作为原料的，但极薄，没有回收价值。其实，在 CD-R 空白片上，最贵的部分不是黄金而是有机染料层。
- 蓝盘：蓝盘是使用金属化 AZO 有机染料加上低价银材料作为反射层的盘片，写入与读取数据有较高的准确性，保存时间较长。
- 白金盘：白金盘其实与金盘没有太多区别，只是染色材料中加入了白金（其实大多数厂家都用白银来替代）。

CD-RW 盘片与 CD-R 盘片稍有不同，CD-R 盘片的记录层采用的是有机染料，而 CD-RW 则采用的是一种截然不同的材料——金属薄膜。金属薄膜有结晶和非结晶两种状态，这两种状态对于激光的反射率有很大的差异。由于结晶和非结晶的状态的变化都是物理变化，还可以恢复到先前的状态，所以相同位置可以重复写入。受目前技术条件所限，最多只能擦写 1000 次左右。

（3）速度

CD-R、CD-RW 盘片也有速度指标，刻录机的速度要与盘片的速度一致，否则只能按盘片允许的最大速度刻录。

（4）兼容性

刻录机和盘片之间的兼容性对刻录过程的稳定性十分重要。有些技术不够全面的厂商生产的盘片很难与市场上的主流刻录机保持良好的兼容性。

（5）选购须知

现在，普通的 CD-R 盘片价格已很便宜，通常都在 1～5 元。CD-RW 较贵，需要几十元。在选用时主要应注意盘片的质量，至于具体是选用绿盘、金盘还是蓝盘，可根据自己的喜好而定，这几种盘各有优缺点。另外，对于一般用户不建议选用单片盒装的 CD-R/CD-RW 盘片，它们的质量与 50 片或 100 片桶装（散装）的差不多。一般来说，购买桶装的盘片更经济些。CD-R 和 CD-RW 盘片如图 8-20 所示。

图 8-20　CD-R 和 CD-RW 盘片

购买盘片时，最好选择知名厂家的产品，除此之外，还应仔细观察一下光盘盘面是否光洁、平整、无丝毫杂质，还要注意盘片的厚薄及光盘色泽是否均匀平整，特别要注意内孔径和外盘径是否圆滑无毛刺。盘片孔径呈椭圆形或有细微毛刺的一般都是劣质盘。

与 CD-ROM 相比，CD-R 盘片的寿命要短一些。而且，空白的 CD-R 盘片的寿命比刻录好的盘片短得多，闲置 5～10 年就报废了。金盘理论保存数据时间为 100 年，蓝盘理论保存数据时间为 30 年。CD-RW 盘片的寿命则主要取决于写入的次数，如果不再写入，它的寿命为 30～50 年。影响 CD-R 与 CD-RW 盘片保存时间的主要因素是高温、强光与湿度，因此在保存时一定要注意。

3．DVD-R/RW、DVD+R/RW 盘片的选购

随着 DVD 刻录机价格的下降，DVD 刻录机开始普及，市场上的 DVD 刻录盘片也越来越多。目前 DVD 刻录盘根据容量的不同主要可分为 DVD-5、DVD-9、DVD-10 和 DVD-18。但由于技术和成本等原因，现在能看到的盘片只有前两者。由于 DVD-9 成本较高，价格较贵，所以 DVD-5 成为目前最常看到和使用的盘片。

与 CD-R/RW 盘片不同，DVD 刻录盘片的制造工艺要求较高，因此，有能力生产的厂商只有几家。

显然，原厂盘片质量较好，但价格较高。目前市场上的 DVD 刻录盘片主要为 8 倍速和 16 倍速，8 倍速盘片相对来说便宜一些。常见的 DVD-R 和 DVD+R 盘片如图 8-21 所示。

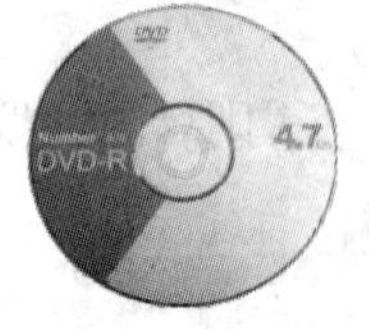

图 8-21　常见的 DVD-R 和 DVD+R 盘片

用户可以通过看、查等步骤来判断盘片的质量。首先是仔细观察盘面，颜色不均匀或者盘面带有划痕的坚决不能选用，因为颜色不均匀说明染料旋涂不过关，属于次品；然后是查环码，每张 DVD 盘片都有一个唯一的环码，环码一般印在盘片的数据内圈、夹持区外，它是工厂内部识别光盘规格和品牌的资料，各个厂商对自己产品的环码都有相应的编码规定。

DVD-R 相比 DVD+R 具有更好的兼容性，DVD-R 涵盖了 DVD 格式的影碟、DVD-Audio 及 DVD 光驱，但是速度比 DVD+R 慢，而 DVD+R 拥有速度快、支持厂商多等优点。如果刻录的光盘仅在 DVD 光驱中读取，二者的兼容性相同。

8.6.3 光盘的保存和使用方法

正确保存和使用光盘可延长盘片的寿命。

首先要避免盘片变形，最好把光盘放在专门的光盘架或光盘盒中，尽可能把光盘垂直于水平面放置，尽量不要长期平放。

此外，避免放在高温、强光、潮湿的地方。还需要注意的是，对于需要进行标识的盘片，最好不要直接用油性笔在上面书写，也不要在上面贴上标签。虽然这么做不会直接导致盘片的变形，但是会导致盘片在读取的过程中出现转动不规则、平衡不好等现象，长期这样使用也会造成盘片出现后期的变形。

在拿取盘片时，不能用手直接接触盘片表面，也不能够对盘片进行挤压、弯曲，最好能够按照如图 8-22 所示的方法来拿取盘片。

当光盘表面附着灰尘污垢需要清理时，要选择柔软的布（最好使用专用光盘清洁刷或布）由里向外呈放射性地擦拭，如图 8-23 所示。

图 8-22　拿取光盘的方法

图 8-23　清洁光盘的方法

8.7 实训

所有类型的内置式 IDE 光驱的安装方法都是相同的，其安装步骤如下。

1）光驱的跳线。光驱在出厂时均设置为从盘，所以一般不需要设置跳线。建议光驱单独使用一条数据线。

2）将光驱装入机箱。先拆掉机箱前面板的一个 5.25in 挡板，然后把光驱平行推入，如图 8-24 所示。

3）固定光驱。在固定光驱时，要用细纹螺钉固定，每个螺钉不要一次拧紧，要留一定的活动空间。如果把第一颗螺钉就固定死，那么当用户拧其他 3 颗螺钉的时候，有可能因为光驱有微小位移而导致光驱上的固定孔和框架上的开孔之间错位，导致螺钉拧不进去，而且容易滑扣。正确的方法是把 4 颗螺钉都旋入固定位置后，调整一下，最后再拧紧所有螺钉，如图 8-25 所示。

图 8-24 将光驱平行推入机箱

图 8-25 固定光驱

4）安装连接线。依次接好 IDE（或 SATA）数据线和电源线。

在 Windows 98/NT/2000/XP/Vista/7 下，光驱不需要安装驱动程序。但如果要用光驱播放影碟，则要安装相应的播放程序，刻录机要安装刻录程序。

8.8 思考与练习

1．熟悉光驱的分类，掌握 CD-ROM、DVD 驱动器的性能参数。到市场上考察 CD-ROM、DVD 驱动器产品的品牌和价格等信息。

2．掌握光驱的安装方法。

3．到市场上考察光盘的品牌、价格等商情信息。

4．用 Nero CD Speed、Nero DVD Speed 等光驱测试工具软件读取盘片信息，然后测试音频 CD 和数据 CD 的读取和传输速率，以及 CPU 占用率和音轨抓取质量等性能参数。

第 9 章　电源和机箱

良好的电源，能够提高微机系统的稳定性。质量高和结构合理的机箱，不但为各种板卡提供支架，更能有效地防止电磁辐射，保护使用者的安全。

9.1　电源

电源（Power Supply）提供微机中所有部件需要的电能。电源功率的大小、电流和电压是否稳定，将直接影响微机的工作性能和使用寿命。

微机的电源是一种安装在主机箱内的封闭式独立部件，它的作用是将交流电变换为+5V、–5V、+12V、–12V、+3.3V、–3.3V 等不同电压且稳定可靠的直流电，供给主机箱内的系统板、各种适配器和扩展卡、硬盘驱动器、光盘驱动器等系统部件，以及键盘和鼠标使用。

9.1.1　电源的分类

电源从外观、结构上可分为以下几种。

1．ATX 电源

ATX 电源的大小为 150mm×140mm×86mm，功率为 180～450W，主要应用在组装机中。ATX 电源的外观如图 9-1 所示。

2．Micro ATX 电源

由于 ATX 电源成本较高，体积也比较大，为了降低成本，减小体积，Intel 公司又制定 Micro ATX 标准。Micro ATX 电源的大小是 125mm×100mm×64mm，一般用于小体积的品牌机，零售市场上比较少见，其外观如图 9-2 所示。

3．Flex ATX 电源

品牌机厂商总是想设计出一些独特的有创意的产品，以求与众不同，如更小巧而好看的机箱，所以 Intel 公司推出了 Flex ATX 电源标准。从字面上看，Flex ATX 是柔性 ATX 的意思，就是没有规定外形和尺寸，可自由发挥。一般 Flex ATX 电源大小为 155mm×85mm×50mm，其外观如图 9-3 所示。

图 9-1　ATX 电源的外观

图 9-2　Micro ATX 电源的外观

图 9-3　Flex ATX 电源的外观

微机电源在结构上有两个发展方向，一个是兼容机市场，统一 ATX 外壳，有良好的通用性；另一个是品牌机市场，注重个性和价格，偏向 Micro ATX 和 Flex ATX。

另外由于 HTPC 机箱太小，所以使用像笔记本电脑一样的外置电源适配器供电，如图 9-4 所示。

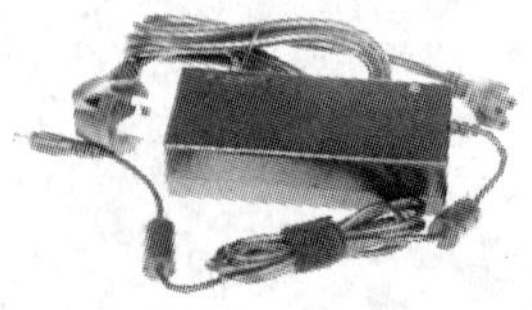

图 9-4　HTPC 电源

9.1.2　ATX 电源的标准

虽然微机的电源包括 ATX、Micro ATX 和 Flex ATX 等类型，但在微机配套市场可以买到的微机电源只有 ATX 电源。

1．ATX 电源的标准

ATX（AT Extend）规范是 1995 年 Intel 公司制定的主板及电源结构标准，ATX 电源规范经历了 ATX 1.1、ATX 2.0、ATX 2.01、ATX 2.02、ATX 2.03 和 ATX12V 等阶段。每次电源标准的变更，都是为了适应 PC 技术的进步和产品的更新换代。

目前，我国内地通行的电源标准是 ATX12V 标准，而 ATX12V 标准又分为 ATX12V 1.2、ATX12V 1.3、ATX12V 2.0、ATX12V 2.2、ATX12V 2.3 等多个版本。表 9-1 列出了 ATX12V 各版本的主要区别。

表 9-1　ATX12V 各版本的主要区别

版　　本	发 布 时 间	简　　述
ATX 2.03	1999 年以前	PII、PIII 时代的电源产品，没有 P4 的 4 针接口
ATX12V 1.0	2000 年 2 月	P4 时代电源的最早版本，增加 P4 的 4 针接口
ATX12V 1.1	2000 年 8 月	与前版相比，加强了+3.3V 电源输出能力，以适应 AGP 显示卡功率增长的需求
ATX12V 1.2	2002 年 1 月	与前版相比，取消–5V 输出，同时对 Power on 时间做出新的规定
ATX12V 1.3	2003 年 4 月	与前版相比，增加 SATA 支持，加强+12V 输出能力
ATX12V 2.0	2003 年 6 月	与前版相比，将+12V 分为双路输出（+12V DC1 和+12V DC2），其中+12V DC2 对 CPU 单独供电，+12V 输出能力进一步提升，提高电源效率标准
ATX12V 2.01	2004 年 6 月	与前版相比，对+12V DC2 输出电流的纹波做出新的要求
ATX12V 2.2	2005 年 3 月	与前版相比，加强+5V SB 的输出电流至 2.5A，增加更高功率电源规格，电源效率标准进一步提高
ATX12V 2.3	2007 年 4 月	与前版相比，增加低功耗标准，修正各路输出参数

2007 年，Intel 公司推出了新的电源规范——ATX12V 2.3 版本。ATX12V 2.3 规范是针对 Vista 系统带来的硬件升级及处理器、显示卡等主要功耗产品的能耗变化而推出的标准。

ATX12V 2.3 规范共包括 180W、220W、270W、300W、350W、400W、450W 共 7 个功率等级的标准。由于在 Intel ATX 12V 2.3 版本规范中，规定了 300W 以下的 3 个功率版本中电源将不再为显示卡独立提供+12V 输出电流，而 300W 及以上的电源则要求提供双+12V 电流输出。也就是说，300W 以下电源将不适合用在目前主流的平台上，这样的话，最佳选择无疑是额定功率在 300～350W 的电源，不仅能满足目前平台的需要，还能为日后的升级留有一定的空间。

Intel 的 ATX12V 2.3 规范不但对供电能力进行了规范，并且更加关注节能、环保，提高电能的转换效率（80%或以上），控制并减少对人体和环境产生危害的物质。

2．ATX 电源的输出

计算机系统中各部件使用的都是低压直流电，不同配件具体要求的电压和电流又各不相同，因此电源也相应有多路输出以满足不同的供电需求。就目前最常用的 ATX 电源来说，其电源输出有下列几种。

- 3.3V：主要经主板变换后驱动芯片组、内存等电路。
- 5V：目前主要驱动硬盘和光驱的控制电路（除电动机外）、主板及软驱等。
- 12V：用于驱动硬盘和光驱的电动机、散热风扇，或通过主板扩展插槽驱动其他板卡。在 Pentium 4 系统中，由于 Pentium 4 处理器功耗增大，对供电的要求更高，因此专门增加了一个 4 针的插头提供 12V 电压给主板，经主板变换后供给 CPU 和其他电路。因此配置 Pentium 4 系统要选用有 12V 4 针插头的电源。
- –12V：主要用于某些串口电路，其放大电路需要用到 12V 和–12V，但电流要求不高，因此–12V 输出电流一般小于 1A。
- –5V：主要用于驱动某些 ISA 板卡电路，输出电流通常小于 1A。
- 5VSB：5VSB 表示 5V Stand By，指在系统关闭后保留一个 5V 的等待电压，用于系统的唤醒。5VSB 是一个单独的电源电路，只要有输入电压，5VSB 就存在。这样，计算机就能实现远程 MODEM 唤醒或者网络唤醒功能。最早的 ATX 1.0 只要求 5VSB 供电电流到达 0.1A，但随着 CPU 和主板功耗的提高，0.1A 已经不能满足系统要求了。因此，现在的 ATX 电源 5VSB 输出时电流一般都可以达到 1A 以上，甚至 2A。

9.1.3 ATX 电源的结构

1．电源插座

电源插座通过电源线使微机与家用电源插座相连，提供微机所需的电能。电源插座有 5 种形式，如图 9-5 所示。

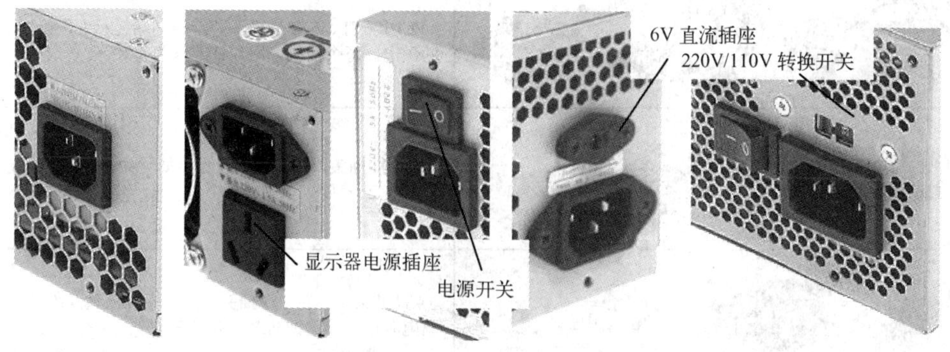

图 9-5 ATX 电源的插座外观

- 只有一个电源插座，通过电源线与家用电源插座相连。
- 有一个电源插座和一个显示器电源插座。可以连接显示器插头，这里只是提供一个插座，它并没有经过主机电源的任何处理。采用这种接法的好处是，在开、关主机电源的同时也可以开、关显示器。当然，显示器也可以用自己独立的电源线接插到普通的家用电源插座上。

- 有一个电源插座和一个电源开关。电源开关用于彻底切断电源。如果电源上没有开关，微机关闭后并没有切断电源，微机仍然可以通过主机开关、远程网络启动。建议购买带有开关的电源，可以免除关机后还要拔掉电源线插头的麻烦。
- 有一个电源插座和一个 6V 直流插座。6V 直流插座可为音箱等电器供电。
- 有一个电源插座和一个 220V/110V 转换开关。有的品牌机电源上会有 220V/110V 转换开关，在我国内地销售的产品已经设置为 220V，并且用不干胶粘上，用户不要拨动。

2. 电源插头

电源插头包括主板和外部设备插头，电源插头的类型说明见表 9-2。

表 9-2 电源插头的类型及说明

电源插头的类型	说　明
	ATX 24 针、20+4 针、20 针主板插头。ATX 主板电源插头只有 1 个，分为 ATX 1.01 的 20 针防插错插头和 ATX 2.03 的 24 针防插错插头
	P8 插头，ATX12V 8 针、6+2 针。有些主板需要 8 针插头，来供应主板额外的 12V 电源。一般有 1 个
	P4、4+4 针插头。有些主板需要 4 针插头，来供应主板额外的 12V 电源。一般有 1 个
	SATA 设备电源插头，如硬盘、光驱等。一般有 2～4 个
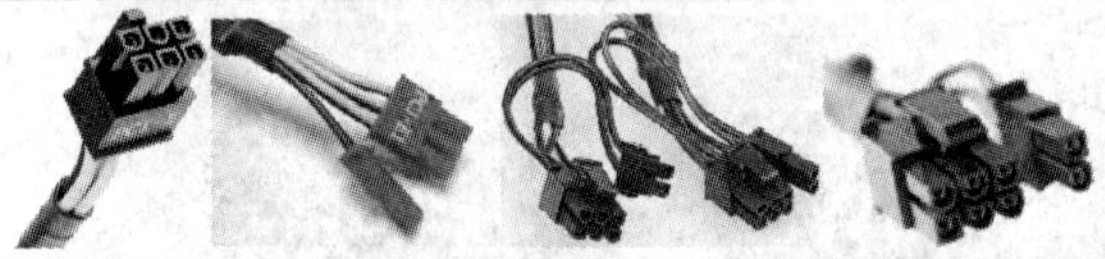	PCI-E 6 针、6+2 针插头，连接高端显示卡，给显示卡辅助供电。每个插头采用 6 针或合并为 8 针。一般有 1 个
	大 4 针插头，连接周边设备，如硬盘、光驱、风扇等。一般有 2～4 个
	4 针插头，软驱电源插头。多数电源依然保留了 3.5in 软驱电源插头，这种插头一般只有 1 个

3. 电源散热风扇

电源盒内装有散热风扇，用于散去电源工作时产生的热量。

4. 电源的电路组成

电源的主要功能是将外部的交流电（AC）转换成符合微机需求的直流电（DC）。作为整个微机系统的“心脏”，电源主要由输入电网滤波器、输入/输出整流滤波器、变压器、控制电路和保护电路等几个部分组成。电源内部的电路如图 9-6 所示。

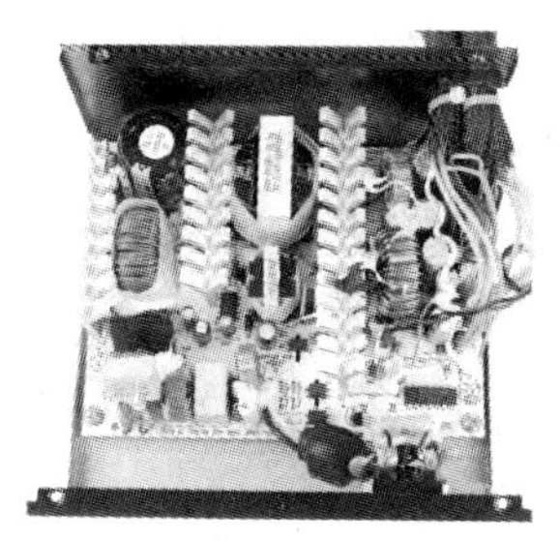

图 9-6 电源内部的电路

9.1.4 ATX 电源的主要参数

由于 ATX 电源的生产厂家不同，所以性能上会有较大的差异。用户在选用电源时，要注意以下参数。

1．电源功率

电源功率是用户最关心的参数之一。在电源铭牌上常见到的有峰值（最大）功率和额定功率两种标称参数。其中峰值功率是指当电压、电流在不断提高，直到电源保护起作用时的总输出功率，但它并不能作为选择电源的依据，用于有效衡量电源的参数是额定功率。额定功率是指电源在稳定、持续工作下的最大负载，它代表了一台电源真正的负载能力，例如，一台电源的额定功率是 300W，其含义是平时持续工作时，所有负载之和不能超过 300W。

一般 PC 稳定运行的功率为 100～200W，高端机器 300W 的电源也已经足够。随着技术的进步，现在电源厂商都把研发精力转移到提高电源的转换效率上，而不是提高电源的功率。

2．转换效率

转换效率是输出功率与输入功率的百分比，它是电源一项非常重要的指标。由于电源在工作时有部分电量转换成热量损耗掉了，因此电源必须尽量减少电量的损耗。ATX12V 1.3 版的电源要求满载下最小转换效率为 70%，ATX12V 2.0 版的电源推荐转换效率提高到 80%。

两个功率相同的电源，由于转换效率不同，工作时所损耗的功率也不同，转换效率越高，则损耗的功率（电量）就越少，所以不断提高电源的转换效率是以后的发展趋势。

3．输出电压稳定性

ATX 电源的另一个重要参数是输出电压的误差范围，通常对 5V、3.3V 和 12V 电压的误差率要求为 5%以下，对–5V 和–12V 电压的误差率要求为 10%以下。输出电压不稳定，或纹波系数大，是导致系统故障和硬件损坏的主要因素。

ATX 电源的主电源基于脉宽调制（PWM）原理，其中的调整管工作在开关状态，因此又称为开关电源。这种电源的电路结构决定了其稳压范围宽的特点。一般来说，市电电压为 220V±20%波动时，电源都能够满足上述要求。

4．纹波电压

纹波电压是指电源输出的各路直流电压中的交流成分。作为微机的供电电源，对其输出电压的纹波电压有较高的要求。纹波电压的大小，可以使用数字万用表的交流电压档很方便地测出，测出的数值应在 0.5V 以下。

5．PFC 电路方式

PFC（Power Factor Correction）即“功率因数校正”，而功率因数指的是有效功率与总耗电量（视在功率）之间的关系，也就是有效功率除以总耗电量（视在功率）的比值。目前PFC有两种，一种是无源PFC（也称被动式PFC），一种是有源PFC（也称主动式PFC）。

被动式PFC的功率因数不是很高，只能达到0.7～0.8，因此其效率也比较低，发热量也比较大。被动式PFC结构简单，稳定性比较好，比较适合中低端电源。

主动式PFC功率因数高达0.99，具有低损耗和高可靠特点，输入电压可以为交流90～270V，PFC结构相对复杂，成本也高出许多，比较适合高端电源。

6．保护措施

一般为了保证PC内各零部件的安全并防止电源被烧毁，电源里面都会加入多路保护电路，如短路保护功能，当电源发生短路时，电源会自动切断并停止工作，避免电源或PC硬件与外部设备损毁。电源一般有以下自动保护功能：过电流保护设计、低电压保护设计、过电压保护设计、短路保护设计、过温度保护设计、过负载保护设计。

7．可靠性

衡量一台设备可靠性的指标，一般采用平均故障间隔时间（Mean Time Between Failure，MTBF），单位为h。电源设备工作的可靠性应参照品牌机的相关质量标准，其MTBF应不小于5000h。

一些商家为了节约成本，将构成EMI滤波器的所有元器件都省去了，导致平滑滤波器的电容容量和耐压不足。另外，由于元器件在装配之前也没有经过必要的筛选程序，电路制造工艺粗糙，所以电源产品故障率很高。

8．安全和质量认证

为了确保电源使用的可靠性和安全性，每个国家或地区都根据自己各自不同的地理状况和电网环境制定了不同的安全标准。通过的认证规格越多，说明电源的质量和安全性越高。现在电源的安全认证标准主要有FCC、UL、CSA、GS和CCC认证等。电源产品至少应具有这些认证标志之一，有这些认证标志的产品，才算是信得过的产品。

（1）CCC认证

中国强制认证（China Compulsory Certification，CCC，简称3C）。针对电源的3C认证为CCC（S&E），它将原有的长城认证（CCEE）、电磁兼容认证（CEMC）与中国进出口商品检验检疫认证（CCIB）相结合。这3个认证分别从用电的安全、电磁兼容及电波干扰、稳定性等方面做出了全面的规定，经过认证后的电源具备PFC电路。PFC的功能是增加对谐波电流的抑制，同时对公共电网的电流纯洁度进行有效检测，使用户的用电环境更加清洁有效，对输电线路起到保护作用，使其安全性能大幅度提高，而且使家用电器之间不会受到干扰。

（2）80PLUS效能认证

80PLUS是由美国能源署推出一个节能项目，要求电源在20%、50%和100%的关键负载状态下，效能至少能达到80%以上，可再细分为白牌、铜牌、银牌和金牌4档，如图9-7所示。功率转换效率的提高无形中为80PLUS电源用户节约了耗电量。80PLUS规范已经被越来越多的厂商和用户接受，符合80PLUS标准的

	80 PLUS Climate Savers 1	80 PLUS BRONZE Climate Savers 2	80 PLUS SILVER Climate Savers 3	80 PLUS GOLD Climate Savers 4
	80PLUS	80PLUS 铜	80PLUS 银	80PLUS金
20%负荷	80%	82%	85%	87%
50%负荷	80%	85%	88%	90%
100%负荷	80%	82%	85%	87%

图9-7　80 PLUS规范规格及标识

电源也越来越受用户的欢迎。80PLUS 认证的电源被称为“绿色电源”。

通过 80PLUS 效能认证的机种代表不论在低负载（运作功率 20%）、中负载（运作功率 50%）或高负载（运作功率 100%）下，AC/DC 的转换效率皆能发挥到 80%以上，有效地将电源转换电压时浪费的电力减至 20%以下，是一种高效率电源。具有 80PLUS 效能认证的电源的优点如下。

1）节省电力：效率高，交流电转换成直流电，虚耗的能源减少，可达到节省电力的效果。

2）提高电源使用寿命：高效率能有效减少废热的产生，可有效降低电源内部的温度，更能提高电源的使用寿命。

3）系统更稳定：因为废热减少，处在机箱内部电源的温度相对降低，不致让高温影响到系统的稳定运作。

4）安静的使用环境：高效率的电源有较低的内部温度，进而能有效降低温控风扇的转速，减少噪声的产生。

9．电源散热设计及噪声

电源运行时内部元器件都会产生热量，电源输出功率越大，发热量也越大。基于散热效果和成本因素，一般电源产品都采用风冷散热设计，如图 9-8 所示为电源主要的散热形式。其中，前排式和大风车散热形式最为常见。

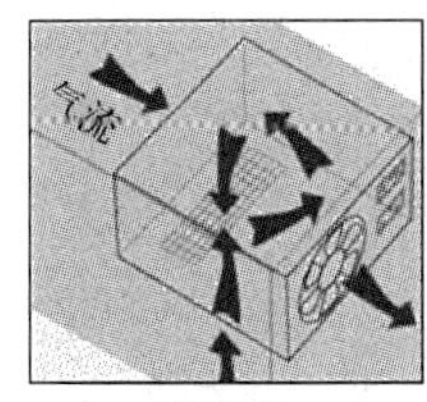

前排式

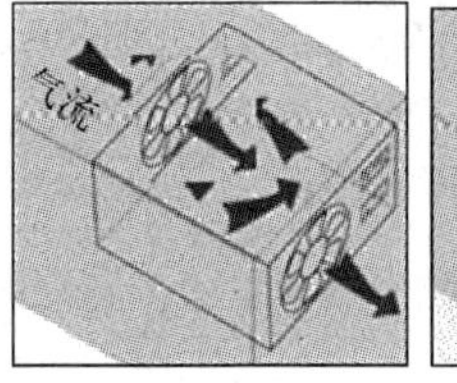

后吸前排式

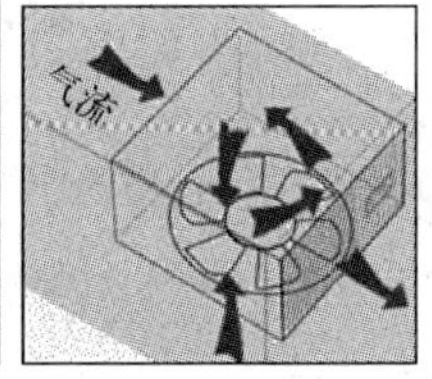

大风车（下吸式）

下吸前排式

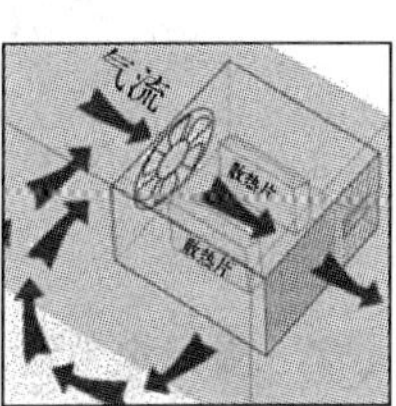

直吹式

图 9-8　电源的散热形式

- 前排式：具有技术成熟、预留给电源内部其他元件空间较大、运用广泛等优势，其缺点是风扇设计靠外，噪声较大，对于机箱内部散热帮助较小。
- 后吸前排式：使用两个平行对流的风扇，具有电源内部散热性能良好、方便电源在功率上的提高等优势，缺点是工作噪声较大，电源体积较其他散热结构电源要大一些。
- 大风车：主要采用了 12cm 的大风扇，优点是噪声低、能够帮助机箱整体散热，但因其风扇转速低，容易形成散热死角或将热量堆积到电路板底部。
- 下吸前排式：结合了后吸前排式和大风车式两种散热形式的优点，它的散热性能好，有利于机箱整体散热，缺点是噪声较大、电源内部设计复杂。
- 直吹式：优点是散热性能良好、工作噪声较低、成本较低，但是在 350W 以上的高端电源上散热效果欠佳。

PC 电源的风扇基本上都是采用向外抽风方式散热，这样可以保证电源内的热量能够及时排出，避免热量在电源及机箱内积聚，也可以避免在工作时外部灰尘由电源进入机箱。风冷散热设计必然会产生一定的噪声，PC 电源的主要噪声来源于电源的散热风，散热效果越佳，噪声就会越大，但是静音环境也是很多用户所重视的。为了使散热效能和静音之间得到平衡，一般较好的电源都带有智能温控电路，主要通过热敏电阻实现。当电源开始工作时，风扇供电电压为 7V，当电源内温度升高，热敏电阻阻值减小，电压逐渐增加，风扇转速也提高，这样就可使机箱内温度保持一个较低的水平。在负载很轻的情况下，能够实现静音效果；负载很大时，能保证良好的散热。

9.1.5 接口线模组电源

1．模组电源的含义

模组电源是指某组电源包含若干个具备独立供电功能的模组单元。模组电源源自服务器领域，因为服务器开机运行后必须不间断地工作，为了避免因电源故障造成服务器停机，服务器一般都采用这种模组电源，如果某组正在工作的供电模组出现故障，将瞬时启动备用供电模块。如图 9-9 所示是服务器上使用的模组电源。

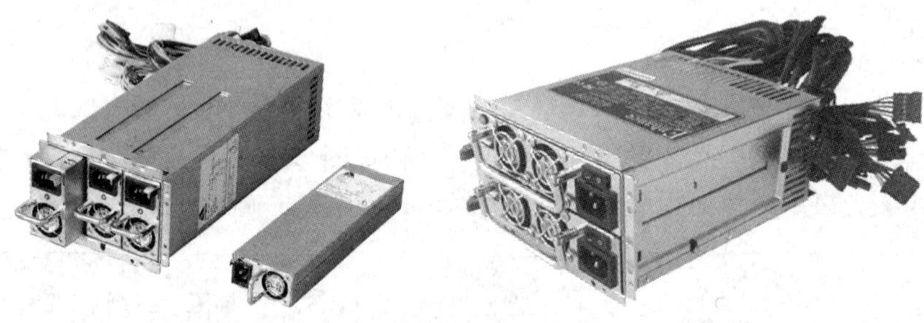

图 9-9 服务器上使用的模组电源

2．接口线模组电源

大部分主流电源标准配置的电源插头有 1 个 20 针+4 针主电源接口、1 个 4 针+4 针 CPU +12V 供电接口、1 个 6 针 PCI-E +12V 供电接口、3 个 4 针 D 形接口、1 个软驱供电接口及 4 个 SATA 硬盘供电接口。随着外部设备的增加，标准配置已经难以满足目前的需求。如果在制造时把这么多的接口线全部焊接到电源上，将显得非常杂乱。这时，把基本的接口线焊接到电源上，其他可能用到的接口线通过模组的方式连接到电源上就成为目前唯一的解决方案，于是就出现了接口线模组设计。

微机中使用的所谓模组电源，是指电源采用了带接口线的模组，用户可以根据需要增加或减少电源线的数量，如图 9-10 所示。这种台式 PC 电源仍然只有一个供电模块，将台式 PC 电源称为模组电源是不恰当的，比较合理的称呼是接口线模组电源。

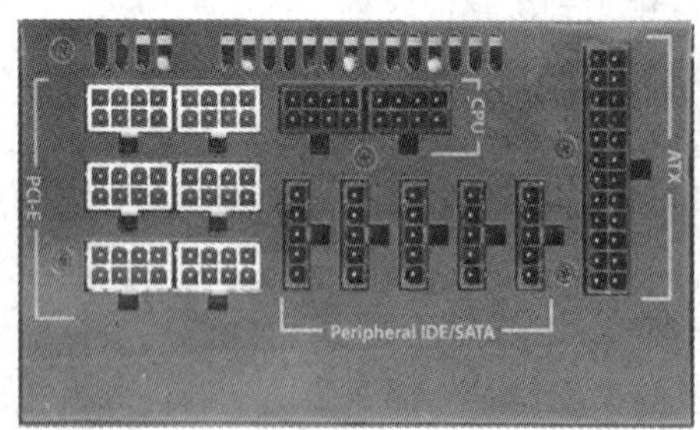

图 9-10 接口线模组电源

接口线模组电源的优势也很明显，首先是根据需求配引线接口，可把暂时不用的导线卸下，使其不影响机箱内空气的流通，有助于散热；其次是几乎满足所有桌面 PC 平台的供电需求。接口线模组电源的缺点是会增加成本并降低转换效率，频繁的拔插可能导致接口受损、接触不良，而且还存在可能接错引线导致烧毁的后果。一般采用这种设计的电源都为高端电源，所以只适合频繁升级电源的专业 DIY 玩家。

3．接口线模组电源的结构

由于接口线模组电源的接口部分是有专利保护的，导致不同厂商的接口线模组不相同，给用户带来麻烦。常见接口线模组电源的接口线、插座如图 9-11 所示。

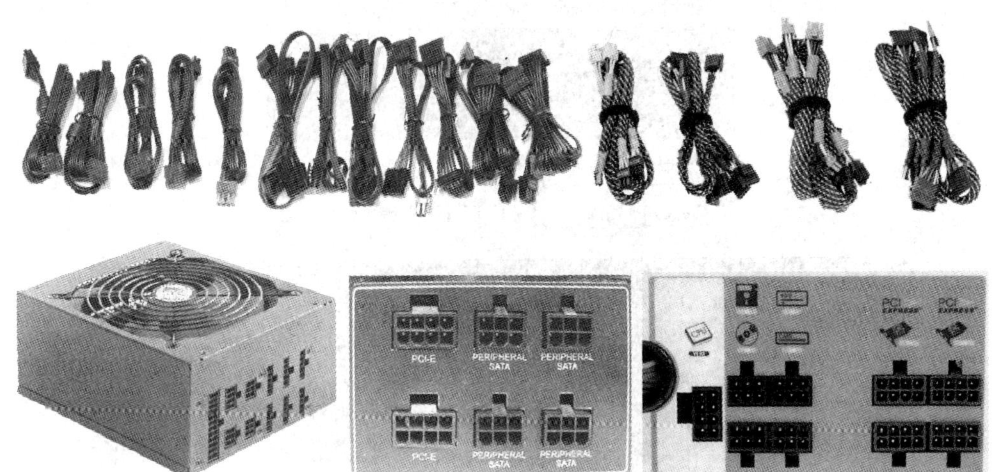

图 9-11　常见接口线模组电源的接口线、插座

9.1.6　电源的选购

电源质量直接影响到微机系统的稳定性和其他硬件设施的安全，很多故障是因为电源质量引起的，使用劣质电源，损失将很大。目前大多数消费者对于电源的重要性认识不足，对电源的选购比较随意。用户在选购电源时要注意以下要点。

1）选择可靠的品牌电源。在选购电源时，推荐选择一个被市场认可的电源品牌。有些不知名的品牌，虽然价格较便宜，但电源质量低劣，严重时会损坏计算机硬件。

2）选择整体做工良好的电源。由于不可能拆开电源看到内部做工，所以只能从外观上进行判断，通常好的电源外壳一般都使用优质钢材，材质厚，表面涂层均匀，边角、接缝处没有毛刺、露边、掉漆等情况。另外，考虑到外壳影响到电磁波的屏蔽和电源的散热性，目前电源的外壳多采用镀锌钢板材料，还有一些所谓“黄金版”产品，外壳镀金或镀镍，不仅美观还能起到防锈的作用。而一些劣质电源，通常会采用厚度较薄的外壳或者干脆采用镀锌的铁皮，这种电源外壳强度较差，稍用力就会出现较大的变形，更谈不上防辐射和散热性。

3）选择各项认证齐全、标签内容明确的电源。一般来讲，获得认证项目越多的电源质量越可靠。这里简单介绍除 CCC 和 80PLUS 之外的一些认证。

FCC：一些高品质电源还会通过 FCC 认证，它是一项关于电磁干扰的认证。通过 FCC 认证的电源，会将其工作时产生的电磁干扰加以屏蔽，消除对人体的伤害。

CE：是法语 Communate Europpene（欧盟）的缩写。CE 是一种安全认证标志，类似 3C，只有 CE 认证的产品才能在欧盟地区销售。

符合多种认证的电源，在电源外壳的侧面都贴有一张铭牌，铭牌中包含了品牌、型号、商标、产地、制造商、符合的安全标准、认证，以及各路输入电压、输入电流、输出电压、输出电流、输出额定功率等电源信息，查看电源铭牌上的信息可以直接了解该电源的相关指标。选购电源时应挑选“额定功率”，尽量避免使用“最大功率”或“峰值功率”来混淆视听的电源品牌。电源上的铭牌如图 9-12 所示。

图 9-12　电源上的铭牌

4）优先选择风扇静音效果好的电源。在电源工作过程中，风扇对散热起着重要的作用。另外还需要考虑静音效果，可以听一下风扇的声音大小。一般来说，选购采用 12 cm 风扇的电源会好一些。一般的 PC 电源用的风扇有两种规格：油封轴承（Sleeve Bearing）和滚珠轴承（Ball Bearing），前者比较安静，但后者的寿命较长。

5）选择有自我保护装置的电源。比较好的电源都具备自动关机保护线路设计，来预防过大的电压或电流造成微机部件或系统周边产品的损毁。

6）依照机箱大小和设备多少，考虑电源线材的质量、长度和电源接头的数量和类型。电源输出线的质量会影响电源的效率，应选择电源线较粗并且材质较好的电源。在电源接口方面，除了常见的 20+4 针主板供电接口，还应有 6 针供电接口，以及 SATA 接口和 D 形接口。电源的接口最好要丰富一些，方便以后扩展使用。

9.2 机箱

在计算机系统中，机箱除了给计算机系统建立一个外观形象外，还为主板、各种 I/O 卡、软驱、硬盘、电源等提供安装支架；另外，还有保护和屏蔽计算机系统内的主板和各种 I/O 卡电路，使之免受外界电磁场的干扰；更重要的是防止内部电磁波泄漏到外部，影响用户的健康。

9.2.1 机箱的分类

1．按机箱的外形划分

按机箱的外形可分为立式（如图 9-13 所示）和卧式（如图 9-14 所示）两种。按尺寸又可分为超薄、半高、3/4 高和全高几种。现在采用立式机箱比较多，立式机箱没有高度限制，理论上可以提供更多的驱动器槽，也便于箱内散热。而普通的卧式机箱受厚度限制，一般只提供一个 3.5in 槽和两个 5.25in 槽，虽然在当前的标准配置中还算够用，但在市场上已经很难见到，只有部分品牌机还在使用卧式机箱。

图 9-13 立式机箱

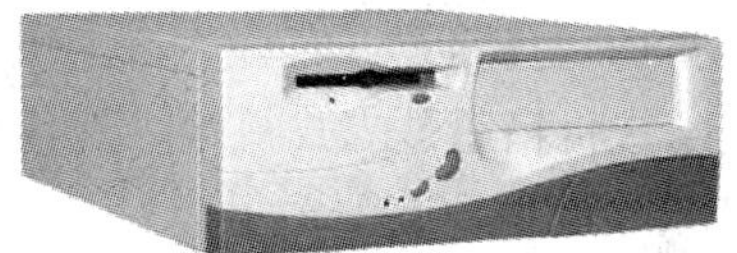

图 9-14 卧式机箱

2．按机箱的结构划分

目前，配套市场上销售的机箱有 ATX、Micro ATX、ITX 等结构。

ATX 结构的主板上除了具有键盘插孔外，还将串行接口与并行接口也集成到主板上，机箱内结构简洁，提高了系统的可靠性。Micro ATX 主板和 ATX 主板都使用 ATX 机箱。从性能价格比综合考虑，中型立式 ATX 机箱应该是目前普通用户的理想选择。ITX 机箱是一种小尺寸的机箱，适合组装 HTPC，如图 9-15 所示。

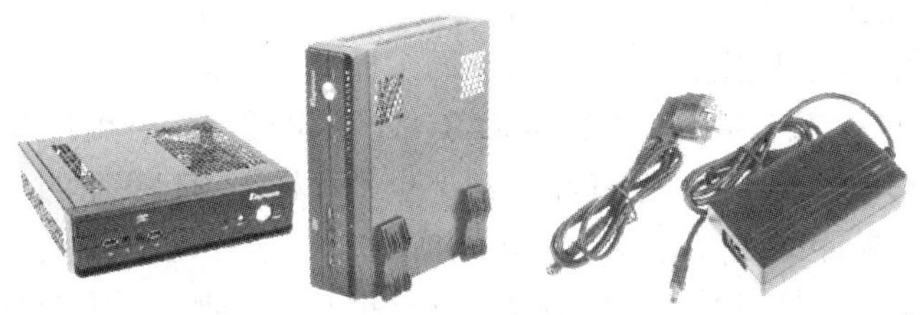

图 9-15 ITX 机箱及电源适配器

9.2.2 机箱的结构

机箱由金属的外壳、框架及塑料面板组成。机箱面板多采用硬塑料，厚实、色泽漂亮。机箱框架和外壳是用双层冷镀锌钢板制成的，钢板的厚度及材质直接关系到机箱的刚性、隔音和抗电磁波辐射的能力。正规厂家生产的机箱所用钢板厚度都不低于 1.3mm，但也有一些小厂商采用厚度仅 1mm 左右的钢板，所以选择时在体积相同的前提下越重的机箱越好，也可以在购买时用游标卡尺实测一下。在材质方面，钢板要具备韧性好、不易变形、高导电率等性能，制作时要对边框进行折边和去毛刺处理，做到切口圆滑，烤漆均匀且不掉漆、无色差，对稍大一点的机箱还应加装支撑架以防止变形。选购时要注意观察一下各部分有无不良之处。ATX 立式机箱的结构如图 9-16 所示。

图 9-16　ATX 立式机箱的结构

1．机箱内的主要部件

无论是卧式机箱还是立式机箱，其各个组成部分都差不多，只是位置有些差异。各个部件的名称和作用如下。

- 支撑架孔和螺钉孔：用来安装支撑架和主板固定螺钉。要把主板固定在机箱内，需要一些支撑架和螺钉。支撑架用来把主板支撑起来，使主板不与机箱底部接触，避免短路。螺钉用来把主板固定在机箱上。
- 电源固定架：用来安装电源。国内市场上的机箱一般都带有电源，不用另外购买电源。
- 插卡槽：用来固定各种插卡。微机的各种插卡（如显示卡、多功能卡等）可以用螺钉固定在插卡槽上。插卡接口（如显示卡上的显示器数据线接口，多功能卡上的串行接口、并行接口等）露在机箱外面，以便与微机的其他设备连接，安装时，需要将机箱上的槽口挡板卸下来。
- 主板输入/输出孔：对于 AT 机箱，键盘与主板通过圆形孔相连；对于 ATX 机箱，有一个长方形孔，随机箱配有多块适合不同主板的挡板。
- 驱动器槽：用来安装软驱、硬盘、CD-ROM 驱动器等。若用户要将软驱、硬盘等固定在驱动器槽内，还需要一些角架，角架也是和机箱一起买来的。
- 控制面板：控制面板上有电源开关、电源指示灯、复位按钮、硬盘工作状态指示灯等。
- 控制面板引脚：包括电源指示灯引脚、硬盘指示灯引脚、复位按钮引脚等。
- 扬声器：机箱内都固定一个阻抗为 8Ω的小扬声器，扬声器上的引脚插在主板上。
- 电源开关孔：用于安装电源开关。
- 其他安装配件：在购买机箱时，除了已固定在机箱内的零部件之外，还会配备一些其他零件，通常放在一个塑料袋或一个纸盒内。主要有金属螺钉、塑料膨胀螺栓、3～5 个带绝缘垫片的小细纹螺钉、角架和滑轨（用于固定软驱、硬盘和光驱）、前面板的塑料挡板（当机箱前面板缺少某个驱动器时用来封挡）、后面板的金属插卡片（用于挡住不用插卡的空闲插卡口）等，如图 9-17 所示。

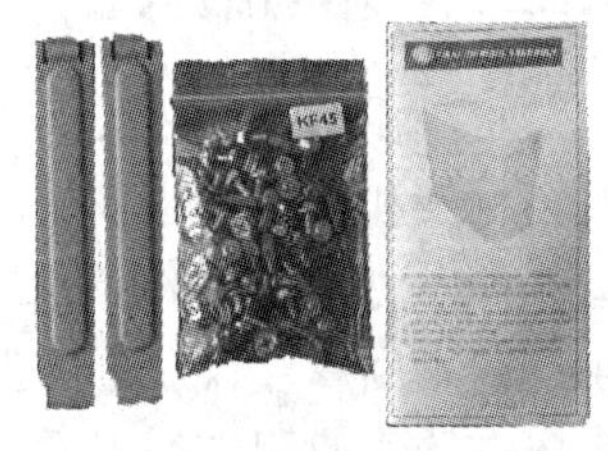

图 9-17　随机箱一起的配件

2．机箱上的按钮、开关和指示灯

机箱上常见的按钮、开关和指示灯有电源开关（Power Switch）、电源指示灯、复位按钮（Reset）、硬盘工作状态指示灯（HDD LED）等。

- 电源开关及指示灯：电源开关有接通（ON）和断开（OFF）两种状态。不同机箱的电源开关位置略有不同，有的在机箱正面，有的在机箱右侧。一般机箱上的电源开关标有“Power”字样。当电源打开时，电源指示灯亮，表明已接通电源。

ATX 机箱面板上一般没有机械式的电源开关，它通过主板上的 PW-ON 接口与机箱上的相应按钮连接，实现开、关机。有的 ATX 电源盒上带有一个开关。

- 复位按钮：按该按钮强迫微机进入复位状态。当因某种原因出现死机或按〈Ctrl+Alt+Del〉组合键无效时，可按该按钮强迫微机复位。在出现键盘锁死的情况下，应利用复位按钮使微机复位，而不宜关机重新启动。因为频繁开关机容易使电源和硬盘损坏。复位按钮的作用相当于冷启动。
- 硬盘工作状态指示灯：当硬盘正在工作时，该指示灯亮，表示目前微机正在读或写硬盘。
- 前置 USB 和音频接口：现在 USB 接口的设备越来越多，为了方便插拔，许多机箱前面板上也提供了 USB 接口和音频接口，如图 9-18 所示。用户需要用机箱提供的 USB 线连接到主板上的前置 USB 接口上。

图 9-18　机箱前面板上的前置 USB 接口和音频接口

3．机箱散热规范

随着机箱内部各配件散发的热量越来越大，Intel 公司为了确保处理器能在一个安全的环境内工作，便推出了机箱散热风流设计规范（Chassis Air Guide，CAG），此规范旨在检验机箱内各部件的冷却散热解决方案。

（1）CAG 1.1 标准（也叫 38℃机箱）

Intel 公司在 2003 年推出了 CAG 1.1 标准，即在 25℃室温下，机箱内 CPU 散热器上方 2 cm 处的 4 点平均温度不得超过 38℃，达到这个标准的机箱称为 38℃机箱。简单来说，38℃机箱就是按照 Intel CAG 1.1 规范设计，通过 TAC 1.1 标准检测的机箱。38℃机箱的散热原理如图 9-19 所示。

（2）TAC 2.0 标准（也叫 40℃机箱）

相对于 CAG 来讲，有利于散热机架（Thermally Advantaged Chassis，TAC）则是针对制造机箱所制定的一个很全面的规范认证。它不仅包括了 CAG 散热风道设计，还包括了诸如 EMI 防磁设计、噪声控制设计等关于机箱设计全方位的规范认证。

TAC 2.0 是继 CAG 1.0、CAG 1.1 之后，Intel 公司主导的第 3 个机箱标准，主要针对 CPU 和 GPU 发热源距离缩短和 GPU 发热大增而设计的标准。TAC 2.0 规范的核心内容就是侧板去掉了导风罩，在从接近 CPU 正上方到 PCI-E 显示卡插槽的位置（长 150mm，宽

110mm 的区域）开孔（通常是覆盖了 CPU、北桥、显示卡 3 个发热区域），这样的设计要使 CPU 风扇进风口温度相比室温的温升不超过 5℃，即 35℃室温下不超过 40℃，所以也叫 40℃机箱。其散热原理如图 9-20 所示。

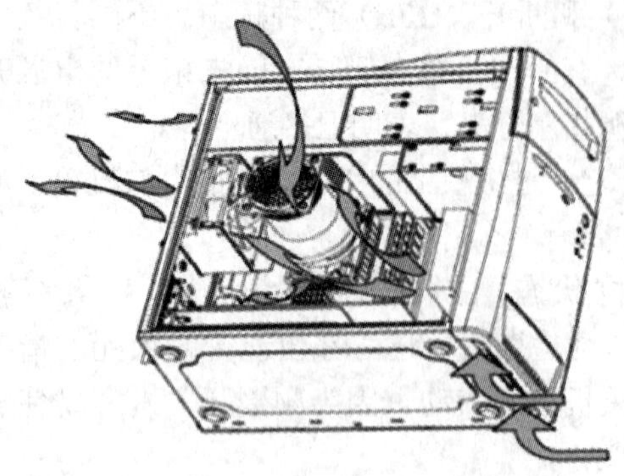

图 9-19　38℃机箱的散热原理

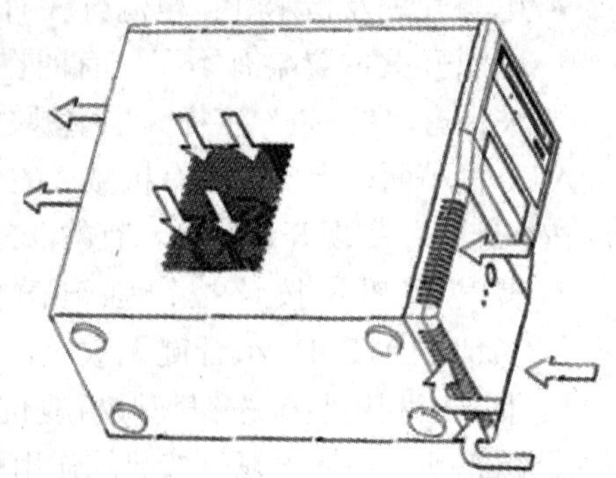

图 9-20　Intel TAC 2.0 机箱散热原理

9.2.3　机箱的选购

在选购机箱时，不但要关心机箱的外观样式是否美观，结构是否牢固，还要关心是否防辐射，也就是说，机箱关系着计算机用户的使用安全。

1．机箱类型

目前机箱类型分为 ATX、Micro ATX、Mini ITX 等。ATX 机箱是目前最常见的机箱，支持现在绝大部分类型的主板。Micro ATX 机箱比 ATX 机箱小一些。在选购时最好以标准立式 ATX 机箱为宜，因为它空间大，安装槽多，扩展性好，通风条件也不错，完全能适应大多数用户的需要。

2．箱体用料

机箱箱体用料是选择机箱的重要参考指标。

（1）电镀锌钢板

电镀锌钢板具有耐指纹和耐腐蚀性，而且保持了冷轧板的加工性，市场上大部分机箱都采用电镀锌钢板。电镀锌钢板也有优劣之分，较厚的锌钢板的电导率比较高，可以屏蔽一些机箱内的电磁辐射；而较薄的钢板制成的机箱的稳固性就较差，机箱承受能力很低，容易变形，极易导致插卡槽位定位不准确，使安装板卡发生困难。

钢板锌层是热镀上去的，属于较为优质的材料钢板，具有很好的耐蚀性。

（2）喷漆钢板

喷漆钢板是一种仅在铁皮的内外喷上一层涂料的劣质钢板，用这种材料制成的机箱在使用不久后就会出现空气氧化的现象，最严重的是其根本没有防电磁辐射功能，这样的机箱最好不要购买。

（3）镁铝合金板

镁铝合金板的抗腐蚀性能很好，属于比较高档机箱的用材。

在鉴别质量时，除观察做工外，还可以查看内部架构及侧板采用的钢材的厚度，一般质量较好的机箱采用高强度钢，重量也比较重。虽然机箱重量不是衡量一个机箱质量好坏的关键，但一般来说，质量好的机箱（不带电源）质量都在 6kg 以上。

（4）前面板用料

机箱前面板一般采用 ABS 工程塑料和普通塑料。ABS 工程塑料具有抗冲击、韧性强、无毒害、不易褪色可长久保持外观颜色的特点，价格较贵。而普通塑料使用时间一长就会泛黄、老化甚至开裂。经过认证的 ABS 材料会在塑料上印有“ABS”字样。

另外，现在机箱前面板还有一种彩钢板，又叫彩色钢板，采用复合技术将钢材与色泽鲜艳丰富的覆膜融合成一体，兼备多种材料的良好性能，同时具有很好的防锈和防腐性能。

3．机箱结构

（1）基本架构

合格的机箱应该拥有合理的结构，包括足够的可扩展槽位，方便安装和拆卸配件，同时拥有合理的散热结构。机箱内的主板板型大小安装示意图如图 9-21 所示。通过示意图可以清楚地看到，各种板型的主板都遵守行业规范，孔距便是其中之一，相同种类板型所使用的螺钉孔是固定的。

（2）拆装设计

方便用户拆装的设计也是不可缺少的，例如，侧板采用手拧螺钉固定，3in 驱动器架采用卡勾固定，5.25in 驱动器配备免螺钉弹片，板卡采用免螺钉固定。

（3）散热设计

合理的散热结构更是关系到计算机能否稳定工作的重要因素。目前最有效的机箱散热方式是大多数机箱所采用的双程式互动散热通道，即外部低温空气由机箱前部进气，经过南桥芯片、各种板卡、北桥芯片，最后到达 CPU 附近，在经过 CPU 散热器后，一部分空气从机箱后部的排气风扇抽出机箱，另外一部分从电源底部或后部进入电源，为电源散热后，再由电源风扇排出机箱。机箱风扇多使用 80mm 规格以上的大风量、低转速风扇，避免了过大的噪声。

4．电磁屏蔽性能

微机在工作的时候会产生电磁辐射，如果不加以防范会对人体造成一定伤害。选购时要注意，机箱上的开孔要尽量小，而且要尽量采用圆孔。同时还要注意各种指示灯和开关接线的电磁屏蔽。机箱侧板安装处、后部电源位置设置防辐射弹片，机箱中 5.25in 和 3.5in 槽位的挡板使用带有防辐射弹片与防辐射槽的钢片。机箱上的防辐射弹片可以加强机箱各金属部件之间的紧密接触而让机箱各部分连通成一个金属腔体，防止电磁辐射难以泄漏。防辐射能力良好的机箱在基座、前板、顶盖、后板边，甚至电源接口处都会设计大量的防辐射弹片和触点，如图 9-22 所示。

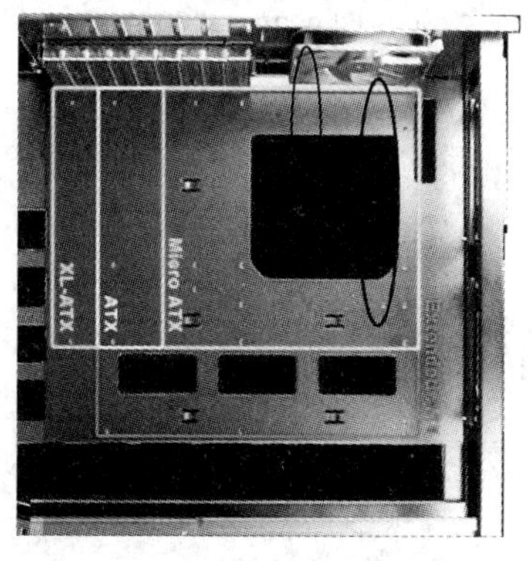

图 9-21　机箱内的主板板型大小安装示意图

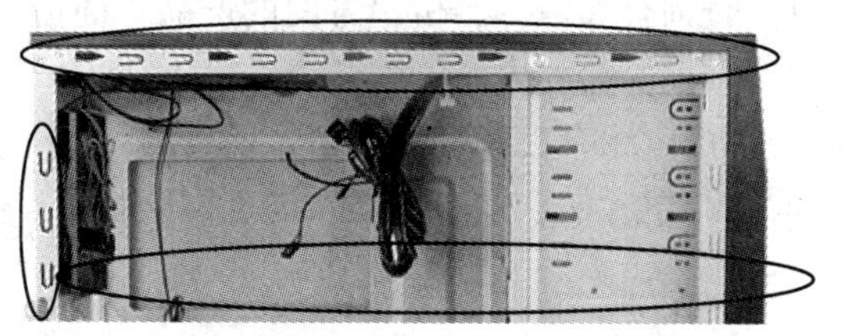
图 9-22　机箱上的防辐射弹片和触点设计

最直接的方法是看机箱是否通过了 EMI GB9245 B 级、FCC B 级及 IEMC B 级标准的认证，这些民用标准规定了辐射的安全限度，通过这些认证的机箱一般都会有相应的证书。

9.3 实训

9.3.1 电源的安装

安装主板之前，应该先安装电源。电源安装在机箱后部，4 个固定用的螺钉位置成不规则四边形，如图 9-23 所示，位置错误是无法安装的。

先将电源放进机箱上的电源槽，并将电源上的螺钉固定孔与机箱上的固定孔对正。先拧上一颗螺钉（固定住电源即可），然后将其他 3 颗螺钉孔对正位置，再拧紧全部螺钉，如图 9-24 所示。

需要注意的是，安装电源时，首先要做的是将电源放入机箱内，这个过程中要注意电源放入的方向。有些电源有两个风扇，或者有一个排风口，其中一个风扇或排风口应对着主板，放入后稍稍调整，让电源上的 4 个螺钉和机箱上的固定孔分别对齐。

9.3.2 机箱的安装

将机箱立放在工作台上，拆下机箱两边的侧面板，将机箱脚垫安装在机箱底部。整理一下机箱扬声器、控制线，将它们收拢，用捆扎绳捆扎在一起。接着，对照主板输入/输出孔的部位，用手或螺钉旋具推压，去除机箱后面板上的相应安装孔、PCI-E 插槽或 PCI 插槽位置上的可拆除铁片。

安装机箱时，把机箱盖盖好，拧好螺钉即可，如图 9-25 所示。

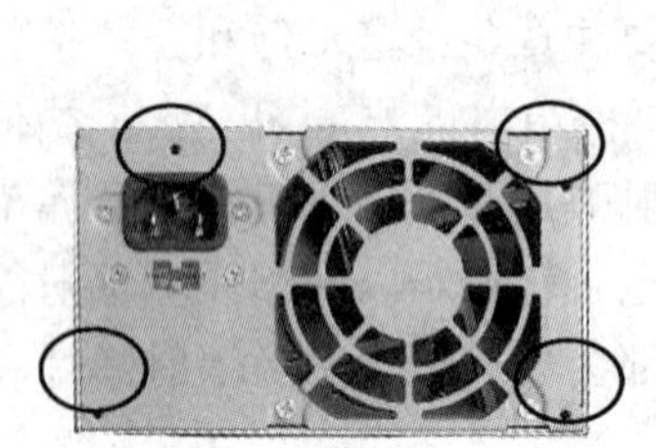

图 9-23　螺钉位置

图 9-24　电源的安装

图 9-25　机箱的安装

9.4 思考与练习

1．查询有关电源、机箱方面的产品、商情信息。
2．掌握机箱、电源的安装方法。
3．PC 电源有哪些规范？请上网查找（搜索关键词：PC 电源规范发展）。
4．PC 电源的认证有哪些？请上网查找。

第 10 章　键盘和鼠标

键盘和鼠标是最常见的输入设备。一套手感舒适、做工精良、外形美观的键盘和鼠标，不仅能够在使用时得心应手，而且还能够充分保护使用者的健康。

10.1　键盘

键盘（Keyboard）是最常用的也是最主要的输入设备之一，通过键盘，可以将英文字母、数字、标点符号等输入到计算机中，从而向计算机发出命令、输入数据等。

10.1.1　键盘的分类

1．按键盘的工作原理分类

市场上常见键盘根据不同的工作原理可以分为机械式、塑料薄膜式、导电橡胶式。

（1）机械式键盘

机械式键盘采用类似金属接触式开关的原理使触点导通或断开，从而获得通断控制信号。每一颗按键都有一个单独的开关来控制闭合，这个开关也被称为“轴（Switch）”，如图 10-1 所示。机械式键盘的主要组件是轴，轴上面是键帽，下面是一层 PCB。最著名的“轴”是德国的 Cherry MX 机械轴。Cherry MX 系列机械轴从十字型轴帽颜色来看，主要包括青、茶、黑、白、灰、绿 6 种，每一种颜色的机械轴手感各不相同，青轴压力小、敲击声音大、适合打字，寿命 2000 万次；黑轴压力感最强、声音发闷、适合游戏，寿命 5000 万次；茶轴中性，是青轴和黑轴之间的性能，适合游戏；白轴相对比较稀少，键感和黑轴类似。

图 10-1　机械式键盘的按键

机械式键盘具有结实耐用，手感好等特点。机械式键盘属于高端产品，主要用户为游戏爱好者、程序员、专业打字员等，但价格较贵。

机械式键盘内部由 100 多颗独立开关和电路板共同控制闭合，所以机械式键盘不防水，在防水性上不如塑料薄膜式键盘。

（2）塑料薄膜式键盘

塑料薄膜式键盘是市场上最常见的键盘，按键通常由 4 层组成，最上层是中心有凸起的橡胶垫，下面 3 层都是塑料薄膜，其中最上一层是正极电路，中间一层是间隔层，最下一层是负极电路。按下按键时，按键推动橡胶垫的凸起部分向下，而橡胶垫的凸起部分又压迫第一层的触点部分向下变形，透过第二层——隔离层的小孔，接触第三层的触点，输出编码。塑料薄膜式键盘的内部结构如图 10-2 所示。

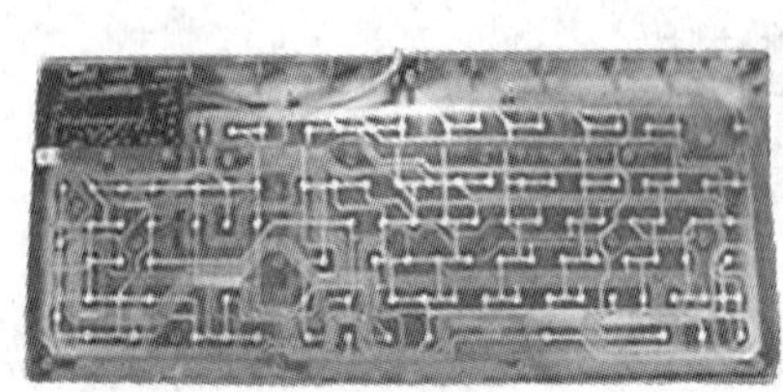

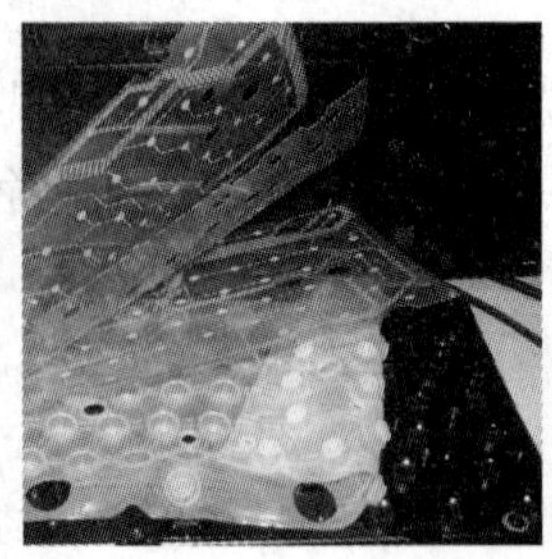

图 10-2　塑料薄膜式键盘的按键

塑料薄膜式键盘最大的特点就是低成本、低价格、低噪声、结构简单，在市场上占据绝大多数份额，平时所使用的廉价键盘基本都是塑料薄膜式键盘。由于塑料薄膜式键盘主要依靠橡胶来接触，时间长了会造成橡胶老化，最后导致无法使用，所以塑料薄膜式键盘的使用寿命较短。目前市场上大部分塑料薄膜式键盘都具有防水设计。

（3）导电橡胶式键盘

导电橡胶式键盘的结构非常简单，上层是一层带有导电橡胶凸起的橡胶垫，只有凸起部分能够导电，而接触印制电路板的平面部分不导电，凸起部分对准每个按键；按键下层是一张印制电路板，按下键帽时，推动能够导电的凸起部分，接通下方正对的触点；放松键帽不按时，凸起部分依靠橡胶垫本身的弹性弹起，断开电路。导电橡胶式键盘的内部结构如图 10-3 所示。由于橡胶会老化，所以寿命也较短。

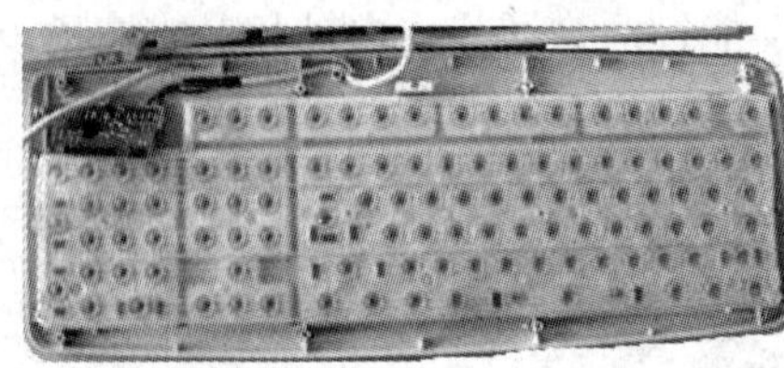

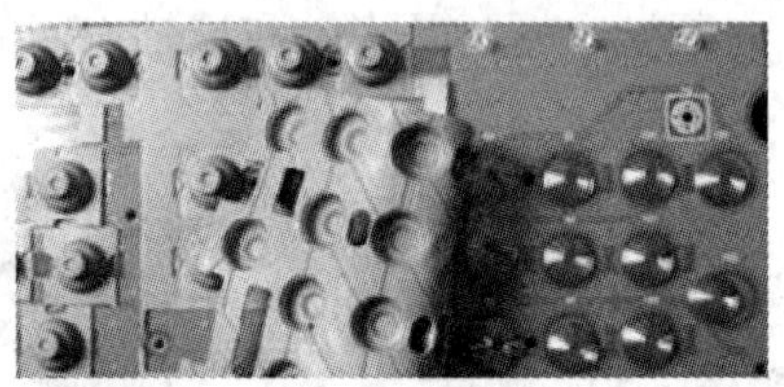

图 10-3　导电橡胶式键盘的内部结构

2．按键盘的按键数量分类

在计算机键盘发展历史上，以下几种键盘具有非常重要的地位，是相应时期的键盘规范。

（1）84 键键盘和 101 键键盘

最早的 XT 键盘就采用 84 键布局。101 键键盘是在 84 键键盘的基础上增加了编辑控制键区、功能键区、小数字键区及其他一些按键。目前，这两类键盘已经被淘汰。

（2）104 键标准键盘

标准的 104 键台式机键盘比 101 键键盘多出了 3 个键，用于在 Windows 95 及以上的操作系统环境中快速调出系统菜单或鼠标右键快捷菜单。目前市场上绝大多数键盘都为此种类型。常见的 104 键标准键盘如图 10-4 所示。

图 10-4　常见的 104 键标准键盘

（3）104 键多媒体键盘

104 键多媒体键盘采用标准的台式机键盘，键体设计添加了音量增减、Mail 等热键。热键数量较少的属于准多媒体键盘，应用也很广泛。

（4）104 键 Office 多媒体键盘

这是真正称得上多媒体键盘的 104 键键盘产品，具有丰富的热键，可自定义功能，并且附带其他（如滚轮旋钮等）扩展功能。

（5）107 键标准键盘

107 键标准键盘比 104 键键盘多了“开/关机”“睡眠”“唤醒”等电源管理方面的按键。顾名思义，这 3 个按键分别用于快速开/关计算机，以及让计算机快速进入或退出休眠模式。由于其多出的 3 个按键有时候会造成误操作，所以现在厂商多以 104 键为基础进行设计。

（6）多媒体键盘

时下非常流行这类键盘（如图 10-5 所示），大多是在 107 键键盘的基础上额外增加了一些多媒体播放、Internet 访问、E-mail、资源管理器方面的快捷按键，这些按键通常要安装专门的驱动程序才能使用，而且这类键盘中大多数都能够通过驱动程序附带的调节程序，让用户自定义这些快捷按键的功能。

图 10-5　多媒体键盘

（7）笔记本电脑式键盘

由于笔记本电脑式键盘的键帽采用了先进的剪刀式 X 架构悬吊技术设计，使得它拥有比传统台式机键盘更好的弹性，以及轻盈柔和的手感，这种键盘可以大大提高文字的录入速度，提高工作效率，所以键体和键帽仿照笔记本电脑式键盘的产品在市场上大受欢迎。

3．按键盘的外观分类

（1）普通键盘

此类键盘价格便宜，市场占有量最大，主要用在学校机房、办公场所等。

（2）人体工程学键盘

所谓人体工程学，在本质上就是使工具的使用方式尽量适合人体的自然形态，这样就可以使得使用工具的人在工作时，身体和精神不需要任何主动适应，从而尽量减少使用工具造成的疲劳。对于经常使用键盘的用户，建议使用人体工程学键盘，以减轻对身体的损伤。微软公司多年来一直倡导使用人体工程学外设，如图 10-6 所示是微软第 5 代人体工程学键盘产品——人体工程学键盘 4000（Natural Ergonomic Keyboard 4000）。

图 10-6　微软的人体工程学键盘 4000

（3）火山口架构键盘和剪刀脚架构键盘

塑料薄膜式键盘的键帽有火山口架构和剪刀脚架构两种。火山口架构成本较低，而且结构简单，也十分耐用，没有明显的缺点，因此平常所用 90%以上的键盘都采用了火山口架构，如图 10-7 所示。

由于剪刀脚架构可以把键盘做得更薄，同时剪刀脚的“X”架构可以确保按键的稳定性，因此广泛应用于笔记本电脑键盘和超薄键盘中，如图 10-8 所示。

图 10-7　火山口架构键盘

图 10-8　剪刀脚架构键盘

4．按有无连接线分类

按有无连接线可将键盘分为有线键盘和无线键盘。一般的键盘都是有线键盘，通过线缆与主机连接。无线键盘主要是采用无线电传输（RF）方式与主机通信。

5．按键盘的接口分类

早期的键盘接口是 AT 键盘接口，是一个较大的圆形接口，俗称“大口”。后来的 ATX 规格改用 PS/2 接口作为鼠标专用接口的同时，也提供了一个键盘专用的 PS/2 接口，俗称“小口”。但要注意，虽然键盘和鼠标使用的都是 PS/2 接口，但二者之间不能互换。随着 USB 接口的广泛使用，很多厂商相继推出了 USB 接口的键盘。PS/2 鼠标接口、PS/2 键盘接口和 USB 接口如图 10-9 所示。

图 10-9　PS/2 鼠标接口、PS/2 键盘接口和 USB 接口

10.1.2 键盘的结构

键盘从结构上看，可以分为外壳、按键和电路板 3 大部分，如图 10-10 所示。平时只能看到键盘的外壳和所有按键，电路板安置在键盘的内部，用户是看不到的。

图 10-10 键盘的结构

1．外壳

键盘的外壳主要用于支撑电路板和给操作者一个工作环境，其底部有可以调节键盘角度的支架，键盘外壳与工作台的接触面上装有防滑减震的橡胶垫，有的键盘还装有手掌托。外壳上还有一些指示灯，用来指示某些按键的功能状态。

2．按键

印有符号标记的按键被固定在键盘外壳上，有的直接焊接在电路板上。

键盘的键帽可以影响手感、视觉，还影响使用寿命。影响键帽质量的因素主要有两个，一是键帽字符的印刷技术，二是键帽的材质。

（1）键帽字符的印刷技术

目前市场上所能见到的键盘键帽印刷技术主要有 7 种，包括丝网印刷、UV 覆膜技术、激光填料法、含浸印刷（热升华）、镂空印字法、激光蚀刻（镭射）、二色成形法。其中，丝网印刷是最常见的一种键帽印刷技术，在键帽表面通过丝网印刷机将油墨印在表面，成本低廉，色彩丰富，深色键帽中比较常见。但是采用这种印刷技术的键帽字符耐磨度较差，所以在低端键盘中比较常见。其他印刷技术质量都较好。

（2）键帽材质

最常见的键帽材质有 3 种，分别是 ABS 工程塑料、PBT 材质、POM 材质。ABS 工程塑料是一种成本非常低廉的材质，也是键盘中最常见的一种键帽材质。其他两种材质质量较好。

3．电路板

电路板是整个计算机键盘的核心，主要由逻辑电路和控制电路组成。逻辑电路排列成矩阵形状，每一个按键都安装在矩阵的一个交叉点上。电路板上的控制电路由按键识别扫描电路、编码电路、接口电路组成。在一些电路板的正面可以看到由某些集成电路或其他一些电子元器件组成的键盘控制电路，反面可以看到焊点和由铜箔形成的导电网络；而另外一些电路板上只有制作好的矩阵网络而没有键盘控制电路，它们将这一部分电路设计到了计算机内部。

10.1.3 键盘的主要参数

键盘的许多参数有很大的主观性，包括外观设计（整体外观、键位布局）、键盘键帽、手感及舒适度、人性化设计（包括附件）、做工（外壳、用料、线材、接口、支脚）等。

1．外观设计

良好的键盘外观，不仅代表了做工的精细，同时也能给人以视觉上的享受。

2．工作噪声

键盘使用时产生的噪声越来越被人所重视，键盘噪声越小越好。

3．键程差异率

由于键帽都有一定弧度的下凹，每个按键按下的距离会有差别，按键键程之间的差异越小越好。

4．按键舒适度

虽然打字的舒适与个人所喜好的键程的长短有很大的关系，但是不同材质、不同弹性的弹簧带来的是不同的打字感受，用户应该选用适合自己打字习惯的键盘。

5．使用舒适度

使用的舒适度涉及用户的手、腕、肘等主要关节的舒适程度，这与是否科学地进行了人体工程学设计有很大的关系。

6．扩展功能

键盘的扩展功能主要集中在热键、其他防护等方面，合理的热键、防水等各种扩展功能可为用户带来方便。

10.1.4 键盘的选购

很多人在购买键盘的时候似乎不够重视，总是随便买一个。其实键盘是除显示器、鼠标器、机箱之外与用户关系最密切的部件。如果键盘质量不够好，轻则影响打字速度，重则会造成手腕及指关节损伤。因此，对键盘一定要精挑细选，尽量选择知名的产品。对于不合适的键盘，应该立即更换，毕竟健康第一。在购买键盘时，可注意下面几点。

1．按需选取

对键盘要求较高的用户群主要有两类，第一类是游戏玩家，为了保证在游戏中有迅速的反应和尽量少的键位冲突，键盘对游戏玩家起到了一个比较关键的作用；第二类是长时间使用微机工作的人群，如程序员、打字员等，需要长时间通过键盘输入，对键盘的输入速度和手感提出了较高的要求。这两类用户最好选用有屏蔽辐射功能的机械式键盘。

2．舒适度

由微软公司发明的人体工程学键盘，将键盘分成两部分，两部分呈一定角度，以适应人手的角度，使输入者不必弯曲手腕。另有一个手腕托盘，可以托住手腕，将其抬起，避免手腕上下弯曲。这种键盘主要适用于那些需要大量进行键盘输入的用户，价格较高，且要求使用者采用正确的指法，消费者应视自身情况选购。目前很多标准键盘也增加了手腕托盘，也能一定程度地保护手腕，这些键盘也往往自称人体工程学键盘，要注意区分。

3．操作手感

键盘按键的手感是使用者最直观的体验，也是键盘是否“好用”的主要标准。按键的结构分为机械式和电容式两种，这两种结构的按键手感不同，要视自己的习惯选择。好的键盘按键应该平滑轻柔，弹性适中而灵敏，且按键无水平方向的晃动，松开后立刻弹起。好的静音键盘在按下、弹起的过程中应该是接近无声的。

4．做工

做工质量也是选购过程中主要考察的因素。对于键盘，要注意观察键盘材料的质感，边缘有无毛刺、异常突起、粗糙不平，颜色是否均匀，键盘按钮是否整齐合理，是否有松动。键帽印刷是否清晰，好的键盘采用激光蚀刻键帽文字，这样的键盘文字清晰且不容易褪色。还要注意反面的底板材料及铭牌标识。某些优质键盘还采用排水槽技术来减少进水可能造成的损坏。

5．接口的类型

目前市场上常见的键盘接口有两种：PS/2 接口和 USB 接口。购买时需要注意主板支持的键盘接口类型，由于许多微机不支持 USB 接口的键盘，应选择 PS/2 接口的键盘。

6．是否“锁键盘”

有些键盘在同时按下几个键时，有些键就失去了作用，这给需要用键盘玩游戏的用户造成了极大的不便，在购买时应注意测试。

10.2 鼠标

鼠标器（Mouse）简称鼠标，随着 Windows 操作系统的流行，鼠标变成了必需品，有些软件必须要安装鼠标才能运行。

10.2.1 鼠标的分类

鼠标有多种分类方式。

1．按鼠标引擎的工作原理分类

（1）传统光学鼠标

传统光学鼠标的工作原理是其底部的 LED 灯光（一般是红色）以 30° 角射向桌面（或鼠标垫），桌面反射的光线通过透镜传到传感器上，由于桌面表面粗糙，鼠标移动时传感器将得到变化的光线，由此判断鼠标的移动。光学鼠标是当前的主流。

（2）激光鼠标

激光鼠标也是光电鼠标，只不过是用激光代替了普通的 LED 光。因为激光几乎是单一的波长，其特性比 LED 光好。激光鼠标传感器获得影像的过程是根据激光照射在物体表面所产生的干涉条纹而形成的光斑点反射到传感器上获得的，而传统的光学鼠标是通过照射粗糙的表面所产生的阴影来获得的，因此激光能对表面的图像产生更大的反差，从而使得“CMOS 成像传感器”得到的图像更容易辨别，提高鼠标的定位精准性。

（3）罗技“Dark field”无界激光鼠标

罗技“Dark field”无界技术采用暗视野显微来探测表面上的微观颗粒和微小的划痕，传感器能够通过这些点的运动精确追踪鼠标的移动。

（4）微软蓝影鼠标

蓝影（Blue Track）技术是微软公司独有的。采用蓝影技术的鼠标产品使用的是可见的蓝色光源，因此它看上去更像是使用传统的光学引擎，可它并非利用光学引擎的漫反射阴影成像原理，而是利用目前激光引擎的镜面反射点成像原理，因此蓝影鼠标的性能与激光鼠标十分相近。

LED 光源发射出的蓝色光线通过汇聚镜片照射在物体表面上，通过物体表面反射到成像镜片，经过成像镜片汇集在 CMOS 光学传感器上成像，而光学传感器则相当于一台高速连拍照相机，能够在每秒钟拍摄数千张照片，并将它们传送至图像处理芯片，经过芯片对每张照片的对比，最终得出鼠标移动的轨迹。

2. 按鼠标的按键数目分类

按鼠标的按键数目可将鼠标分为两键鼠标和三键鼠标，如图 10-11 所示。

- 两键鼠标，又称 MS Mouse，是由微软公司设计和提倡的鼠标，只有左右两个按键，是默认的鼠标标准。
- 三键鼠标，又称 PC Mouse，是由 IBM 公司设计和提倡的鼠标，在原有的左右两键当中增加了第 3 键——中键。很多软件也经常使用中键，特别是绘图软件、三维射击游戏等。尤其是上网浏览时，鼠标中键可以使操作变得简单方便。

3. 按是否有滚轮分类

微软公司设计的“智能鼠标”（IntelliMouse）把三键鼠标的中键改为一个滚轮，可以上下自由滚动并且也可以像原来的鼠标中键一样单击。滚轮最常用于快速控制 Windows 的滚动条，而在一些特殊的程序中也能起到一定的辅助作用。滚轮鼠标一经推出就大受欢迎，于是很多厂家都生产了各自的滚轮鼠标，如图 10-12 所示。

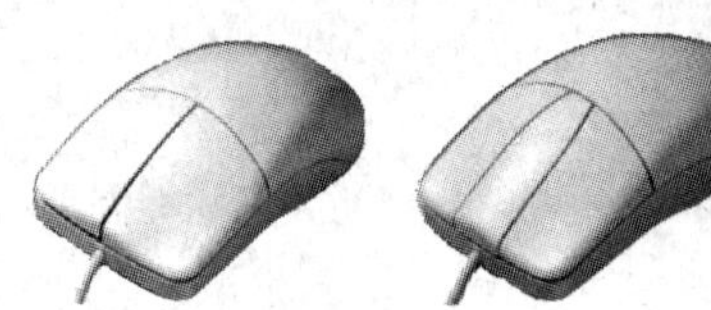

图 10-11 两键鼠标和三键鼠标

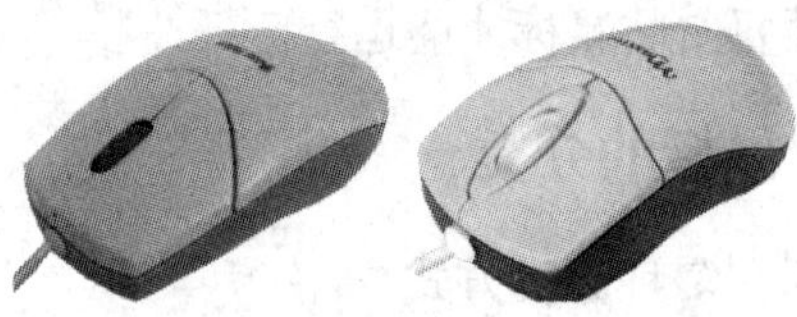

图 10-12 滚轮鼠标

4. 按鼠标的接口分类

目前鼠标与计算机连接的接口一般有两种：PS/2 接口（鼠标专用口）和 USB 接口。这两种接口的鼠标如图 10-13 和图 10-14 所示。

图 10-13 PS/2 接口鼠标

图 10-14 USB 接口鼠标

ATX 结构主板上提供了一个标准的 PS/2 鼠标接口和一个 PS/2 键盘接口。值得注意的是，PS/2 鼠标不可以带电插拔，而 USB 接口鼠标则可带电插拔。

5. 按鼠标的外形是否符合人体工程学分类

按照人体工程学原理设计的鼠标，手掌搭放在鼠标上面能够得到很充分的支撑，有效防止长时间使用所产生的疲劳感，人体工程学鼠标又分为右手、左手鼠标。常见人体工程学鼠标的外观如图 10-15 所示。

6. 按有线无线分类

为了取消连接线，还有采用红外线、激光和蓝牙等技术的无线鼠标。这类鼠标本身的工作原理与普通鼠标一样，只不过采用无线技术与微机通信。常见的无线鼠标如图 10-16 所示。

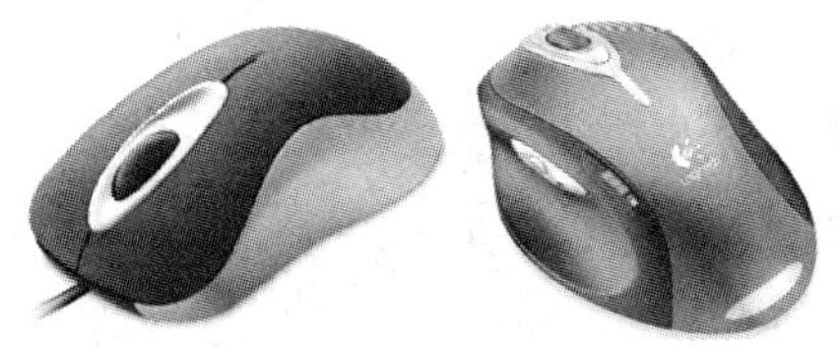

图 10-15　人体工程学鼠标

图 10-16　无线鼠标

无线鼠标具有不需要连线的优点，可以在几米范围内操纵。但是，无线鼠标也有致命的缺点，就是容易受到干扰，传输延时比较严重，时常会出现无法移动鼠标指针的现象。

无线鼠标都需要电池来供电，配合无线接收器才可以正常工作。无线接收器很像 U 盘，采用 USB 接口，并提供一个电源接口给鼠标充电使用。把充电连线分别插入接收器和鼠标前面的充电接口就可以充电了。

10.2.2　光学鼠标的结构

光学鼠标通常由光学感应器、光学透镜、发光二极管、控制芯片、轻触式按键、滚轮、连接线、PS/2 或 USB 接口和外壳等部分组成，如图 10-17 所示。

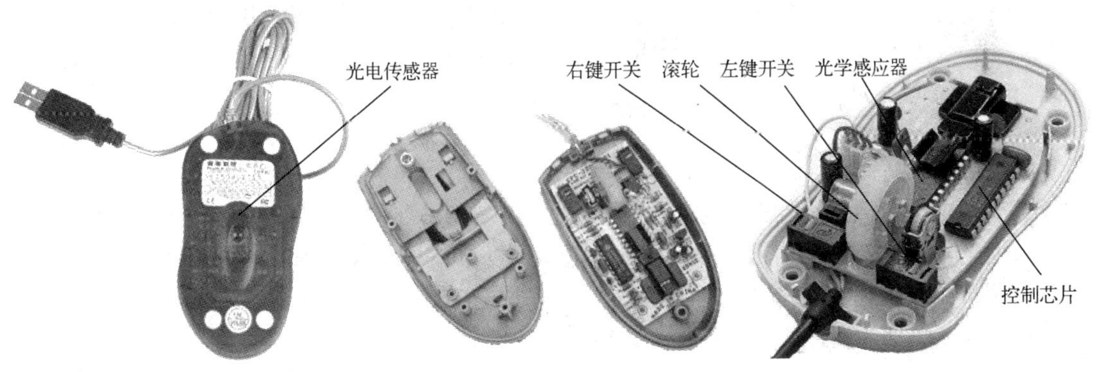

图 10-17　鼠标的结构

1．光学感应器

光学感应器是光学鼠标的核心，目前生产光学感应器的厂家只有安捷伦、微软和罗技 3 家公司。其中，安捷伦公司的光学感应器使用十分广泛，除了微软的全部和罗技的部分光学鼠标之外，其他的光学鼠标基本上都采用了安捷伦公司的光学感应器。

如图 10-18 所示是光学鼠标内部的光学感应器，它采用的是安捷伦公司的 A2051 光学感应元器件。如图 10-19 所示是 A2051 光学感应器的背面，可以看到芯片上有一个小孔，这个小孔用来接收由鼠标底部的光学透镜传送过来的图像。

图 10-18　光学鼠标内部的光学感应器

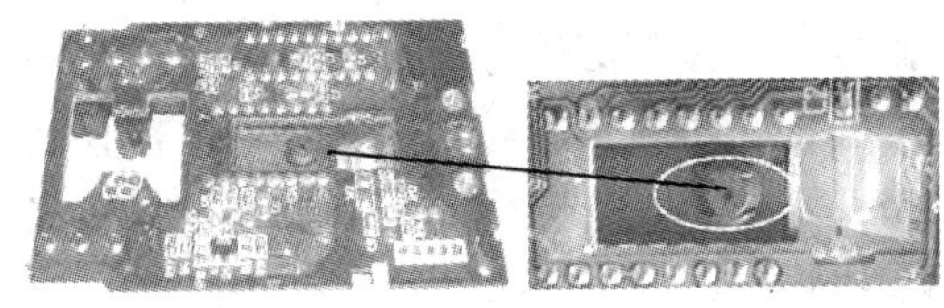

图 10-19　光学感应器背面的小孔

2．光学鼠标的控制芯片

控制芯片负责协调光学鼠标中各元器件的工作，并与外部电路进行沟通及各种信号的传送和接收。如图 10-20 所示是罗技公司的 CP5928AM 控制芯片，它可以配合安捷伦的 A2051 光学感应元器件，实现与主板 USB 接口之间的连接。

图 10-20 控制芯片

3．光学透镜组件

把光学鼠标翻过来，都可以看到一个小凹坑，里面有一个三棱镜和一个凸透镜。光学透镜组件被放在光学鼠标的底部位置，它由一个棱镜和一个圆形透镜组成，如图 10-21 所示。棱镜负责将发光二极管发出的光线传送至鼠标的底部，并予以照亮。光学鼠标背面外壳上的圆形透镜则相当于一台摄像机的镜头，负责将已经被照亮的鼠标底部图像传送至光学感应器底部的小孔中。

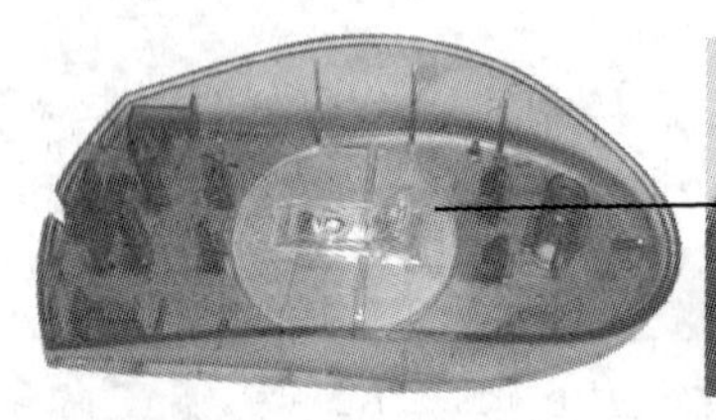
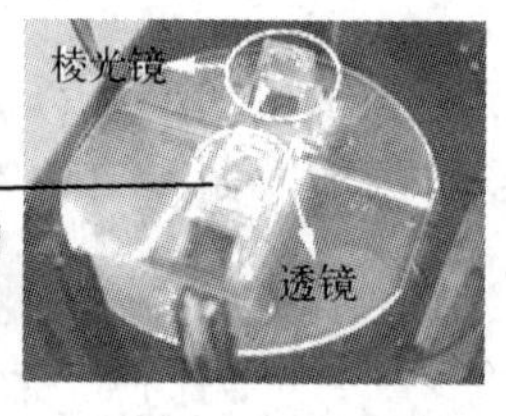

图 10-21 光学透镜组件

4．发光二极管

通常，光学鼠标采用的发光二极管发出的光（以前是红色的，也有部分是蓝色的，现在为不可见光），一部分通过鼠标底部的光学透镜（即其中的棱镜）来照亮鼠标底部；另一部分则直接传到了光学感应器的正面。发光二极管的作用是产生光学鼠标工作时所需要的光源。光学鼠标内部的发光二极管如图 10-22 所示。

图 10-22 光学鼠标内部的发光二极管

5．轻触式按键

普通的光学鼠标上有两个轻触式按键，带有滚轮的光学鼠标有 3 个轻触式按键，如图 10-23 所示。高级的鼠标通常带有 X、Y 两个翻页滚轮，而大多数光学鼠标仅有一个翻页滚轮。当按下滚轮时，则会使中键产生作用。

在滚轮两侧安装有一对光学发射/接收装置，如图 10-24 所示。滚轮上带有栅格，由于栅格能够间隔地阻断光线的发射和接收，这样便能产生脉冲信号，脉冲信号经过控制芯片传送给操作系统，便可以产生翻页动作了。

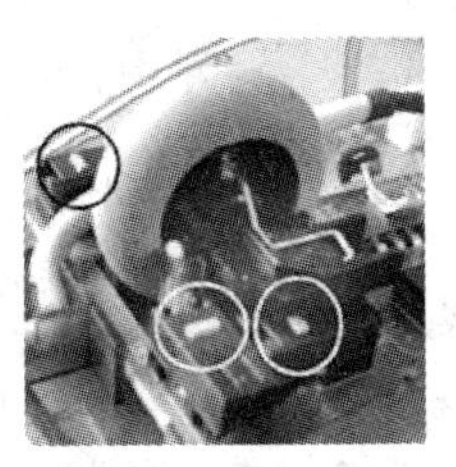

图 10-23　光学鼠标的 PCB 上共焊有 3 个轻触式按键　　　图 10-24　光学“发射/接收”装置

10.2.3　鼠标的主要参数

鼠标的性能涉及以下所述的多个参数。

1．分辨率（d/in/c/in）

每英寸像素数（Dots Per Inch，d/in）用来表示鼠标在物理表面上每移动 1in 时其传感器所能接收到的坐标数量。每英寸的测量次数或采样率（Count Per Inch，c/in）是光电鼠标引擎厂商安捷伦提出的单位标准，d/in 和 c/in 都是表示鼠标分辨率的标准，只是 c/in 的表达方式更加精准，因此目前广泛使用 c/in 标识。基本上两个值是十分接近的，在较高数值时，d/in 相对 c/in 来说分辨率要更高一些。

分辨率越高，在一定的距离内可获得越多的定位点，鼠标将更精确地捕捉到用户的微小移动，尤其有利于精准定位；另一方面，c/in 越高，鼠标在移动相同物理距离的情况下，鼠标指针移动的逻辑距离会越远。例如，在 Windows 默认鼠标速度下，拥有 400d/in 的鼠标在鼠标垫上移动 1in，鼠标指针在屏幕上则移动 400 像素。c/in 也可以说是鼠标能感应的最小移动量，400c/in 最低能感应 1/400in。

2．刷新率

刷新率又被叫作内部采样率、扫描频率、帧速率等，单位是 f/s，是每秒鼠标从光头读取数据的次数。光学鼠标就是靠不停地扫描，判断出鼠标移动的方向。可是，在高速移动过程中，刷新率低将会导致扫描的图像连不上，会失去定位。

刷新率是对鼠标光学系统采样能力的描述参数，即 LED 发出光线照射工作表面，传感器以一定的频率捕捉工作表面反射的快照，交由数字信号处理器（DSP）分析和比较这些快照的差异，从而判断鼠标移动的方向和距离。很显然，刷新率的高低决定了图像的连贯性好坏以及对微小移动的响应，刷新率越高则在越短的时间内获得的信息越充分，图像越连贯，帧之间的对比也更有效和准确。表现在实际使用效果上则是鼠标的反应将更加敏捷、准确和平稳（不易受到干扰），而且对任何细微的移动都能做出响应。目前最高的刷新率高达 6000 次/s，从而解决了鼠标高速移动时光标乱飘的问题。刷新率越高越好，而且与 d/in 无关。

3．鼠标回报率（或称接口采样率、轮询率）

鼠标回报率是指鼠标控制单元与微机的传输频率。现在的鼠标大多采用 USB 接口，理论上，鼠标回报率应该达到 125Hz。按照理论来说，越高的回报率越能发挥鼠标的性能，特别是对于游戏玩家来说更具实际意义。但是，如果微机配置较低，鼠标的回报率设置较高，会造成鼠标掉帧的情况，所以现在很多鼠标都提供了回报率调节设置。

例如，回报率为 125Hz 时，可以简单地认为鼠标控制单元可以每(1/125)ms=8ms 向微机发送一次数据，500Hz 则是每(1/500)ms=2ms 发送一次。普通办公要求鼠标回报率达到

125Hz，而游戏级鼠标必须达到 500Hz 才行。

4．主观因素

还有一些难以量化的参数，在挑选时其重要性更高。

- 外观及做工：制作鼠标的工艺水平，还有用料、外观及包装。
- 手感：鼠标的外形带给用户实际使用的感觉，包括握在手中的舒适程度、移动方便与否、表面材质舒适与否，以及长时间使用是否会造成手或手臂疲劳。
- 按键：按键的手感。
- 精准度：鼠标响应是否迅速准确，对微小移动的表现好不好，以及是否会在高速大范围移动的时候出现乱飘的“失速”状况。

5．无线鼠标参数

无线技术根据不同的用途和频段被分为不同的类别，先后出现的无线技术有 27MHz RF、2.4GHz 非联网解决方案和蓝牙 3 类。

（1）27MHz Radio Frequence（27MHz RF）

27MHz RF 是指使用 27MHz 无线频率带的一项技术，这个频率带中有 4 个频道，其中两个用于无线键盘，另外两个用于无线鼠标。27MHz 最远有效传输距离为 182.88cm，由于采用此频带容易出现频率干扰和传输不畅的情况，部分较新型的无线鼠标产品采用了双频道的方案。27MHz RF 是一种已经被淘汰的技术标准。

（2）2.4GHz 非联网解决方案

2.4GHz 非联网解决方案就是 2.4GHz 无线网络技术，它的优点是解决了 27MHz 功率大、传输距离短、同类产品容易出现互相干扰等缺点而提出的。但是，采用 2.4GHz 非联网解决方案的产品，接收端和发送端在生产时便内置配对 ID 码，形成一对一模式，因此不同品牌、不同产品之间的接收端和发送端不能混用。

（3）蓝牙

蓝牙使用的频段与 2.4GHz RF 一致，但蓝牙技术在普通 2.4GHz 无线技术上增加了自适应调频技术，实现全双工传输模式，并实现 1600 次/s 的自动调频。此外，该技术能够使蓝牙设备的接收方和传输方两者以 1MHz 为间隔，在其划分的 79 个子频段上互相配对。

正因为蓝牙技术是由 2.4～2.485GHz 频段增加特定协议而来，因此它能够使任何蓝牙设备在一定范围内互相配对并连接、传输数据。这个技术的好处是不但减低甚至杜绝了无线设备互相干扰的现象，甚至使蓝牙设备适应性更广，成本更低廉。此外，蓝牙技术传输速率最高为 1Mbit/s，虽然和 2.4GHz 非联网解决方案的 2Mbit/s 还有一定差距，但还是要高于 27MHz 无线技术。

按照蓝牙规范的规定，Class 并不用来规定距离，而是标明输出功率。蓝牙可分为工业用“Class1”标准、日常生活中常见的“Class2”标准和传输距离最短的“Class3”标准。通常 Class1 为 1～100mW（0～20dBm）；Class2 是 0.25～2.5mW（-6～4dBm），正常情况下是 1mW（0dBm）。只要发射功率超过 0dBm 就是属于 Class2 的范围，但是如果超过 4dBm 就是 Class1；而 Class3 则为≤1mW（0dBm）。通常情况下，Class1 可达 100m 左右的传输距离，Class2 可达 10m 左右的传输距离，Class3 可达 1m 左右传输距离。其中无线键鼠常用的 Class2 标准功耗为 2.5mW，因此符合这个标准的蓝牙设备通常具备较长的电池使用时间。

10.2.4 鼠标的选购

鼠标虽小，但它与日常生活和工作紧密相连。由于现在大量的应用都要通过鼠标来完成，所以若设计不合理，不仅会带来使用时的不便，还会让使用者肌体容易疲劳，给身体健康造成不必要的伤害。现在，光学鼠标是主流产品，市场上的光学鼠标产品很多，价格从几十元到几百元不等，大致可以分为如下几个档次。

（1）200 元以上的高端产品

这个价位以上的光学鼠标往往都是一些名牌厂商的顶尖产品，这类产品的手感、按键乃至 3D 滚轮都是非常好的，都采用了 USB 接口，并附带了 USB 转 PS/2 的转换头，保质期也长达 3～5 年。对于注重性能的用户特别是游戏玩家，这类产品是不错的选择。

（2）100～200 元的中档产品

绝大部分品牌的光学鼠标都在这个价位，产品质量良莠不齐，购买这个价位的时候要特别留心，仔细挑选。

（3）100 元以下的低端产品

这个价位的产品多数是采用低端光学引擎的光学鼠标，所以价格很便宜，性能一般。

另外，虽然光学鼠标能在任何较硬的平面上移动，但是如果想使鼠标移动得更省力、灵活，还是需要一张鼠标垫。市场上销售的鼠标垫品种很多，价格在 1～500 元，其制作材料主要为化纤织物、人造织物、软塑胶、硬塑料、有机玻璃、铝合金及皮革等。常见鼠标垫如图 10-25 所示。

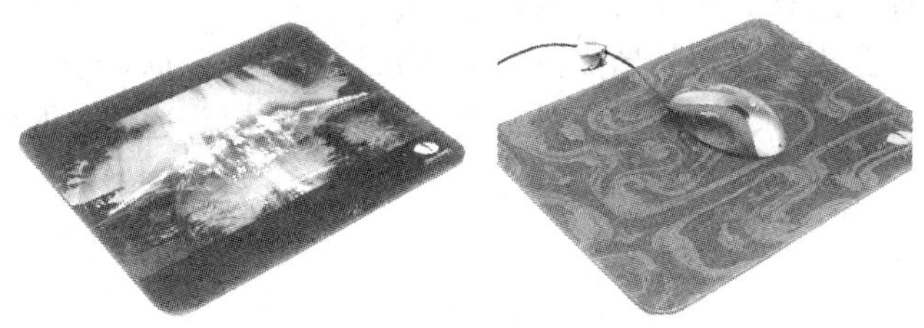

图 10-25 鼠标垫

另外，如果使用的是 24in 的 LCD，则应选择高 c/in 的鼠标，例如，800c/in 的鼠标的移动速度比 400c/in 的会明显快很多。

10.3 实训

10.3.1 键盘的安装

键盘的安装非常简单，在 PS/2 键盘插头上有一个键盘形状的标记，它与主板上的键盘接口对应，将其插头插入键盘接口即可，如图 10-26 所示。在安装 PS/2 键盘和 PS/2 鼠标时，应注意先关闭主机的电源。

10.3.2 鼠标的安装

安装鼠标时，应根据鼠标的接口（PS/2 接口、USB 接口、串行接口）插入主板上的对应插口，如图 10-27 所示。但要注意，对于 PS/2 接口的鼠标，不能带电插拔。在 Windows 98/2000/ XP 下，不需要安装驱动程序，除非安装的是带有附加功能的鼠标。

图 10-26　安装键盘

图 10-27　安装鼠标

在拆卸键盘和鼠标时，同样要注意先关闭主机电源后才能从相应的插口拔下。如果安装的键盘或者鼠标是 USB 接口，可带电插入主板上的任何 USB 口中。

10.4　思考与练习

1．熟练掌握键盘、鼠标的连接方法，掌握特殊键盘、鼠标驱动程序的安装。

2．查阅有关计算机商情报刊，上网查看硬件信息，并到当地计算机配件市场考察键盘、鼠标等输入设备的型号、价格等商情信息。

3．拆解键盘，查看其内部的结构。

4．拆解光学鼠标，查看其内部的结构。

5．上网搜索有关激光鼠标和蓝光鼠标的工作原理方面的文章。

6．体验人体工程学键盘、鼠标与一般键盘、鼠标在使用舒适性方面的区别。

第 11 章　微机硬件的组装

在将计算机各种硬件组装起来之前，应该对计算机硬件结构有所了解。本章主要向读者介绍组装计算机的一般步骤，包括组装前的准备、各种硬件的安装、数据线和电源线的连接等。

11.1　组装前的准备

1．计算机配件

组装一台计算机的配件一般包括主板、CPU、CPU 风扇、内存条、显示卡、声卡（主板中都有板载声卡，除非用户特殊需要）、硬盘、光驱、机箱、机箱电源、键盘鼠标、显示器、数据线和电源线等，如图 11-1 所示。

2．装机工具

目前，各种硬件卡口的设计十分人性化，使用到的装机工具越来越少，但一把十字螺钉旋具是必备的装机工具，至于其他的工具（如一字螺钉旋具、尖嘴钳和镊子等）并非必须准备，如图 11-2 所示。

图 11-1　组装计算机常规硬件

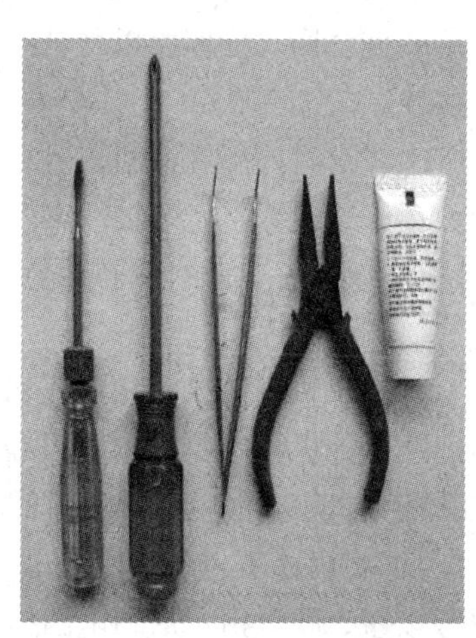

图 11-2　装机工具

各种装机工具的作用如下。

- 十字螺钉旋具：用于螺钉的安装或拆卸，最好使用带有磁性的螺钉旋具，这样安装螺钉时可以将其吸住，在机箱狭小的空间内使用起来比较方便。
- 一字螺钉旋具：用于辅助安装，不过一般用处不大。

- 镊子：用来夹取各种螺钉、跳线或比较小的零散物品。例如，在安装过程中一颗螺丝掉入机箱内部，并且被一个地方卡住，用手又无法取出，这时镊子就派上用场了。
- 尖嘴钳：主要用来拆卸机箱后面的挡板或挡片。不过，现在的机箱多数都采用断裂式设计，用户只需用手来回对折几次，挡板或挡片就会断裂脱落。当然，使用尖嘴钳会更加方便。
- 散热膏（硅脂）：将散热膏涂到 CPU 上，帮助 CPU 和散热片之间的连接，以增强硬件的散热效率。在选购时一定要购买优质的导热硅脂。

11.2 组装步骤

用户可按下面步骤组装计算机。

11.2.1 注意事项

在组装计算机前，为避免人体所携带的静电会对精密的电子元器件或集成电路造成损伤，还要先清除身上的静电。例如，用手摸一摸铁制水龙头，或者用湿毛巾擦一下手。

在组装过程中，要对计算机各个配件轻拿轻放，在不知道怎样安装的情况下要仔细查看说明书，严禁粗暴装卸配件。对于安装需螺钉固定的配件时，在拧紧螺钉前一定要检查安装是否对位，否则容易造成板卡变形、接触不良等情况。另外，在安装那些带有引脚的配件时，也应该注意安装是否到位，避免安装过程中引脚断裂或变形。

在对各个配件进行连接时，应该注意插头、插座的方向，如缺口、倒角等。插接的插头一定要完全插入插座，以保证接触可靠。另外，在拔插时不要抓住连接线拔插头，以免损伤连接线。

上述这些问题在装机过程中经常会遇到，稍不小心就会对计算机造成很大的伤害，希望用户在组装计算机时多加注意。

11.2.2 安装机箱

计算机机箱的安装主要是对机箱进行拆封，并且将电源安装在机箱内部。一般情况下，用户购买的机箱本身就配有已经安装好的电源，假如用户对电源品质还有更高的要求，则需重新购买机箱电源，具体的拆卸机箱并安装电源的步骤如下。

1）将机箱从包装箱中取出，从机箱的前面板中可以看到前置的 USB 接口、音频接口、电源按钮、硬盘指示灯和电源指示灯等。

2）将机箱扭转，从机箱的后面板可以看出，机箱的盖板设计得已经非常人性化，都是用塑料螺钉固定的，用户分别将机箱盖的螺钉拧下，然后用手向后拉动机箱盖板即可取下盖板，如图 11-3 所示。

3）通过上述方法，将另一块盖板去掉后，将机箱平放到工作台上。

4）取出机箱电源，将带有风扇并且有 4 个螺钉孔的那一面向外，放入机箱内部。在放入过程中，对准机箱上电源的固定位置，将 4 个螺钉孔对齐，如图 11-4 所示。

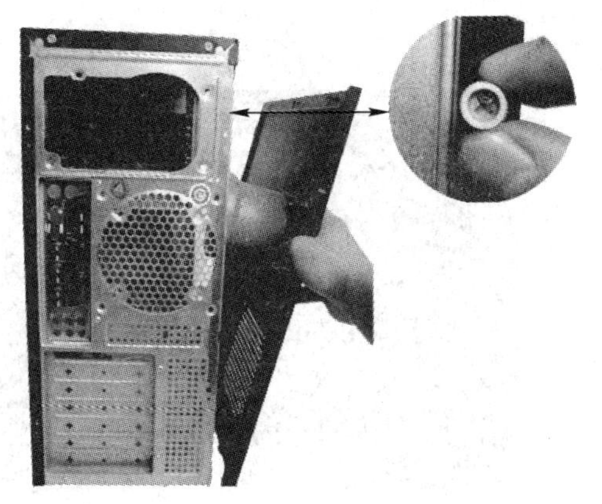

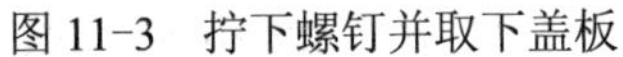
图 11-3　拧下螺钉并取下盖板

图 11-4　安装电源

5）左手控制好电源的位置，右手使用螺钉旋具将 4 个螺钉拧上，如图 11-5 所示。需要注意的是，刚开始无须拧紧螺钉，待所有螺钉拧上后，再依次按照对角线方式拧紧 4 个螺钉，这样做能够保证电源安装的绝对稳固。

图 11-5　固定电源

11.2.3　安装 CPU

CPU 的安装，即在主板处理器插座上插入所需的 CPU 配件，并安装 CPU 散热风扇，其具体的安装步骤如下。

1）从包装袋中取出主板，平放到工作台上。主板下面最好垫上一层胶垫，避免在安装 CPU 散热风扇时，损坏主板背面的引脚。

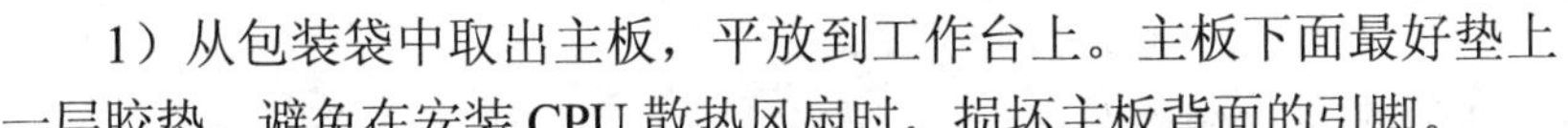

2）在主板上找到安装 CPU 的插座，将插座旁边的手柄轻微向外掰开，同时抬起手柄，此时 CPU 插座会向旁边发生轻微侧移，这表明 CPU 可以插入了，如图 11-6 所示。

3）将 CPU 从包装盒中取后，观察 CPU 的 4 个角中，有一个角的表面上有三角标记，而在主板的 CPU 插座上面也有对应的三角标记，如图 11-7 所示。

图 11-6　抬起手柄

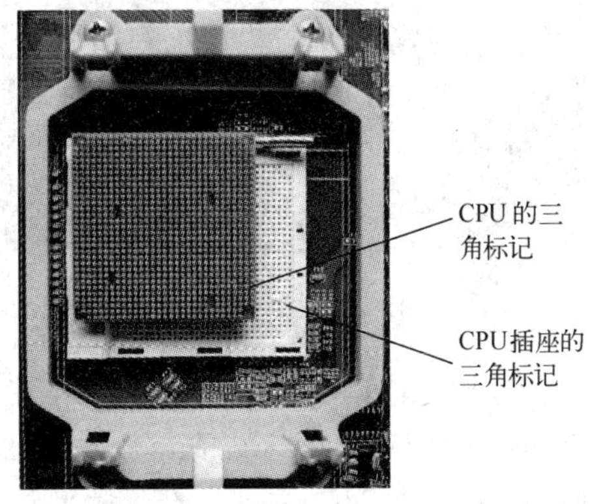

图 11-7　CPU 与 CPU 插座的三角标记

4）将 CPU 引脚向下，按照三角标记的方向，将 CPU 放入到 CPU 插座中，如图 11-8 所示。

5）用手指将 CPU 轻轻按平到 CPU 插座上，并将手柄压下来，如图 11-9 所示。

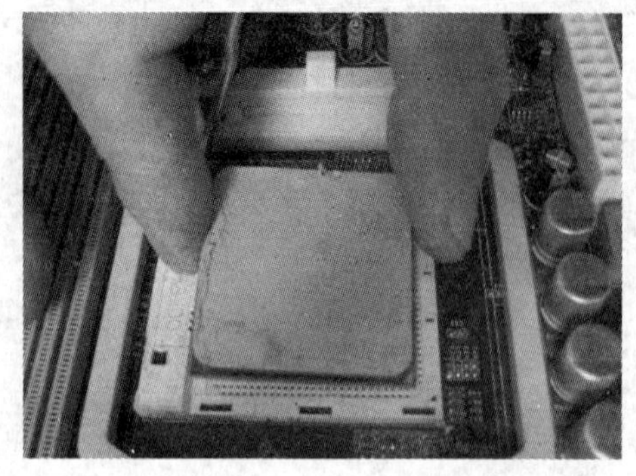

图 11-8　将 CPU 插入主板插座

图 11-9　下压手柄固定 CPU

6）取出散热膏（硅脂），将其均匀地涂抹到 CPU 表面上，薄薄一层即可。这是因为，导热硅脂能将处理器的热量传导至散热装置，能够有效增加散热效率。

11.2.4　安装 CPU 风扇

正确安装 CPU 之后，接下来就要安装 CPU 风扇了。一般 CPU 的风扇与主板上的 CPU 风扇支架都是塑料制成的，在安装风扇时，用户一定要格外注意风扇两侧的挂钩，避免其断裂。安装的主要步骤如下。

1）取出 CPU 风扇，然后将风扇对齐放到 CPU 支架上，使之与涂抹散热膏的 CPU 紧密接触，如图 11-10 所示。

2）接下来，将散热器两边的金属扣挂在支架对应的卡口内，如图 11-11 所示。

图 11-10　安装 CPU 散热器

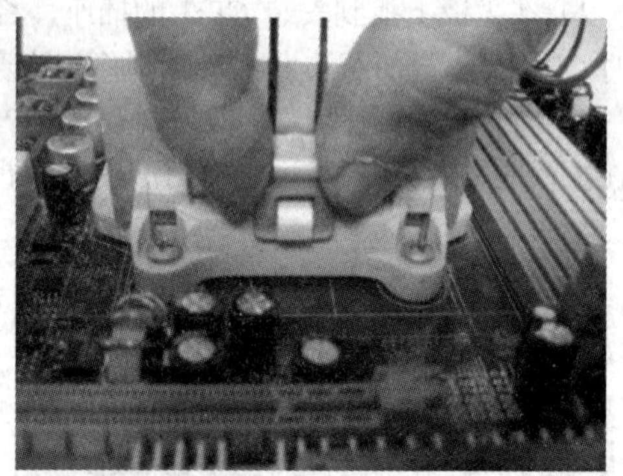

图 11-11　将挂钩挂在风扇支架上

3）在确定挂钩已经挂在支架上后，将 CPU 风扇的手柄用力下压，使散热块与 CPU 紧密结合，如图 11-12 所示。在下压手柄过程中，如果风扇倾斜，一定要停止下压，并检查两侧风扇挂钩是否挂好。另外，在安装过程中，不要用力过猛，以免造成损伤。

4）CPU 风扇固定完成后，在主板上找到 CPU 风扇的电源插座，将风扇电源线插头连接到主板 CPU 风扇的电源插座上，如图 11-13 所示。待电源线插好后，CPU 散热器的安装就完成了。

图 11-12　扣压散热器手柄

图 11-13　将风扇电源插头连接至主板电源插座

11.2.5　安装内存

主板上的内存条插槽一般都采用不同的颜色来区分双通道和单通道。用户将两条规格相同的内存条插入到相同颜色的插槽中，即可打开双通道功能。这里仅以一个内存条为例讲解内存条的安装，具体操作步骤如下。

1）取出准备好的内存条，先仔细观察。此时，用户会发现，内存条的下边有一个凹槽，两边分别也有卡槽。

2）在主板上找到内存条的插槽，用户可以发现内存插槽两端分别有一个卡子，并且在内存插槽中间还有一个隔断。用双手把内存条插槽两端的卡子向两侧掰开，如图 11-14 所示。

3）将内存条中间的凹槽对准内存插槽上的隔断，平行地将内存条放入内存条插槽内，并轻轻地用力按下内存条，如图 11-15 所示。听到“咔”的一声响后，内存插槽两端的卡子恢复到原位，说明内存条安装到位。假如内存插到底，两端的卡子不能够自动归位，可用手将其掰到位。

图 11-14　将卡子向两端掰开

图 11-15　安装内存条

11.2.6　安装主板

主板的安装主要是将主板安装到机箱主板上，其具体操作步骤如下。

1）打开机箱并将其平稳地放在桌面上，找到机箱内安装主板类型的螺钉孔。

2）取出机箱提供的主板垫脚螺母（铜柱）和塑料钉，旋入螺钉孔中，如图 11-16 所示。固定主板所使用的垫脚螺母和其他的螺钉不一样，一般是黄色的铜柱。

3）将机箱上的I/O接口的密封片撬掉，并安装由主板提供的I/O接口挡板。在去掉这些密封片过程中，可以首先使用平口螺钉旋具将其顶部撬开，然后用尖嘴钳将其掰下。对于机箱背部的挡板，可以根据安装的外加板卡多少来决定，不要将所有挡板都取下。

4）将主板一侧倾斜，并用手托住将其放置到机箱内部，如图 11-17 所示。在放置过程中，一定要注意机箱后面的挡板与主板端口要对齐。

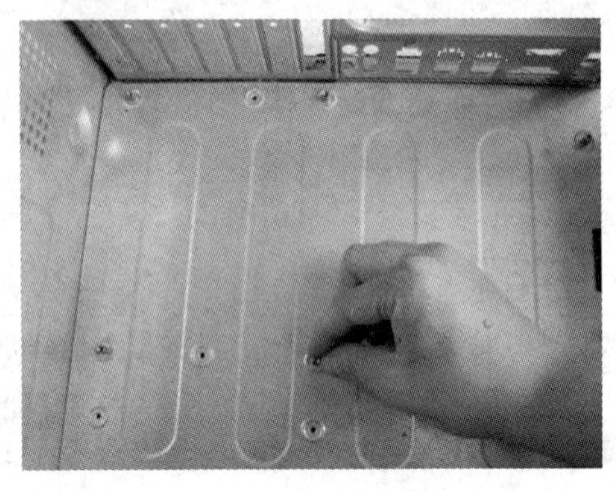

图 11-16 安装主板垫脚螺母

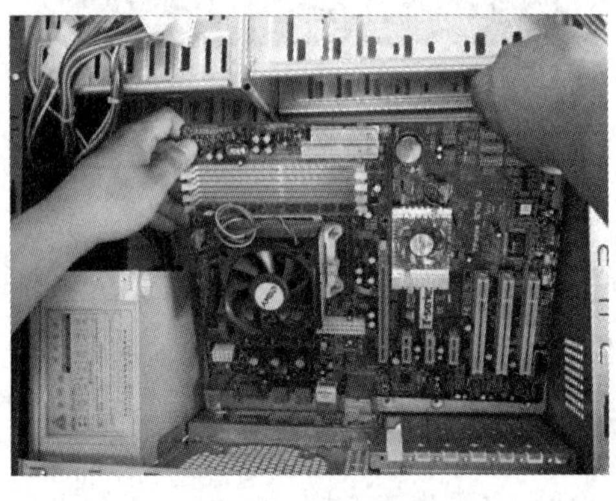

图 11-17 放置主板

5）放置后，观察主板上的螺钉孔是否与刚拧上的垫脚螺母（铜柱）对齐。待检查主板放置无误后，使用螺钉将主板固定到机箱上，如图 11-18 所示。

6）主板安装到机箱后，将机箱立起来，检查机箱内是否有多余的螺钉或其他小杂物。

最后，需要提醒读者的是在安装主板过程中，机箱配备多种螺钉，应该找到与主板螺钉孔匹配的螺钉拧入。假如螺钉孔的位置与主板孔位不能对应，切忌不要强行将螺钉拧入，避免主板受外力变形造成损坏。

图 11-18 拧紧主板螺丝

11.2.7 安装显示卡

根据主板的显示卡插槽，购买合适的显示卡。目前绝大多数显示卡均采用 PCI-E 接口设计，这个接口与主板上 PCI 插槽相对应，并且有防误插设计，具体安装步骤如下。

1）在主板上找到显示卡插槽的位置，并将显示卡插槽的卡子向外掰开。然后使用尖嘴钳将机箱背部对应位置上的挡板卸下。

2）将显示卡金手指的那一端对准 PCI-E 插槽，并将显示卡输入端对准挡板，将显示卡向下按即可，如图 11-19 所示。

3）显示卡插入插槽中后，其外接接口的一端正好搭在机箱的板卡安装位上，挑选合适的螺钉固定显示卡即可，如图 11-20 所示。

图 11-19　安装显卡

图 11-20　固定显卡

11.2.8　安装硬盘和光驱

硬盘是计算机必不可少的硬件，而光驱则是计算机的辅助设备。由于目前使用光驱的用户越来越少，这里仅对安装过程简单讲解。

1）用手托住硬盘，正面（标明硬盘容量和类型等信息的那一面）朝上将硬盘对准 3.5in 固定架的插槽，轻轻将硬盘往里推，直到硬盘的 4 个螺钉孔与机箱上的螺钉孔位置合适为止，如图 11-21 所示。

2）选择合适的螺钉将其旋入硬盘的螺钉孔内，如图 11-22 所示。

图 11-21　安装硬盘

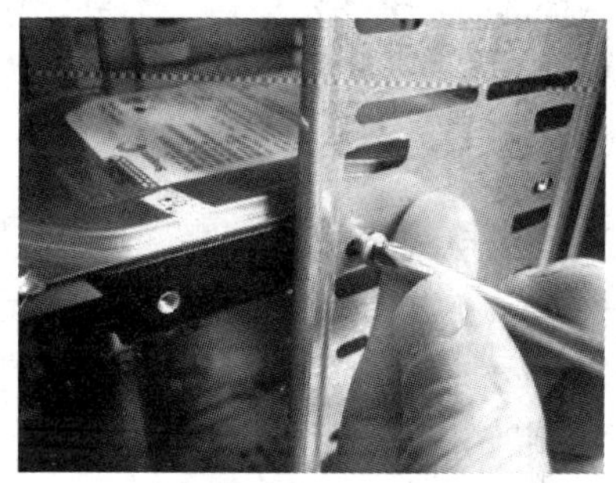

图 11-22　固定硬盘

3）硬盘安装结束后，再继续安装光驱。将机箱上面光驱位置的前挡板去掉，然后将光驱正面向前，接口端向机箱内，从机箱前面缺口中滑入机箱内部，如图 11-23 所示。

4）调整光驱的位置，使光驱螺钉孔对准托架上的螺钉孔。然后，分别在机箱两侧旋入螺钉，以固定光驱，如图 11-24 所示。

图 11-23　安装光驱

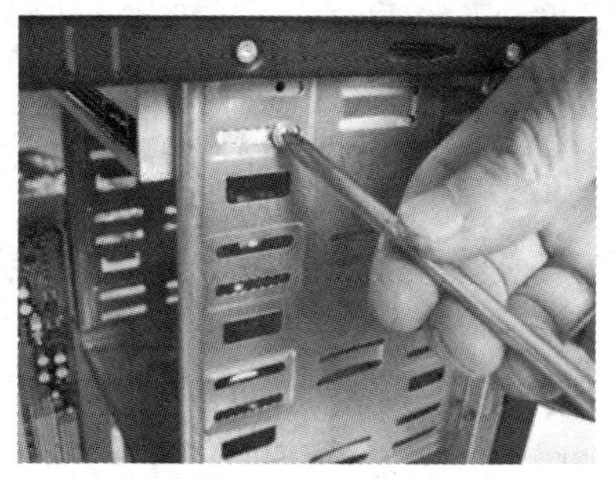

图 11-24　固定光驱

需要注意的是，在固定光驱或硬盘的过程中，应该按照对角线的方式依次拧紧螺钉，这样光驱或硬盘受力较为均匀。切忌一次将一边的螺钉拧紧，再拧紧另外两个螺钉。

11.2.9 连接内部电源线

1．主板供电线路的连接

1）在主板上可以找到一个长方形的插槽，它就是为主板提供电源的电源插槽，如图 11-25 所示。目前主板供电的接口主要有 24 针和 20 针两种，其插法是一样的。

2）从机箱电源的一把电源线中找到比较宽大的两排共 24 孔电源插头，如图 11-26 所示。

3）用手捏住 24 孔电源插头，对准主板的供电接口，缓缓地用力向下压，如图 11-27 所示，听到“咔”的一声时，表明插头已经插好。

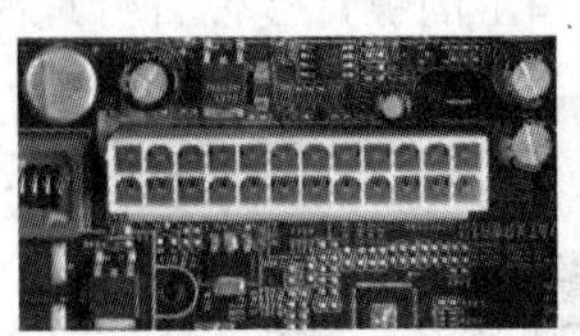

图 11-25　主板供电接口

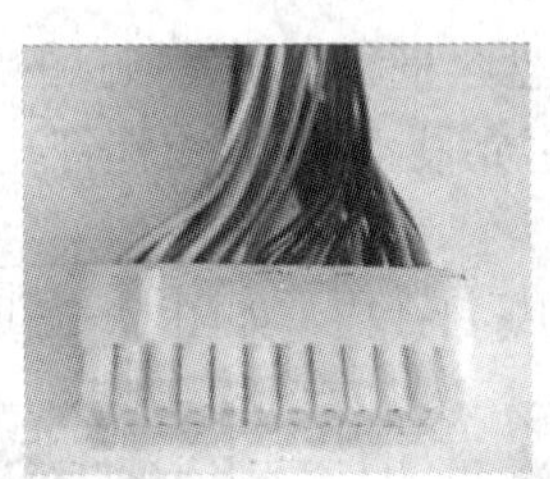

图 11-26　电源供电接口

图 11-27　连接主板电源线

2．CPU 供电线路的连接

为使 CPU 更加稳定的工作，主板上均提供一个给 CPU 单独供电的 12V 供电接口，如图 11-28 所示，电源提供给 CPU 的供电接口如图 11-29 所示。

CPU 供电接口的连接方法也很简单，在机箱电源线中找到此连线，将其插在对应的插座中即可，如图 11-30 所示。

图 11-28　主板 CPU 供电接口

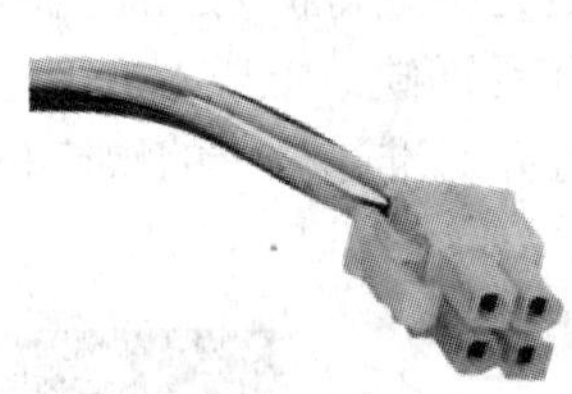

图 11-29　电源提供给 CPU 的供电接口

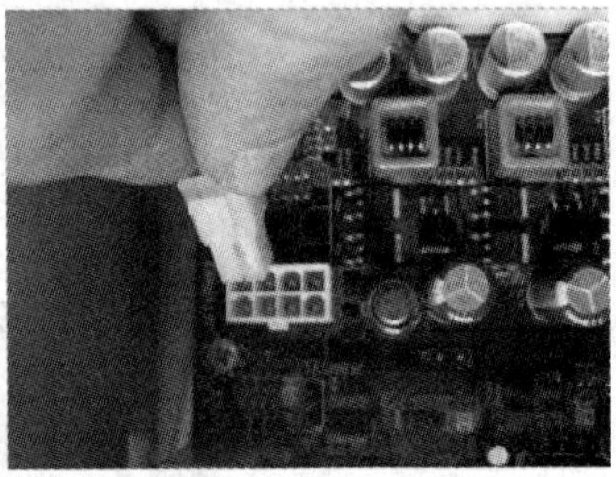

图 11-30　连接 CPU 供电线路

3．连接硬盘和光驱的供电接口

目前，硬盘都是 SATA 串行接口的类型，它以更高的传输速度替代了之前的 PATA 并口类型成为当前的主流。然而，光盘驱动器还是采用 4 针梯形供电接口。

1）在机箱电源线中找一根 SATA 接口类型的电源线，对准硬盘的电源接口插槽进行连接，如图 11-31 所示。

2）在机箱电源线中找一根 PATA 接口类型的电源线，对准光驱的电源接口插槽进行连接，如图 11-32 所示。在连接过程中，可以发现电源线插头为梯形，而光驱电源接口插槽也是梯形，如果方向错误，则无法插入。

图 11-31 连接硬盘电源线

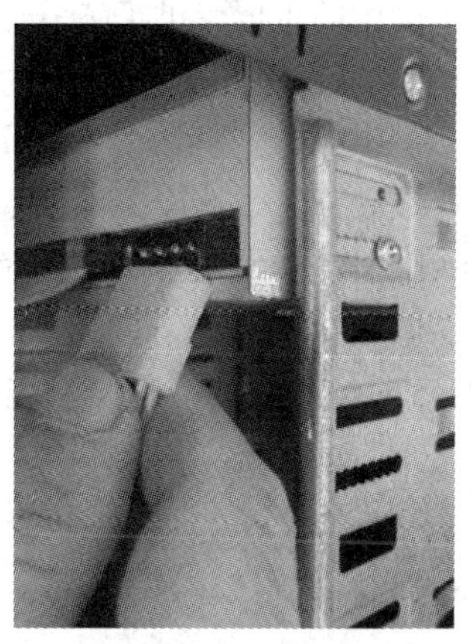

图 11-32 连接光驱电源线

11.2.10 连接内部数据线

1．连接光驱数据线

一根典型的 80 芯 IDE 数据线有 3 个接口，分别为蓝色、黑色和灰色，其中蓝色接头（SYSTEM）连接主板的 IDE 接口，黑色接头（MASTER）与主盘相连，灰色接头（SLAVE）与从盘相连。

1）取出 IDE 数据线，将数据线黑色接头与光驱 IDE 接口相连。IDE 接口也有防误插设计，插反或插错都是插不进去的，如图 11-33 所示。

2）将数据线的蓝色接口端对准主板上的 IDE 插槽，然后用手适当地用力按下去，如图 11-34 所示。由于在数据线接口的一侧有个凸出的塑料块，而在主板 IDE 插槽一侧有一个缺口，所以方向错误是插不进插槽的。

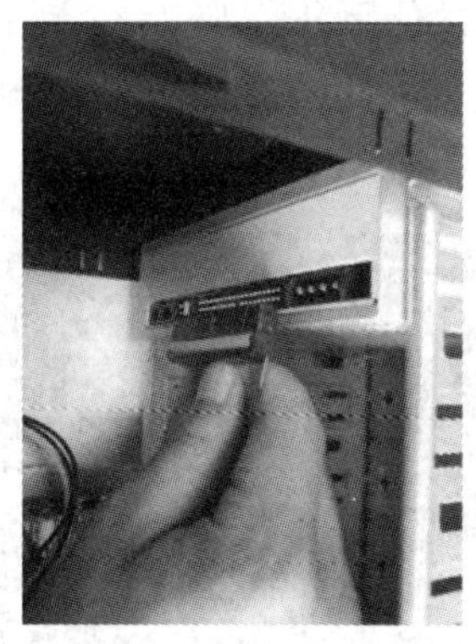

图 11-33 连接光驱数据线

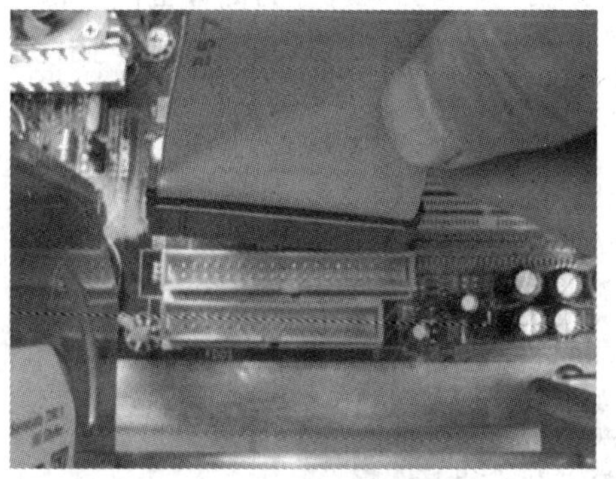

图 11-34 将数据线连接至主板

需要说明的是，目前光盘驱动器的数据接口分为 IDE 和 SATA，前者的连接方法已经介绍，而后者的连接方法与硬盘数据线的连接方法相同。

2．连接 SATA 硬盘数据线

由于 SATA 的数据线设计更加合理，所以使得安装变得十分简单。本例中的主板提供了 6 个 SATA 接口，通常在插座旁边会标有“SATA1”和“SATA2”的文字标识，如图 11-35 所示。在安装 SATA 数据线时，只需注意数据线接口的凸起方向，一端连接硬盘，一端连接主板上的 SATA 接口即可。

图 11-35　主板的 SATA 接口

1）取出 SATA 硬盘数据连接线，将 SATA 数据线的一段连接至硬盘的数据线接口中。此接口做了防误插设计，方向错误是插不进去的，如图 11-36 所示。

2）将 SATA 数据线的另一端连接至主板的 SATA 接口中，如图 11-37 所示。

图 11-36　连接硬盘 SATA 数据线

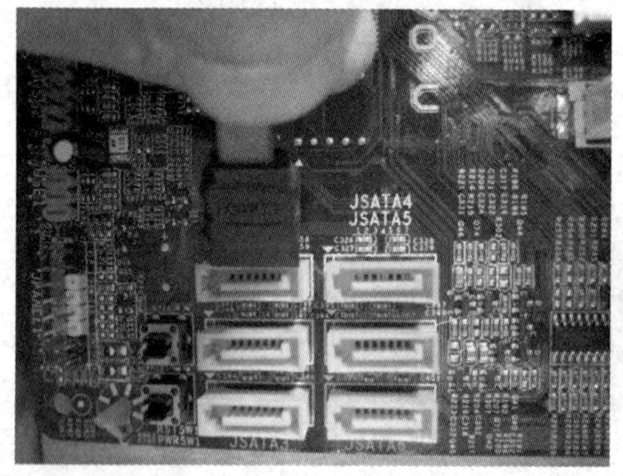

图 11-37　将硬盘 SATA 数据线连接至主板

11.2.11　连接前置面板

在机箱中的信号系统线和控制线都比较复杂，包括前置 USB 接口线、电源开关线、电源指示灯线、硬盘指示灯线和扬声器线。如图 11-38 所示就是本例中前置面板的所有接头，包括 POWER SW、POWER LED、RESET、SPEAKER、HDD LED 和 SPK/MIC 等。要将这些连线正确插接到主板对应的插针上，机箱的前置面板才能正常使用。

另外，不同品牌的主板在设计这些插针的位置时都有所不同。用户在插接时，一定要参照主板说明书来操作，如图 11-39 所示就是正确插接后的样子。

图 11-38　前置面板的接头

图 11-39　正确插接前置面板接头

11.2.12 连接外部设备

不同品牌的主板背部 I/O 设备接口会有所不同，本例中主板背部接口如图 11-40 所示，这里提供了 PS/2 鼠标键盘、同轴音频、USB、打印机、显示器和音频输出等接口。

图 11-40 机箱背部的接口

1. 连接鼠标键盘

一般情况下，普通的 PS/2 接口中鼠标为绿色接口，键盘为紫色接口。在连接鼠标键盘时，把插头上面的箭头对准机箱后面键盘插座的凹洞，轻轻用力即可插上。值得注意的是，用户需要注意方向性，避免用力过猛将插头的内插针弄弯。假如用户使用的是 USB 接口的键盘鼠标，只需将其插入机箱背部的 USB 接口即可。

2. 连接显示器

液晶显示器已经成为市场的主流，而液晶显示器都提供 DVI-D 接口的插头（用于高速传输数字信号的技术），如图 11-41 所示。用户将该插头插入显卡背部相同接口类型的插座，再将旁边的两个螺钉慢慢拧紧即可。

图 11-41 DVI-D 插头

3. 连接音频设备

机箱背部的音频输入/输出接口旁边都有耳机、传声器等标识，用户只需将音箱、传声器等外接插口插入对应的插孔即可。

11.2.13 开机测试和收尾工作

开机测试前，用户应该将所有的设备安装完成，然后接上电源，检查是否异常，其操作步骤如下。

1）将电源线的一端连接到交流电插座上，另一端插入到机箱电源的插口中。

2）重新检查所有连接的地方，有无错误和遗漏。

3）按下机箱的 POWER 电源开关，可以看到电源指示灯亮起，硬盘指示灯闪烁，显示器显示开机画面，并进行自检，到此硬件组装就成功了。假如开机加电测试时，没有任何警告音，也没有一点反应，则应重新检查各个硬件的插接是否紧密，数据线和电源线是否连接到位，供电电源是否有问题，显示器信号线是否连接正常等。

4）待计算机通过开机测试后，切断所有电源。使用捆扎带对机箱内部所有连线分类整理，并进行固定。整理连接线时应注意，尽量不要让连线触碰到散热片、CPU 风扇和显示卡风扇。

5）所有工作完成后，将机箱挡板安装到机箱上，拧紧螺钉即可。至此，一台完整的计算机就组装完成了，如图 11-42 和图 11-43 所示。

图 11-42　计算机正面

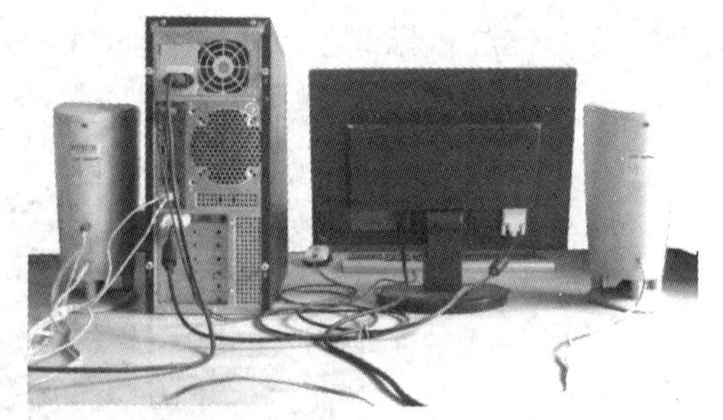

图 11-43　计算机背面

11.3　思考与练习

1．在组装计算机配件前应该做好哪些准备工作？

2．安装 CPU 时硅脂起到什么作用？

3．组装完成后，通电测试前应该进行哪些检查工作？

4．结合实际情况，自己动手组装一台计算机。

5．市场调查与模拟购机。在模拟购机时，可假设自己购机的应用范围，如教学用、办公用、CAD 设计用等；然后做一个预算，如准备投入资金 4000 元、6000 元、8000 元；接下来就是找一些配件广告，先自己拟订一份清单，在清单中尽可能详细地写明部件名称、品牌型号和价格，其格式如下表所示；然后到微机配件市场，请商家为你列出详细的配置清单。

请对比配置清单，根据不同要求学习整机配置。

表　装机配置清单

部 件 名 称	品 牌 型 号	单　价
中央处理器（CPU）		
主板（Main Board）		
内存（RAM）		
显示卡（VGA Card）		
显示器（Monitor）		
硬盘（Hard Disk）		
光驱（CD-ROM、CD-RW、DVD、DVD 刻录机）		
机箱、电源（Case、Power）		
键盘（KeyBoard）		
鼠标（Mouse）		
音箱（Speaker）		
其他		
合计金额		

第 12 章　设置 BIOS/UEFI 参数

硬件设备组装完成后，应该对 BIOS 进行基本设置，例如设置时间、第一启动设备等，优化 BIOS 的设置，这样能避免硬件可能产生的冲突，提高系统的运行效率。然而，随着微机硬件类型的日益多样化，BIOS 设置作为最底层、最基本的程序设置，也日益复杂化。目前最常见的 BIOS 有 Phoenix-Award、AMI 和图形化的 BIOS——UEFI BIOS。

12.1　在什么情况下要设置 BIOS

BIOS 是一组固化到计算机主板上一个 ROM 芯片上的程序，它保存着计算机最重要的基本输入/输出的程序、开机后自检程序和系统自启动程序，它可从 CMOS 中读写系统设置的具体信息。其主要功能是为计算机提供最底层的、最直接的硬件设置和控制。

为了保存用户通过 BIOS Setup 程序设置的参数数据，在主板上专门安装了一块可读写的 RAM 芯片（在现在的主板上，已经将其集成到南桥芯片中），这片芯片称为 CMOS 芯片，它靠主板上的电池供电。所以，有时也称 CMOS 设置。

设置 BIOS 参数是由用户完成的一项十分重要的系统初始化工作。在以下情况下，必须设置 BIOS 参数。

1．新购微机

新购的微机必须进行 BIOS 参数设置，以便告诉计算机整个系统的配置情况。即使带即插即用设备（PnP）功能的系统也只能识别一部分计算机外围设备，而如软驱类型、当前日期、时钟等基本资料还必须由用户手动设置。

2．新增设备

很多新增的设备，微机不一定能识别，必须通过 BIOS 设置通知它。另外，新增设备与原有设备之间的 IRQ、DMA 冲突往往也要通过 BIOS 设置来排除。

3．BIOS 设置数据丢失

意外造成 BIOS 设置数据丢失，如系统后备电池失效、病毒破坏了 BIOS 设置数据、意外清除了 BIOS 设置数据等。碰到这些情况，只能进入 BIOS 设置程序重新设置。

4．系统优化

原来的 BIOS 设置参数对系统而言不一定是最优的，如内存读写等待时间、硬盘数据传输模式，要经过多次试验才能达到性能的最佳组合。另外，内外 Cache 的使用、节能保护、电源管理乃至开机启动顺序都对微机的性能有一定的影响，这些也都必须通过 BIOS 来设置。BIOS 设置对计算机既重要也必要，每个用户都应掌握一些基本的 BIOS 设置技巧。

12.2 设置 BIOS 参数

用户在对 BIOS 进行设置时，千万不要在没有准备的情况下盲目设置，应该仔细阅读主板说明书，然后再设置 BIOS 程序。

12.2.1 进入 BIOS 的方法

由于计算机主板不同，BIOS 程序也有所不同，而且进入 BIOS 程序设置的操作方法也不尽相同。一般情况下都是在计算机刚开机时，按某个特定的键或组合键来进入 BIOS 设置界面的，常见的有按下〈Delete〉〈Ctrl+Alt+Esc〉〈Alt+S〉以及〈F1〉～〈F10〉的某个功能键。

下面以一款支持 AMD K8 处理器的 Phoenix-Award BIOS 为例讲解 BIOS 参数的设置。在刚开机或重启计算机时，按下〈Delete〉键，此时就进入了 Phoenix-Award BIOS 设置程序，屏幕上显示主菜单，如图 12-1 所示。

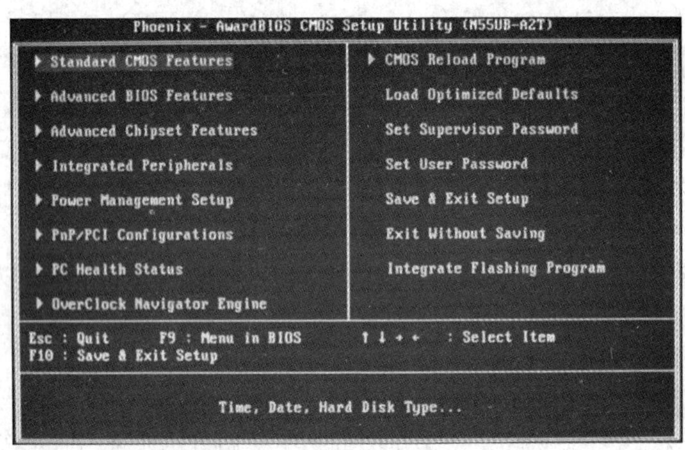

图 12-1 Phoenix-Award BIOS 的主菜单

这里主菜单共提供了 13 种功能设定和两种退出选择。BIOS 主菜单的功能设置布局，根据主板品牌的不同而有所不同，但主要的功能设置基本相同。用户在屏幕上可以看到有一个突出显示的光标条，按〈↓〉〈↑〉〈→〉〈←〉光标键可以将其移动到其他选项上，按〈Enter〉键可以执行光标所在处的选项，按〈Esc〉键可以返回上一级菜单。此外，当进入某项功能设置菜单中后，将光标移动到不同的选项时，屏幕右侧会出现帮助信息，帮助说明该设置项目的大概功能。下面分别来介绍一下，在该 BIOS 程序主菜单中的各项功能的含义。

- Standard CMOS Features（标准 CMOS 设置）：设置系统的时间、日期和 IDE 设备等。
- Advanced BIOS Features（高级 BIOS 设置）：设置系统的高级特性，如设置启动顺序等。
- Advanced Chipset Features（芯片组高级设置）：修改芯片组参数，优化系统的性能。
- Integrated Peripherals（整合周边设备）：设置主板周边设备和端口。
- Power Management Setup（电源管理设置）：对系统电源管理进行特殊的设定。
- PnP/PCI Configurations（PNP/PCI 设置）：设定即插即用功能及 PCI 选项。

- PC Health Status（硬件监控）：对系统硬件进行监控。
- OverClock Navigator Engine（CPU 核心电压与时钟设置）：可改变 CPU 核心电压和 CPU/PCI 时钟频率。
- CMOS Reload Program（CMOS 保存设置）：可允许保存多套 CMOS 参数设置。
- Load Optimized Defaults（载入 BIOS 默认设置）：可恢复出厂设定。
- Set Supervisor Password（设置管理员密码）：可设置管理员口令。
- Set User Password（设置用户密码）：可设置用户口令。
- Save & Exit Setup（保存并退出）：可存储所有变更至 CMOS 并退出设置。
- Exit Without Saving（不保存退出）：可放弃所有变更并退出系统设置。
- Integrate Flashing Program（安全刷新 BIOS）：可安全刷新 BIOS。

12.2.2　Standard CMOS Features（标准 CMOS 设置）

1．设置系统时间

1）开机或重启计算机时按〈Delete〉键，进入 BIOS 设置界面。将光标移动到 Standard CMOS Features 菜单上，按〈Enter〉键进入 CMOS 的标准设置界面，如图 12-2 所示。

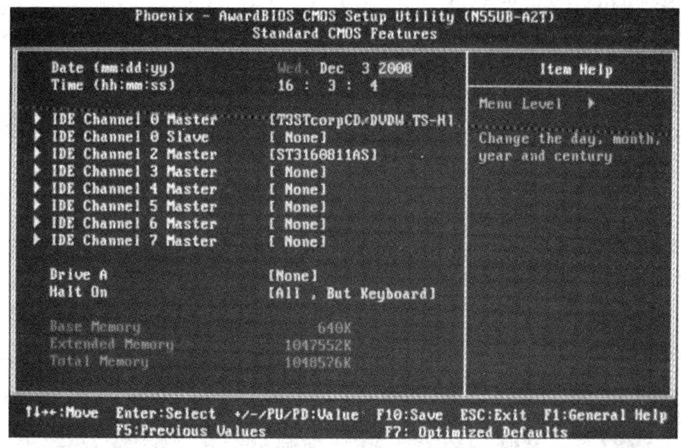

图 12-2　Standard CMOS Features 的设置界面

2）使用方向键将高亮光标移动到日期设置 Date（mm:dd:yy）选项上，使用〈Page UP〉/〈Page Down〉或〈+〉/〈-〉键来选择具体日期。

3）使用方向键将高亮光标移动到时间设置 Time（hh:mm:ss）选项上，使用〈Page UP〉/〈Page Down〉或〈+〉/〈-〉键来选择具体时间。

4）按〈Esc〉键返回上一级菜单，退出 BIOS 时保存设置即可。

2．设置硬盘参数和硬驱方式

硬盘参数一般不需要用户手动进行设置，从图 12-2 中可以看出，8 个 IDE 控制器设置中显示的是当前系统自动检测到的光驱、硬盘等 IDE 设备的型号。假如系统没有识别出硬盘或光驱，这时就需要手动进行设置。

1）开机或重启计算机时按〈Delete〉键，进入 BIOS 设置界面，然后再进入 Standard CMOS Features 的设置界面。

2）使用方向键将高亮光标移动到要设置的 IDE 选项上，按〈Enter〉键进入子菜单。这里选择“IDE Channel 2 Master”选项后，按〈Enter〉键进入子菜单，如图 12-3 所示。

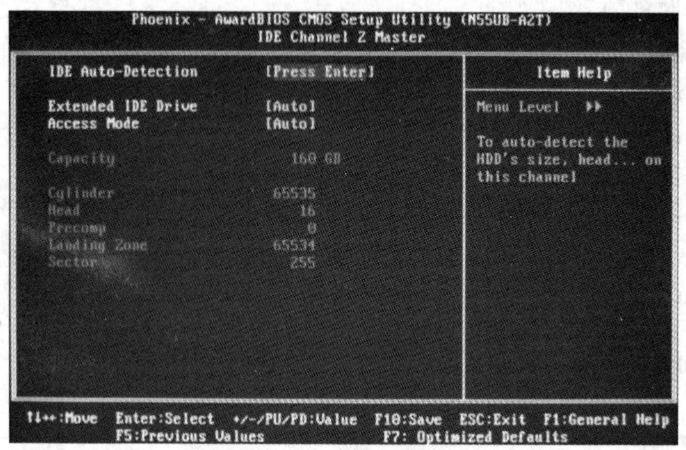

图 12-3 硬盘参数设置

3）选择“IDE Auto-Detection（硬盘自动检测功能）”选项，按〈Enter〉键设置为 Auto，则系统启动时就会自动检测 IDE 设备。

4）如果要禁用某个硬盘或光驱，只需要进入该 IDE 设备的子目录，将 Extended IDE Drive 设置为 None，如图 12-4 所示。这时该 IDE 接口上的设备将被关闭，系统将无法使用该设备。

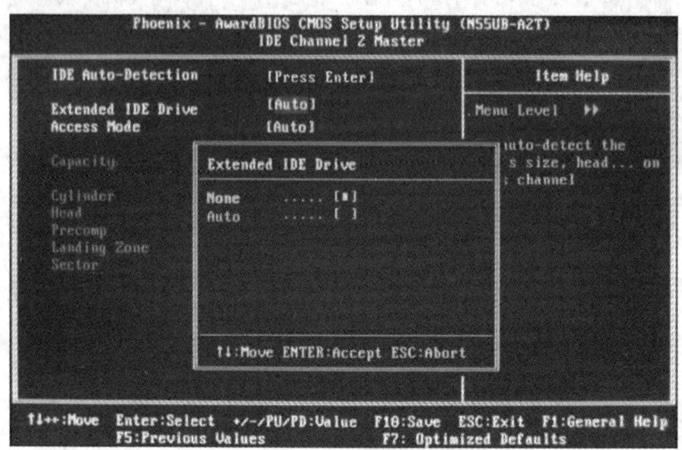

图 12-4 禁用硬盘或光驱

3．停机信息处理设置

图 12-2 中的“Halt On”选项是让用户决定在系统引导过程中遇到错误时，系统是否停止引导的一个选项，可选项有以下几个。

- All Errors：无论有任何错误，系统均暂停等候处理。
- No Errors：无论遇到任何错误，系统均开机。
- All, But KeyBoard：除了键盘错误以外，如有任何错误均暂停等候处理。

● All, But Diskette：除了软驱错误以外，如有任何错误均暂停等候处理。

● All, But Disk/Key：除了软驱和键盘错误以外，如有任何错误均暂停等候处理。

1）开机或重启计算机时按〈Delete〉键，进入 BIOS 设置界面，然后再进入 Standard CMOS Features 的设置界面。

2）使用方向键将光标移动到“Halt On”选项上，按〈Enter〉键，此时界面如图 12-5 所示。这里建议设置为“All Errors”，这样 BIOS 检测到任何错误时都会提醒用户。

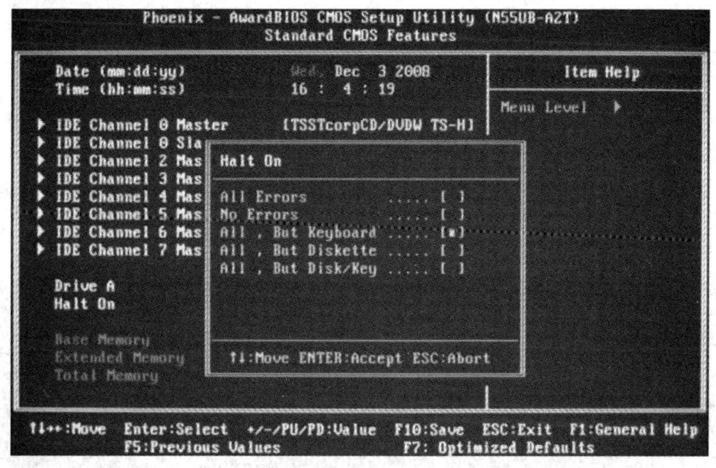

图 12-5 停机信息处理设置

12.2.3 Advanced BIOS Features（高级 BIOS 设置）

Advanced BIOS Features 子菜单中主要对系统的高级特性进行设定，其中有些是主板自带的选项，有些是用户可以自行修改的。进入 BIOS 设置界面后，选择“Advanced BIOS Features”选项，按〈Enter〉键即可进入高级 BIOS 设置，如图 12-6 所示。

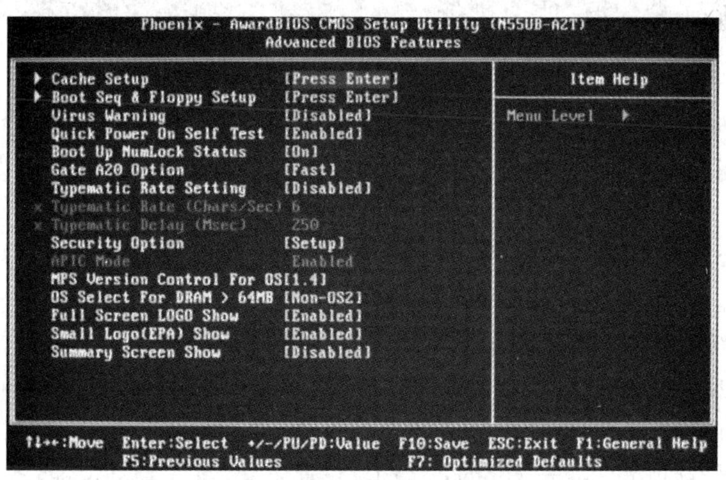

图 12-6 Advanced BIOS Features 设置的界面

1．设置 CPU 的缓存

1）在图 12-6 中，使用方向键选择“Cache Setup”选项，然后按〈Enter〉键进入 CPU 缓存设置的界面。

2）在此界面中共有“CPU Internal Cache”和“External Cache”两个选项，前者用于设置是否打开 CPU 内置高速缓存，后者用于设置是否打开外部高速缓存。为了提高 CPU 的性能，这里建议此两个选项均设置为“Enabled”。

2．设置硬盘和光盘引导的优先级

当用户的计算机连接多块硬盘或光驱时，就要设置硬盘或光驱引导的优先级，目的是解决需要从哪个硬盘安装系统和启动系统的问题，具体操作如下。

1）在图 12-6 中，使用方向键选择“Boot Seq & Floppy Setup”选项，然后按〈Enter〉键，此时显示如图 12-7 所示的界面。

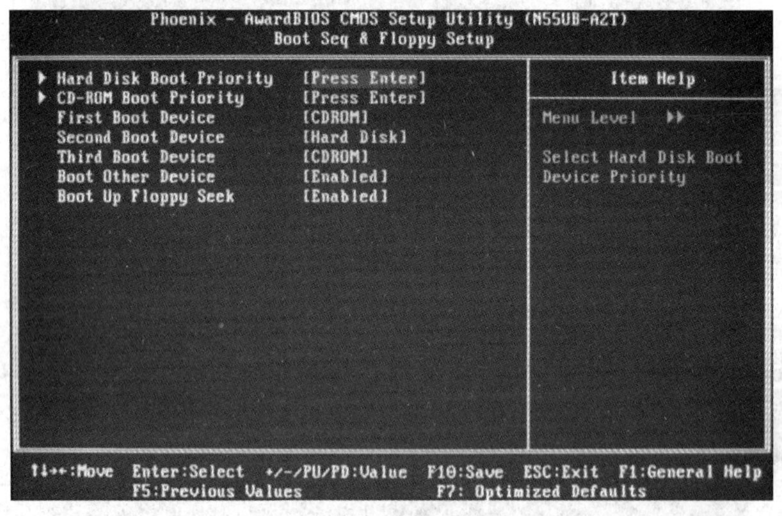

图 12-7 Boot Seq & Floppy Setup 的设置界面

2）使用方向键将光标移动到“Hard Disk Boot Priority”选项上，按〈Enter〉键。此时界面显示硬盘列表，使用〈+〉/〈-〉键即可改变所选硬盘的优先级。处于列表第一位的优先级最高。

3）按〈Esc〉键返回上一级菜单。选择“CD-ROM Boot Priority”选项，按照同样的操作即可完成光盘引导优先级的问题。

3．设置系统的引导设备启动顺序

1）在图 12-7 中，使用方向键将光标移动到“First Boot Device”选项上，按〈Enter〉键，此时弹出如图 12-8 所示的对话框，按〈+〉/〈-〉/〈Page Up〉/〈Page Down〉键将光标移动到“CDROM”选项上，再按〈Enter〉键即可设置光驱为第一启动设备。

2）按〈Esc〉键返回上一级菜单，再依次选择“Second Boot Device”和“Third Boot Device”选项，同设置第一启动设备方法一样，即可设置第二和第三启动顺序。通过以上设置，在重新安装系统时，将系统盘放入光驱，就可以从光驱进行系统安装了。

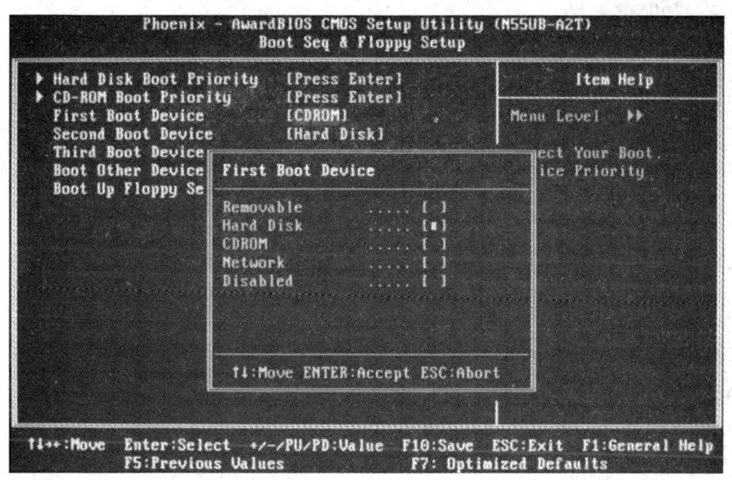

图 12-8 First Boot Device

4．设置病毒防护功能

在 BIOS 中设置病毒防护功能，主要防止引导型病毒，可对 IDE 硬盘引导扇区进行保护。但是使用 BIOS 中的防病毒功能只能保护引导扇区和分区表不被病毒破坏，而不能防止所有的病毒进入，具体的设置方法如下。

1）进入 BIOS 设置界面后，选择“Advanced BIOS Features”选项，按〈Enter〉键即可进入高级 BIOS 设置。

2）选择“Virus Warning”选项，按〈Enter〉键进入该选项。该选项包含“Disabled”和“Enabled”两个选择，选择“Enabled”选项后，系统自动开启 BIOS 中的防病毒功能，在系统启动过程中，如果发现任何病毒企图写入硬盘的引导扇区或分区表，BIOS 就会暂停系统的工作，并弹出警告信息。反之，选择“Disabled”选项，则禁止使用病毒防范功能。在安装操作系统时，要把本项设置为“Disabled”。

5. 高级 BIOS 设置中的其他设置

在进入高级 BIOS 设置界面后，还有其他设置选项，这里只对主要的选项含义加以解释，设置过程不再赘述。

（1）Quick Power On Self Test

快速开机自检选项。默认设置为“Enabled”，该选项主要功能为加速系统加电自检过程。开启该选项后将跳过一些自检过程，从而使引导过程加快。

（2）Boot UP NumLock Status

此选项用来设置进入系统后 Num Lock 键的状态。设置为 On 时，系统启动后将自动打开 Num Lock，小键盘数字键有效；设置为 Off 时，系统启动后将关闭 Num Lock，小键盘数字键无效。

（3）Gate A20 Option

此设置项用来设置 Gate A20 的状态。A20 指的是扩展内存的前部 64KB，系统默认设置值为 Fast，它可以使系统速度更快。

（4）Typematic Rate Setting

此选项是用来控制字元输入速率的。设置内容包括 Typematic Rate（字元输入速率）和 Typematic Delay（字元输入延迟）。

（5）Security Option

此选项是用来设置安全的选项。当该选项设置为“System”时，则每次开机启动时都要输入密码；当该选项设置为“Setup”时，仅在进入 BIOS 设置时提示输入密码（仅在设置了密码的情况下有效）。

（6）MPS Version Control For OS

此选项允许选择在操作系统上应用哪个版本的 MPS（多处理器规格），必须选择操作系统支持的 MPS 版本，设定值包括 1.4 和 1.1。

（7）OS/2 Select For DRAM>64M

此选项允许在 OS/2 操作系统下使用大于 64MB 的 DRAM。设定值包括 Non-OS2 和 OS2。

12.2.4 Advanced Chipset Features（高级芯片组特性设置）

高级芯片组特性设置是用来设置主板上芯片的特征，根据主板品牌的不同，这里的设置选项也不尽相同，但是如果用户不了解主板，建议采用默认设置。

1．一般选项设置

进入 BIOS 设置主菜单后，使用方向键将光标移动到“Advanced Chipset Features”选项上，按〈Enter〉键即可进入高级芯片组特性设置，如图 12-9 所示。

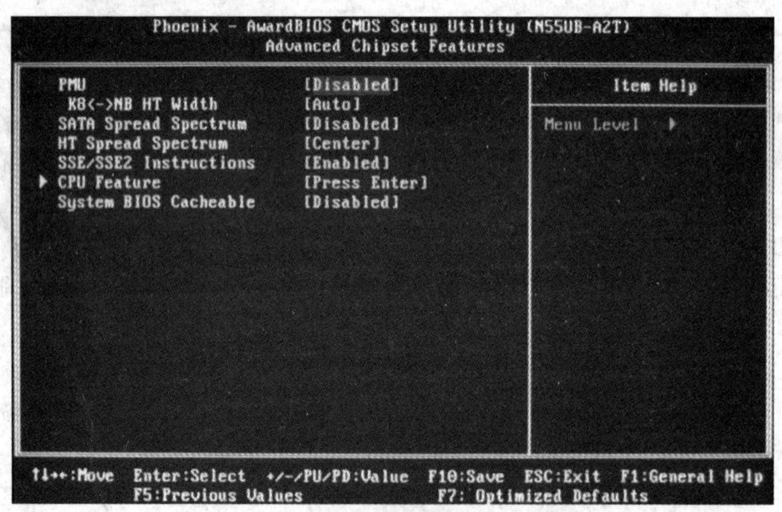

图 12-9　Advanced Chipset Features 的设置界面

各项参数含义如下。

- “PMU”：电源管理单元，默认值是“Disabled”。PMU 是一种针对便携式应用的电源管理方案，它将传统的若干类电源管理器件整合在一起，以实现更高的电源转换效率和更低的功耗。

- “K8<->NB HT Width”：CPU 与芯片之间 HT 带宽设置。本例 BIOS 中提供“↓16↑16”和“↓8↑8”两种选项。
- “SATA Spread Spectrum”：用于开启或关闭 SATA 展频功能。
- “HT Spread Spectrum”：用于开启或关闭 HT 展频功能。
- “SSE/SSE2 Instructions”：设置对 SSE/SSE2 指令集的激活或关闭，默认值为“Enabled”。
- “System BIOS Cacheable”：将此选项设置为“Enabled”，可以加速系统 BIOS ROM 在 F000h-FFFFFh 地址间的存储速度，由此可以改善系统的操作性能。但此部分的任何写入操作都可能导致系统错误，为了系统的稳定性建议用户不要修改此选项，保持默认值“Disabled”。

2．CPU Feature 设置

1）在 Advanced Chipset Features 的设置界面中选择“CPU Feature”选项，按〈Enter〉键即可进入，如图 12-10 所示。

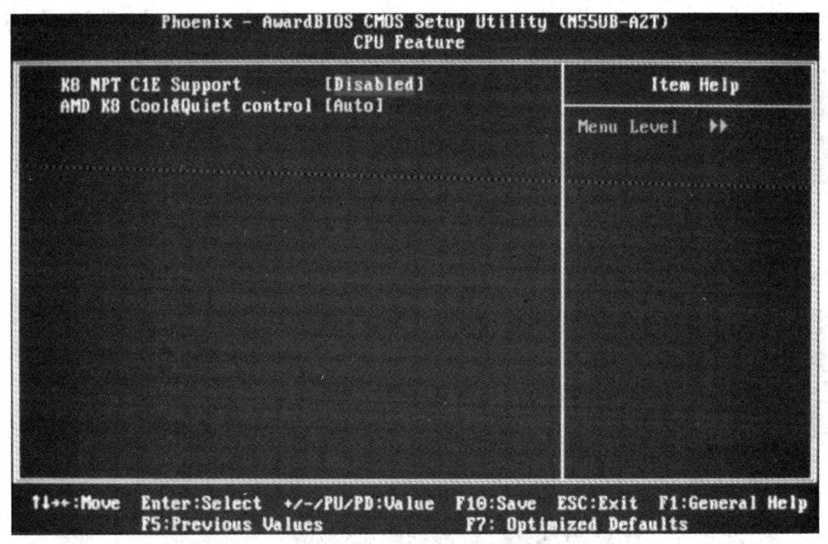

图 12-10　CPU Feature 设置

2）“K8 NPT C1E Support”是 AMD 的省电功能，“AMD K8 Cool&Quiet control”是 AMD 的凉又静功能，这两个功能都是为了降低 CPU 工作强度而自带的硬件功能。开启这两个功能后，CPU 会根据系统的负荷状况来自动调节倍频和电源，以节约能源。一般超频时需要关闭这两个功能，对于一般用户建议保留默认值，以延长使用寿命。

12.2.5　Integrated Peripherals（周边设备设置）

Integrated Peripherals 子菜单是对周边设备进行特性的设定。该子菜单包含了板卡插槽、USB 接口、IDE 端口、音频等设备。在 BIOS 设置主菜单中选择“Integrated Peripherals”选项，即可进入周边设备设置子菜单，其主界面如图 12-11 所示。

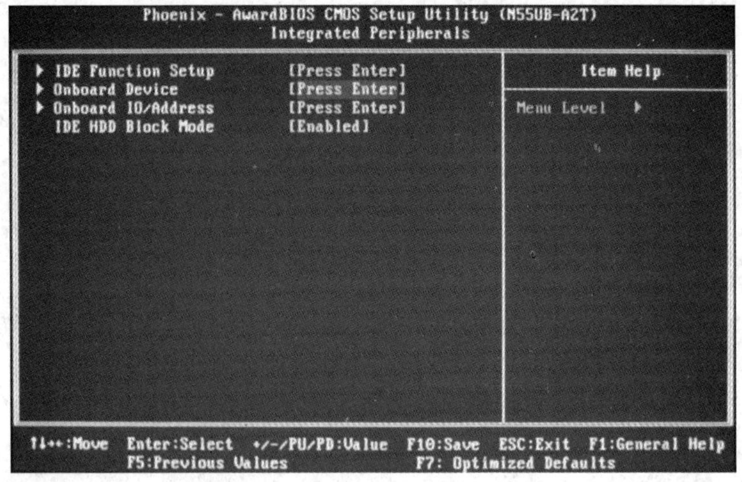

图 12-11 Integrated Peripherals 设置

1．IDE Function Setup 设置

进入 Integrated Peripherals 设置界面后，选择“IDE Function Setup”选项，按〈Enter〉键，此时进入 IDE 硬盘接口设置界面，如图 12-12 所示。

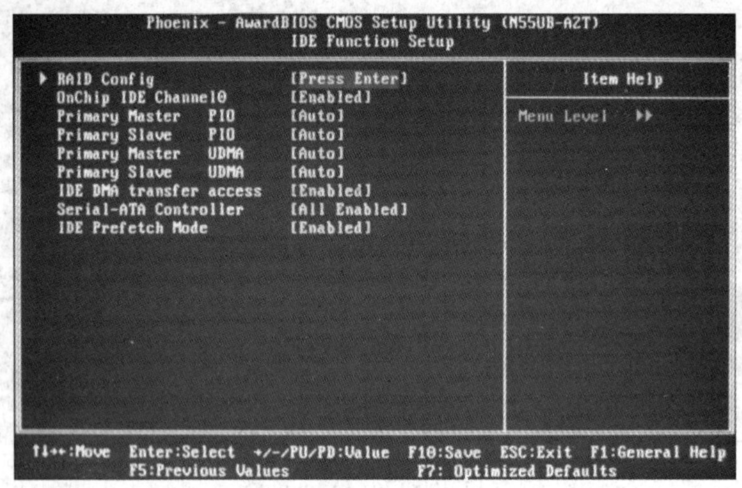

图 12-12 IDE Function Setup 设置界面

- “RAID Config”：用于激活和关闭硬盘的 RAID 功能。
- “OnChip IDE Channel0”：此主板芯片组中含有一个支持两个通道的 PCI IDE 接口，选择其中的“Enabled”选项以激活该接口。
- “Primary Master PIO/UDMA”或“Primary Slave PIO/UDMA”：在 IDE 端口设置下面有 4 个选项，用来设置该 IDE 接口的 PIO 和 UDMA 模式。开启主板上的 IDE 端口后，可以使用 PIO 或 UDMA 功能下的选项调节硬盘的 PIO 或 DUMA 模式，数值越高，速度越快。一般情况下，这几个选项都可以设置为“Auto”，这是因为现在的主板都能够自动根据 IDE 设备的速度来调节 PIO 和 UDMA 模式。
- “IDE DMA transfer access”：IDE DMA 转移地址设置。建议设置为“Enabled”，这样

可以打开硬盘的 DMA 功能。

- "IDE Prefetch Mode"：板载 IDE 驱动接口支持 IDE 预取，以加速设备存取。如果接口不支持预取操作，并且用户想要安装主从附加 IDE 接口，则需要选择"Disabled"选项关闭此功能。

2．SATA 硬盘设置

SATA 硬盘已经占据市场的绝大部分，接口速率一般都为 Serial ATA 300。由于不同主板厂商所用的 SATA 控制芯片不尽相同，因此在 BIOS 中打开 SATA 功能设置时的选项也各不一样。设置 SATA 硬盘的选项一般都在 Integrated Peripherals 菜单中，用户可以在此菜单或所包含的子菜单中查找带有 Serial-ATA Controller、Serial-ATA Setting、Serial-ATA Bridge 等这样的选项，设置为"All Enabled"即可。

1）进入 BIOS 设置主菜单，选择"Integrated Peripherals"选项，单击〈Enter〉键进入其子菜单。

2）在"Integrated Peripherals"子菜单中，选择"IDE Function Setup"选项，单击〈Enter〉键进入其子菜单。

3）在"IDE Function Setup"子菜单中，选择"Serial-ATA Controller"选项，单击〈Enter〉键，在弹出来的菜单中选择"All Enabled"即可，如图 12-13 所示。这里的 SATA-1 和 SATA-2 分别代表了传输速率的两个标准，前者速度为 150Mbit/s，后者速度为 300Mbit/s。

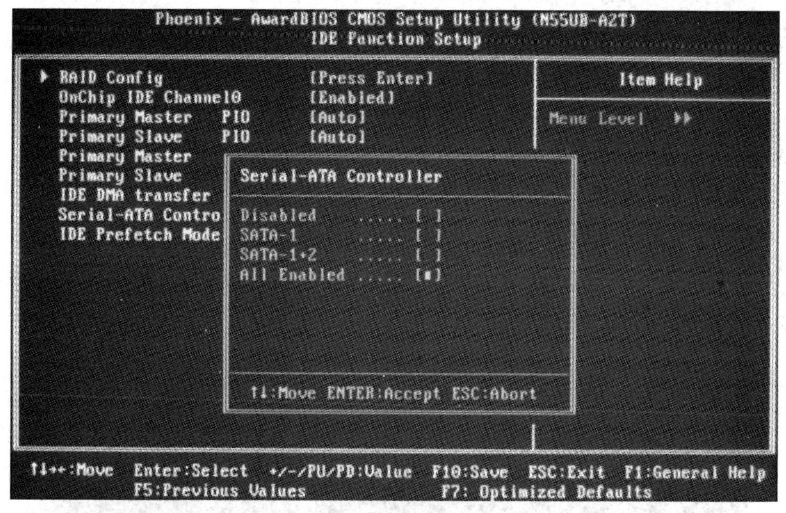

图 12-13　设置 SATA 硬盘

3．Onboard Device（板载设备）设置

主板上集成了许多自带的设备，用户通过 Onboard Device 设置选项，可以对板载的设备进行设置。

1）进入 BIOS 设置主菜单，选择"Integrated Peripherals"选项，单击〈Enter〉键进入其子菜单。

2）在"Integrated Peripherals"子菜单中，选择"Onboard Device"选项，单击〈Enter〉键进入其子菜单，如图 12-14 所示。

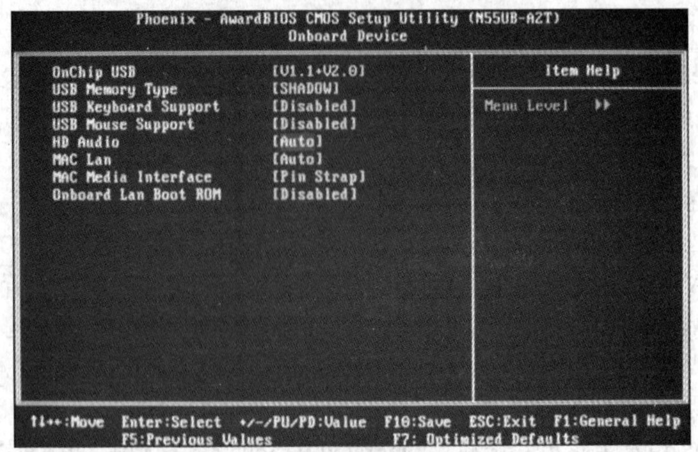

图 12-14　Onboard Device 设置界面

在 Onboard Device 设置界面各个选项的含义如下。

- “OnChip USB”：如果用户的系统有 USB 控制器，那么激活此项；如果用户增加了一个更高级的系统控制器，则需要关闭此项。
- “USB Memory Type”：预设值为 SHADOW。
- “USB Keyboard Support”：用于激活或关闭 USB 键盘。
- “USB Mouse Support”：用于激活或关闭 USB 鼠标。
- “HD Audio”：设置高保真音频。
- “MAC Lan”：控制板载 MAC Lan，默认值为 Auto。
- “Onboard Lan Boot ROM”：激活或关闭网络控制器。
- “MAC Media Interface”：控制板载 MAC Media 界面。

4．Onboard IO/Address 设置

Integrated Peripherals 菜单中的“Onboard IO/Address”选项，主要针对主板上输入/输出设备串并口的一些设置，该选项的设置界面如图 12-15 所示。

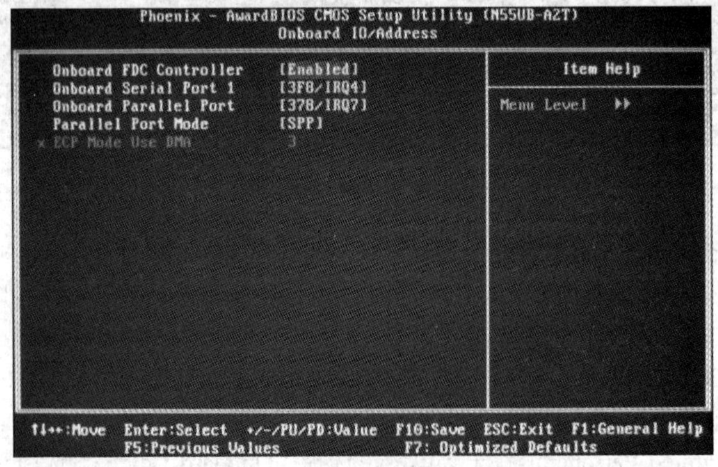

图 12-15　Onboard IO/Address 设置界面

在 Onboard IO/Address 设置界面各个选项的含义如下。

- "Onboard FDC Controller"：软驱控制器设置，在没有软驱的情况下可以设置为"Disabled"，这样可以释放出一个中断。
- "Onboard Serial Port 1"：主板串口的设置。
- "Onboard Parallel Port"：主板并口的设置，选择该项进入子菜单后，可以设置并口的端口号和中断号。
- "Parallel Port Mode"：并口的工作模式。选择该项进入子菜单后，出现 4 种模式。这 4 种模式是决定并口传输速度的模式，SPP 基本模式传输速度最慢；EPP 比较适合并口驱动器；ECP 将并行接口作为扩展兼容接口，传输能力较快；一般建议选择 ECP+EPP 工作模式。

12.2.6　OverClock Navigator Engine（超频设置）

超频指的是人为地将 CPU、显示卡等硬件的工作频率提高，并且让它们在高于默认频率下稳定工作。对于本例的主板来说，除了支持高级用户手动对各个参数进行设置以外，还为初级超频用户提供安全的自动超频设置。

在 BIOS 设置主菜单中，选择"OverClock Navigator Engine"选项，然后按〈Enter〉键进入该设置界面。在默认情况下"OverClock Navigator"选项设置为"Normal"，此时不能对各项参数进行设置，如图 12-16 所示。

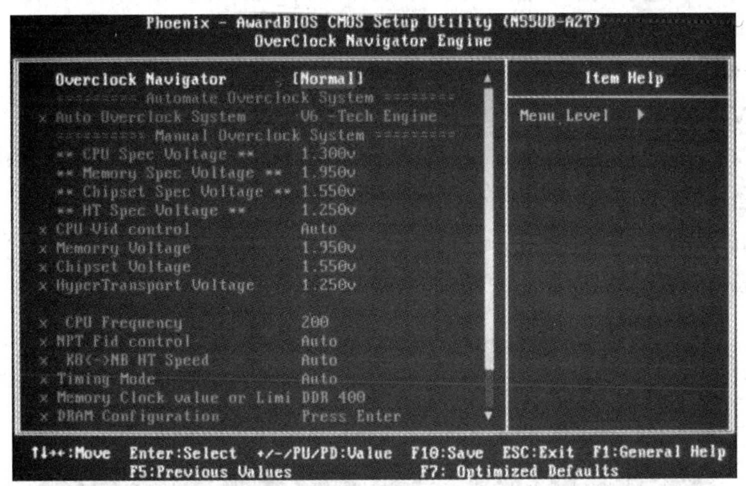

图 12-16　OverClock Navigator Engine 设置界面

1．安全的自动超频设置

由于本块主板为用户提供多个安全的自动超频设置，一般用户只需选择某个档次的超频设置即可，不需要再手动对所有参数进行设置，增加了超频的安全性，具体操作如下。

1）进入 BIOS 主菜单后，选择"OverClock Navigator Engine"选项，进入该选项菜单。

2）进入"OverClock Navigator Engine"菜单后，绝大部分选项设置处于不可编辑状态。选择"OverClock Navigator"选项，按〈Enter〉键后进入子菜单，如图 12-17 所示。

3）在图 12-17 中，选择其中的"Automate Overclock"选项，按〈Enter〉键确定并返

回。此时用户会发现 OverClock Navigator Engine 设置界面中的“Automate Overclock System”选项处于可编辑状态。

4）选择“Automate Overclock System”选项，然后单击〈Enter〉键，此时弹出如图 12-18 所示的对话框。

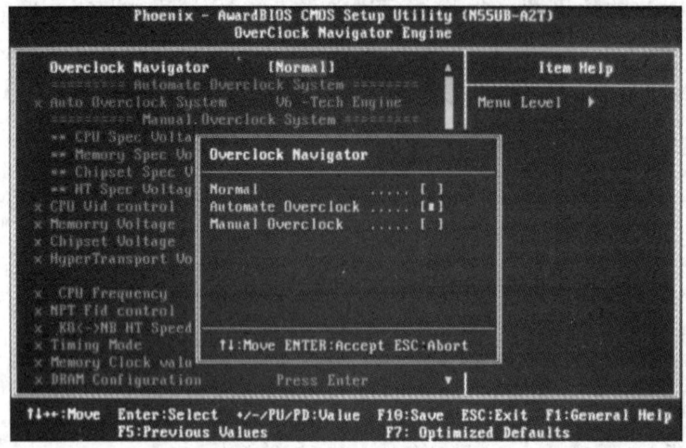

图 12-17 OverClock Navigator 设置界面

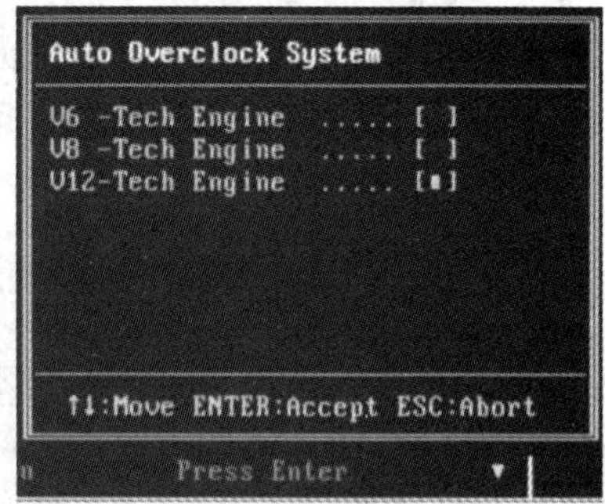

图 12-18 Automate Overclock System 设置

5）在此对话框中，包含“V6-Tech Engine”“V8-Tech Engine”和“V12-Tech Engine”3 个选项。其中第一个选项设置将提高整个系统性能约 5%～10%，第二个选项设置将提高整个系统性能约 15%～25%，第三个选项设置将提高整个系统性能约 25%～30%。

2．手动超频设置

（1）CPU Vid control（CPU 供电电压）设置

1）进入 OverClock Navigator 设置界面后，选择“Manual Overclock”选项，按〈Enter〉键后返回上一级菜单，则进入了手动超频模式。

2）在手动超频模式下，绝大部分设置处于可编辑状态。选择“CPU Vid control”选项后单击〈Enter〉键，此时弹出如图 12-19 所示的界面。

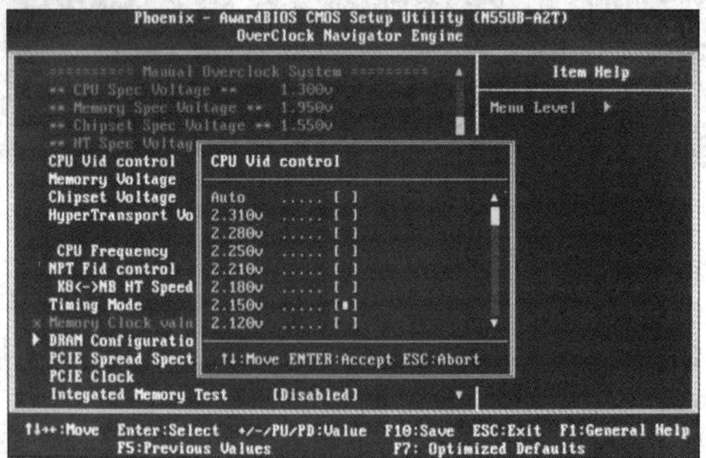

图 12-19 CPU Vid control 设置界面

3）使用〈↓〉和〈↑〉方向键移动光标，就可以把默认电压调高或降低一个档位。需要特别注意的是，在增加 CPU 供电电压的过程中要一步一步增加，切勿一次增加过多电压，避免烧毁 CPU。

4）设置完成后，按〈Enter〉键确认修改并返回上一级目录。

（2）Memorry Voltage（内存电压）设置

内存电压的设置一般按照内存颗粒的种类进行设置，如果内存条品质很好，则可以适当提高内存电压。

1）进入 OverClock Navigator Engine 设置后，选择“Memorry Voltage”选项，按〈Enter〉键后进入内存电压设置界面，如图 12-20 所示。

2）使用〈↓〉和〈↑〉方向键移动光标，就可以把默认电压调高或降低一个档位。

（3）Chipset Voltage（芯片组电压）设置

进入 OverClock Navigator Engine 设置后，选择“Chipset Voltage”选项，按〈Enter〉键后进入芯片组电压设置界面，如图 12-21 所示。根据实际情况选择电压，一般情况下保持默认值即可。

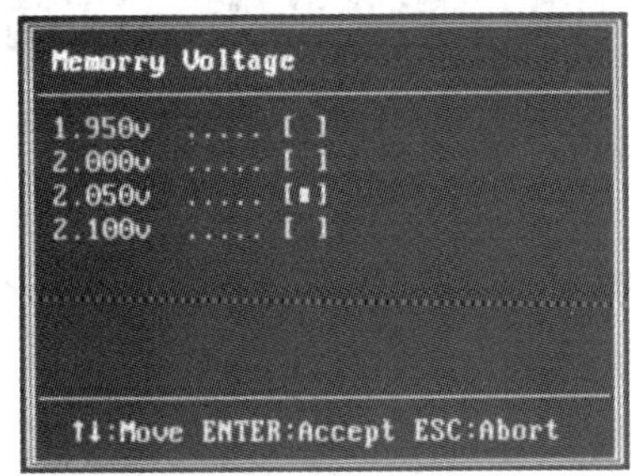

图 12-20　Memorry Voltage

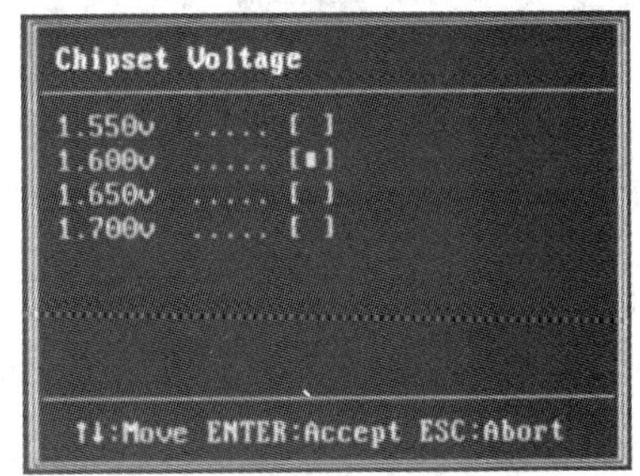

图 12-21　Chipset Voltage

（4）HyperTransport Voltage（总线频率电压）设置

进入 OverClock Navigator Engine 设置界面后，选择“HyperTransport Voltage”选项，然后按〈Enter〉键后进入总线频率电压设置界面，如图 12-22 所示，使用〈↓〉和〈↑〉键可以选择不同电压设置。

（5）CPU Frequency（CPU 外频）设置

进入 OverClock Navigator Engine 设置界面后，在手动设置模式下选择“CPU Frequency”选项，然后按〈Enter〉键后进入 CPU 外频设置界面，如图 12-23 所示，根据实际情况选择不同频率即可。

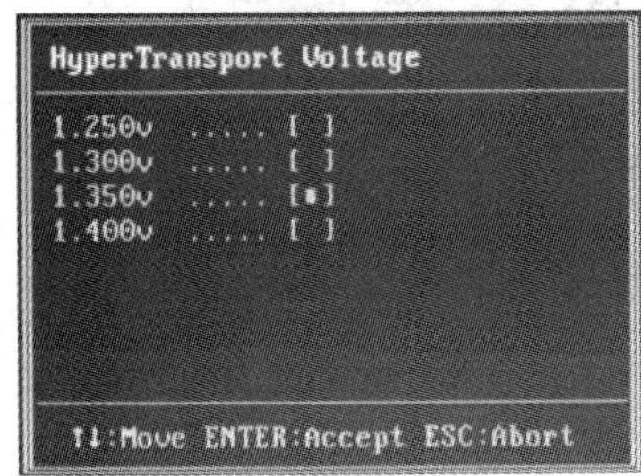

图 12-22　HyperTransport Voltage

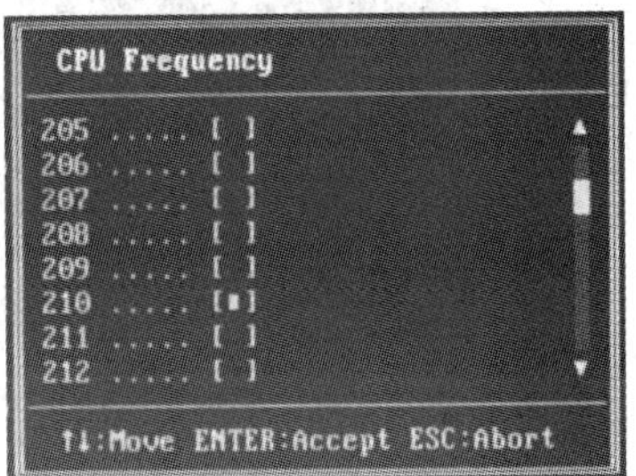

图 12-23　CPU Frequency

（6）NPT Fid control（倍频）设置

进入 OverClock Navigator Engine 设置界面后，在手动设置模式下选择“NPT Fid control”选项，然后按〈Enter〉键后进入倍频设置界面，如图 12-24 所示，使用〈↓〉和〈↑〉键可以选择不同频率。

（7）K8<->NB HT Speed（HT 总线的倍频调节）

进入 OverClock Navigator Engine 设置界面后，在手动设置模式下选择“K8<->NB HT Speed”选项，然后按〈Enter〉键后进入 HT 总线的倍频调节设置界面，如图 12-25 所示，使用〈↓〉和〈↑〉键可以选择不同的设置。

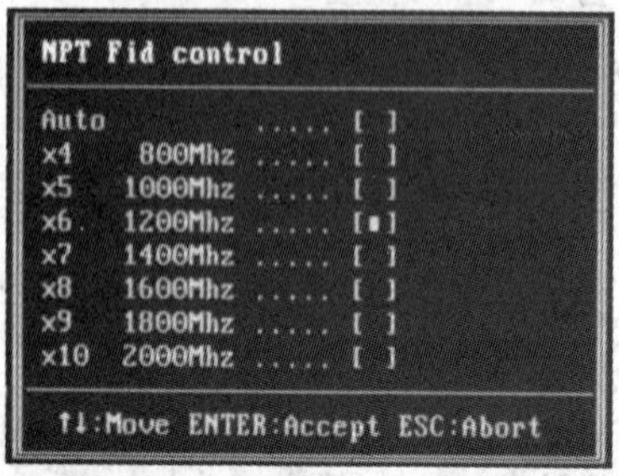

NPT Fid control

Auto ..... [ ]
x4 800Mhz ..... [ ]
x5 1000Mhz ..... [ ]
x6 1200Mhz ..... [■]
x7 1400Mhz ..... [ ]
x8 1600Mhz ..... [ ]
x9 1800Mhz ..... [ ]
x10 2000Mhz ..... [ ]

↑↓:Move ENTER:Accept ESC:Abort

图 12-24　NPT Fid control

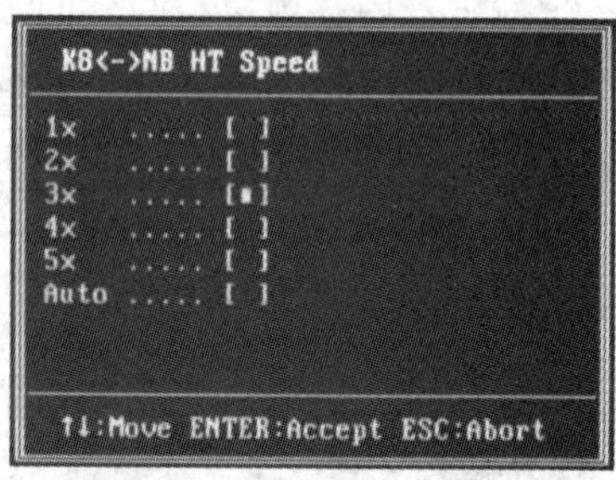

图 12-25　K8<->NB HT speed

（8）Memory Timings（内存时序）设置

内存时序设置是在超频过程中对整体性能影响较为主要的部分，总的来说内存条品质如果很高，将这些延迟时间设置得越短越好。对于品质一般的内存条来说，设置不当会导致系统启动不了或黑屏。

1）进入 OverClock Navigator Engine 设置界面后，在手动设置模式下选择“DRAM Configuration”选项，然后按〈Enter〉键后进入 DRAM 设置界面。

2）使用〈↓〉和〈↑〉键将光标移动到“Memory Timings”选项上，按〈Enter〉键后进入内存时序设置界面，如图 12-26 所示。

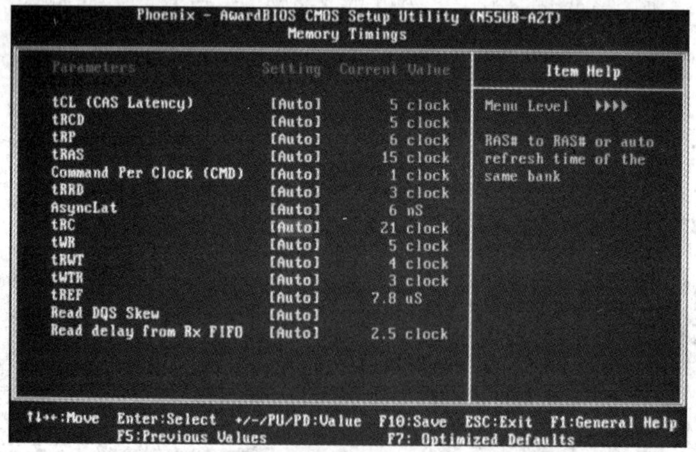

图 12-26　Memory Timings

内存时序设置中常用参数含义如下。

- “tRCD”：行寻址到列寻址延迟时间，数值越小，性能越好。但如果该值设置太低，同样会导致系统不稳定。
- “tRAS”：从收到一个请求后到初始化 RAS（行地址选通脉冲），然后真正开始接收数据的间隔时间。调整这个参数需要结合具体情况而定，一般最好设为 5～10，不能说数值越大或越小就越好。
- “tCL（CAS Latency)”：内存读写操作前列地址控制器的潜伏时间，也就是北桥芯片到内存的一个延迟时间。
- “tRP”：内存行地址控制器预充电时间，预充电参数越小则内存读写速度就越快。
- “Command Per Clock（CMD)”：首命令延迟或指令比率。当主板上内存插得很多，出现不太稳定的时候，需要将该参数设置得大一些。

12.2.7 BIOS 密码设置

1．超级用户密码设置

超级用户密码设置是针对系统启动和进入 BIOS 设置环境时做的密码保护，密码最多 8 个数字或符号，并且有大小写之分。

1）开机或重启计算机时，按下〈Delete〉键进入 BIOS 设置的主菜单。

2）选择“Set Supervisor Password”选项，此时弹出提示框。

3）在提示框中输入密码后按〈Enter〉键，BIOS 会要求用户再输入一次，确认刚才输入的密码。如果两次输入密码吻合，则将密码保存起来。

4）假如想取消密码，只需在输入新密码时，直接按〈Enter〉键，这时 BIOS 会显示 PASSWORD DISABLED，待下次开机时，就不会再要求输入密码了。

2．普通用户密码设置

普通用户密码设置只是针对系统启动时做的密码保护，密码最多 8 个数字或符号，并且有大小写之分。

1）开机或重启计算机时，按下〈Delete〉键进入 BIOS 设置的主菜单。

2）选择“Set User Password”选项，此时弹出提示框。

3）在提示框中输入密码后按〈Enter〉键，BIOS 会要求用户再输入一次，确认刚才输入的密码。如果两次输入密码吻合，便将密码保存起来。

4）假如想取消密码，只需在输入新密码时，直接按〈Enter〉键，这时 BIOS 会显示 PASSWORD DISABLED，待下次开机时，就不会再要求输入密码了。

12.2.8 BIOS 中的其他设置

1．Power Management Setup（电源管理设置）

Power Management Setup（电源管理设置）子菜单是针对系统电源管理进行特别的设定。该子菜单中包含 IPCA 操作系统、ACPI 挂起类型、电源管理/APM、预设系统启动时间、热键开机等选项设置等。该菜单中的选项设置对系统的整体性能不会有太大影响，一般都使用默认值即可。

2．CMOS Reload Program（CMOS 保存设置）

此选项可以在 BIOS-ROM 里保存不同的 CMOS 设置，还可以根据用户个人爱好命名

CMOS 数据。

3．Load Optimized Defaults（装载默认设置）

Load Optimized Defaults 选项的作用是将 BIOS 参数恢复到主板厂商设定的默认值。

4．保存并退出

在对 BIOS 设置完成后，必须选择“Save & Exit Setup”选项才能应用之前的设置。如果不想保存此次 BIOS 设置，可以选择“Exit Without Saving”选项。

12.3 设置 UEFI 参数

传统 BIOS 技术正在逐步被 UEFI 取代，它将成为硬件配置信息的主流平台，这种图形化的设计，能够让用户更加轻松地对硬件进行设置，远比传统的 BIOS 设置容易。目前新出厂的主板中，很多已经使用 UEFI，这也是未来主板发展的方向。

12.3.1 认识 UEFI

UEFI（Unified Extensible Firmware Interface）称为“统一的可扩展固件接口”，是一种详细描述类型接口的标准。这种接口用于操作系统自动从预启动的操作环境加载到一种操作系统上，从而使开机程序化繁为简。

1．UEFI 与 BIOS 的区别

UEFI 拥有传统 BIOS 所不具备的诸多功能，比如图形化界面、多种多样的操作方式、允许植入硬件驱动等，这些特性让 UEFI 相比于传统 BIOS 更加方便、易用。

通俗地讲，传统 BIOS 的工作职责是负责在开机时做硬件启动和检测工作，并且担任操作系统控制硬件时的中介角色；而 UEFI 将过去需要通过 BIOS 完成的硬件控制程序放在操作系统中完成，不再需要调用 BIOS 功能，UEFI 更像是固化在主板上的操作系统，让硬件初始化以及引导系统变得简洁快速。UEFI 与 BIOS 的运行流程对比示意，如图 12-27 所示。

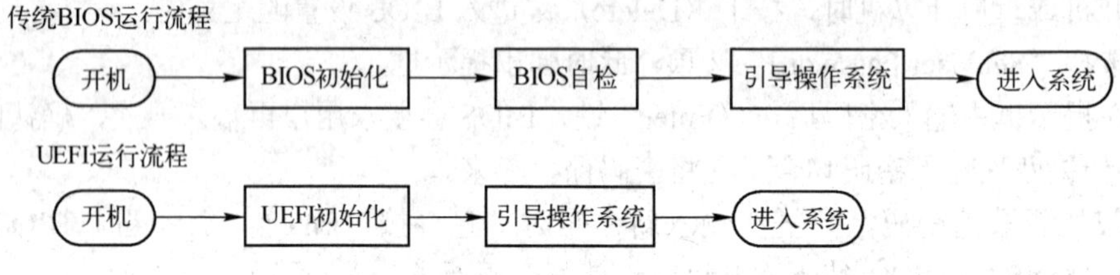

图 12-27 传统 BIOS 与 UEFI 运行流程对比示意图

2．UEFI 的特点

由于 UEFI 本身的开发语言已经由汇编语言改为 C 语言，主板厂商可以深度开发 UEFI，所以它已经相当于一个微型操作系统。有关 UEFI 的特点如下。

1）支持文件系统，可以直接读取 FAT 分区中的文件。

2）可以直接在 UEFI 环境下运行应用程序。

3）缩短了启动时间和从休眠状态恢复的时间。

4）支持容量超过 2.2TB 的驱动器。

5）支持 64 位的现代固件设备驱动程序。

6）弥补了 BIOS 对新硬件的支持不足的缺陷。

12.3.2 使用 UEFI BIOS 设置

微星主板厂商的 Click BIOS 经过不断发展，形成了一套非常成熟、人性化的模式。它由 UEFI 的图形化 BIOS 和桌面的对应软件组成，可以在 BIOS 界面下用键盘鼠标操作，易用性很高。本节以微星 B85M-P33 主板为例，向读者介绍微星主板的 UEFI BIOS——Click BIOS 4 的使用方法。

1．Click BIOS 4 界面介绍

在计算机刚重启时，按〈Delete〉键即可进入 Click BIOS 4 设置环境，如图 12-28 所示。在此界面中可以分为 6 个区域，左上角是 CPU 温度监测，包括摄氏度和华氏度；右上角的系统信息；稍微下方是启动设备优先权，启动顺序是从左到右；下面的区域从左到右分别是 BIOS 设置菜单、菜单显示区。

图 12-28 UEFI BIOS——Click BIOS 4 主界面

这里 BIOS 菜单按照功能不同分为以下 6 部分。

- SETTINGS：包括了整合在南桥和主板上的各种设备的参数设置，例如 SATA 控制器，USB 控制器、声卡、网卡、PCI 总线、ACPI、IO 芯片的设置等。
- OC：用于超频参数的设置。
- M-FLASH：从 U 盘 BIOS 启动或更新 BIOS。
- OC PROFILE：用于超频档案管理，可以保存多个超频配置。
- HARDWARE MONITOR：用于设置主板硬件的相关信息。
- BOARD EXPLORER：用于查看主板主要硬件对应的信息。

2．设置设备启动优先权

在 Click BIOS 4 环境下设置设备启动优先权十分简单。首先，选择“SETTINGS”菜单，在菜单列表中再次选择“启动”选项，这时显示如图 12-29 所示的界面。双击列表中第

一个 “Boot Option #1”选项，在弹出的列表中选择某个启动设备，则该设备将作为引导系统的第一个启动设备。

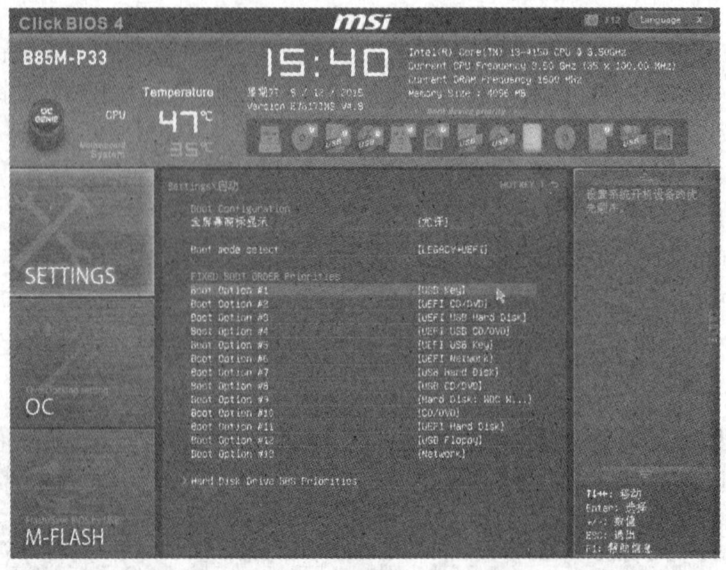

图 12-29　设置设备启动优先权

3．硬件监控

选择“HARDWARE MONITOR”菜单，即可进入设置界面，如图 12-30 所示。在当前界面中，用户可以看到平台的风扇运行情况及 CPU 的温度等数据，并且可以直接对风扇的风速进行调节。同其他主板不同，微星主板在 BIOS 中就提供了曲线式的图形化调节界面，用户无须在系统内安装相应的软件，非常方便。

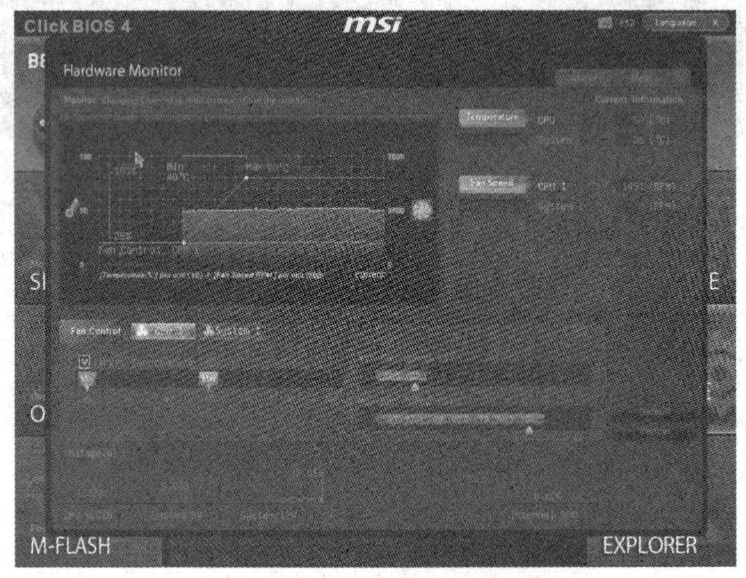

图 12-30　Hardware Monitor 界面

4．查看主板细节

在主界面中，选择“BOARD EXPLORER”菜单即可进入查看界面，如图 12-31 所示。该选项可视为平台总体信息浏览，用户可以单击主板上的某个区域，就会弹出悬浮窗进行显示，方便浏览主板上的任何细节，包括插槽及插针各自的状况、安装了何种硬件等。

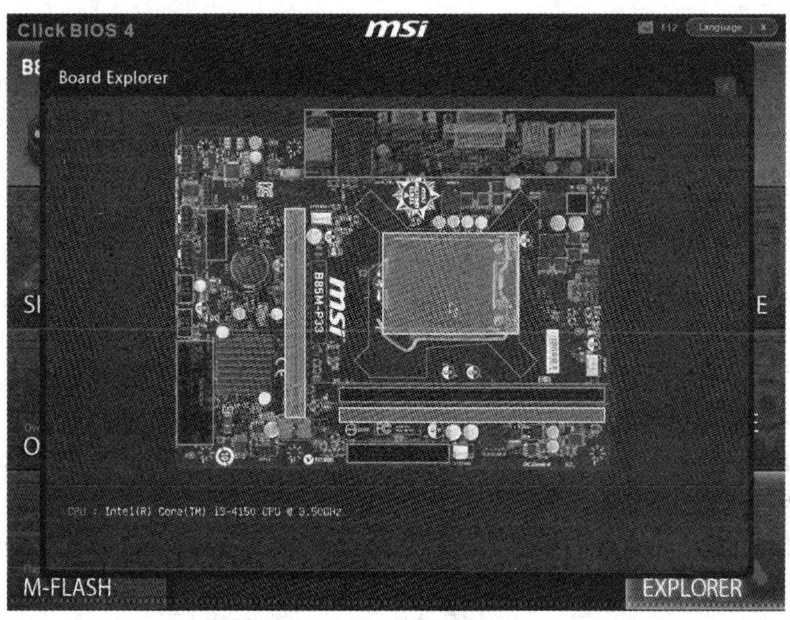

图 12-31　Board Explorer 界面

12.4　BIOS 口令遗忘的处理方法

在微机的 BIOS 设置中，一般有口令设置项（也就是常说的密码），用于保护 BIOS 设置不被修改和防止非法用户启动计算机。然而日久天长，常常有合法用户忘记了自己设置的 BIOS 口令，使原本用于安全保护的密码功能反而变成了使用计算机的阻碍，轻则不能修改 BIOS 配置，重则连微机也难以启动。

BIOS 的口令一般分为两级，即 Setup（系统 BIOS 设置）和 System（开机保护）。Setup 级口令可以通过软件方法快速清除，System 口令只能用硬件方法清除。下面分别讲述这两种口令的清除方法。

1．Setup 级口令的清除

当接通电源时，首先被执行的 BIOS 中的加电自检程序（POST）对整个系统进行检测，包括对 BIOS RAM 中的配置信息做累加和测试。该累加和与原来的存储结果进行比较，当两者相吻合时 BIOS RAM 中的配置有效，自检继续进行；当两者不相等时，系统报告错误，要求重新配置，并自动取 BIOS 的默认值设置，原有口令被忽略，此时可进入 BIOS SETUP 界面。因此，当口令保护被设为 Setup 级时可以利用这一点往 BIOS RAM 中的任一单元写入一个数，破坏 BIOS RAM 的测试值，即可达到清除口令的目的。

BIOS RAM 在 DOS 系统中的访问端口：地址端口 70，数据端口 71。在 DOS 窗口中调用 DEBUG 程序并输入以下指令：

```
debug
-o70,10
-o71,10
-q
```

然后按〈Alt+Ctrl+Del〉键重新启动系统，系统要求重新配置，口令已被清除。

对于新出的主板，这种方法已不适用，可以使用专门清除 BIOS 口令的工具软件来清除。

2．System 级口令的清除

由于 System 级口令保护的是整个系统，在未正确输入口令时不能进入系统，因而当任何“软”方法都无法奏效时，只能用“硬”方法解决。

关闭计算机电源，打开机箱，找到主板上后备电池的位置，观察 BIOS 和后备电池之间的线路走向，可以发现它们的电路都类似。后备电池在主机断电期间向其提供电源。根据所用主机板的不同，有以下几种方法。

一般的主板在后备电池的附近都有一个“Ext. Battery”“CMOS Reset”或“JCMOS”的跳线，如图 12-32 所示。断开微机电源打开机箱，按照主板说明书上的说明找到它，并将其中的两个引脚短接数秒钟，然后将跳线恢复原状，即可清除口令。有的主板还要求在放电短接状态开机才能彻底清除 BIOS 设置数据，具体做法应该参照主板说明书上的叙述。

图 12-32　清除 BIOS 设置数据的 S 跳线

有些采用纽扣电池的主板没有清除 BIOS 设置数据的跳线，可以把纽扣电池取下，使电池座上的正负极短路数秒，也可以清除。

放电后，所有的 BIOS 数据都丢失了，开机后要重新设置 BIOS 各个选项以使系统恢复正常工作。

12.5　思考与练习

1．掌握机箱、电源的安装方法，机箱内部各种电缆的连接方法，主板的固定方法和各种板卡插件连接的方法，整机安装步骤及初步调试方法，BIOS 的基本设置。

2．如何设置开机密码和开机用户密码？

3．如何将 U 盘设置为第一启动设备？

4．什么是 UEFI？它与 BIOS 有何区别？

5．掌握组装后通电前的检查步骤，并能根据开机时的现象判断和排除简单故障。

第 13 章　Windows 10 的安装与配置

2015 年 7 月 29 日，微软发布了 Windows 10 正式版操作系统，Windows 7 用户、Windows 8.1 用户以及 Windows Phone 8.1 用户都可以免费升级至 Windows 10，并且无缝支持 PC、手机、Xbox 等多个平台。

Windows 10 在界面上进行了很大的改动，例如“开始”菜单的回归，保留 Metro 动态磁铁界面等。此外，Windows 10 的界面有桌面模式和平板模式，可以同时为两类设备提供更佳的用户体验。本章将重点对操作系统的安装过程以及相关配置进行讲解。

13.1　安装 Windows 10 前的准备

1．选择适合自己的 Windows 10 版本

根据市场的不同需求，微软面向不同的用户群体发布了多个版本的 Windows 10 产品，这里仅介绍适用于 PC 的版本，具体内容见表 13-1。

表 13-1　Windows 10 版本介绍

版本名称	说明
Windows 10 Home （家庭版）	该版本的操作系统中包括最新的 Windows 通用应用商店、Edge 浏览器、Cortana 个人助理、Continuum 平板模式，以及 Windows Hello 生物识别等功能，对普通用户来说，已经能够满足使用
Windows 10 Professional （专业版）	该版本主要面向技术爱好者和企业的技术人员，系统内置了一系列增强技术，包括组策略、Bitlocker 驱动加密、远程访问服务、域名链接，还有全新的 Windows Update for Business
Windows 10 Enterprise （企业版）	该版本主要面向企业级用户，在这个版本里不仅包含了专业版所有的功能，另外为了满足企业用户的需求，还专门增加了 PC 管理和部署，以及更先进的安全性和虚拟化等功能。具体内容如下。 1）Windows To Go：通过 USB 存储设备来实现携带/运行 Windows 10 系统，让应用和数据随身而动； 2）Device Guard：帮助用户抵御针对设备、身份、应用和敏感信息安全等方面的威胁； 3）DirectAccess：让企业用户获取远程登录企业内网而无须虚拟专用网络（VPN）的帮助，并帮助管理员维护计算机，实现软件更新等操作； 4）AppLocker：限制用户组被运行的文件和应用

2．Windows 10 最低硬件配置要求

由于 Windows 10 是一款面向所有类型设备的操作系统，因此它的系统配置要求必然非常普通，具体最低硬件配置见表 13-2。

表 13-2 Windows 10 系统最低硬件配置要求

硬件设备	最低要求	备注
CPU	1GHz 或更快	需要支持物理地址扩展（PAE）、NX 处理器位（NX）和流式处理 SIMD 扩展 2（SSE2）
内存	1GB 及以上	64 位的操作系统则需 2GB 及以上
硬盘	16GB 及以上可用磁盘空间	64 位的操作系统则需 20GB 及以上可用磁盘空间
显示卡	Direct 9 显卡支持	如果显卡低于此标准，则透明效果的 Aero 主题可能无法实现

3. 升级或安装方式

如果用户当前系统是 Windows 7 或 Windows 8.1，则可以免费升级至 Windows 10；如果用户当前系统为 Windows Vista 或 Windows XP 版本，微软尚未提供任何直接升级到 Windows 10 的方法，必须重新安装。

4. 选择正版软件

很多用户都存在这样的认识误区，觉得正版价格高，使用盗版更加实惠。殊不知盗版软件在安全性、稳定性、自动更新、售后服务和增值下载等方面上与正版软件存在巨大差距。此外，盗版软件还是病毒传播的主要载体，黑客组织将木马伪装成安全补丁，通过第三方网站向使用盗版 Windows 的用户提供下载，非常具有欺骗性，对用户的系统安全造成严重威胁。这里强烈建议用户从合法渠道获得正版软件，为个人或企业信息提供品质可靠的安全保护。目前，在 Windows 应用商店中，Windows 10 简体中文专业版和 Windows 10 家庭版升级专业版零售价分别为 1799 元人民币和 879.99 元人民币。

13.2 全新安装 Windows 10

对于全新计算机而言，若要安装 Windows 10 操作系统，首先需要将硬盘进行分区并格式化，然后再进行系统安装。这里推荐使用第三方工具软件“大白菜 U 盘启动盘”，该软件能够帮助用户方便快捷地进行专业操作。

13.2.1 准备工作——制作 U 盘启动盘

随着软件技术的发展，即便没有任何技术基础的用户，通过大白菜 U 盘启动盘也能够完成专业操作。这里以大白菜 U 盘启动盘 7.3 版本为例向读者进行讲解。

1）准备一个存储空间大于 2GB 的 U 盘。如果拟将 Windows 10 镜像文件存放在 U 盘中，建议使用容量 8GB 的 U 盘。

2）下载“大白菜 U 盘启动盘 7.3”装机版。

3）安装并启动大白菜 U 盘启动盘。

4）插入准备好的 U 盘，等待软件读取 U 盘的信息，如图 13-1 所示。根据需要进行必要设置，这里“模式”选项中包含 HDD-FAT32、ZIP-FAT32、HDD-FAT16 和 ZIP-FAT16 四个选项，建议选择 HDD-FAT32 模式。ZIP 模式指的是大容量软盘仿真模式，一般用于年代较长的计算机，但对新计算机来讲兼容性不佳。

图 13-1　检测 U 盘

5）设置完成后，单击“一键制作启动盘”按钮，此时弹出如图 13-2 所示的对话框。

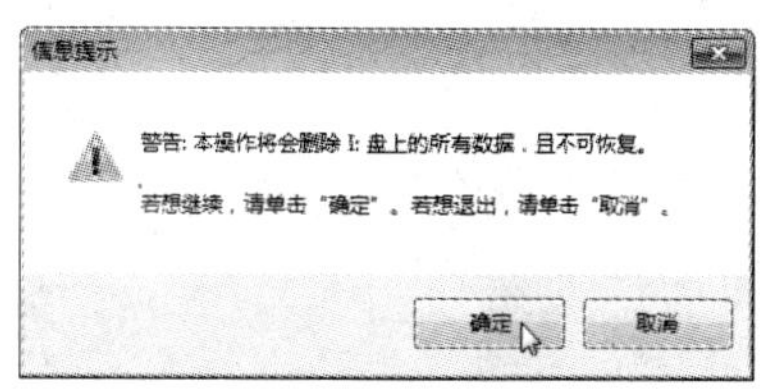

图 13-2　“信息提示”对话框

6）单击“确定”按钮，大白菜装机版 U 盘制作工具开始对 U 盘写入相关数据，经过几分钟的等待，弹出对话框提醒用户启动 U 盘制作完成。

13.2.2　准备工作——硬盘分区和格式化

硬盘分区工具是用户装机过程中必不可少的软件之一，通过硬盘分区工具可以轻松设置分区数量以及每个分区的大小。这里使用大白菜 U 盘启动盘内的分区工具 DiskGenius，下面向读者介绍硬盘分区的操作方法。

1）进入 BIOS，将 U 盘设置为第一启动顺序。

2）将制作好的大白菜 U 盘启动盘插入 USB 接口，这里建议将 U 盘插在主机机箱后置的 USB 接口上。

3）重启计算机，此时进入如图 13-3 所示的界面。这里选择“运行大白菜 Win8PE 防蓝屏版”选项，随后进入 PE 系统桌面。

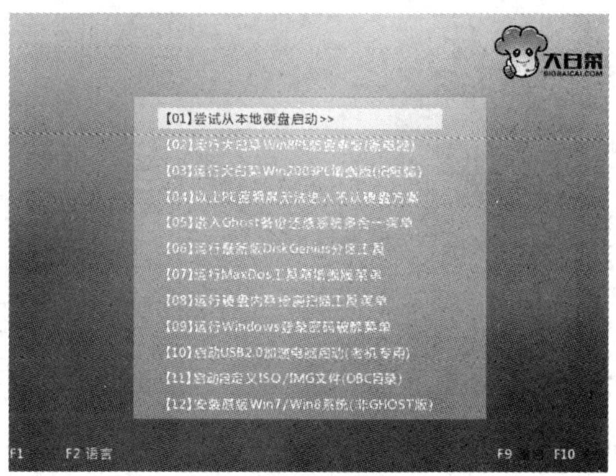

图 13-3　大白菜主菜单界面

4）双击桌面上的分区工具“DiskGenius”，进入如图 13-4 所示的窗口。

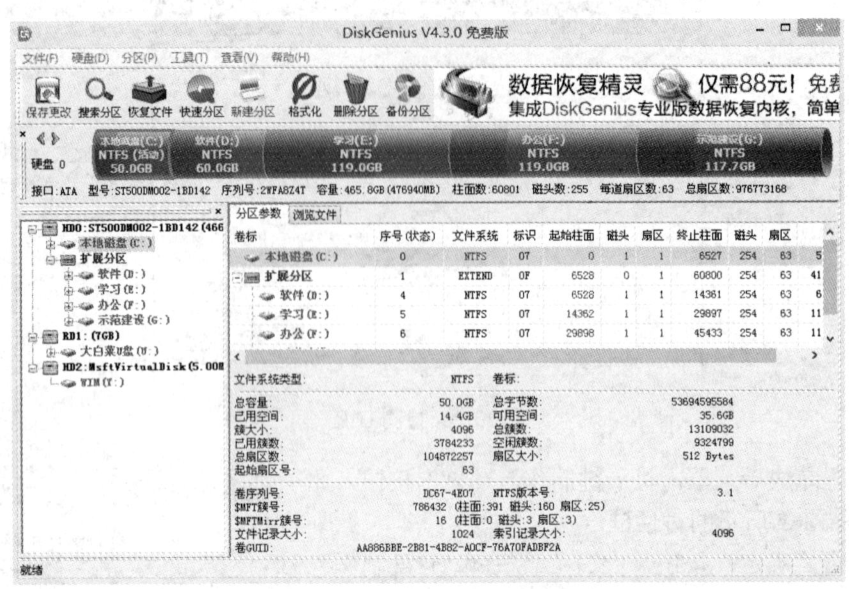

图 13-4　DiskGenius 主界面

5）在“DiskGenius”主窗口左侧树型结构中，选择需要进行分区的硬盘，单击顶部的“快速分区”按钮。

6）弹出如图 13-5 所示的“快速分区”对话框。在该对话框中，根据需要在“分区数目”功能区选择分区数量；在“高级设置”功能区，针对每个分区进行详细设置。

7）设置完成后，单击“确定”按钮，等待片刻即可完成磁盘分区并格式化的一系列操作。

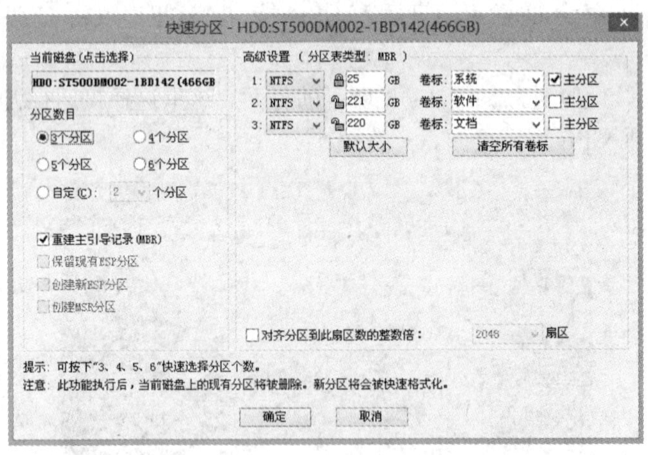

图 13-5　“快速分区”对话框

13.2.3　安装 Windows 10

之前的准备工作完成后，就可以开始安装 Windows 10 操作系统了。这里需要的是：建议将下载的 Windows 10 镜像文件从 U 盘复制至硬盘中，原因在于硬盘读取速度要高于 U 盘，这样在安装过程中能节约时间。具体操作如下。

1）使用 U 盘启动计算机，并进入 PE 系统桌面。

2）这时，系统会自动弹出如图 13-6 所示的“大白菜 PE 一键装机工具”对话框。单击“浏览”按钮，为系统选择 Windows 10 镜像文件存放的位置。

3）在分区列表中选择操作系统即将安装到的盘符，这里选择“C 盘”。

4）设置完成后，单击“确定”按钮，弹出提示对话框，保持默认系统选择，单击“确定”按钮开始进行安装，如图 13-7 所示。

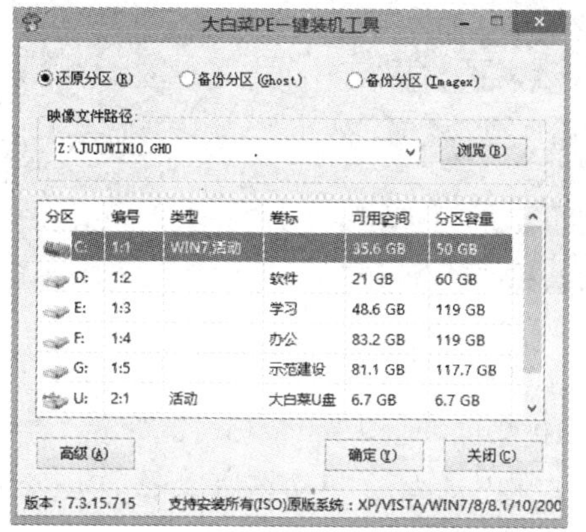

图 13-6 “大白菜一键 PE 装机工具”对话框

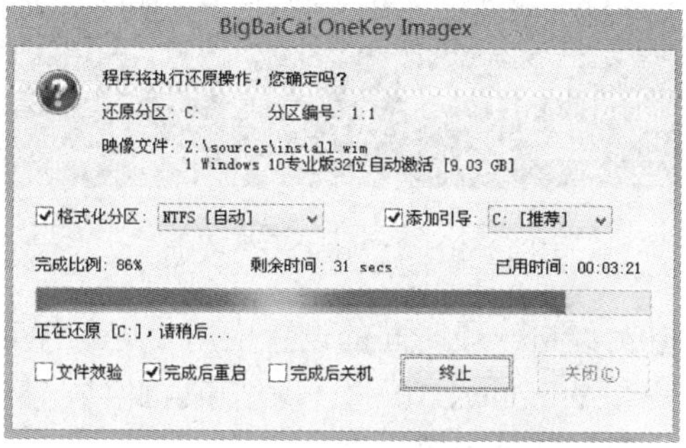

图 13-7 一键还原对话框

5）再次重启后即可进入 Windows 10 安装环境，这里先进行用户的基本信息设置，如图 13-8 所示。

6）设置完成后，单击“下一步”按钮进入“产品密钥”界面。在此环节，需要用户提供购买正版 Windows 产品的产品密钥，如图 13-9 所示。

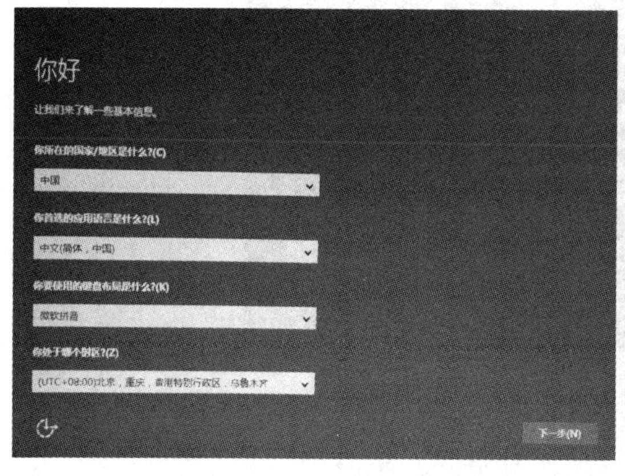

图 13-8 基本信息设置

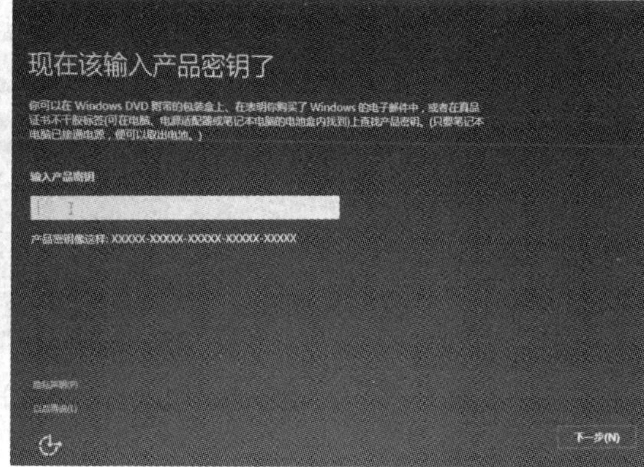

图 13-9 输入产品密钥

7）单击“下一步”按钮，进入“微软软件许可条款”界面，这里单击“接受”按钮，继续后续内容的安装。

8）这时进入“快速上手”界面，如图 13-10 所示。在此环节，单击“使用快速设置”

按钮，系统可以帮助用户设置诸多内容，如果单击“自定义设置”文字链接，将由用户逐项进行设置。

9）设置完成后，进入“创建账户”界面，如图 13-11 所示。这里根据需要设置登录的用户名以及登录密码。

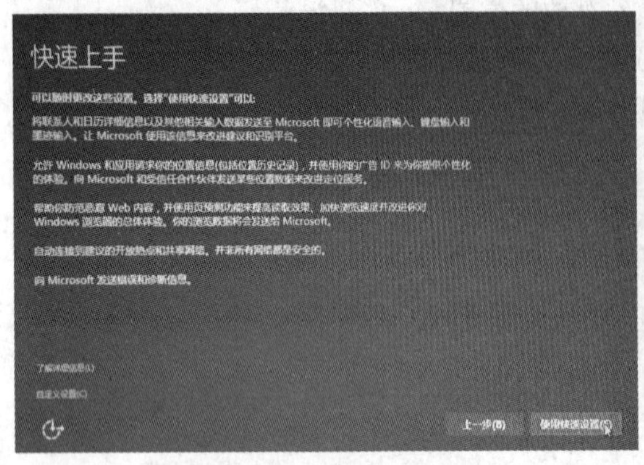

图 13-10 “快速上手”界面

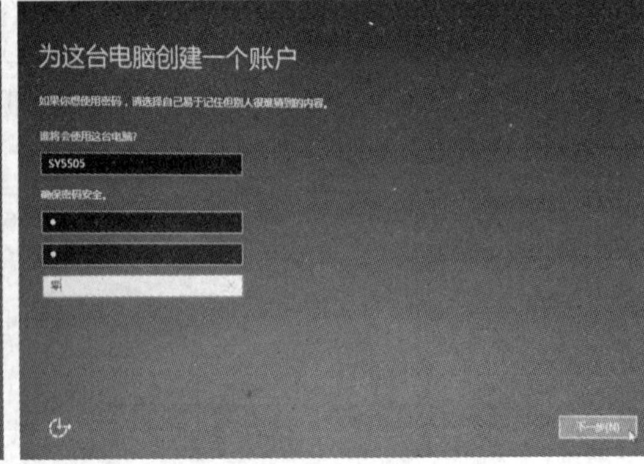

图 13-11 创建账户

10）经过一段时间的设置应用，进入 Windows 10 桌面环境，如图 13-12 所示。此时，全新安装 Windows 10 的过程结束。此外，整个安装过程中系统会自动重启 2~3 次，安装时长由计算机硬件配置决定。

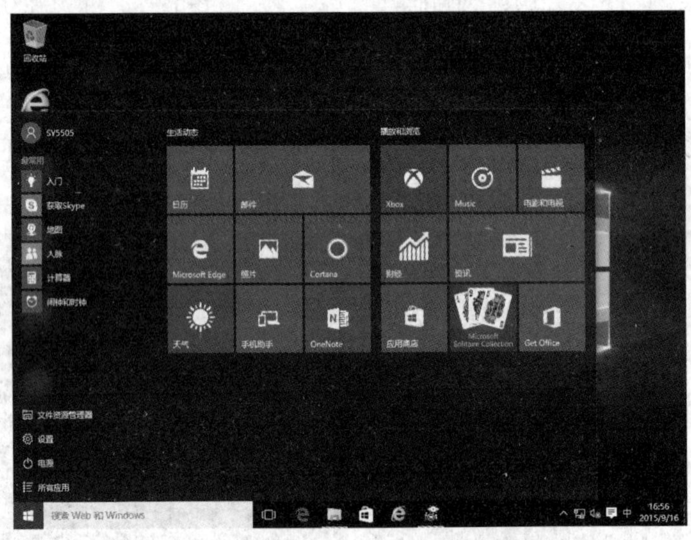

图 13-12 全新安装 Windows 10 后的桌面环境

13.3 升级至 Windows 10

除了全新安装 Windows 10 以外，微软还提供直接升级服务，各个版本的 Windows 7 和 Windows 8.1 均可免费升级到 Windows 10。根据升级过程的不同，可以分为第三方辅助升级和自助升级两种方法。

13.3.1 第三方辅助升级——360 升级助手

为了能够在中国更好地推广 Windows 10，微软选择了 3 个合作伙伴：联想、腾讯和奇虎 360。联想主要是在自己 PC 产品中预装 Windows 10，腾讯和奇虎 360 分别通过电脑管家和 360 升级助手实现一键升级。这里仅介绍 360 升级助手的简要操作，至于使用电脑管家进行升级的过程这里不再赘述。

1）安装并运行最新版本的安全卫士。在其主界面中的右下角单击“更多”按钮，打开如图 13-13 所示的界面。

2）在界面中间的位置，单击“升级助手”按钮，随后 360 升级助手自动下载并运行，如图 13-14 所示。

图 13-13　360 安全卫士的工具界面

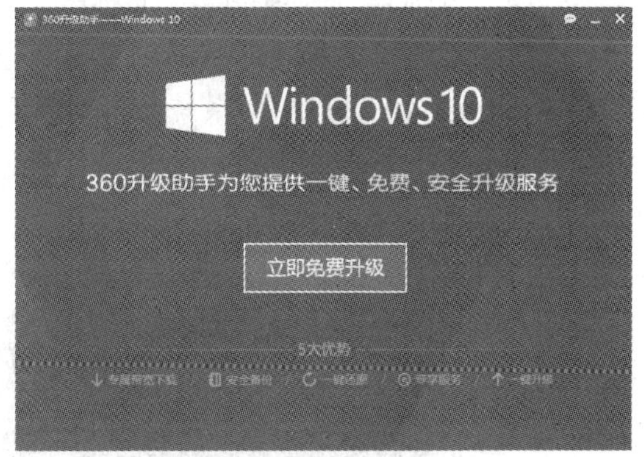

图 13-14　360 升级助手主界面

3）单击“立即免费升级”按钮，进入“许可证条款”界面，在此界面中，单击“确定”按钮，经过几分钟的硬件检测，360 升级助手给出检测结果，如图 13-15 所示。

4）如果硬件未通过检测，软件会给出未通过原因，待解决未通过原因后，单击“立即升级”按钮，软件会自动开始联网升级，如图 13-16 所示。需要说明的是，由于是在线下载系统并升级，所以 Windows 10 系统安装时间依据网络速度和硬件整体水平，时间在 60～120min 不等，建议用户挑选方便的时间进行升级。

图 13-15　硬件检测结果

图 13-16　使用 360 升级助手一键升级至 Windows 10

13.3.2 Windows 7 自助升级至 Windows 10

与传统安装系统不同，微软此次提供的升级方式简单且人性化，即便初学者也能自助完成升级过程。概括来讲，整个升级过程就是双击下载的 Windows 10 镜像文件，等待成功升级即可。需要特别说明的是，自助升级后，原有系统盘所有的用户数据，以及安装的软件全部整体迁移至 Windows 10，用户不用像之前那样再次安装常用的工具软件。

为了让读者了解升级过程，这里向读者介绍 Windows 7 升级至 Windows 10 的操作步骤，至于 Windows 8.1 升级过程与 Windows 7 相同，这里不再赘述。

1）从正规渠道下载 Windows 10 镜像文件，扩展名为“iso”。

2）将该镜像文件放置于本地磁盘的任何一个盘符，双击镜像文件根目录下的“setup.exe”，此时弹出如图 13-17 所示的对话框。

根据需要选择更新硬件驱动的方式，这里选择“不是现在”单选按钮，原因在于在升级 Windows 10 过程中，系统会自动联网更新硬件驱动，而极个别驱动在 Windows 10 环境下会出现不兼容的现象，为了确保升级正常进行，待成功安装系统后再升级硬件驱动即可。

图 13-17　获取重要更新

3）跟随系统提示，单击“下一步”按钮，这时进入“许可条款”对话框。再次单击“下一步”按钮，表明接受许可条款，系统会检查安装环境。

此环节需要一段时间，主要取决于用户当前使用的系统中的软件数量。待检查完成后，安装程序会列出用户需要注意的事项，例如系统功能的缺失或现有软件的兼容性等。如果没有需要注意的事项，则会出现如图 13-18 所示的结果。

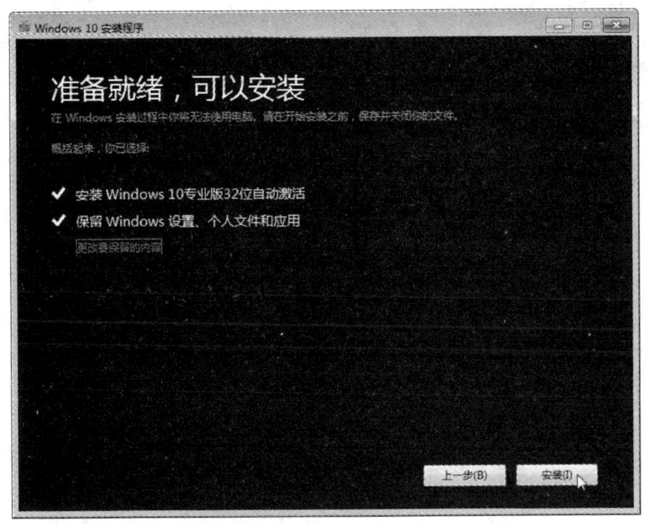

图 13-18　准备就绪

4）单击“安装”按钮进入“选择要保留的内容”对话框。在此环节，用户可以选择要保留的项目，但无论选择哪个选项，升级后当前系统都会被 Windows 10 替代。

这里“个人文件”是指“用户”文件夹下的内容，而具体哪些应用可以保留取决于这些应用在 Windows 10 中的兼容性；如果选择“不保留任何内容”，升级后“个人文件”仍会被保存下来，移至名为“Windows.old”的文件夹中。

5）单击“下一步”按钮，待系统重新评估安装条件后，会再次打开“准备就绪”页面，此时单击“安装”按钮，即可顺利升级安装，升级过程如图 13-19 所示。需要说明的是，此环节是一个比较耗时的过程，大约需要 1h 以上的时间，其间计算机会自动重启 3 次。

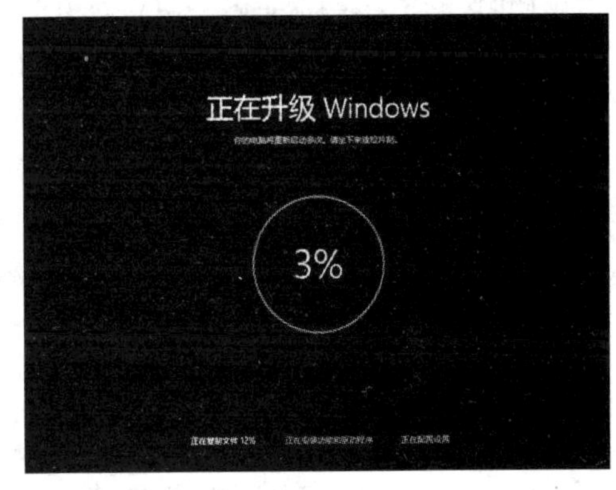

图 13-19　升级过程

6）成功升级安装后，即可进入 Windows 10 桌面环境，升级后的 Windows 10 依然保留原有 Windows 7 桌面文档和原始应用。

13.4　使用 UEFI 方式安装 Windows 10

要想使用 UEFI 方式安装操作系统，需要具备 3 个硬性条件：一是主板需要支持 UEFI，二是拟安装的操作系统支持 UEFI（如 Windows 8 和 Windows 10），最后就是硬盘需要采用 GPT 分区格式。整个安装过程，大致有以下几个环节。

1．UEFI 版启动 U 盘的制作

延续之前的操作方式，这里依然使用“大白菜”U 盘启动盘制作工具进行讲解。

1）下载并安装大白菜 UEFI 版 U 盘制作工具。

2）启动U盘制作工具后，插入准备好的U盘，等待软件读取U盘信息。

3）单击界面顶部的“ISO 模式”按钮，在此界面中，根据页面提示信息，首先生成ISO镜像文件，再制作ISO启动U盘，数据写入U盘的过程如图13-20所示。

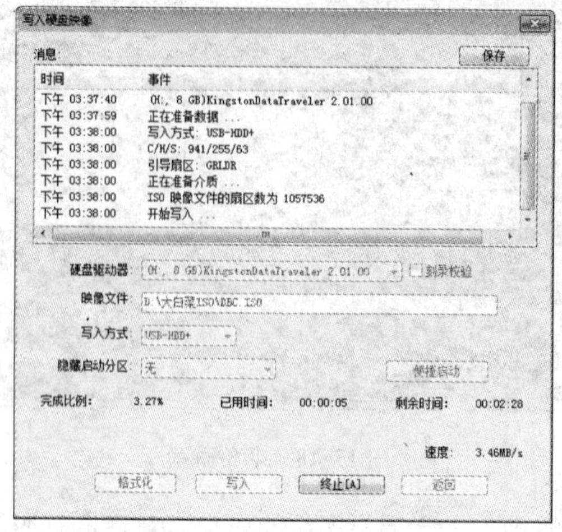

图13-20 数据写入U盘的过程

2. 硬盘转换为GPT格式

MBR（Master Boot Record）称为主引导记录，采用MBR分区样式的磁盘显示为主启动记录磁盘；GPT（Globally Unique Identifier Partition Table Format）称为全局唯一标示磁盘分区表格式，具有GPT分区样式的磁盘显示为GUID分区表磁盘。这两种磁盘分区格式，前者较为常见，后者最大的优势就是针对不同的数据建立不同的分区，同时为不同的分区创建不同的权限。

一块硬盘如果想从MBR分区转换成GPT分区，就会丢失硬盘内的所有数据，所以读者在执行该环节时，需要先将硬盘备份，然后使用DiskGenius磁盘管理软件将硬盘转换为GPT（GUID）格式，如图13-21所示。

图13-21 将硬盘转换为GPT（GUID）格式

3．设置 BIOS 中选择 UEFI 启动方式启动 U 盘

1）重启计算机，在出现开机画面时按〈Delete〉键进入微星 UEFI 界面。

2）将第一启动项设置为 UEFI USB Hard Disk，如图 13-22 所示。

3）设置完成后，保存当前 BIOS 设置。

图 13-22　设置第一启动设备为 UEFI USB Hard Disk

4．后续正常安装

重启计算机后，UEFI 对自动寻找 U 盘里的 EFI 引导文件，然后使用 UEFI 正确的引导方式来进行安装。安装过程由于和其他方式并无太大差别，这里不再赘述。

13.5　体验 Windows 10 及其常规配置

进入升级后的 Windows 10 桌面环境可以发现，升级后的 Windows 10 依然保留原有 Windows 7 桌面文档和原始应用，这也体现出 Windows 10 在安装方式方面的简单化、人性化。

13.5.1　体验 Windows 10

1．创建虚拟桌面

微软在 Windows 10 中加入了虚拟桌面的功能，用户可以建立多个桌面，在各个桌面上运行不同的程序互不干扰。用户可以通过快捷键〈Win+Tab〉来查看当前所选择的桌面正在运行的程序，在屏幕下方还可以增加、切换和关闭桌面，如图 13-23 所示。有关虚拟桌面的快捷键如下。

- 〈Win+Ctrl+Left/Right〉：切换上个或下个桌面。
- 〈Win+ Ctrl +D〉：创建新的桌面。

- 〈Win+ Ctrl +F4〉：关闭当前的桌面。
- 〈Win+Tab〉：触发虚拟桌面。

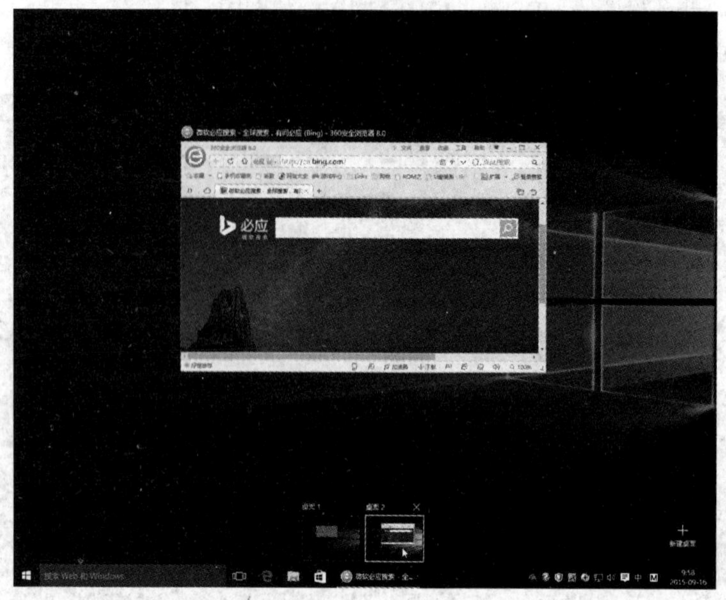

图 13-23　Windows 10 虚拟桌面

2．文件资源管理器

全新安装 Windows 10 后，在桌面上找不到之前系统的“我的电脑”或“计算机”图标，只能通过单击“开始”菜单中的“文件资源管理器”选项进行查看。

当用户选择某个驱动盘或者某个文件时，文件资源管理器顶部工具栏会显示不同类型的功能，如图 13-24～图 13-26 所示，用户通过顶部工具栏中可以方便地执行各种常规操作。

图 13-24　“文件资源管理器”顶部“计算机”选项卡

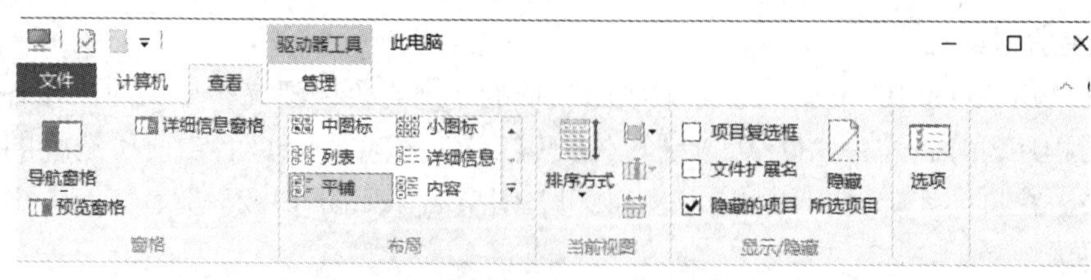

图 13-25　“文件资源管理器”顶部“查看”选项卡

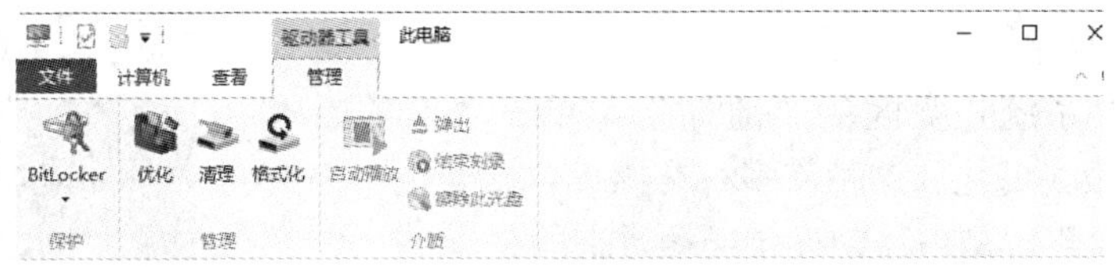

图 13-26　“文件资源管理器”顶部“管理”选项卡

3．Edge 浏览器

Edge 浏览器是一款与 IE 浏览器完全不同的产品，如图 13-27 所示。在 Edge 中，微软利用了核心的 MSHTML 渲染引擎，剥离了不再需要支持后向兼容性的所有代码，也开始支持基于 JavaScript 的扩展程序，允许第三方对 Web 网页视图进行定制，增添新的功能等。

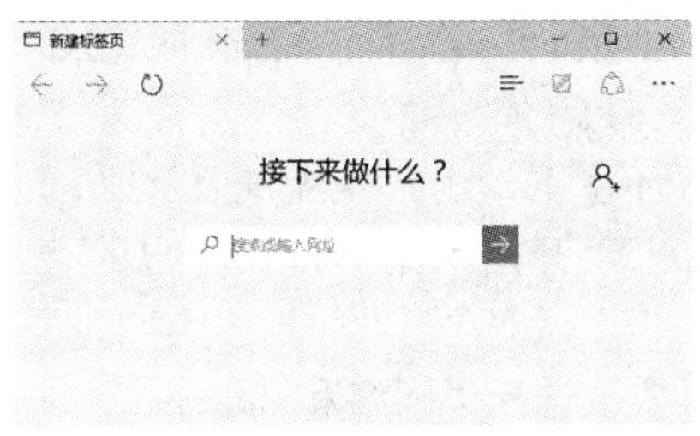

图 13-27　Edge 浏览器

4．Cortana 语音助手

Windows 10 引入了 Cortana 语音助手，Cornata 是微软的个人语音助理服务，旨在帮助用户快速管理自己生活，更容易地在 PC、Windows 10 平板和手机中处理事务。

在“开始”菜单旁边的搜索框就是用户与 Cortana 互动的入口，初次使用 Cortana 语音助手时，需要进行简单的设置，如图 13-28 所示。待跟随设置向导完成设置后，用户可以通过传声器或键盘搜索需要的信息，如图 13-29 所示。例如，用户在搜索框中输入“打开计算器”，则 Cornata 会自动打开系统自带的计算器；如果用户输入“今天股票行情”，则 Cornata 会自动打开 Edge 浏览器，使用“必应搜索”检索相关内容。

图 13-28　设置 Cortana

图 13-29　使用 Cortana 查找信息

5. “通知”菜单

Windows 10 系统托盘区的“通知”菜单与之前各版本 Windows 相比有很大变化。这种将多种常用设置整合在一个快捷菜单中的设计思路，是由移动设备迁移过来的。

单击“通知”按钮，桌面右下角区域会弹出丰富的快捷菜单，如图 13-30 所示。在这里用户可以对屏幕亮度、无线网络、蓝牙、定位和飞行模式等内容进行快速设置。

图 13-30 “通知”菜单

13.5.2 网络设置

在 Windows 10 中与网络有关的控制程序都被整合在“网络和共享中心”中，相关操作也变得更加简易，用户可以通过可视化的命令，轻松设置网络连接。

1）在 Windows 10 默认环境下，用户是无法直接访问“控制面板”的，只能通过右击“开始”菜单，在弹出的菜单中选择。

2）进入“控制面板”，再依次选择“网络和 Internet”→“网络和共享中心”，此时可视化视图的操作界面如图 13-31 所示。在此界面中，用户很容易进行各种网络设置，实时了解当前网络的状态。

3）由于 Windows 10 在安装时已经自动配置了网络协议，所以用户仅需准备用于上网的账号和密码。在“网络和共享中心”中，单击“更改网络设置”中的“设置新的连接或网络”文字链接，此时弹出如图 13-32 所示的对话框。在此对话框中选择“连接到 Internet”选项，然后单击“下一步”按钮。

图 13-31 网络和共享中心

图 13-32 设置连接或网络

4）跟随设置向导进行简单设置。最后，输入用户名和密码单击“连接”按钮，即可连接网络。

13.5.3 BitLocker 驱动器加密

BitLocker 驱动器加密是操作系统自带的一款加密软件，此功能可以有效地为 Windows 驱动器中的所有文件提供保护。用户如果要访问受 BitLocker 保护的驱动器，则必须使用密码、智能卡或自动解锁驱动器来访问。这里以加密 D 盘驱动器为例，向读者介绍这一功能和相关设置方法。

1）右击“开始”菜单，在弹出的菜单中选择“控制面板”命令。

2）进入控制面板界面后，在系统和安全大类中，单击“Bitlocker 驱动器加密”文字链接，如图 13-33 所示。

图 13-33 系统和安全

3）进入如图 13-34 所示的设置界面。

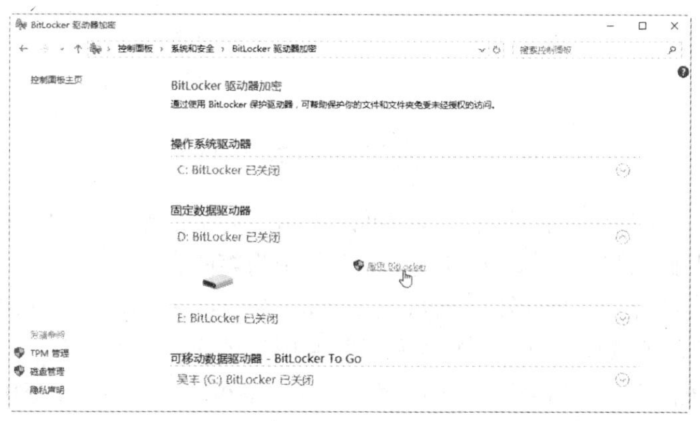

图 13-34 Bitlocker 驱动器加密

4）单击“启用 Bitlocker”文字链接，弹出如图 13-35 所示的对话框。在此对话框中，用户根据实际情况选择适合的解锁方式，这里勾选“使用密码解锁驱动器”复选框，并输入密码。待设置完成后，单击“下一步”按钮。

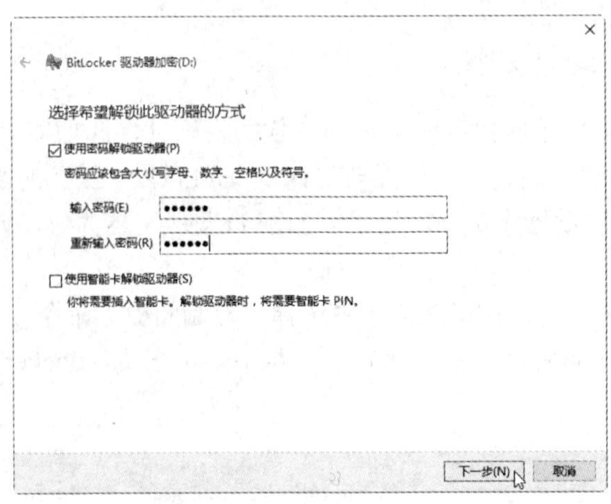

图 13-35　选择解锁驱动器的方式

5）这时弹出如图 13-36 所示的对话框。在此对话框中，用户可以选择保存恢复密钥的方式，以便在忘记密码或丢失智能卡时使用恢复密钥访问驱动器。这里建议用户将恢复密钥保存在本地计算机之外的设备中，待选择合适的方式后，单击“下一步”按钮。

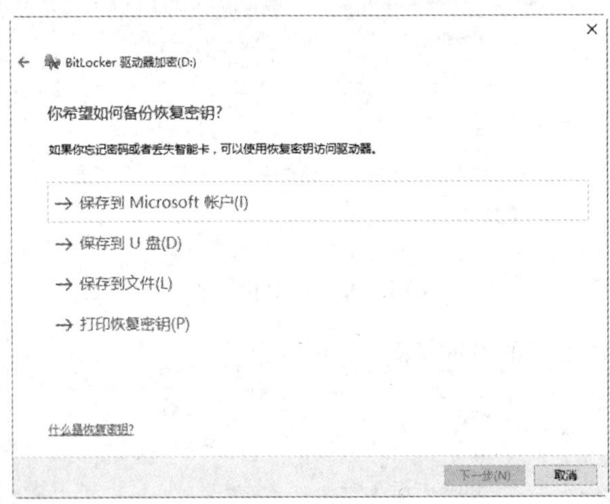

图 13-36　选择存储恢复密钥的方式

6）随后弹出“准备加密驱动器”对话框，单击“启动加密”按钮，系统会对刚才指定的驱动器加密，其加密所花费的时间取决于驱动器中内容的大小。

7）完成加密后，右击加密后的驱动器，在弹出的菜单中选择“管理 BitLocker”选项，在弹出的对话框中，可以执行更改、删除和添加密码等操作。

通过 BitLocker 驱动器加密过的驱动器，在显示图标上也有明显变化。当再次访问 D 盘时，需要输入之前设置的密码或提供恢复密钥才能访问驱动器，这样就能很好地保证数据安全。

13.5.4　Windows 10 系统的“回退”功能

使用升级方式更新到 Windows 10 是大部分用户选择的方式，但难免会有用户因为各种原因需要降级到原来的 Windows7 或 Windows 8.1 系统。按照之前的做法，若要更换低版本操作系统，只有格式化硬盘重新安装系统一种方式，但在 Windows 10 时代，微软为这部分用户提供了更加人性化的“回退”功能。

1）在“开始”菜单中选择“设置”选项，此时打开“设置”界面，如图 13-37 所示。

2）单击“更新和安全”按钮，并在其左侧列表中选择“恢复”选项，此时的界面如图 13-38 所示。

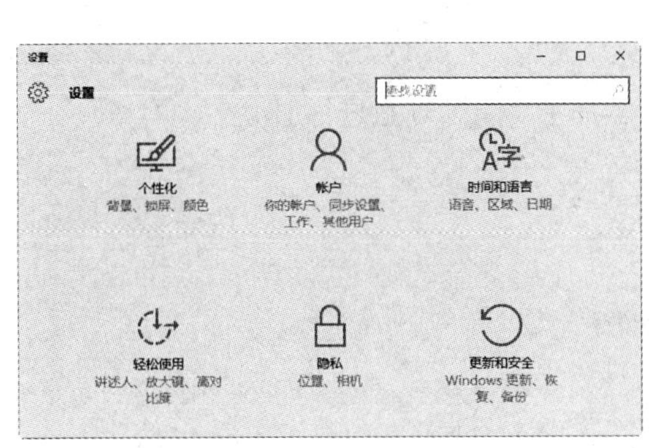

图 13-37 “设置”界面

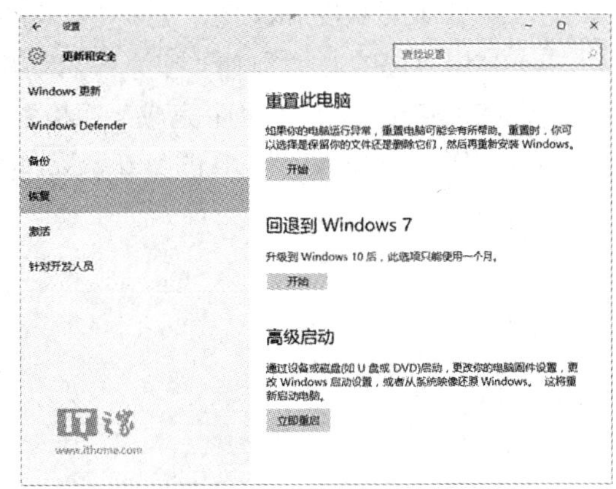

图 13-38 “更新和安全”界面

3）在右侧“回退到 Windows 7”选项组中，单击“开始”按钮进行系统降级操作。

4）这时进入“选择回退理由”环节，如图 13-39 所示。根据实际情况，设置回退理由，单击“下一步”按钮。

5）随后，系统会给出注意事项等内容，提醒用户在回退全过程内要有稳定的电源支持，然后单击“下一步”按钮。

6）跟随系统向导进行设置，最后单击“回退到 Windows 7”按钮，系统将自动重启，并开始回退过程，该过程耗费时间和原系统软件安装等使用情况有直接关系，如图 13-40 所示。

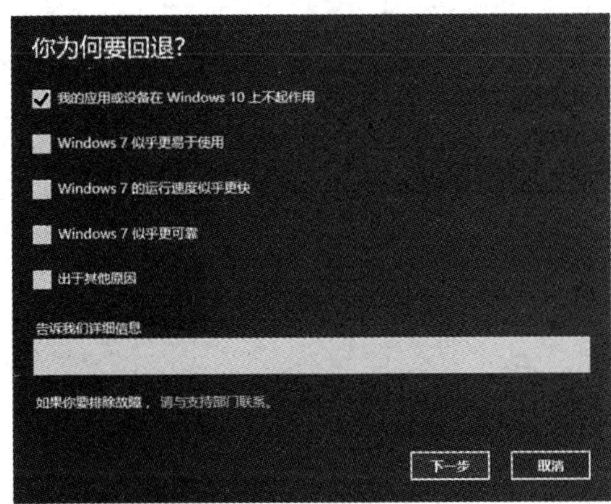

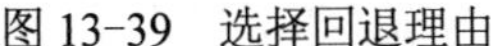

图 13-39 选择回退理由

图 13-40 回退到 Windows 7

至于，其他 Windows XP 或 Windows Vista 用户只能通过全新安装操作系统的方式卸载 Windows 10，这里不再赘述。

13.6 思考与练习

1．适用于 PC 的 Windows 10 操作系统有哪些版本？主要面向哪些用户？
2．若要使用 Windows 10，微软提供哪两种方式？
3．使用自己的 U 盘制作一个系统启动盘。
4．使用 Cortana 语音助手完成一次检索。
5．如何使用 Windows 10 的 BitLocker 驱动器加密功能对 U 盘进行加密？

第 14 章　笔记本电脑

笔记本电脑发展至今，已经延伸出多种品类与形态。本章主要从笔记本电脑的分类、组成与配件、保养与选购方面介绍目前主流的笔记本电脑的基本知识。

14.1　笔记本电脑概述

近些年，随着生产成本的不断降低，笔记本电脑市场空前繁荣，越来越多的用户倾向于选择笔记本电脑。常见的品牌有联想、惠普、戴尔、苹果、微软、华硕、海尔、神舟和宏碁等。

目前笔记本电脑市场的产品类型划分较为细致，根据不同的消费群体，产品的侧重点也不同。结合市场上笔记本电脑的产品定位以及销售情况，大致可以分为商务型笔记本电脑、家庭娱乐型笔记本电脑、超极本、二合一类型笔记本电脑和特种笔记本电脑五大类。

14.1.1　商务型笔记本电脑

商务型笔记本电脑主要面向商务办公领域的用户而设计。对于商务人士来说，信息安全的重要性不言而喻，此类型的笔记本电脑不仅要拥有更高的机身坚固性，而且还要有较强的数据保密能力和便于携带等特点。

联想 ThinkPad 系列的笔记本电脑就是商务笔记本的典范，如图 14-1 所示。具体来讲，商务型笔记本电脑相比其他类型的笔记本电脑在以下几方面有较高要求。

图 14-1　联想 ThinkPad New X1 Carbon

（1）稳定性

无论是硬件之间的兼容性，还是操作系统或办公软件，都要能够安全且高效地运行。

（2）续航能力

续航能力指的是笔记本电脑在一次充满电后，在不外接电源的情况下仅靠自身电池供电所能使用的时间。在移动办公环境下，由于不能保证正常的电源供应，所以对笔记本电脑电池的性能以及整机功耗方面有较高要求。

（3）数据安全

对于商务人士来说，数据的安全往往比计算机本身更为重要，所以商务型笔记本电脑除了配备大容量硬盘以外，一般还采用指纹识别和硬盘防震技术以确保数据的安全存储。

（4）机身外壳

商务型笔记本电脑经常处于外部环境较为复杂的场合，拥有重量轻且硬度高的机身外壳，才能有效抵御意外情况对机身内部硬件的伤害。

14.1.2 家庭娱乐型笔记本电脑

家庭娱乐型笔记本电脑主要侧重个性化需求，注重娱乐和影音效果，外形设计也更加时尚，采用中高端独立显示卡，如图 14-2 所示。具体来讲，主要有以下两方面的特点。

图 14-2 家庭娱乐型笔记本电脑

（1）注重人性化设计理念

该类型的笔记本电脑从外观设计到操作体验处处体现了人性化的设计理念。比如悬浮式键盘的独立按键，更适合舒适操作；多媒体快捷键布局巧妙，方便实用；机身进行曲线设计并且色彩多样，充满时代气息。

（2）性能配置多样

为了能够满足用户多方位的娱乐需求，该类笔记本电脑配置多样。某些注重音效的笔记本电脑还采用杜比标准听音室（Dolby Sound Room）技术，使得用户在听音乐、看电影及玩游戏方面都能享受这种环绕立体声的听觉体验；显示屏幕方面，大多配备宽屏大屏幕；性能方面，大多采用中高端显示卡、高性能的 CPU 以及大容量内存。

14.1.3 超极本

超极本作为笔记本电脑的一种延伸和创新，主要追求的是极致的厚度设计，在便携性和移动性方面具有极大优势，如图 14-3 所示。

图 14-3 三星 900X3G-K03 超极本

超极本与普通的笔记本电脑相比有以下几方面的优势。

1）使用低功耗的 CPU，电池续航可达 12h。

2）休眠后快速启动，启动时间小于 10s。

3）根据屏幕尺寸不同，厚度至少低于 20mm。

4）大多没有内置光驱，并且机身外壳采用镁铝合金、碳纤维和钛合金等材料制成，这些材质强度高、重量轻、散热性好。

5）部分品牌的超极本还可以变形成平板电脑，实现两用。

14.1.4 二合一类型笔记本电脑

在更加轻便的移动级市场，二合一类型的产品有着笔记本电脑的特性，同时又兼顾了平板电脑的轻薄，对于移动办公需求性较强的人群来说，这类产品有着传统笔记本电脑所不具备的多种优势。这里“二合一”指的就是键盘和平板电脑能独立拆装的笔记本电脑，拆开就是键盘和平板电脑，组合在一起就是普通笔记本电脑，如图 14-4 所示。

图 14-4 Microsoft Surface Pro 3 二合一类型笔记本电脑

14.1.5 特种笔记本电脑

特种笔记本电脑指的是应用于军事、公安、石油勘探、交通、极地科考以及户外作业等等特殊场合的笔记本电脑，如图 14-5 所示。

该类笔记本电脑由于要满足特殊领域的需要，因此具有普通笔记本电脑不具备的特点，如防水防尘、抗震抗冲击、宽温工作（能够在高温或低温下正常工作）、便于携带（不需要笔记本电脑包，作为工具使用）、防电磁辐射、便携式防震硬盘、超高密度触摸屏、全封闭式端口和接口以及超长待机时间等。

如图 14-5 所示的特种笔记本电脑是新华社在跟踪报道奥运圣火登顶珠峰过程中所使用的笔记本电脑。由于要在气压低、温差大、海拔高等恶劣自然条件下正常工作，并且要担负大量数据传输任务，所以笔记本电脑要具备极好的稳定性和安全性，这些苛刻的要求对于普通笔记本电脑是无法达到的。

图 14-5 松下 CF-19EHBAXTR 特种笔记本电脑

14.2 笔记本电脑的组成

笔记本电脑的组成结构与台式机十分相似，包括显示器、主板、中央处理器、显示卡、硬盘、内存、光驱、鼠标、键盘、电池和电源适配器。

14.2.1 笔记本电脑的处理器

笔记本电脑的 CPU 叫作移动处理器（Mobile CPU），它与台式机的 CPU 有较大区别，一般来说移动处理器采用更为先进的制造工艺。下面分别针对 Intel 和 AMD 公司的移动处理器进行介绍。

1．Intel 移动处理器

目前市场上适用于笔记本电脑的移动处理器主要有酷睿 M 系列处理器、酷睿系列处理器、奔腾系列处理器等。为了能让读者全面了解 Intel 公司所推出的移动处理器，这里针对主流的处理器加以介绍。

（1）Intel 酷睿 M 处理器

目前，新款第六代 Intel 酷睿 M 处理器可以说是移动处理器的代表，它使移动计算技术迈上了一个新台阶，不仅外形时尚、灵便，而且性能卓越、响应飞速，有着超群的电池续航时间，如图 14-6 所示。

图 14-6　第六代 Intel 酷睿 M 处理器

酷睿 M 处理器是采用 14nm Broadwell 架构的处理器，并且内置安全技术，可通过触摸、语音和面部识别的自然交互快速启动。此外，该类型处理器功耗仅为 4.5W，这种超低的功耗不仅意味着电池寿命延长，也赋予了 PC 硬件厂商更大的设计空间，比如取消风扇、加大电池容量等。

目前市场上，Intel 提供多种酷睿 M 处理器型号，如 5Y10、5Y71、5Y31、5Y51 等，这些处理器型号均搭载 Intel HD 5300 显示卡，并具有双核心及四线程能力，具体参数对比详见表 14-1。

表 14-1　Intel 酷睿 M 处理器

处理器名称	Intel Core M-5Y10a Processor	Intel Core M-5Y31 Processor	Intel Core M-5Y51 Processor	Intel Core M-5Y71 Processor
基本频率/超频最大频率	800MHz/2GHz	900MHz/2.4GHz	1.1GHz/2.6GHz	1.2GHz/2.9GHz
缓存	4MB	4MB	4MB	4MB
光刻	14nm	14nm	14nm	14nm
内核/线程数	2/4	2/4	2/4	2/4
热设计功耗	4.5W	4.5W	4.5W	4.5W
最大内存/内存通道数	16GB/2	16GB/2	16GB/2	16GB/2
内存类型	LPDDR3 1333/1600; DDR3L/DDR3L-RS 1600	LPDDR3 1333/1600; DDR3L/DDR3L-RS 1600	LPDDR3 1333/1600; DDR3L/DDR3L-RS 1600	LPDDR3 1333/1600; DDR3L/DDR3L-RS 1600
处理器显示卡/显示卡频率	Intel HD Graphics 5300/100 MHz	Intel HD Graphics 5300/300 MHz	Intel HD Graphics 5300/300 MHz	Intel HD Graphics 5300/300 MHz
指令集扩展	SSE4.1/4.2, AVX 2.0	SSE4.1/4.2, AVX 2.0	SSE4.1/4.2, AVX 2.0	SSE4.1/4.2, AVX 2.0

（2）Intel 酷睿系列与奔腾系列处理器

Intel 酷睿系列处理器主要面向中高端用户，而奔腾系列主要针对日常计算处理不高的用户群体。市场上主流的酷睿和奔腾系列处理器性能对比，详见表 14-2。

表 14-2　Intel 酷睿系列与奔腾系列处理器

处理器名称	Intel Core i7-6700HQ Processor	Intel Core i5-6200U Processor	Intel Core i3-5020U Processor	Intel Pentium Processor N3520
基本频率/超频最大频率	2.6GHz/3.5GHz	2.3GHz/2.8GHz	2.2GHz/No	2.166GHz/No
缓存	6MB	3MB	3MB	2MB
光刻	14nm	14nm	14nm	22nm
内核/线程数	4/8	2/4	2/4	4/4
热设计功耗	45W	15W	15W	7.5W
最大内存/内存通道数	64GB/2	32GB/2	16GB/2	8GB/2
内存类型	DDR4-2133、LPDDR3-1866、DDR3L-1600	DDR4-2133、LPDDR3-1866、DDR3L-1600	DDR3L 1333/1600 LPDDR 1333 /1600	DDR3L 1333
处理器显示卡/显示卡频率	Intel® HD Graphics 530/350MHz	Intel® HD Graphics 520/300MHz	Intel® HD Graphics 5500/300MHz	Intel® HD Graphics /313MHz
指令集扩展	SSE4.1/4.2，AVX 2.0	SSE4.1/4.2，AVX 2.0	SSE4.1/4.2，AVX 2.0	SSE4.1/4.2

（3）14nm 制造工艺

14nm 制造工艺是迄今为止 Intel 面临的最艰难的挑战，2015 年上半年才达到量产的标准。它使用第二代三维三栅极晶体管技术，可以提供业界领先的性能、功率、密度和单位晶体管成本，可以用于制造从高性能到低功耗等范围广泛的产品，栅极照片如图 14-7 所示。

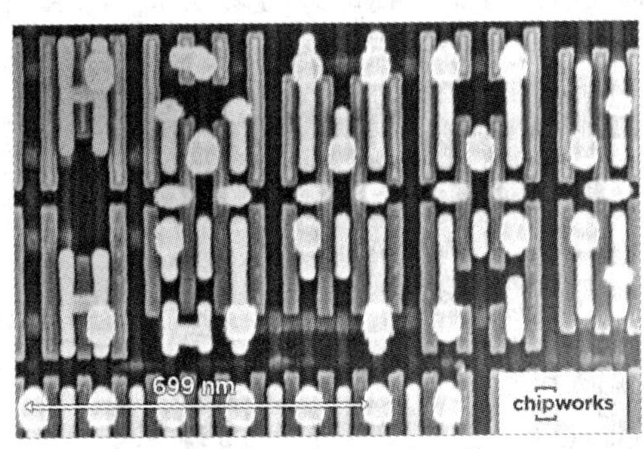

图 14-7　14nm 工艺下的栅极照片（门间距 70nm）

Intel 的 14nm 技术在维度标度方面比 22nm 更出色，晶体管沟道更深、更薄、彼此之间距离更近，所以可以提高密度，降低电容。改进的晶体管所需沟道更少，所以可以进一步提高密度，而 SRAM 单元大小几乎只有 22nm 晶体管中的一半面积。此外，晶体管开关速度也在继续稳步提升，漏电率则在继续稳步下降，而且能适用于从服务器到桌面计算机到笔记本电脑再到移动计算各类设备。

2．AMD 移动处理器

（1）AMD 笔记本电脑处理器种类

不得不承认笔记本电脑市场中，采用 AMD 移动处理器的笔记本电脑在销售份额和市场占有率方面较 Intel 还有较大差距。目前，AMD 针对笔记本电脑所生产的处理器主要有以下内容，详见表 14-3。

表 14-3　AMD 笔记本处理器种类

处理器名称	A10-7400P	A8-7100	A6-6310	A4-6210
计算核心数	10 (4 CPU + 6 GPU)	8 (4 CPU + 4 GPU)	4 CPU	4 CPU
基本频率/超频最大频率	3.4GHz/ 2.5GHz	3.0GHz/ 1.8GHz	2.4GHz/ 1.8GHz	1.8GHz
GPU 时钟频率	654MHz	514MHz	800MHz	600MHz
二级缓存	4MB	4MB	2MB	2MB
内存	DDR3-1866	DDR3-1600	DDR3L-1866	DDR3L-1600
热设计功耗	35W	20W	15W	15W

（2）ARM TrustZone 技术

ARM TrustZone 是一套系统级的安全解决方案，它运行于硬件之上，通过将 CPU 分割为两个虚拟的“世界”来建立安全环境。保密任务将运行于 AMD 安全处理器（即“安全世界”）中，而其他的任务则以“标准操作”方式运行。这种处理方式有助于确保敏感数据和受信任的应用程序实现安全存储及处理。此外，它还可以保护关键资源的完整性和机密性，例如用户界面和服务提供商的资产等。

14.2.2　笔记本电脑的主板

1．笔记本电脑主板简述

笔记本电脑的主板是其组成部分中体积最大的核心部件，也是 CPU、内存和显示卡等各种配件的载体。笔记本电脑的主板与台式机主板有很大区别，这主要是由于笔记本电脑所追求轻薄、便携等特性而引起的。主板上绝大部分元器件都是贴片式设计，电路的密集程度和集成度非常高，其目的就是最大限度地减小体积和重量。如图 14-8 所示的是笔记本电脑的主板实物外形。

图 14-8　带散热组件的笔记本电脑主板

由于笔记本电脑的主板设计并没有统一标准，因此笔记本电脑主板之间不具备通用性。不同的笔记本电脑因其内部结构和设计理念有所不同，导致主板整体设计也不尽相同，如图 14-9 所示的就是外形多样的笔记本电脑主板实物。

图 14-9　外形多样的笔记本电脑主板

2．主板芯片组

芯片组是笔记本电脑主板的核心组成部分，并且几乎决定了主板的功能，芯片组性能的优劣直接影响到整个硬件系统性能的高低。在移动芯片组市场内，Intel 公司的芯片组依然占有绝大部分的份额。市场上主流移动式芯片种类见表 14-4。

表 14-4　主流移动式 Intel 芯片组

芯片组类别	最大散热设计功耗/W	USB 端口	SATA 端口
QM87 芯片组	2.7	14 个（6 个 USB3.0 端口）	6 个 STAT 3Gbit/s（最多 4 个 STAT 6Gbit/s）
HM87 芯片组	2.7	14 个（4 个 USB3.0 端口）	6 个 STAT 3Gbit/s（最多 4 个 STAT 6Gbit/s）
HM86 芯片组	2.7	14 个（4 个 USB3.0 端口）	4 个 STAT 3Gbit/s（最多 2 个 STAT 6Gbit/s）

此外，AMD 公司的 A 系列芯片组常见的产品型号有 A88X、A78、A68H 和 A58，该系列的芯片组旨在充分发挥 AMD 加速处理器（APU）的性能，并提供各种不同的 I/O 配置。这里 A88X 采用 AMD CrossFire 技术配置，能使最终用户同时运行双独立显示卡（dGPU）。

14.2.3　笔记本电脑的内存

笔记本电脑的内存与台式机内存相比在外形上有很大区别，它体积小巧、集成度高、数据传输路径短、稳定性高、散热性佳、功耗低并采用先进的工艺进行制造，如图 14-10 所示。目前，市场上笔记本电脑的内存传输类型主要有 DDR2、DDR3 和 DDR3L 三种；常见的主频有 1600MHz、1333MHz；容量主要有 4GB、8GB 和 16GB；生产厂商主要有金士顿、金泰克、宇瞻和威刚等。

a)

b)

图 14-10　笔记本电脑的内存

a) 金士顿 4G DDR3L 1600MHz　b) 宇瞻 8G DDR3 1600MHz

此外，内存接口的类型是根据金手指上导电触片数量多少来划分的，导电触片也习惯称为引脚数（Pin）。为了配合笔记本电脑内存的尺寸要求，小外形双列内存模组（Small Outline DIMM Module，SO-DIMM）常用于笔记本电脑等一些对尺寸有较高要求的场合。根据引脚数量的不同主要有 144Pin SO-DIMM 笔记本电脑内存（已淘汰）、200Pin SO-DIMM 笔记本电脑内存（常见于 DDR 333 和 DDR2 667/800）、204Pin SO-DIMM 笔记本电脑内存（常见于 DDR3 1066/1333）3 种。

随着笔记本电脑整体性能的提升，用户对笔记本电脑的散热设计也提出了更高要求。有些品牌的产品还为内存搭配相关的散热装置，如图 14-11 所示。该款笔记本电脑内存的外表具有一层超薄的铝材质内存散热片，可以为下面的内存模块提供最大的散热面积，有效地将热量迅速导出，既提升了内存效能，又确保运行的稳定性，有助于笔记本电脑流畅地应对高密集图形图像处理的需求。

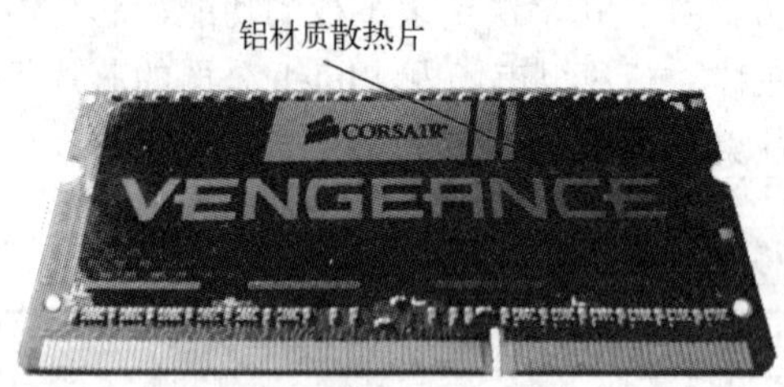

图 14-11　海盗船笔记本电脑内存（带散热片）

14.2.4　笔记本电脑的硬盘

1. 2.5in 传统硬盘

2.5in 规格的硬盘是专为笔记本电脑所设计的，它与 3.5in 台式机硬盘在技术上一脉相承，但由于所应用的环境以及物理结构上的不同，导致两者在体积、转速、发热量、抗震指标等参数方面具有一些差异。如图 14-12 所示是笔记本电脑硬盘与台式机硬盘实物对比。

图14-12　笔记本电脑硬盘（右）与台式机硬盘（左）

需要指出的是，针对 2.5in 硬盘还分为两种类型，即 9.5mm 的薄盘与 12.5mm 的厚盘。之前，无论是 2.5in 硬盘还是 3.5in 硬盘在制造时都要遵循一定的规范，但为了满足生产一块大容量笔记本硬盘的需要，厂商使用更多的硬盘碟片以达到所需的容量，但是此时9.5mm的厚度已经不能再增加碟片了，于是就出现了12.5mm的加厚笔记本硬盘。目前，市场中大部分机型采用的是9.5mm的薄盘，主要应用在轻薄笔记本电脑中。

在容量方面，虽然笔记本电脑的硬盘还赶不上台式机的硬盘容量，但其发展速度很快，常见的笔记本硬盘容量有500GB、640GB、750GB和1000GB，如图14-13所示。在硬盘接口方面，主要有SATA II和SATA 3.0，理论传输速率分别为300MB/s和750MB/s。在转速方面，笔记本电脑硬盘转速绝大多数为5400r/min，少数型号能够达到7200r/min，而台式机硬盘7200转/分的速度已经普及，有些硬盘甚至达到15000r/min。

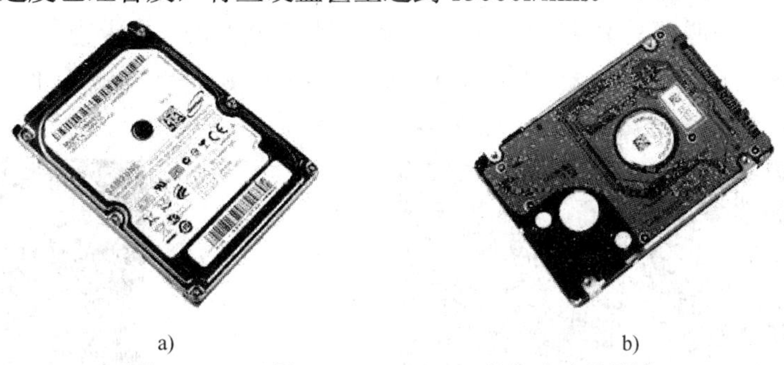

a) b)

图 14-13 三星 HM641JI 640GB 笔记本电脑硬盘

a) 硬盘正面 b) 硬盘背面

2．笔记本电脑固态硬盘（SSD）

近两年，SSD固态硬盘凭借其超高的读写速度颇受广大用户青睐，SSD厂商也从之前的两三家发展到现在的数十家。目前，主流品牌的厂商有Intel、三星、金士顿、创见、东芝、忆捷和威刚等。硬盘尺寸方面分为2.5in和1.8in，存储容量方面分为80GB、100GB、120GB、200GB、240GB、512GB和1TB等不同的容量。如图14-14所示的就是容量为512GB的金士顿SSD Now火山加强版V+固态硬盘实物。

a) b)

图14-14 金士顿笔记本电脑固态硬盘（512GB）

a) 硬盘内部PCB正面 b) 硬盘内部PCB背面

目前，SSD采用3种类型的闪存芯片，第一种是单层单元（Single-Level Cell，SLC），该类型的特点是成本高、容量小、速度快，有数万次的P/E擦写寿命，仅用于企业级SSD；第二种是多层单元（Multi-Level Cell，MLC），该类型的特点是容量大成本低，速度较慢，有2500～5000次P/E擦写寿命，是目前主流的闪存类型，涵盖大部分消费级SSD；第三种是三层单元（Trinary-Level Cell，TLC），该类型的特点价格便宜，但是速度慢寿命短，多用于U盘和闪存卡。

14.2.5　笔记本电脑的显示卡

市场上笔记本电脑的显示卡可以分为 3 大类，第一类是集成显示卡，主要以 Intel 的产品为主，第二类是NVIDIA 显示卡，第三类是AMD Radeon 显示卡。

集成显示卡方面，以 Intel GMA HD 4400 为市场主流，由于此类显示卡功耗低，能够延长电池续航时间，所以常用于商务笔记本电脑，其性能完全能够满足日常应用。

NVIDIA 显示卡与 AMD Radeon 显示卡都是笔记本电脑的常见显示卡品牌，各个厂商面向高、中、低档消费群体，具有非常多的产品型号。NVIDIA 显卡方面，以 GeForce GT 960M 为市场主流，其图形处理器如图 14-15 所示。AMD Radeon 显卡方面，有 R9 M200 系列、R7 M200 系列和 R5 M200 系列，如图 14-16 所示。

图 14-15　GeForce GT 960M 图形处理器正反两面

图 14-16　AMD Radeon R7 M270 显示卡

14.2.6　笔记本电脑的显示器与光驱

1．笔记本电脑的显示器

笔记本电脑的显示器与台式机液晶显示器有一定区别，它没有独立的外壳和支架，而是被嵌入在笔记本电脑顶盖中间进行内容显示的。根据市场的实际情况，按屏幕的长宽比例不同，笔记本电脑显示器可以分为普屏（4∶3）与宽屏（16∶9 或 16∶10）；按照液晶屏幕尺寸划分，一般有 10in、11in、13in、14in、15.6in 和 17in 等；按液晶屏幕分辨率划分，主要有 2160×1440、1920×1080、1600×900、1440×900 和 1366×768 等。

2．笔记本电脑的光驱

为配合笔记本较薄的厚度，笔记本电脑的光驱相比台式机的光驱要轻薄许多，如图 14-17 所示。目前，主流笔记本电脑的光驱从类型上可以分为康宝（COMBO）、DVD 刻录机和蓝光 DVD 刻录机。其中，DVD 刻录机已经成为笔记本电脑的标准配置，而蓝光 DVD 刻录机则面向高端笔记本电脑用户。从使用环境角度又可以将光驱分为内置光驱和 USB 外置光驱，前者用于绝大部分笔记本电脑，后者主要作为笔记本电脑的选件设备为超轻薄笔记本电脑和上网本提供刻录需求，如图 14-18 所示的就是一款 USB 外置光驱。

图 14-17　笔记本电脑的内置光驱

图 14-18　华硕 SDRW-08D2S-U 外置光驱

14.2.7 笔记本电脑的电池与电源适配器

1．笔记本电脑的电池

笔记本电脑的电池是可充电电池，有了充电电池的电量供应，笔记本电脑才能充分体现出可移动的特性，常见的笔记本电脑电池如图 14-19 所示。具体来讲，根据使用材料的不同，笔记本电脑的电池可以分为镍镉电池、镍氢电池、锂离子电池和锂聚合物电池 4 种类型。

（1）镍镉电池

该类电池是以氢氧化镍和金属镉作为反应物来产生电能的。其优点是充电要求低，持续放电能力强；缺点是有记忆效应，污染环境。目前，该类笔记本电池已经被淘汰。

（2）镍氢电池

该类电池的优点是记忆效应很低，环保；缺点是充电温度高，自放电速度快。目前，笔记本电脑电池已不采用该类电池。

（3）锂离子电池

该类电池的优点是无记忆效应，循环次数多，放电电压高；缺点是价格较高，充电要求高，需要专门的保护电路。目前，绝大多数笔记本电脑的电池采用的就是锂离子电池，整块电池中采用多个电芯通过串联或并联的堆叠方式来达到笔记本电脑所需的电池容量。

（4）锂离子聚合物电池

顾名思义，锂离子聚合物电池也是锂电池，它的正负极材料与常见的柱状电芯锂离子电池是相同的，工作原理也基本一致。但区别在于电解液不同，锂离子电池采用液态电解液，因此才需要做成容器状；而锂离子聚合物电池则采用胶装聚合物电解液，像橡皮泥那样可以更方便地塑造各种形状，其中就包括扁平设计，如图 14-20 所示。

图 14-19　常见的笔记本电脑电池

图 14-20　锂离子聚合物电池

该类电池的优点是体积超薄、外观灵活多变且质量轻，可根据实际需要制作成合适的大小。与锂离子电池相比，缺点是能量密度和充电循环次数有所下降，成本较锂离子电池还高。

2．笔记本电脑的电源适配器

笔记本电脑的电源适配器主要作用一是为笔记本电脑的电池充电，二是在无电池供电情况下随时随地获取电能，其常见外观如图 14-21 所示。一般地，为了适应不同地区的电压差异，笔记本电脑的电源适配器均采用宽幅电

图 14-21　笔记本电源适配器

压输入（100～240V），具有一定的稳压作用，电流通过电源适配器后电压则降低为 19V，为笔记本电脑提供稳定的电能。

14.2.8 笔记本电脑的外壳

笔记本电脑的外壳对于笔记本电脑来说，除了具有装饰外表的功能以外，还具有保护内部元器件，增强抗摔、抗击打能力，以及承担部分散热任务的功能，良好的外壳材质使得笔记本电脑更为轻薄、坚固而且具有良好的散热效果。

目前，市场中笔记本电脑的外壳所采用的材质分为塑料外壳、合金外壳和碳纤维外壳三大类，具体情况见表 14-5。

表 14-5 笔记本电脑的外壳分类

类别	具体内容	特性	说明
塑料外壳	PC 外壳	PC 塑料的学名叫作聚碳酸酯，具有硬度高，耐腐蚀性、耐磨性良好和熔融温度高等特点，但容易开裂，抗弯、抗张强度低	塑料是成本最低的外壳材质，大部分笔记本电脑都采用这类材质制作外壳和机体，虽然成本低，但污染环境
	ABS 外壳	具有易加工、柔韧性较好、抗冲击性、耐热性良好等特点	
	ABS+PC 外壳	ABS+PC 即为工程塑料合金，目前笔记本电脑外壳最常用的材料。它综合了 ABS 塑料与 PC 塑料的优点，其强度、硬度、导热性和耐热性都非常平衡，而且较 ABS 塑料密度低重量轻	
合金外壳	镁铝合金外壳	以金属铝为主原料，加入少量的金属镁所形成合金材料，其强度是工程塑料的数倍，但重量仅为塑料的 1/3，具有耐冲击、散热良好等特性，常使用在中高档笔记本电脑中	合金外壳都强度高，耐冲击，而且散热性能非常好。并且，对电磁屏蔽也有明显作用
	钛合金外壳	该类合金外壳在散热、强度以及表面质感都优于镁铝合金，而且具有良好的加工性能，但成本较高，只有少数高端笔记本电脑采用该类材质	
碳纤维外壳	碳纤维外壳	碳纤维的强韧性高于镁铝合金，具有重量轻、散热效果优秀等特点，常被使用在超轻薄笔记本电脑中。缺点是成本较高，外形缺乏变化，着色较难	该类材质是将呈纤维状的碳加入到 ABS 或 PC+ABS 塑料中，极大地改变原有塑料的物理特性

14.3 苹果笔记本电脑

MacBook 是苹果电脑所开发的笔记本型麦金塔电脑（Macintosh，简称 Mac），如图 14-22 所示。目前，市面上在售的苹果笔记本电脑主要有 MacBook、MacBook Air 和 MacBook Pro 3 个系列的产品。

图 14-22 MacBook

1. Retina 显示技术

“Retina”是一种显示技术，可以把更多的像素点压缩至一块屏幕里，从而达到更高的分辨率并提高屏幕显示的细腻程度。

在 MacBook 上使用的 Retina 显示屏不仅是一款出色的高分辨率显示屏，还采用了集成式设计，在制造工艺上达到了一个全新的高度，在保持非凡色彩和画质的同时，减少了眩光的出现，大大减少了工作时的视觉干扰。它的高对比度令黑色更浓重，白色更明亮，其他一切色彩也都显得更丰富，更鲜艳。

2．USB-C 端口

全新的 MacBook 第一次采用了 USB-C 端口，并且这是整机的唯一接口。这个端口将完成充电、数据传输和链接外部显示器等多种功能。该类型的接口有以下几方面的特性。

1）传输速度快。理论上，USB-C 端口的最高传输速率为 10GB/s，但新款 MacBook 的 USB-C 端口最高传输速率为 5Gbit/s，最大输出电压为 20V，可以加快充电时间。

2）端口体积小。USB-C 端口的尺寸为 8.4mm×2.6mm，而老式的 USB 端口尺寸为 14mm×6.5mm。

3）无正反。与苹果的 Lightning 接口一样，USB-C 端口正面和反面是相同的，也就是说无论用户如何插入端口都是正确的。

4）双向传输。老款 USB 端口，功率只能单向传输，USB-C 型端口的功率传输是双向的，这意味着它可以拥有两种发送功率方式。

3．MacBook 与环保

全新的 MacBook 在设计之初就十分注重环保需求，在其产品中不使用其他笔记本电脑中常见的有毒物质，如铍、汞、铅、砷、聚氯乙烯（PVC）、溴化阻燃剂（BFR）和邻苯二甲酸盐等有害元素。

在节约能耗方面，MacBook 的硬盘在空闲时能自动减速运行，采用 LED 背光的显示屏比传统 LCD 省电 30%，此外新产品的外包装也比过去减小很多，以便使用较少的运输工具就能运送同样数量的产品。

众多环保节能的设计理念，贯穿于整个 Apple 公司推出的产品，虽然有些是很小的改变，但对人们的环境有着重大正面影响。

14.4 笔记本电脑的周边设备

1．笔记本电脑音箱

虽然笔记本电脑已经成为市场的主流，但是真正能在笔记本电脑上享受到高品质音乐的并不多，其主要是因为普通笔记本电脑音箱在音乐的低频方面表现不佳，为此不少音箱厂商针对笔记本电脑也设计出适合的音箱产品。

从市场上现有产品来看，品牌以惠威、漫步者、轻骑兵、创新、麦博等厂商的产品居多，如图 14-23 所示的就是惠威 A30 笔记本电脑音箱。此类产品的音箱体积小巧，大部分采用 2～3in 的扬声器，采用这样中小尺寸扬声器打造的音箱能很好地做到空间占用与音乐性的平衡，适合笔记本电脑用户在狭小的空间中展现音乐的质感。

图 14-23　惠威 A30 笔记本电脑音箱

2．笔记本电脑托架

当用户将笔记本电脑长时间放置在膝盖上使用时，机体散发的热量会不断汇集在一起，不仅不利于笔记本电脑散热，而且还会给使用者的膝盖带来不适。此外，使用这种方式长时间办公或娱乐，颈部和头部肌肉得不到有效放松，也会增加疲劳感，有损健康。

笔记本电脑托架专门针对此种情况而设计，如图 14-24 所示。它可以为用户提供放置笔记本电脑的支撑面，某些型号还具有高效的散热系统，能够避免受到机身热量的干扰。

a)　　b)

图 14-24　笔记本电脑托架

a) 笔记本电脑散热托架 N700　b) 罗技笔记本电脑托架套装 MK605

14.5　笔记本电脑内存与硬盘的升级

随着笔记本电脑的配件价格普遍降低，许多笔记本电脑用户计划对某些硬件进行升级。与台式计算机相比，笔记本电脑由于受到空间和结构设计的限制，很难像台式机一样对硬件进行全面升级，常见的硬件升级也仅限于内存和硬盘两方面。本节以型号为联想 V450A-TSI（H）的笔记本电脑为例，向读者介绍内存和硬盘升级的全部过程。

14.5.1　升级前的准备工作

1．与内存相关的准备工作

1）了解待升级笔记本电脑的内存能否升级。一般地，笔记本电脑都有两个内存插槽，用户可以增加或直接更换内存进行升级，但是某些上网本将内存固化到主板上，或者没有提供内存插槽，这类笔记本电脑是不能升级的。

2）了解现有笔记本电脑的内存类型。因为内存类型不同，插槽也不同，为了避免不必要的麻烦，还需要掌握笔记本电脑采用的是何种内存。这里建议使用 CPU-Z 软件对笔记本电脑进行检测，以了解当前内存类型、大小和频率等参数，如图 14-25 所示。

3）了解当前笔记本电脑内存的价格，做到心中有数。

4）必要时升级 BIOS 版本。对于时间较长的笔记本电脑，在升级内存后系统有可能不稳定或根本无法正常启动，部分原因是主板 BIOS 兼容性不理想所导致的，需要提前将主板 BIOS 升级到最新版本，升级过程这里不再赘述。

2．与硬盘相关的准备工作

首先，登录现有笔记本电脑品牌的官方网站，或者通过第三方软件查询有关硬盘规格和接口等方面的信息。其次，购买对应接口及尺寸的大容量硬盘。

在上述所有准备工作完成后，还需准备必备的升级工具，如螺钉旋具等，如图 14-26 所示。

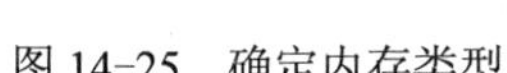
图 14-25　确定内存类型

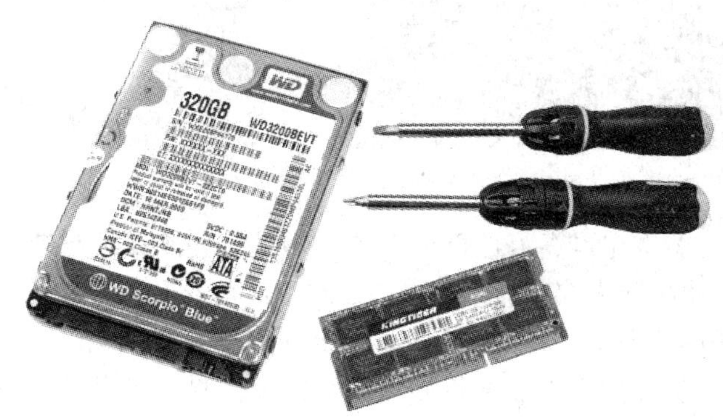

图 14-26　升级所需的部件及必备工具

14.5.2　升级过程

待完成一切准备工作后，就可以开始拆解笔记本电脑后盖进行相关升级操作了，详细操作过程如下。

1）将一层较柔软的垫子平铺在桌面上，将笔记本电脑翻转后放在垫子上，以避免在操作时笔记本电脑顶盖被硬物划伤。

2）去掉笔记本电脑自带的电池，并仔细观察笔记本电脑底部，这时可以发现底部有许多保护盖，如图 14-27 所示。根据盖子上标记的图案，确定内存或硬盘模块的保护盖，如果没有标记，则可以使用螺钉旋具依次打开所有盖子，如图 14-28 所示。

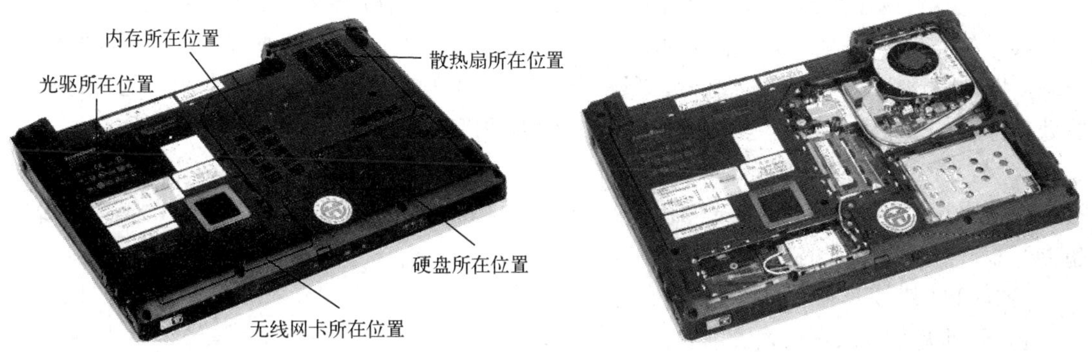

图 14-27　笔记本电脑底部

图 14-28　拆卸后笔记本电脑的底部

3）打开相应的保护盖后，就可以清晰地看到内部的内存或硬盘了，如图 14-29 和图 14-30 所示。

4）仔细观察笔记本的内存卡槽，双手同时用力将内存固定夹向两侧掰开，此时内存条会自动弹起，然后小心地将内存条拔出，如图 14-31 所示。若需更换多个内存条，重复此操作即可。

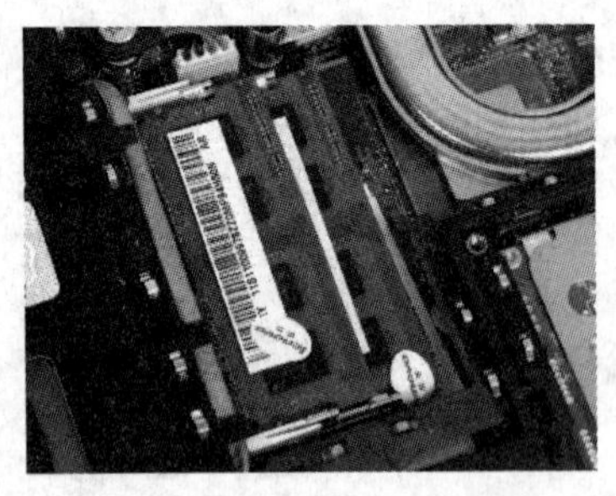

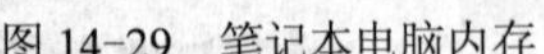

图 14-29　笔记本电脑内存

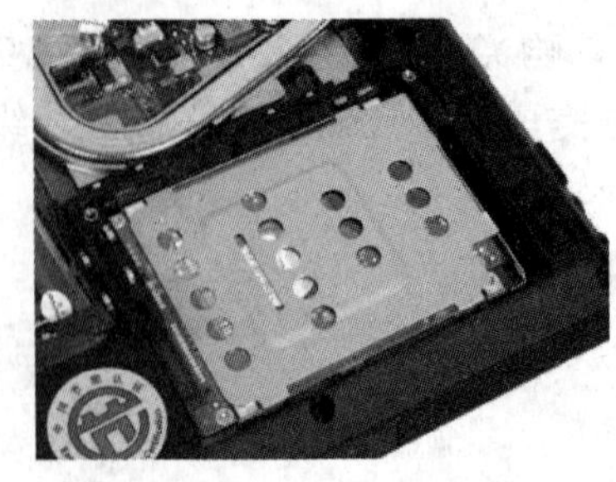

图 14-30　笔记本电脑硬盘

图 14-31　更换内存条

5）取出准备好的新内存条，调整方向，使其与缺口标记对齐，并呈一定角度的夹角将笔记本电脑内存条放入卡槽内。最后，将整个内存条轻轻按下，当听到“啪”的一声响时，表明两边弹簧已将内存条卡住，此时内存安装完成。

6）使用螺钉旋具将硬盘托盘卸下，将新硬盘按照原有样子放置其中即可完成对硬盘的安装。

7）待上述操作完成后，将所有保护盖依次拧紧，接上电源进行开机检验。首先进入到“系统属性”中，查看硬件容量是否有所增加，然后尝试运行一些大型软件，检测一下内存兼容性如何，如果运行时没有出现无故死机、无故重启和蓝屏等情况，则可以确定整个升级过程顺利完成了。

14.6　笔记本电脑故障及其日常保养

本节介绍笔记本电脑故障与排除，及其日常保养。

14.6.1　故障与排除

当笔记本电脑出现故障时，判断故障的大致方法：首先检查外部设备是否工作正常，排除外部设备引起的故障；其次根据故障出现的现象来分析故障产生的原因，进而判断故障的类型，即故障属于软件设置方面的故障还是硬件方面的故障。这里向读者介绍一些常见故障的处理办法，希望读者在遇到类似的故障时能够顺利应对。

1．与 CPU 相关的故障

一般来说，笔记本电脑 CPU 出现故障的情况极低，绝大部分是由于软件设置（如自行超频）和散热不良导致的故障。

（1）CPU 超频方面的故障现象

1）开机无法进入操作系统。

2）开机后无故连续重启。

3）进入系统后出现蓝屏或突然死机。

解决办法：如果发现笔记本电脑的 CPU 在超频工作，只需进入 BIOS 将设置的参数信息恢复到默认值即可排除故障。笔记本电脑最好不要进行超频，如果超频不当，可能会造成元器件的损坏。

（2）散热不良导致的故障现象

1）散热口积攒大量灰尘，通风不畅引起 CPU 温度过高，导致蓝屏或死机。

2）由于笔记本电脑放置不当，通风口被异物严重覆盖，引起 CPU 温度过高，导致蓝屏或死机。

解决办法：笔记本电脑 CPU 的温度一般在 60～70℃。如果温度过高，首先拆卸下底部保护盖，对散热扇进行清理即可。

2．与内存相关的故障

（1）虚拟内存或 BIOS 等软件设置方面的故障现象

1）开机时多次自检，不能进入系统。

2）运行某一程序时弹出“没有足够的可用内存运行此程序”“内存分配错误”“内存资源不足”等提示框。

解决办法：在 BIOS 设置中将“Quick Power On Self Test（快速加电自检测）”参数设置为“Enabled”，并保存退出即可。此外，右击“我的电脑”，选择“属性”选项，在弹出的“系统属性”对话框中选择“高级”选项卡，单击“性能”选项组中的“设置”按钮，即可对虚拟内存进行调整。

（2）升级笔记本电脑内存后出现的故障现象

1）开机时报警或无法开机。

2）内存容量显示不正确。

3）运行一段时间后，无故出现死机。

解决办法：打开笔记本电脑内存条保护盖，将内存条重新拔插，并确认安装到位；使用相关测试软件，查询主板支持的最大内存容量，检测内存的兼容性，如果发现存在不一致的现象，更换同规格的内存条即可。

3．与硬盘相关的故障

（1）启动时，检测出硬盘出现坏道

大部分检测出的坏道都是逻辑坏道，是可以修复的。首先使用硬盘品牌自身的检测软件进行全盘扫描，如果检测结果为“成功修复”，则可以确定是逻辑坏道，只需要将硬盘重新格式化即可；如果检测结果不是逻辑坏道，基本上没有修复的可能，需要更换新硬盘。

（2）进入系统后，检测得到的硬盘容量与实际容量不符

一般地，硬盘生产厂商与操作系统对硬盘容量的计算方法不同，会造成检测容量与实际容量不符的现象，但两者如果差距过大，则说明存在故障。用户可以在开机时进入 BIOS 设置界面，对硬盘相关选项进行合理设置，如果不能解决问题，则说明主板可能不支持大容量硬盘，此时可以对 BIOS 进行升级来解决问题，此类故障多在升级硬盘时出现。

（3）硬盘数据丢失

在特殊情况下，有可能造成某个盘符上的数据全部丢失的现象，这说明主控文件表出现了问题。用户可以尝试使用 Data Explore 数据恢复大师等软件进行恢复。

4．液晶显示器相关故障

（1）外界干扰引起的故障

若笔记本电脑附近存在强电磁干扰或电压不稳的情况，有可能造成 LCD 显示亮度变暗，并且出现抖动情况，解决方法只需将笔记本电脑远离磁场即可。

（2）液晶显示器与笔记本电脑主机连接故障

笔记本电脑的液晶显示器与主机之间是通过排线进行连接的，如果排线出现故障，经常

造成液晶显示器亮度变暗、花屏甚至无任何显示。如果确定是此类故障，则要请专业维修人员进行检修。

5．笔记本电脑的电池相关故障

一般的，笔记本电脑的电池正常使用年限为 2～3 年。随着时间的增加，电池的性能大幅下降，主要表现在：使用电池供电时无法开机；电池自动充电的时间极短；电池容量变小仅能维持一小段时间。造成这些故障的原因可能是电池老化、电池与笔记本电脑接触不良、电源管理模块故障等。

6．触摸板无法使用的故障

在使用过程中，可能出现触摸板不能控制鼠标的现象，其主要原因有，用户手部有过多的汗水或触摸板驱动无故丢失，其解决办法是应尽量保持触摸板干燥清洁，若还是无法使用则需更新驱动程序。

14.6.2 日常保养

笔记本电脑的日常保养涉及许多方面，但总的来说用户只要养成良好的使用习惯就能有效减少发生故障的概率，这些良好的习惯主要涉及以下两方面。

（1）尽量减少或避免震动

笔记本电脑最忌受到外界冲击、意外跌落和在震动较大的环境中使用，因为这些情况很容易造成液晶屏幕、机身外壳和硬盘等重要部件的损坏，所以应尽量减少或避免震动。

（2）注意外界环境对笔记本电脑的影响

外界环境指的是低温或高温环境，一般在超过 40℃的环境下，容易引起笔记本电脑散热不畅，导致死机；而外界温度如果过低，则容易造成液晶显示器不能正常工作。此外，大多数笔记本电脑的键盘并没有防水设计，一旦有液体意外泼洒到键盘上，将严重损坏笔记本电脑。这些外界环境对笔记本电脑的影响重大，需要使用者特别注意。

1．液晶屏幕的保养

某些屏幕厂商为了增加屏幕色彩的对比效果，会在屏幕表面进行镀膜处理，因此在清洁时，不能随意使用化学溶剂擦拭表面，而需要使用专业的屏幕清洁剂进行清洁。在保洁方面，常见的误区有以下几种。

（1）使用纸巾擦拭液晶屏幕

液晶屏幕常见的污垢主要是日常粘留的空气灰尘和不经意留下的油污，使用纸巾擦拭其表面，很容易划伤屏幕表面，一般可以使用高档眼镜布进行擦拭。

（2）用清水清洁屏幕

在清洁过程中，清水可能会流入显示器接缝处，极易造成短路。

（3）使用酒精等化学溶剂清洁屏幕

酒精等化学溶剂会溶解液晶屏上的特殊涂层，一旦擦拭后不仅不能清洁屏幕，而且还对屏幕造成严重伤害。

正确的做法是，定期使用正品专业喷雾型液晶清洗液小心喷洒到屏幕表面，然后使用擦拭布轻轻地将污迹擦去。

2．机身外壳的保养

1）避免化学制剂的腐蚀。

2）预防磨损，避免外界挤压或冲击。

3）避免靠近高温热源。

3．电池的保养

笔记本电脑的电池属易耗品，一般具有一定的使用年限，但良好的使用习惯和精心的保养能够延长笔记本电池的使用时间。这里向读者介绍几点常用的保养技巧，希望读者加以注意。

1）第一次使用笔记本电脑时，需要对电池进行激活操作，即首次使用时最好进行 3～5 次的完全充放电过程。

2）电池一旦充满，没有必要再花时间续充。因为现在的笔记本电脑都有智能充放电控制电路，能够判断充电是否完成，当电池充满后，电流会被自动切断，再进行续充其实是浪费时间，起不到任何效果。

3）电池存放时间建议不要超过一个月，并保证每个一个月左右的时间就对电池进行充电。

4）长期不用时，电池要单独存放，且存放时的电量应保证大于 80%。

5）存放时外界环境应干燥通风，且避免阳光照射。

14.7 笔记本电脑的选购

目前，市场上笔记本电脑的品牌和型号繁多，要挑选一台适合自己的笔记本电脑需要多方考虑，本节主要从选购要领和辨别水货两方面，向读者简单介绍选购笔记本电脑的一些基本知识。

14.7.1 选购要领

1．确定所需，选好配置

市场上笔记本电脑的厂商会根据不同的用户群体划分应用需求，轻薄笔记本电脑、商务笔记本电脑、家庭娱乐型笔记本电脑、上网本等具有很多类型和品牌。购买笔记本电脑的目的不同，在选择品牌和型号时就有很大差异，所以在选购前必须明确自己购买笔记本电脑的真实需求。

在明确购买的真实需求后，还需要了解相关品牌产品在内存、硬盘、显示卡、接口等方面的规格参数，做到心中有数。

2．货比三家

同一品牌的笔记本电脑，在同一城市一般设置两三家代理商，即便只设置一家总代理，总代理也会设置多个分销商一同销售该品牌的产品。货比三家指的是在同一家分销商的不同店面对比销售价格，因为店面不同，销售量不同，在价格方面可能出现几十元至百元的差异，所以在确定品牌和型号后应该多家比较后再购买。

3．拆封验机

拆封验机方面要特别注意，一般的笔记本电脑的手提包装盒中会印制该机型的 SN 码以及详细的型号，在取出机器后首先要比对笔记本电脑底部标签中的编号是否与包装盒的 SN 码一致，以便确定机器。其次，在安装完操作系统后还需要使用 CPU-Z、GPU-Z 等软件检测笔记本电脑的硬件信息是否与之前要求的相一致。最后，需要观察机身是否有刮痕和磨损等部位，防止销售商使用样品机冒充新机出售。

4．索要正规发票

购机发票以及三包凭证是用户可以正常享有国家“三包”和厂商标准服务的重要保修凭证，所以用户在购机后一定要索要正规发票，避免机器出现问题时得不到相关保护。

14.7.2 辨别笔记本电脑的真伪

辨别笔记本电脑真伪的方法主要有以下几方面。

1）查看 3C 标识与入网许可证。我国规定，凡是在中国内地销售的笔记本电脑必须有 3C 认证标识，在国外销售的产品则无须拥有该标识。用户可以查看笔记本底部，看是否有 3C 标识和入网许可证。

2）查看序列号和拨打客服热线电话。笔记本电脑都有唯一的序列号，建议用户到对应品牌的官方网站上检验序列号的真伪。如果无法通过网站检验，还可以拨打厂商的客服热线，上报机型、序列号等相关信息，让客服进行核对，如果反馈的结果不能完全符合，那么机器一定有问题。

3）检验发票。正品笔记本电脑一般提供正规机打增值税发票，而非正品的笔记本电脑往往不能提供正规票据。

14.8 思考与练习

1．笔记本电脑是如何分类的？简要叙述各自的特点。

2．简述笔记本电脑的硬件组成。

3．简述笔记本电脑升级内存和硬盘的过程。

4．笔记本电脑在日常使用过程中，需要注意哪些方面的保养？

5．试说明笔记本电脑的选购方法。

第15章 办公设备

随着时代发展以及科技进步，各品牌对于办公设备的专注精进使我们拥有多种办公解决方案。这一切的改变和进步无疑都在使用户的工作和生活变得更为高效。本章主要从常见的办公设备入手，着重向读者介绍这些设备的功能、基本原理、主要性能指标、相关品牌以及选购方法。

15.1 打印机

打印机作为计算机的外部设备，已经被广大用户所接受，其主要功能是将计算机处理的文字或图像结果输出到其他介质中。根据工作方式的不同，可分为击打式和非击打式；根据打印原理的不同，可分为针式、热敏式、喷墨式、热转印式、激光式、电灼式和离子式等。

目前，市场上较为常见的打印机主要有针式打印机、喷墨打印机和激光打印机 3 类，其品牌主要有爱普生、惠普、佳能、兄弟、富士通和利盟等。

15.1.1 针式打印机

1. 针式打印机的诞生与发展

1968 年，爱普生推出了世界上第一台商业化的数字打印机 EP-101，这台打印机以小巧、轻便和低廉的打印成本等特点在电子制造业引起巨大影响，最终奠定了爱普生在打印机业界的重要地位，这也是针式打印机的鼻祖。

1980 年，爱普生推出了全球首款适用于个人计算机的针式打印机 MP-80，在当时引起了极大的轰动。20 世纪 80 年代初期，爱普生公司进入中国市场，根据中国用户的使用习惯和实际需求在 1988 年率先推出了第一款带有中文字库的针式打印机 LQ-1600K，这款经典的针式打印机在中国创下 400 万台的销售奇迹，这让竞争对手也叹为观止。

多年以来，爱普生针对不同行业的不同需求，不断推出新品为用户提供满意的解决方案和周到的服务，从杰出性能的 LQ-300K 系列，到全能型票据打印机 LQ-2680K，爱普生带动了中国打印机的发展，并赢得了中国用户的信赖。

2. 初识针式打印机

虽然普通用户在日常办公和家庭环境中很难用到针式打印机，但是针式打印机依靠复写打印、长时间连续打印、高稳定性、成本低廉等有别于喷墨打印和激光打印机的特性，在金融、证券、工商、医疗、公安、航空、税务、电信、交通、邮政和中小型企业中具有不可替代的作用。尤其是针式打印机的复写打印功能，在打印票据方面更是有着得天独厚的优势，如图 15-1 所示的就是某些专业性强的行业经常使用的针式打印机。

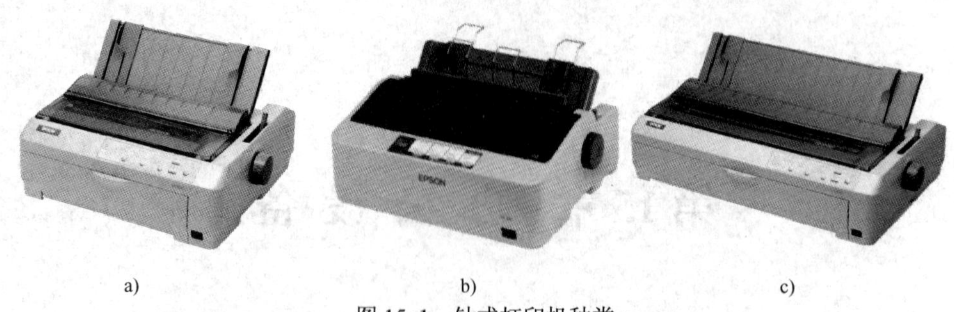

a)　　b)　　c)

图 15-1　针式打印机种类

a) 专业型通用单据打印机　b) 80 列卷筒打印机　c) 经典型报表打印机

爱普生不同用途的针式打印机产品对比见表 15-1。

表 15-1　爱普生不同用途的针式打印机产品对比

常见参数规格	Epson LQ-590K 专业型通用单据打印机	Epson LQ-520K 80 列卷筒打印机	Epson LQ-1600KIIIH 经典型报表打印机
打印速度	220 汉字/s	173 汉字/s	146 汉字/s
打印头寿命	4 亿次/针	4 亿次/针	4 亿次/针
平均无故障时间	20000h	20000h	20000h
进纸方式	前部、后部、底部	后部	前部、后部、底部
色带容量	500 万字符	250 万字符	800 万字符
接口	USB、并口	双向并口、USB 2.0、串口	双向并行接口、USB 接口
用途	企业、医疗、政府、金融、零售等行业用户		

3．针式打印机的特点

1）机器结构简单，技术成熟，性能和稳定性好，耗材（如色带）使用周期长，价格低廉，容易购买。

2）待机功耗低，符合人们对环保节能要求。

3）支持打印介质（纸张）种类多样，如信封、存折、明信片、连续纸、单页纸以及带标签的连续纸等。

4）纸张处理出色。能够自动测厚，适应厚度较大的纸张（如存折），避免卡纸情况发生，确保打印流畅。

5）特有的复写能力。具有突出的复写打印技术，凭借多页复写能力，可一次完成最多 7 页复写纸的清晰打印。

15.1.2　喷墨打印机

1．初识喷墨打印机

1976 年，世界上首台喷墨打印机诞生于 IBM 公司，而第一台具有商业应用价值的喷墨打印机则是 1978 年西门子推出的 Siemens Pt-80。经过多年的技术变革，时至今日在喷墨打印机领域只留下佳能、惠普和爱普生三大品牌。

根据消费群体的需求，可以将喷墨打印机大致分为 4 类：基本型喷墨打印机、专业级影像数码喷墨打印机、墨仓式打印机和移动便携式喷墨打印机。

（1）基本型喷墨打印机

基本型喷墨打印机是目前商务办公和家庭用户经常使用的打印机，不仅能够打印文档，而且还能输出图形图像，具有较高的打印速度、低廉的打印成本和优良的打印品质等特点，是商务办公和家庭用户很好的选择。该类产品销售范围从几百元的低端经济产品，到几千元的高端产品均有覆盖，如图 15-2 所示的就是常见品牌的基本型喷墨打印机。

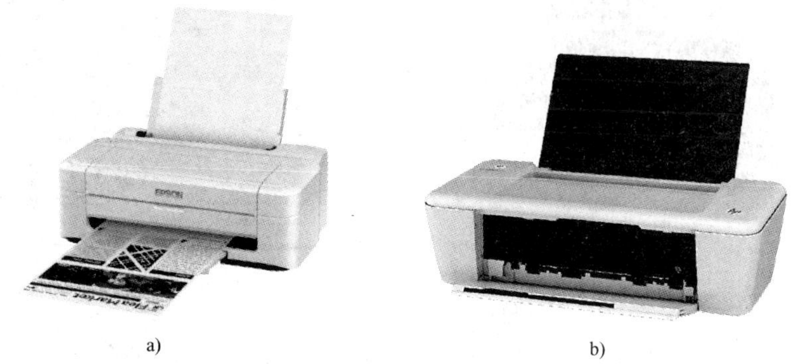

a)　　b)

图 15-2　基本型喷墨打印机

a) EPSON ME-10　b) HP Deskjet 1010

（2）专业级影像数码喷墨打印机

专业级影像数码喷墨打印机主要面向彩色商务办公、广告公司和摄影爱好者，从用途来讲它与基本型喷墨打印机类似，同样能够进行文档和照片的打印。之所以被归为专业照片型产品在于打印品质和功能高于基本型喷墨打印机，打印效果完全可以媲美冲印效果的高品质照片。

此外，该类产品一般都配备液晶屏和 CD-R 托盘，用户不仅可以通过打印机内置的软件对照片进行自动修复和多区域曝光修复，还可以将 DVD 或 CD 直接放入打印机进行打印或复印光盘的盘面。

此类型的喷墨打印机售价相对较高，面向家庭使用的经济款也在千元以上，而面向商务公司的约在三千元至万元不等，如图 15-3 所示的是常见品牌的专业级影像数码喷墨打印机。

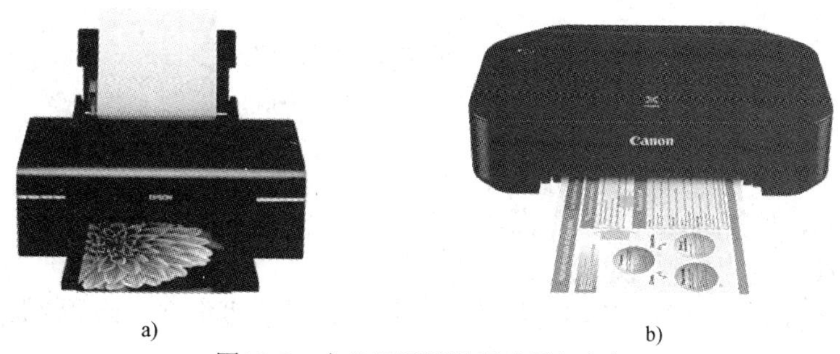

a)　　b)

图15-3　专业级影像数码喷墨打印机

a) Epson Stylus Photo R330　b) 佳能腾彩 iP2880S

（3）墨仓式打印机

墨仓式打印机是指支持超大容量墨仓，可实现单套耗材超高打印量和超低打印成本的打印机，如图 15-4 所示。

爱普生超高打印量的墨仓式打印机，墨盒 4 色分离，采用超大容量墨水瓶（每瓶 70ml），再配合爱普生微压电打印头具有的超强耐用性，大幅降低了用户的打印成本。

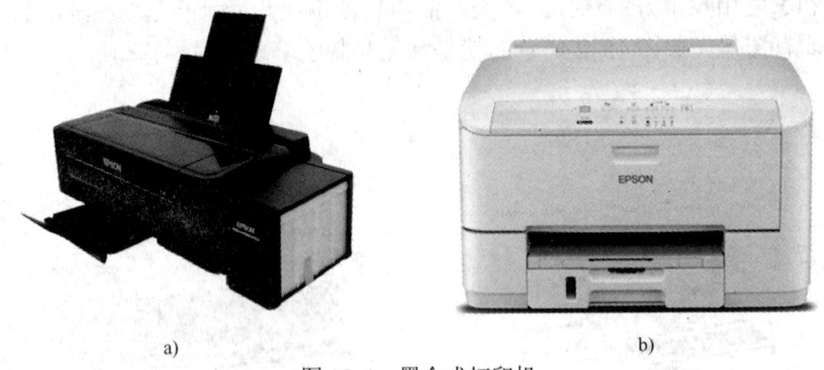

a)　　b)

图 15-4　墨仓式打印机

a) EPSON L313（普通家用）　b) EPSON WP-M4011（高端商用）

（4）移动便携式喷墨打印机

移动便携式喷墨打印机指的是那些体积小巧，便于携带，可实现随时拍摄随时打印，并且在没有外接电源的情况下依靠电池驱动的产品。此类打印机操作简单，主要满足个人移动商务办公和家庭便捷打印的需要，如图 15-5 所示的是常见品牌的几款移动便携式喷墨打印机。

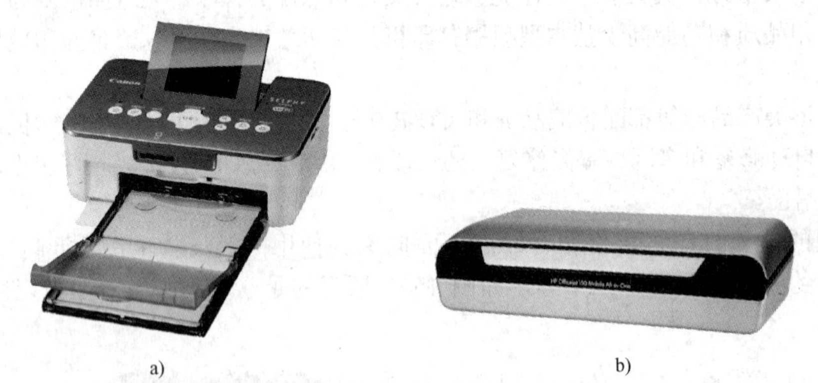

a)　　b)

图 15-5　移动便携式喷墨打印机

a) Canon SELPHY CP910　b) HP Officejet 150

2．喷墨打印机特点

1）性能可靠，价格适中，分辨率高。

2）工作时噪声小，功耗相对较低。

3）耗材费用高。原装墨水价格比针式打印机的色带要贵很多，而一盒墨水根据实际打印情况能够满足 300 页左右的 A4 幅面彩色文档。

4）对打印介质有一定要求。一般使用质量好的光面或哑光的照片纸，如果使用普通且较薄的纸张，墨水容易浸透纸张，严重影响打印质量。

5）喷墨嘴维护不易，如不经常使用很容易造成喷嘴阻塞。

3．爱普生的微压电打印技术

微压电喷墨技术是爱普生的专利技术，其基本原理是将许多微小压电陶瓷放置到打印头喷嘴附近，利用压电陶瓷在电压变化作用下具有延展和收缩的特性，将喷嘴中的墨水喷射到介质上形成图案。在喷墨过程中不需要加热，所以墨水的化学成分不会发生变化，确保了单个喷嘴工作的高频率和打印中的稳定性，实现了打印速度与精度的完美结合。

15.1.3 激光打印机

目前，我国激光打印机市场 90%以上仍然被黑白激光打印机所占据。第一台台式激光打印机诞生于惠普，它结合了激光技术和电子照相技术，并在静电复印的基础上被研制出来。该类型的打印机具有精度高、噪音低和速度快等特点，已经是商务办公领域的主流产品。

1．激光打印机分类

依据打印颜色的不同，可以将激光打印机划分为黑白激光打印机和彩色激光打印机两大类。黑白激光打印机依靠低廉的打印成本、高效的工作效率、精美的打印质量，以及极强的工作负荷成为当前办公打印领域的主流产品。虽然大多数激光打印机价格比喷墨打印机高，但从打印速度和单页成本来看，依然占有绝对优势。

依据客户群体的不同，可以将激光打印机划分家庭个人型激光打印机、中档办公型激光打印机和高端商用生产型激光打印机。家庭个人型激光打印机主要面向家庭办公用户和小型工作组销售，侧重于对打印质量没有过高要求的用户，销售价格一般在一千至两千元左右；中端办公型激光打印机接口多样，高效稳定，可进行双面高速打印，适用于中型企业或文档打印较多的环境，销售价格一般在数千至万元之间；高端商用生产型激光打印机具有快速打印、海量打印等功能，能够完全应付繁重的网络打印负荷，其销售价格在万元至数万元之间，一般用于专业输出单位。如图 15-6 所示的分别是面向普通办公环境、中档企业的打印密集型环境和海量输出需求的激光打印机。表 15-2 所列的是惠普不同用途的针式打印机产品参数的对比。

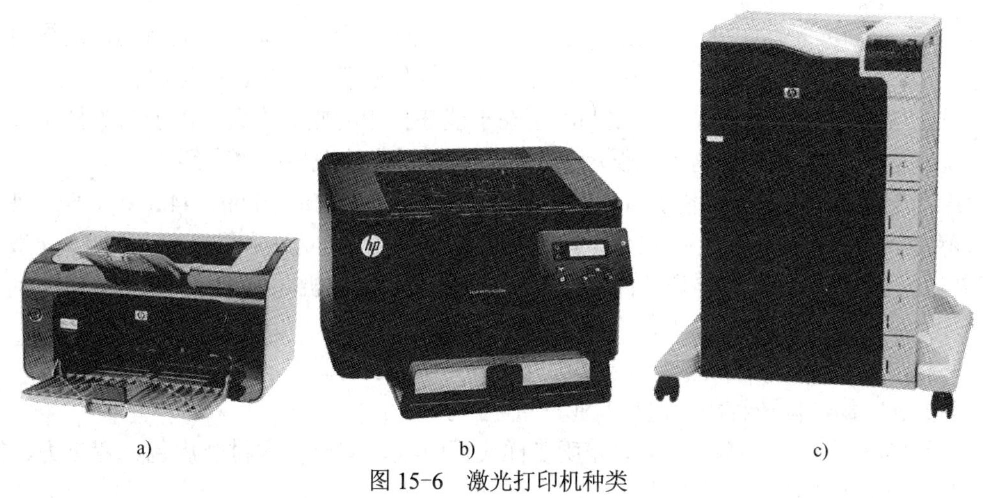

a)　　b)　　c)

图 15-6　激光打印机种类

a) HP LaserJet Pro P1106　b) HP LaserJet Pro M202dw　c) HP Color LaserJet Enterprise CP5525xh

表 15-2　惠普不同用途的针式打印机产品主要参数对比

规格参数	HP LaserJet Pro P1106	HP LaserJet Pro M202dw	HP Color LaserJet Enterprise CP5525xh
处理器速度	266MHz	750MHz	800MHz
建议月打印量	250～1500 页	250～2000 页	2500～10000 页
打印负荷（每月）	最高 5000 页	最高 15000 页	最高 120000 页
打印质量	600 x 600 d/in	1200 x 1200 d/in/	600 x 600 d/in
打印速度	18 页/min	25 页/min	30 页/min
硬盘	无	无	250GB
内存	无	128M	1GB

随着技术的发展，除惠普、佳能、爱普生三大品牌以外，国内还有联想、方正等品牌也在市场中占有一定的份额。

2．激光打印机特点

1）打印速度快。一般使用 A4 幅面大小的介质，黑白页面打印速度为 23 页/min 左右，彩色页面打印速度则为 5 页/min 左右。

2）噪音低，适合安静的办公场所使用。

3）处理能力强。某些高端激光打印机还配备性能强大的 CPU 和内存，拥有高速处理数据的能力，无论文档中包含多么复杂的图形，它都能够轻松确保打印品质和速度。

4）打印质量好，但耗材相对较贵。

5）性价比高。虽然激光打印机的价格和耗材相对喷墨打印机较高，但较高的耐用性和低故障率，可以有效降低人工维护的次数，提高工作效率，平均到每张纸的打印成本还是很容易被用户接受的。

15.1.4　大幅面打印机

1．初识大幅面打印机

与 A4 幅面激光打印机市场相比，大幅面市场只是一个“小而专”的市场，最终用户以行业用户为主，比如制造业、地产业、设计公司、保险业等。大幅面打印机在本质上与普通的喷墨打印机并没有太大区别，关键的区别在于能够打印的幅面更大。由于该类打印机与普通用户联系并不是太密切，这里也仅对大幅面打印机基本情况做简单介绍。

目前市场上大幅面打印机能够打印的幅面有 17in、24in、36in、42in、44in 和 60in，使用的墨水颜色有 5 色、8 色、9 色和 12 色，销售价格依据打印幅面大小和颜色多少而定，一般在万元至几十万元之间，如图 15-7 所示的是不同样式的大幅面打印机。

2．大幅面打印机特点

1）打印幅面宽泛。A1、A2 等大幅面介质均可喷墨打印。

2）高速喷墨，高速打印，适合商业批量生产。

3）打印介质多样。适合打印的介质多样（铜版纸、皮革、木材、皮包、亚克力、纺织等），有别于传统纸张。

4）打印精度高。采用专业防水墨水，保证输出质量逼真，并且图像具有耐磨、防水和防晒等特点。

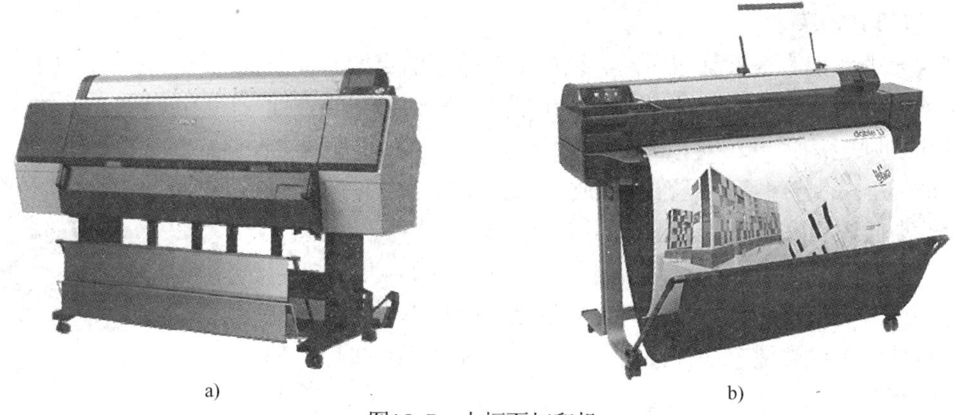

a)　　　　b)

图15-7　大幅面打印机

a) Epson Stylus Pro 9908　b) HP Designjet T520

15.1.5　多功能一体机

简单地说，多功能一体机就是集复印、扫描、打印和传真这些功能为一体的设备。从打印方式来讲分为喷墨多功能一体机和激光多功能一体机。喷墨型产品比激光型价格经济，且支持彩色输出，完全能够应付日常办公复印、扫描的需求，适合办公用户的使用。激光型产品打印速度快，品质高，市场销量也十分理想。

多功能一体机是打印机的延伸产品，就目前市场而言有惠普、佳能、兄弟、爱普生、三星、柯尼卡美能达、富士施乐和震旦等多种品牌分享市场份额，如图 15-8 所示的是常见的多功能一体机。

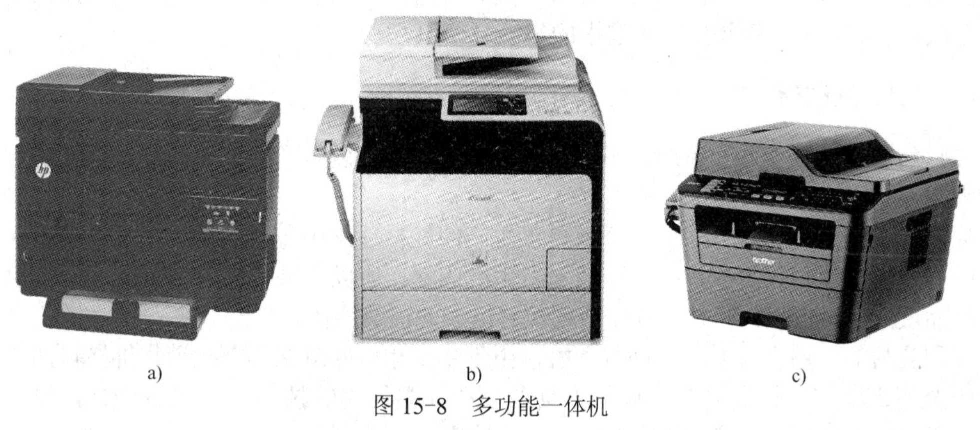

a)　　　　b)　　　　c)

图 15-8　多功能一体机

a) HP LaserJet Pro MFP M226dw　b) Canon iC MF8580Cdw　c) brother MFC-7880DN

15.1.6　各类打印机主要性能指标

1. 打印速度

打印速度指的是每分钟打印机能够输出的页数，单位是页/min。普通激光打印机，A4 幅面，黑白模式速度为 18～30 页/min，彩色模式速度为 8～10 页/min；喷墨打印机，A4 幅面，黑白模式速度为 5～16 页/min，彩色模式速度为 4～15 页/min。

2．打印分辨率

打印分辨率指的是每英寸横向与纵向最多输出的点数，单位是 d/in。喷墨打印机分辨率远高于激光打印机，通常喷墨打印机能达到 9600×2400d/in，而激光打印机则能达到 1200×1200d/in。不过，对于打印一般文档来说，600d/in 的分辨率已经符合高质量的打印要求了，况且打印质量的高低还受打印介质、墨水等因素的影响。

3．打印接口

打印接口类型指的是打印机与计算机相连的接口类型。目前市场上常见的接口类型有并行接口、串行接口和 USB 接口，如图 15-9 所示。

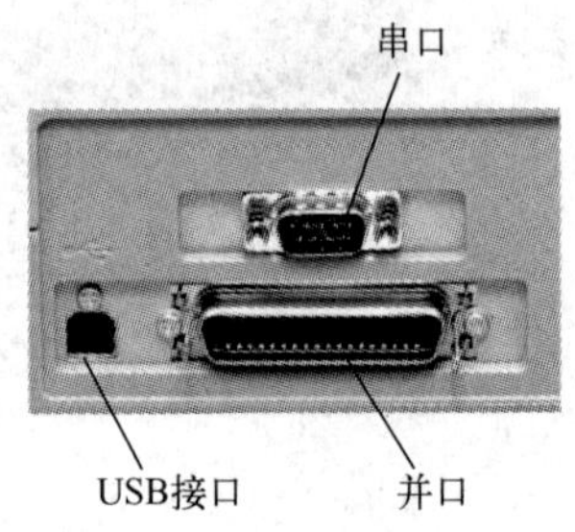

图 15-9　打印机接口

4．打印机内存

内存的大小决定了每次暂存打印数据的多少，对打印速度有重要影响，特别是在网络打印、多任务打印和文档体积较大时，更能体现内存的作用。目前，面向家庭和办公用户的打印机内存标配 2MB、8MB 或 16MB，中端产品标配 96MB 或 128MB，而生成型海量工作站则标配 128MB 内存。

5．打印机硬盘

某些高端的打印机配有打印机硬盘，这是因为此类高端打印机往往需要打印大量高清图片，需要记忆的数据非常多，如果单单通过打印机内存暂存这些数据，不仅打印周期漫长，而且工作效率很低。对于安装了打印机硬盘的打印机，能够同时记忆很多数据，再次打印时只需在打印机控制面板中选择打印份数即可打印，减少了数据从计算机发送到打印机的过程，由于脱离了对计算机的依赖，还可以实现夜间无人看管打印。

在数据保密方面，某些品牌的打印机还具有硬盘保护功能，能够彻底清除硬盘数据，适合在军队、政府和航天等需要保密要求的环境中使用。

15.1.7　打印机耗材

耗材的后期成本投入也是用户不得不考虑的事情，目前市场上销售的打印机耗材可以分为两大类，即原装耗材和通用耗材。

原装耗材指的是生产打印机的厂商自己生产的耗材。这种类型的耗材在生产前由于要与匹配的打印机进行相关测试，无形中增加了生产成本，所以产品销售价格较高。但是原装耗材的产品质量值得信赖，且种类齐全，依然有巨大的消费群体。

通用耗材的厂商自身并不生产打印机，由于缺少相应的测试环节，销售价格自然较低，但对于某些高端打印机，这些厂商还不具备生成高端耗材的技术，故产品种类受到一定影响。通用耗材主要依靠价格优势面向低端市场销售。

1．墨盒

墨盒是喷墨打印机常用耗材，从结构上可以分为一体式墨盒和分体式墨盒。一体式墨盒的墨头和墨水盒是一体的，如图 15-10 所示，无论是墨水用尽还是墨头损坏都要一起更换，惠普打印机就是用此结构的墨盒。分体式墨盒在墨水用尽后可以单独更换，如图 15-11 所示，目前大多数喷墨打印机都采用这种结构。

2．硒鼓

硒鼓是激光打印机中最重要的部件，如图 15-12 所示，它的质量高低直接影响打印效果。目前市场上提供给用户更换硒鼓的方式有购买原装硒鼓、购买兼容硒鼓和重新灌装硒鼓 3 种。对于用户来说，面对市场上众多产品很难分辨真假，除了从外观辨别硒鼓真伪以外，还可以通过打印测试页来进行辨别。

3．色带

色带是针式打印机常用的耗材，如图 15-13 所示，它是以尼龙丝为原料编织而成的带，经过油墨的浸泡染色而成，长度在 14m 左右的色带能打印 400 万字符，能够有效降低打印成本。

图 15-10　一体式墨盒

图 15-11　分体式墨盒

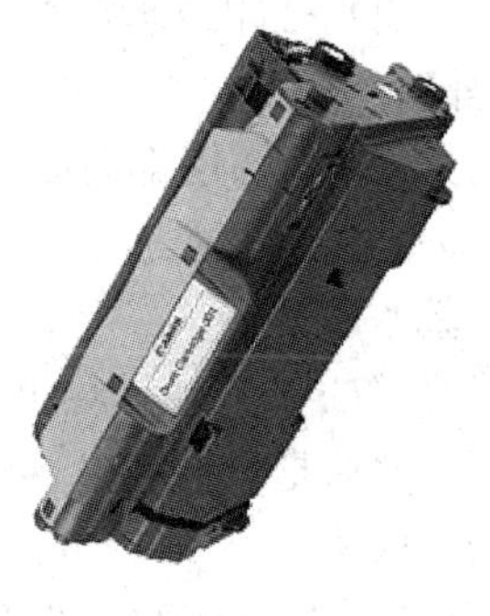

图 15-12　硒鼓

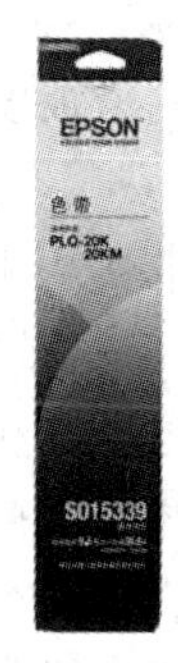

图 15-13　爱普生色带

4．打印介质

打印介质主要指的是打印所使用的纸张。市场上纸张品种很多，常见的有复印纸、光泽照片纸、亚光照片纸、优质相片纸、高质量粗面双面纸，此外还有一些具有特殊打印效果的介质，如重磅粗面纸（用于制作仿绘画照片）和恤衫转印纸（用于将图像转印到 T 恤上）等。

15.1.8　3D 打印机

3D 打印技术，是以数字模型文件为基础，运用粉末状金属或塑料等可黏合材料，通过逐层打印的方式来构造物体的技术。过去其常在模具制造、工业设计等领域被用于制造模型，现正逐渐用于一些产品的直接制造。近几年 3D 打印快速发展，更多的资金、公司、创意都涌向了 3D 打印领域，如图 15-14 所示是应用在不同领域的 3D 打印机。

a)

b)

图 15-14　3D 打印机

a) 极光尔沃 Z-603S 桌面级 3D 打印机　b) 天威（PrintRite）准工业级 3D 打印机

1. 3D 打印技术的应用领域

3D 打印技术可用于珠宝、鞋类工业设计、建筑工程和施工、汽车、航空航天、医疗产业等领域。最为常见的是在模具制造、工业设计等方面，随着打印成本的不断降低，功能性材料将进入市场，而且还将出现更加先进的打印程序。由于目前的各种限制，3D 打印并未大规模应用，限制其发展的原因主要有以下几方面。

1）材料限制。虽然高端工业打印可以实现塑料、金属和陶瓷打印，但这些材料都是比较昂贵和稀缺的。目前 3D 打印机还没有达到成熟水平，无法支撑日常所接触的各种各样的材料。

2）机器限制。虽然 3D 打印技术在重建几何物体上已经获得了一定的水平，但打印精致物体的清晰度还需提高。

3）费用。每项新技术应用初期都会面临这类问题的困扰，随着技术和材料的发展，目前 3D 打印费用已经可以被用户接受。

2. 3D 打印技术的基本原理

通过计算机辅助设计（CAD）或计算机动画建模软件进行建模，将建成的三维模型"切片"成逐层的截面数据，然后把这些信息传送到 3D 打印机上，3D 打印机会把这些切片堆叠起来，直到一个固态物体成型。

根据所用材料的不同，3D 打印的工艺可以细分为许多种，详见表 15-3。由于每种技术都涉及许多专业知识，有兴趣的读者可以查阅其他资料，篇幅所限这里不再赘述。

表 15-3　常见的 3D 打印工艺

累积技术	基本材料
熔融堆积（FDM）	热塑性塑料、共晶系统金属、可食用材料
熔丝制造法（FFF）	聚乳酸（PLA）、ABS 树脂
选择性激光烧结（SLS）	热塑性塑料、金属粉末、陶瓷粉末

15.1.9　其他打印设备

在群雄逐鹿的打印市场，各个厂商依靠各自的技术不断推出新品。除了常见的针式、喷墨、激光打印机外，市场上还有一些特殊的打印产品，这里简单了解一下。

1. 证卡打印机

证卡打印机指的是用于打印证件（如胸卡、礼品卡和金融卡等）的设备。该类型的打印机具有防伪镀膜功能，能够将打印后的证件镀膜，这使得整体色彩感更加逼真鲜艳，能够打印 PVC、合成 PVC 和带黏合剂类的卡片类型，输出速度约为 130 张/h。在专业打印领域，斑马技术公司的产品在市场上具有一定的品牌影响力，如图 15-15 所示为该公司生产的 ZXP Series 8 证卡打印机。

图 15-15　ZXP Series 8 证卡打印机

2. 热敏打印机

热敏打印机是将打印机接收的数据转换成点阵的信号控制热敏单元的加热，把热敏纸上热敏涂层加热显影。目前，热敏打印机已在 POS 终端系统、银行系统、医疗仪器等领域得到广泛应用，如图 15-16 所示。

3．标签打印机

标签打印机指的是无须与计算机相连接，打印机自身携带输入键盘，内置相当数量的标签模板格式，通过机身液晶屏幕可以直接根据自己的需要进行标签内容的输入、编辑、排版，然后直接打印输出的打印机，如图 15-17 所示。该类打印机主要用于固定资产管理、货架标示、学校图书馆、医院、实验室和电力等行业。

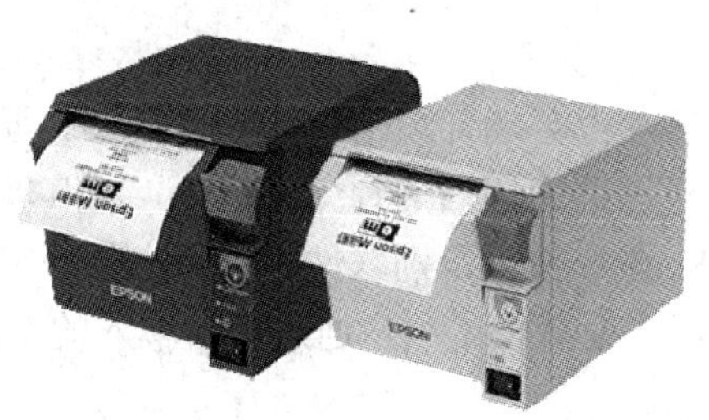

图 15-16　Epson TM-T70II 热敏打印机

图 15-17　brother PT-E300 便携式标签打印机

15.1.10　打印机的选购要点

打印机作为常用办公设备，无论是在家用还是商用领域都有很大的消费市场，伴随着技术的不断发展，打印机新品也层出不穷。而作为普通的消费者，面对市场上琳琅满目的打印机和耗材，以及各个厂商为争夺市场而不断宣传的先进技术，又该如何购买一款适合自己的打印机呢？这里笔者总结了几点选购打印机的基本要点，希望能对读者有所帮助。

1）物尽其用，合理使用。无论是喷墨打印机还是激光打印机，首先要从需求出发。目前，市场按照打印机的功能、用途和输出速度等方面又进行细致的划分定位，如果用户是以输出文档为主，则要考虑输出文档速度等性能指标，这里建议用户选用激光打印机；如果用户以输出照片为主、文档为辅，则要考虑打印方式、分辨率等指标，建议用户选择喷墨打印机，至于颜色的多少需要根据工作情况而定。总的来说，只要能够满足用户正常需求即可，不要过分追求打印机性能，而忘记真实需求。

2）耗材提前考虑。打印机耗材费用在整个打印机使用成本中所占的比例非常大，往往几套原装墨盒或几只硒鼓的价格就能买台新打印机，所以在购买新设备前要详细了解对应耗材的价格和市场行情。如果平时打印量不大，这里建议选用原装耗材，毕竟原装耗材是高质量和高品质的象征；如果用户打印量较大，并且对打印质量没有过高要求，则可以选用通用耗材，不过通用耗材品牌质量参差不齐，消费者还需仔细辨认。

3）双面输出功能。对于办公环境，平时打印量较大，如果打印机具有双面输出功能则可以实现对纸张的加倍利用，有效节约成本。

4）省墨设置。市场上某些型号的打印机具有省墨模式，在节约成本方面能够起到很好的作用。在省墨模式下，计算机耗材通常能够延长 50%的寿命，对于打印量较大的公司非常适合。

5）节能环保。在选择打印机的时候功耗也是需要注意的一方面。对于目前市场来说，各个品牌的打印机在工作时的耗电量基本一致，消费者需要注意的是打印机在待机状态下的耗电量，因为在办公环境，打印机并不是时刻处在工作状态，待机耗电量如果更低，不仅节能环保，而且办公长期成本也有所降低。

6）售后服务。对于普通用户来说，打印机在使用过程中难免会出现问题，例如清理喷墨打印机喷嘴，为激光打印机硒鼓充粉等，都需要良好的售后服务。所以，在购买打印机前还是有必要了解产品的保修方式、保修时限、售后服务网点等细节。

15.2 扫描仪

扫描仪是计算机外部输入设备之一，也是家庭和办公场环境常见的仪器设备。通过扫描仪用户可以将图片、纸质文档、图纸、底片，甚至三维物体扫描到计算机中，将其转换成可编辑、可储存和可输出的资源。此外，通过 OCR 图片文字识别软件，可以方便地将扫描到计算机中的图片文字内容识别成可编辑的文档，极大地减轻了用户通过键盘输入的辛苦。

15.2.1 扫描仪的分类

根据设计类型的不同，扫描仪可以分为平板扫描仪、馈纸扫描仪、胶片扫描仪和名片扫描仪；根据扫描元件的不同，扫描仪还可以分为 CCD 类扫描仪、CIS 类扫描仪和 CMOS 类扫描仪；根据用户类型的不同，扫描仪可以分为行业扫描仪、专业影像扫描仪、商业应用扫描仪和个人家用扫描仪。目前，市场上扫描仪的品牌很多，主要有中晶、影源、富士通、兄弟、爱普生、惠普、方正、明基和紫光等。

1．平板扫描仪

平板扫描仪又称为台式扫描仪，它是市场的主流产品。该类型的产品主要用于日常办公和家用，光学分辨率一般在 1200～9600d/in，如图 15-18 所示的是 HP G3110 平板扫描仪。

2．馈纸扫描仪

馈纸扫描仪价格比较昂贵，主要面向银行、政府、保险、电信和法律等行业销售，能够为企业提供快速、连续、海量的文档扫描服务，如图 15-19 所示的是爱普生 860 馈纸式文档扫描仪。

3．高拍仪

高拍仪一般具有折叠式的超便捷设计，能完成一秒钟高速扫描，具有 OCR 文字识别功能，可以将扫描的图片识别转换成可编辑的 Word 文档。它还能进行拍照、录像、复印、网络无纸传真、制作电子书、裁边扶正等操作，如图 15-20 所示。

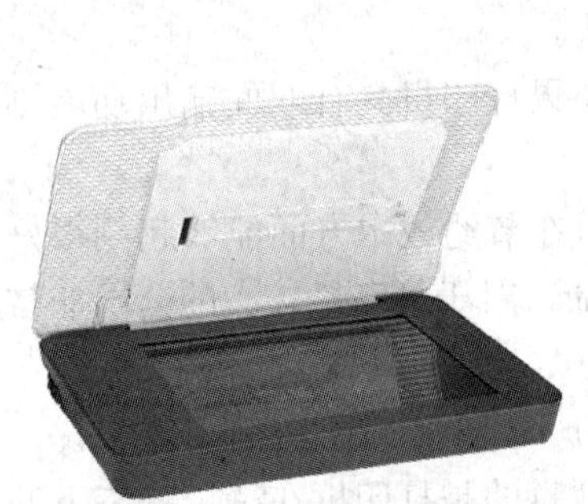
图 15-18　平板扫描仪

图 15-19　馈纸扫描仪

图 15-20　高拍仪

4. 其他扫描仪

除上述在市场中常见的平板式、馈纸式扫描仪以外，还有体积小巧可随身携带的便携式扫描仪，如图 15-21 所示；具有更大扫描幅面的大幅面扫描仪，如图 15-22 所示；面向商用专业领域的胶片、底片扫描仪，如图 15-23 所示。

图 15-21 艾尼提便携式扫描仪　　图 15-22 Contex 大幅面扫描仪　　图 15-23 精益胶片扫描仪

15.2.2 扫描仪工作过程及主要参数

1. 工作过程

分析扫描仪的工作过程即可了解其工作原理，如图 15-24 所示。扫描文件的一般工作过程如下。

1）扫描前需要将待扫描文稿正面朝下放置在玻璃板上。

2）扫描开始时，机器内置的长条形光源均匀发光，并且与整个光学系统和 CCD 感光元件在传动系统的驱动下平行的扫描整个原稿。

3）在此过程中，光源发出的光在照射到原稿上，产生表示图像信息的反射光。反射光又通过一个很狭窄的缝隙，形成一条光带。

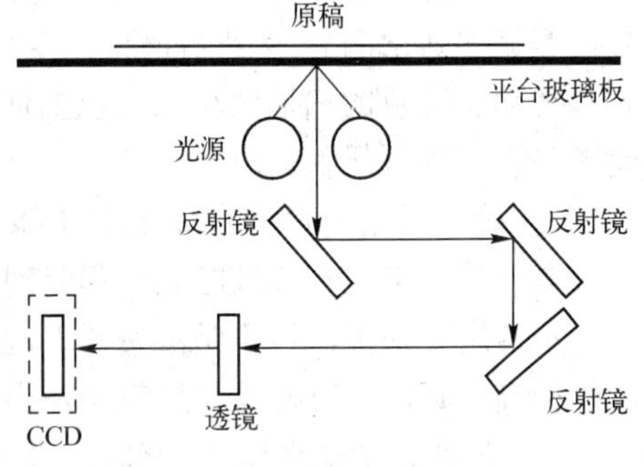

图 15-24 扫描基本原理

4）此后光带又经过多个反光镜和透镜，被分成 RGB 三色的光带照在 CCD 感光元件上，被 CCD 转变为模拟电子信号后，再经过 A/D 变换器（将模拟量转换为数字量的半导体元件），最终转变为计算机能够识别的数字信号，储存在计算机中。

2. 扫描元件——CCD 与 CIS

电荷耦合元件（Charge-Coupled Device，CCD）也称为 CCD 图像传感器，是扫描仪的重要组件。通过它可以将外界图像的光信息转化为电子信号，与数码相机中的 CCD 不同，扫描仪中的 CCD 元件是线性的，即只有 x 轴一个方向，y 轴方向则通过传动系统完成。

接触式图像传感器（Contact Image Sensor，CIS）可以直接收集反射光线的信息，而且生产成本较低，主要用于低端扫描设备。而且由于接触式图像传感器需要光源与原稿距离很近，所以只能用 LED 光源代替，与 CCD 相比色彩表现还有一定差距。

3. 光学分辨率

光学分辨率指的是在扫描时读取源图像的真实点数，是扫描仪的真实分辨率。光学分辨率的大小决定了扫描图像的清晰度，是辨识扫描仪性能的重要指标之一。例如参数

4800×9600d/in 表示该机器的光学分辨率为 4800d/in，机械分辨率（扫描仪纵向传动机构精密的程度）为 9600d/in。

4．最大分辨率

最大分辨率相当于插值分辨率，是通过数学算法在真实像素点之间插入经过计算得出的额外像素，对图像的精度没有多大意义，仅能作为参考。该分辨率的数值通常是光学分辨率的 4 倍、8 倍和 16 倍。

5．光源性能

光源性能的好坏将直接影响扫描质量的高低，因为 CCD 或 CIS 上接收到的反射光全部来自扫描仪内部的光源，如果光源偏色，扫描结果自然有偏差。目前，市面上扫描仪所使用的光源类型有白色冷阴极荧光灯、LED 发光二极管和 A+级蓝系光源。

白色冷阴极荧光灯最为常见，具有亮度高、使用寿命长和体积小特点，主要缺点是需要预热；LED 发光二极管，具有发热量小、功耗低和无须预热等特点，但使用寿命较短，亮度均匀程度稍差；A+级蓝系光源，功耗低，寿命长，发光均匀锐利，具有非常专业的图像扫描功能。

15.2.3 扫描仪的选购

随着计算机的普及，扫描仪的应用领域也在逐步扩大，办公商务场所、家庭环境、广告公司等诸多领域都能看到扫描仪的身影。对于普通消费者来说，多功能一体机也有扫描功能，与功能简单的扫描仪相比又该如何选择呢？这里总结了一些选购扫描仪的基本要点，希望能对读者有所帮助。

1）确定设备用途。市场上多功能一体机在功能的多样性方面确实比单一功能的扫描仪好很多，其价格比扫描仪略高，但是对于需求单一的普通用户而言，花费同样的价钱购买了一些不常用的功能，岂不是浪费吗？况且同等价位的多功能一体机其扫描性能一定没有单功能的扫描仪高，所以购买产品前还是要确定设备的用途。

2）掌握主要参数含义。购买设备前要了解扫描仪主要参数的含义。对于光学分辨率参数来说，一般用户选择 1200d/in 的扫描仪已经足够家庭和办公使用；色彩深度方面，由于较高的位数能够保证最后输出的图像色彩与真实色彩相一致，所以尽量选择色彩深度较高的产品；对于感光元件来说，选择 CCD 还是 CIS，要根据用户的实际需要进行选择。

3）确定品牌与价格。目前单功能扫描仪生产厂家主要有中晶、佳能、爱普生、明基、清华紫光、惠普、汉王和方正，其价位也分 800 以下、800～2000 元、2000～5000 元和 5000 元以上几个档次，用户可以根据性能参数，确定品牌和价格选择适合自己的扫描仪。

15.3 投影机

数码科技飞速发展的时代，极大地推动了市场的扩展和消费者们的预期，投影机这种设备不仅常用于会议大厅、多媒体教室、网络中心、产品展示现场和指挥监控中心等办公领域，而且配合音响设备还能组建家庭影院，走进普通用户的家庭。

目前市场上投影机的主要品牌有优派、ZECO、ACTO、佳能、巴可、索尼、卡西欧、瑞视达和富可视，其产品价位也在 3000 元至数十万不等。

15.3.1 投影机的分类

根据投影机显示技术的不同，可以分为单片数字光处理器投影机（Digital Lighting Process，DLP）、3LCD 液晶投影机、液晶投影机（Liquid Crystal Display，LCD）和反射型液晶投影机（Liquid Crystal On Silicon，LCOS）。

根据分辨率的不同，可以分为 SVGA 类投影机、XGA 类投影机、WXGA 类投影机、WUXGA 类投影机和其他分辨率投影机。

根据使用环境的不同，又可以划分为家用投影机、商务投影机、微型投影机和工程投影机。这里根据投影机显示技术分类进行讲解。

1．DLP 类投影机

DLP 类投影机是光学数字化反射式投射设备，采用的是微镜滤光技术，其核心成像部件是数字微透镜装置（DMD）。DLP 类投影机产生的画面均匀，灰阶表现丰富，清晰度和亮度要高于 LCD，如图 15-25 所示的是市场上 DLP 类投影机。

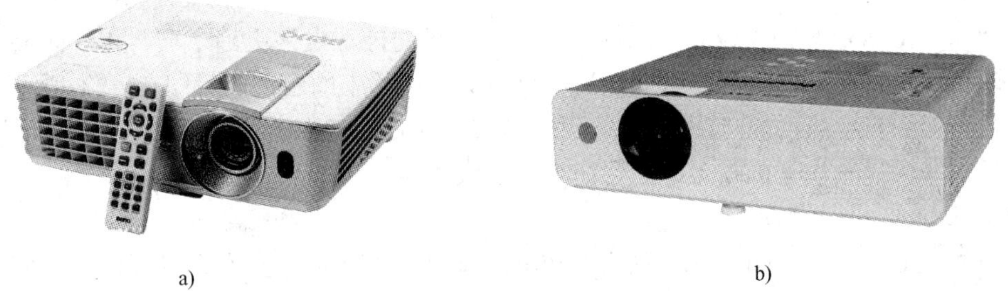

a) b)

图 15-25 DLP 类投影机

a) 明基 W1070 单片 DLP 投影机 b) 松下 UX283C 三片 DLP 工程投影机

2．LCD 类投影机

目前市场上 LCD 类投影机内部的液晶板有单片和三片两种。此类投影机的原理是利用液晶的光电效应，通过电路控制液晶单元的折射率和反射率，进而产生色彩绚丽的图案。三片式 LCD（即 3LCD）比单片式 LCD 具有更高的亮度和图像质量，目前在市场上所占比重也比较大，如图 15-26 所示的不同品牌的 LCD 类投影机。

a) b)

图 15-26 LCD 类投影机

a) 爱普生 CB-S03 单片 LCD 投影机 b) 三星 SP-L200W 三片 LCD 投影机

3．LCOS 类投影机

LCOS 是一种新型的反射式投影技术，是在 LCD 基础上发展起来的。采用该技术的投影机能够生成无缝、无栅格高分辨率的图像，画面延时小，能够真实地还原色彩，画面细腻真实，但价位昂贵，如图 15-27 所示是使用 LCOS 技术的投影机。

a)

b)

图 15-27　LCOS 类投影机

a) 索尼 HW30ES　b) 佳能 WUX6000

4．其他类型投影机

（1）微型投影机

近年来，随着投影相关技术的发展，微型投影机的外观设计更趋小巧精致，而整体性能也在不断提高，它以方便快捷、时尚小巧等特点成为市场中的新品，如图 15-28 所示。这种投影机大小如手机一般，自身配有显示芯片、电池、RCA 连接线和 VGA 连接线，通过连接线无须设置即可显示计算机画面，主要在小型会议和娱乐环境中使用。

（2）3D 投影机

3D 投影机是通过 DMD 芯片输出 120MHz 刷新率的画面，左右眼交替使用，使人眼形成 3D 的“错觉”，从而在大脑形成具有 3D 效果的画面，如图 15-29 所示。

图 15-28　瑞视达 T16C 微型投影机

图 15-29　Acer H6510BD 3D 投影机

15.3.2　投影机主要性能指标

1．标称光亮度

该参数是投影机的重要指标之一，它用光通量的大小进行表示，其单位是“流明”。光通量的含义是单位时间内光源辐射产生视觉响应强弱的能力。通俗地讲，流明值越高就代表光源发出的光越亮，亮度越亮则外界环境的明暗程度对其影响越小。市场上常见的标称亮度有 1000 流明、2000 流明、3000 流明、4200 流明、5200 流明和 6500 流明，光亮度越高的产品其价格越贵，普通家庭用户选择 2000 流明左右的产品就能够满足日常需要。

2．标称对比度

标称对比度是指在屏幕上同一像素点最亮时与最暗时的比值。比值越大说明从黑到白渐变的层次就越多，图像越清晰，色彩越艳丽，对视觉效果的影响也非常大；而比值越小，屏幕就会给人灰蒙蒙的感觉。一般来说，高对比度在灰度层次表现方面有很大帮助，例如反差较大的文本显示、制图、视频中对阴暗场景的细节表现等方面都具有明显的优势。

3．标准显示分辨率

标准显示分辨率指的是投影机显示图像的真实分辨率，该分辨率决定了图像清晰的程度，该值越大，机器适应范围越广。市场上常见产品的分辨率有 4096×2160 像素、1920×1200 像素、1920×1080 像素、1280×800 像素、1024×768 像素和 800×600 像素。

4．镜头焦距

焦距指的是从透镜的光心到光聚集之焦点的距离，对于投影机来说，焦距的大小决定了投影机与幕布的距离。焦距越大，投影机与幕布的距离就越远，反之越近。假如需要在很短的距离内投射大画面，就要选择短焦镜头的投影机，这种投影机特别适合多媒体教室。

15.3.3 投影机的选购

投影机在商用和家用领域已经广泛应用，伴随着价格的逐渐透明，用户购买的热情也因此高涨。那么如何选购一款适合的投影机也成为众多用户关心的问题，这里总结出几点选购投影机的要点，希望能对读者有所帮助。

1）坚持原有选择，了解备选产品。用户在购买前往往已经对有意向购买的产品型号、参数、功能以及价格有所了解。而在购买时，经销商往往对用户选定的产品假借有瑕疵、没货等理由建议用户购买其他品牌或型号的产品，利用消费者对陌生产品不知情这种情况来获取更高的利润。所以，用户除了选定需要的投影机以外，最好再多挑几款可以接受的产品，并对备选产品详细了解，然后坚持原有选择，不要轻信经销商的讲解。

2）灯泡寿命，不可轻视。灯泡作为投影机唯一的耗材，在市场上的动辄上千元的价格，并不便宜。所以，需要对灯泡使用寿命的长短加以仔细考量。需要特别注意的是，灯泡寿命通常标有两种模式（正常模式和 ECO 模式），在正常模式下灯泡寿命假如为 4000h，而在 ECO 模式下，由于灯泡亮度降低，则可以使用 5000h，但这种模式下有时并不能满足用户的需要，所以用户在购买时需要认真查看资料，确认实际的灯泡寿命。

3）投影幕布等配件，精细挑选。投影幕布、投影吊机支架是投影机的配件，普通用户往往把注意力放在投影机上，而忽略这些配件。在购买时，由于投影机本身价格比较透明，所以有些经销商可能会推荐相关配件让用户购买，从配件上弥补利润。这时候，用户应该理性消费，确定自身是否真正需要这些配件，避免造成更多的浪费。

15.4 思考与练习

1．打印机常用的性能指标有哪些？如何选购适合自己的打印机？

2．简述喷墨打印机的特点。

3．简述激光打印机的特点。

4．打印机硬盘的作用是什么？

5．3D 打印技术的应用领域有哪些？

6．按照设计类型的进行分类，扫描仪可以分为哪几类？

7．投影机参数中“流明”指的是什么？

第 16 章　微机的日常维护

微机的日常维护是保证微机正常运行，延长使用寿命，防止重要数据的丢失和损坏是一项不可忽视的经常性工作。所以，学会使用微机后，如何维护它就显得尤为重要。

16.1　微机硬件的维护

微机除了要正确使用之外，日常的维护保养也是十分重要的。大量的故障都是由于缺乏日常维护或者维护方法不当造成的。一般每半年进行一次硬件维护，如果灰尘比较多，则维护周期应相应缩短。

1．硬件维护工具

微机的维护不需要很复杂的工具，一般的除尘维护只需要用十字螺钉旋具、一字螺钉旋具、油漆刷（或者油画笔，普通毛笔容易脱毛不宜使用）、吹灰球、棉签、橡皮、回形针等。

2．维护注意事项

- 有些原装机和品牌机在保修期内不允许用户自己打开机箱，如擅自打开机箱可能会失去一些由厂商提供的保修权利，用户应该特别注意。
- 必须完全切断电源，把主机、显示器与电源插线板之间的连线拔掉。
- 各部件要轻拿轻放，尤其是硬盘和光驱。
- 拆卸时应注意各插接线的方向，如硬盘线、电源线等，以便正确还原。
- 还原用螺钉固定的各部件时，应首先对准位置，然后再拧紧螺钉。尤其是主板，略有位置偏差就可能导致插卡接触不良，主板安装不平还可能导致内存条、适配卡接触不良甚至造成短路，天长日久甚至可能会发生变形，导致故障发生。
- 由于微机板卡上的集成电路器件多采用 MOS 技术制造，在打开机箱之前，应释放身上的静电。拿起主板和插卡时，应尽量拿卡的边缘，不要用手接触板卡上的集成电路。

3．微机主机的拆卸步骤

对于日常维护，只需打开机箱清除灰尘，一般不用卸下板卡和主板；如果灰尘特别多，则可以把所有板卡、主板卸掉，拿到机箱外面清扫，最后再装回机箱中，这个步骤与组装微机相同。

（1）拔下外设连线

拆卸主机的第一步是拔下机箱后侧的所有外设连线，彻底切断电源。

拔掉外设与微机的连线主要有两种情形：一种是将插头直接向外平拉就可以了，如键盘线、PS/2 鼠标线、电源线、USB 电缆等；另一种插头需先拧松插头两边的螺钉固定把手，再向外平拉，如显示器信号电缆插头、打印机信号电缆插头，有些早期的信号电缆没有螺钉固定把手，需用螺钉旋具拧下插头两边的螺钉。

（2）打开机箱盖

拔下所有外设连线后就可以打开机箱了。机箱盖的固定螺钉有的在机箱后侧边缘上，有的在两侧，有的要先把机箱前面板取下。找到固定螺钉后，用十字螺钉旋具拧下螺钉就可取下机箱盖。

（3）拆下适配卡

显示卡、声卡、网卡等插在主板的扩展槽中，并用螺钉固定在机箱后侧的条形窗口上。拆卸适配卡时，先用螺钉旋具拧下条形窗口上固定用的螺钉，然后用双手捏紧卡的上边缘，平直向上拔出。

（4）拔下驱动器数据线

硬盘、光驱的数据线一头插在驱动器上，另一头插在主板的接口插座上，捏紧数据线插头的两端，平稳地沿水平方向拔出。

（5）拔下驱动器电源插头

硬盘、光驱电源插头为大 4 针插头，可直接沿水平方向向外拔出。安装还原时应注意插头方向，反向一般无法插入，若强行反向插入，接通电源后会损坏驱动器。

（6）拆下驱动器

硬盘、光驱都固定在机箱面板内的驱动器支架上，拆卸时应先拧下驱动器支架两侧固定用的螺钉（有些固定螺钉在面板上），方可取出驱动器（光驱向机箱外抽出）。拧下硬盘最后一颗螺钉时，应用手握住硬盘，小心不要使硬盘摔落。有些机箱中的驱动器不用螺钉固定而采用弹簧片卡紧，这时只要松开弹簧片，即可从滑轨中抽出驱动器。

（7）拔下主板电源插头

电源插头插在主板电源插座上，ATX 电源插头是双排 20 针或 24 针插头，插头上有一个小塑料卡，捏住它就可以拔下 ATX 电源插头。

（8）其他插头

需要拔下的插头可能还有 CPU 风扇电源插头、光驱与声卡之间的音频线插头、主板与机箱面板插头等，拔下这些插头时应做好记录，如插接线的颜色、插座的位置、插座插针的排列等，以方便将来还原。

4．对微机产品进行清洁时的建议

有些微机故障往往是由于机器内灰尘较多引起的。在维修过程中，如果发现故障机内、外部有较多的灰尘，应该先除尘，再维修。在除尘操作中，要特别注意以下几个方面。

- 注意风扇的清洁。包括电源、CPU、显示卡等部位的风扇和散热片，可用毛刷清洁，对于风扇，在除尘后，最好在风扇轴承处滴一点润滑油。
- 注意板卡金手指以及接插头、插座、插槽部分的清洁。金手指的清洁，可用橡皮擦拭金手指部分。插头、插座、插槽的金属引脚上的氧化物的去除，可用酒精擦拭，或用金属片（如小一字螺钉旋具）在金属引脚上轻轻刮擦。

● 注意大规模集成电路、元器件等引脚处的清洁。清洁时，应用小毛刷或吸尘器等除掉灰尘，同时要观察引脚有无虚焊和潮湿的现象，以及元器件是否有变形、变色或漏液现象。
● 注意使用的清洁工具。用于清洁的工具包括油漆刷、吹灰球、吸尘器、抹布等。清洁用的工具，要防静电，如清洁用的小毛刷，应使用天然材料制成的毛刷，禁用塑料毛刷。如果使用金属工具，必须切断电源，并对金属工具进行放静电处理。
● 如果微机部件比较潮湿，应先使其干燥后再清理。干燥工具有电风扇、电吹风等，也可让其自然风干。

5．清洁机箱内表面的积尘

机器使用一段时间后，机箱内表面上会有大面积的积尘，特别是面板进风口、电源盒（排风口），CPU 风扇等的附近，以及板卡的插接处。

机箱内表面，尤其是面板进风口附近，可用拧干的湿布擦去灰尘。印制电路板，则不要用湿布擦。

6．清洁插槽、插头、插座

需要清洁的插槽包括各种总线（PCI、AGP、PCI-E）扩展插槽、内存条插槽，以及各种驱动器接口插头、插座等。各种插槽（插头、插座）内的灰尘一般可先用油漆刷清扫，然后再用吹灰球或者电吹风吹尽。

7．清洁 CPU 风扇

对于较新的 CPU 风扇一般不必取下，用油漆刷扫一遍就可以了。较旧的 CPU 风扇上积尘较多，一般需取下清扫。注意，散热片的缝中有很多灰尘。下面以 Socket 架构的 CPU 为例，介绍 CPU 风扇的除尘方法。

散装 CPU 风扇是卡在 CPU 插座两侧的卡扣上的，将风扇卡扣略向下压即可取下 CPU 风扇。取下 CPU 风扇后，即可为风扇除尘。

盒装 CPU 风扇与 CPU 连为一体，需将 Socket 或 Slot 插座旁的把手轻轻向外侧拨出一点，使把手与把手定位卡脱离，再向上推到垂直 90° 位置，然后向上取下 CPU。清洁 CPU 风扇时，注意不要弄脏了 CPU 和散热片的结合面之间的导热硅胶。

如果 CPU 风扇转动困难，工作时会发出较大的噪声，可揭下风扇叶片另一面中心位置的商标，露出轴承，会发现润滑油已经干掉，可用牙签沾上少许润滑油，向轴承中滴入 1～2 滴（注意不要把润滑油滴到贴商标的地方，否则商标的不干胶将粘不上），转动几下风扇叶片，发现风扇已经可以很轻松地转动了，重新把商标贴回原来位置。如果商标的黏度不够，无法粘紧，则可用较厚一些的塑料胶带代替。

用同样方法可清洁显示卡风扇、主板芯片组风扇、电源风扇、机箱风扇。

8．清洁内存条和适配卡

内存条和各种适配卡的清洁包括除尘和清洁电路板上的金手指，除尘用油漆刷即可。如果金手指上有灰尘、油污或者被氧化均会造成接触不良。高级电路板的金手指是镀金的，不容易氧化。为了降低成本，一般适配卡和内存条的金手指没有镀金，只是一层铜箔，时间长了将发生氧化。用户可用橡皮擦擦除金手指表面的灰尘、油污或氧化层，切不可用砂纸类东西来擦金手指，那样会损伤极薄的镀层。

9. 清洁主板

用油漆刷扫除主板上的灰尘，然后用吹灰球吹出。如果有吸尘器，可将被吹灰球吹起来的灰尘和机箱内壁上的灰尘吸走；如果没有吸尘器，可用拧干的湿布擦去灰尘。

10. 清洁主机电源

切断电源，将主机与外设之间的连线拔掉，用十字螺钉旋具打开机箱，将电源盒拆下。

将电源盒拆开，因为机箱内的排风主要靠电源风扇，所以电源盒里积落的灰尘最多，一边用油漆刷清扫，一边用吹灰球吹干净。最后重新装好电源盒，并装到机箱上。

卸下电源盒上的风扇，按清洁 CPU 风扇的方法清洁电源风扇。如果电源风扇转动困难，也要加入 1～2 滴润滑油。

11. 清洁光驱

将回形针展开，插入光驱前面板上的应急弹出孔，稍稍用力，光驱托盘就打开了。用棉签将所及之处轻轻擦拭干净，注意不要探到光驱里面。

尽量不要使用市场销售的所谓影碟机“清洁盘”和清洁剂清洁光驱。市场销售的清洗光盘盘面上有两排小刷子，光盘高速旋转时，光盘的刷子不仅会划伤激光头，而且有可能撞歪激光头，使之无法读盘。光驱的激光头所用材料是类似有机玻璃的物质，而且有的还有增强折射功能的涂层，若用有机溶剂擦洗，会溶解这些物质和涂层，导致激光头受到无法修复的损坏。

12. 清洁显示器

不论 CRT 显示器还是 LED 显示器，都可按下面方法清洁屏幕上的尘土和指印。先用拧干的湿布擦去显示器除显示屏以外的外壳上的灰尘，然后再清洁屏幕。把眼镜布用自来水清洗干净，拧八成干（不能滴水）后按一个方向轻轻擦去屏幕上的灰尘。擦拭过程中应不断更换眼镜布的擦拭部分，只用没有擦过屏幕的部分擦，并多次清洗眼镜布，把屏幕上的灰尘和指印擦掉。这时，屏幕上会有水印，等几分钟待屏幕晾干后，再用另外一块干眼镜布轻轻擦去水印。

不要用普通的纸巾擦屏幕，因为普通纸巾会划伤屏幕。不要为显示器的屏幕贴保护膜，保护膜将使显示器的亮度降低，字迹、图像模糊。注意，屏幕绝对不能用酒精等有机溶剂擦洗，不管是 CRT 还是 LCD，显示器屏幕表面都涂有特殊的涂层，而有机溶剂会溶解特殊涂层，使之效能降低或消失。

13. 清洁鼠标

对于光电鼠标，如果要清洗外壳，只需用湿布擦干净，如果无法擦干净，可用少量餐具清洗液清除干净。如果要清扫鼠标内部，则要打开鼠标外壳清扫。

14. 清洁键盘

把键盘的键面向下，轻轻拍打，把各键之间缝隙中的灰尘拍出来。对于键面上的污渍，可用柔软干净的湿布来擦拭，如果无法擦干净，可用少量餐具清洗液清除。按键缝隙间的污渍可用棉签蘸清水清洁。湿布不宜过湿，以免键盘内部进水产生短路。不要用医用消毒酒精，以免对塑料部件产生不良影响；更不要用计算机市场销售的清洗剂（油），它会使塑料老化变黄。最好不要拆开键盘，因为按键很容易脱落，安装起来很麻烦。

16.2 微机软件的维护

微机用户都有这样的体会，一台微机在经过格式化，刚安装好操作系统时，运行速度比使用一段时间后要快。造成系统变慢的原因主要有随着安装软件的增加，注册表变大，系统运行需要执行的程序增加；随着删除和安装软件次数的增加，磁盘碎片增加；上网时安装的插件和恶意、流氓软件等。这些都有可能增加系统开销，造成系统性能下降。在日常运行时，每过一定时间（如一个月）应该对软件系统进行维护，使软件系统保持较佳的运行状态。其实维护周期不一定按月来做，如果在一个时期常有软件的安装和卸载，也应该进行这类维护。微机软件的日常维护主要包括系统维护、垃圾文件的清理、磁盘空间清理和碎片整理等。

1. 操作系统的安全维护

操作系统安全方面的维护内容包括修复系统漏洞、查杀木马、清理恶评插件、升级查杀病毒库等。这类维护软件比较多，如“360 安全卫士”，该软件一是功能强大，二是永久免费。“360 安全卫士”的“常用”功能的“基本状态”显示如图 16-1 所示。

图 16-1 360 安全卫士

2. 操作系统性能方面的维护

操作系统性能方面的维护内容包括磁盘清理、磁盘碎片整理程序等内容。“磁盘清理”和“磁盘碎片整理程序”可以采用 Windows 操作系统“附件”中的“系统工具”中的程序，也可以采用“Windows 优化大师”之类的工具软件。如图 16-2 所示是“Windows 优化大师”的“系统维护”中的“磁盘碎片整理”功能运行的情况。

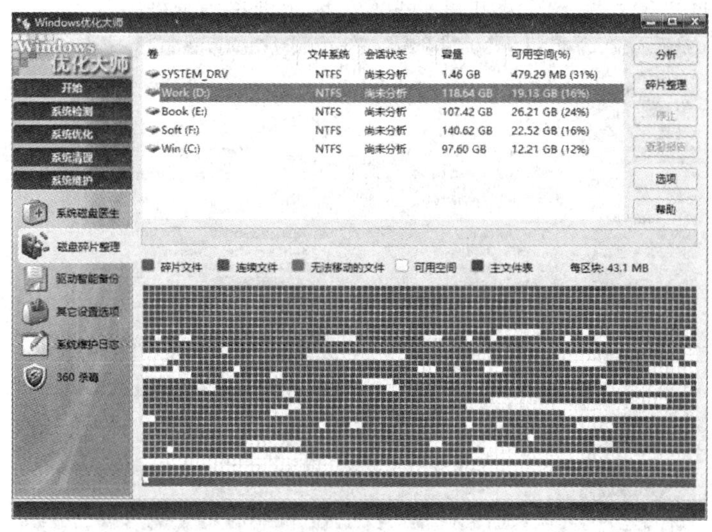

图 16-2 Windows 优化大师

磁盘碎片应该称为文件碎片，其产生是因为文件被分散保存到整个磁盘的不同地方，而不是连续地保存在磁盘连续的簇中所形成的。当应用程序所需的物理内存不足时，一般操作系统会在硬盘中产生临时交换文件，用该文件所占用的硬盘空间虚拟成内存。虚拟内存管理程序会对硬盘频繁读写，产生大量的碎片，这是产生磁盘碎片的主要原因。其他如 IE 浏览器浏览信息时生成的临时文件或临时文件目录的设置也会造成系统中大量碎片的形成。文件碎片一般不会对系统造成损坏，但是碎片过多的话，系统在读文件时来回进行寻找，就会引起系统性能的下降，导致存储文件丢失，严重的还会缩短硬盘的寿命。因此，磁盘碎片也是不容忽视的问题，要定期对磁盘碎片进行整理，以保证系统正常稳定运行。

磁盘碎片整理后，可能造成有些程序无法使用（如输入法）、系统不响应等问题，问题比较轻的可把该程序重新安装一遍，问题比较重的就要重新安装系统，所以慎用磁盘碎片整理程序。

适当使用磁盘碎片的整理功能对硬盘是有好处的，但不宜过于频繁，因为整理碎片时要进行大量长时间的读写操作，会使硬盘超负荷。一般情况下非系统分区不用整理，操作系统和交换文件所在分区也不用经常整理，1～2 个月或发现系统严重变慢时整理一次，可以先分析一下碎片情况再决定是不是进行整理。

3. 系统清理

系统清理包括注册表的清理、使用历史的清理等内容。对注册表进行清理时可使用“Windows 优化大师”；使用历史清理可以使用“360 安全卫士”或者“Windows 优化大师”等。对于长时间不用的软件，最好卸载。

4. 系统优化

例如，希望启动 Windows 系统后不自动运行“移动飞信”，则在“Windows 优化大师”中单击左侧的“系统优化”，单击“开机速度优化”，在右侧“启动项”列表中勾选开机时不自动运行的项目，如图 16-3 所示。选定后，单击“优化”按钮。

使用“Windows 优化大师”还可以添加和删除右键快捷菜单中的项目，可选择“系统优化”→“系统个性设置”→“右键设置”命令，然后进行相关设置。

图 16-3　开机速度优化

5. 数据的备份

重要文档一定要定时异地备份，例如，使用移动硬盘、刻盘或者存储到网络硬盘、E-mail 服务器上。这里的数据是指用户自己写的文章、设计的图样、E-mail 等内容，用户自己的硬盘文件一旦丢失或损坏，可能无法再次得到。应该养成经常备份的习惯，有两种常用的备份方式，第一种是每次关机前将同一份文件保存到当前使用的微机和移动硬盘或 U 盘中；第二种是定期备份到移动硬盘或刻录到光盘中。对于可以通过网上下载的软件，则不需要备份。要养成重要数据每天保存的习惯。

不要把重要文件保存在 Windows 系统分区。重装系统和恢复系统时都将覆盖系统分区（一般是 C 盘符）中的内容，系统分区中不要保存自己的文档文件和安装程序。要把“我的文档”更改到 Windows 系统分区之外的其他分区中，“我的文档”默认的文件夹是 C:\Documents and Settings\XXX\My Documents（假定系统盘为 C:，XXX 为账户名）。同样道理，不要在桌面上保存重要文件。

如果文档的数量比较少，可把硬盘上的文件夹和文档一起复制到移动硬盘上；如果比较多，可先用 WinRAR 压缩，把压缩后的压缩包复制到移动硬盘上。也可以使用专用的数据同步工具软件来备份。

16.3　思考与练习

1．如何对微机硬件进行日常的维护？

2．安装“360 安全卫士”“Windows 优化大师”“360 杀毒”等系统维护工具软件，执行其中的功能。

3．CPU 风扇、主板风扇、显示卡风扇和电源风扇，用 2～3 年后，噪声就会增大，一般是风扇轴承中的润滑油变干造成的，为风扇添加润滑油后将恢复正常。试练习为风扇添加润滑油。